# 메카트로닉스 개론

INTRODUCTION OF MECHATRONICS

민병로·정정윤·김선정 공저

문운당

# 서 언

기계문명과 전자문명의 발전이 성숙도에 접어들면서 새로운 부가가치를 창출하기 위하여 기계공학과 전자공학을 융합한 메카트로닉스가 탄생하게 되었다.

메카트로닉스(Mechatronics)는 기계(Mechanics)와 전자(Electronics)의 융합기술로 지능형 로봇, 반도체의 디스플레이 제조장비, 자동화장비 산업의 기반이 되는 기술이다. 요소기술은 기계설계(Mechanical design), 제어(Control), 임베디드시스템(Embedded system), SI(System integration) 기술 등이 있다.

이 교재는 자동화·제어분야의 기초 학문으로 메카트로닉스에 입문한 공학도들이 쉽게 접근 할 수 있도록 하였다. 메카트로닉스의 원리를 이해하고 융합한다면 산업전반에 걸쳐 광범위하게 적용할 수 있다. 따라서 기본원리를 이해하고 응용할 수 있도록 하는 것이 필요하다.

마지막으로 부족한 내용은 계속하여 수정할 것을 약속하며 출판을 해주신 문운당 관계자 분들에게 감사한 마음을 전합니다.

2022. 02. 22

저자 씀

## 목 차

## 제1장 메카트로닉스



## 제2장 전기

## 제3장 전자부품 및 전기회로

## 제4장 기계

# 제5장 센서

## 제6장 제어공학



## 제7장 액추에이터

## 제8장 로봇



## 제9장 인공지능

## 제10장 빅 데이터



## 제11장 클라우드



## 제12장 가상증강현실

## 제13장 자율주행차



## 제14장 스마트시티



## 제15장 경량소재

CHAPTER 1

# 메카트로닉스

## 메카트로닉스 란

메카트로닉스(Mechatronics)는 기계(Mechanics)와 전자(Electronics)의 융합기술로 지능형 로봇, 반도체의 디스플레이 제조장비, 자동화장비 산업의 기반이 되는 기술이다. 요소기술은 기계설계(Mechanical design), 제어(Control), 임베디드시스템(Embedded system), SI(System integration) 기술 등이 있다. 대한민국은 메카트로닉스 기술을 접목한 산업이 발달하였으며 제조 강국으로 산업경쟁력을 갖추고 있다.

메카트로닉스공학이란 기계공학, 전자공학을 융합한 학문으로 경제적으로 시스템을 설계하는 것이다. 메카트로닉스는 기계공학, 전자공학, 컴퓨터 공학, 제어공학, 분자공

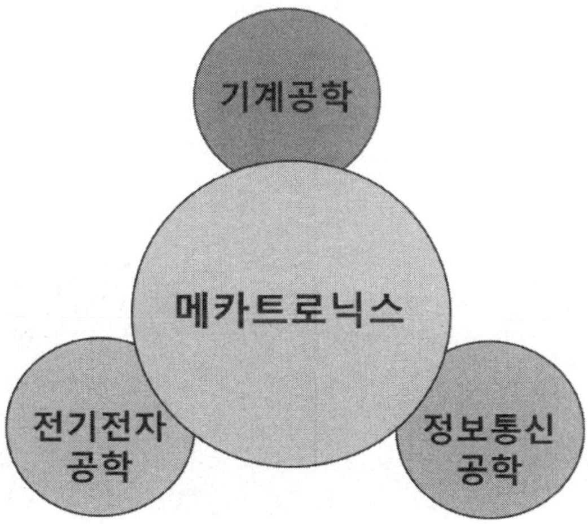


[그림 1-1] 메카트로닉스

학, 센서공학 등이 복합된 학문으로 일본의 야스카와의 수석 기술자 테츠로 모리(Tetsuro mori)가 처음으로 사용하였다. 메카트로닉스가 적용된 산업로봇은 전기전자 요소, 기계공학 및 정보통신 공학이 융합된 것이다.

## 사람의 감각과 메카트로닉스의 센서

감각(Sense)이란 외부의 물리적 자극에 의해 인간의 의식에 변화가 생기는 것을 의미한다. 감각 기관이 외부의 물리적 자극을 전기적 신호의 형태인 활동 전위로 바꾸면 신경을 통해 뇌까지 활동 전위가 전달이 되며 전달된 활동 전위는 뉴런의 말단에서 신경전달물질이 뇌 속으로 전달되어 변화가 생기게 된다. 〈출처 : 네이버〉

### 1.2.1 사람의 감각

사람의 감각 중 오감(Five senses)은 시각, 청각, 후각, 미각, 촉각 등의 다섯 가지 감각을 말한다. 시각은 눈을 통해 인지하는 감각을 말하며 눈을 통해 대상체의 크기와 모양, 빛깔, 거리 등을 인지할 수 있다. 눈의 구조와 시각정보의 전달과정은 각막을 통해 들어온 빛이 수정체에 의해 굴절되어 망막에 상이 맺히고 시신경을 통해 뇌에 전달된다. 청각은 귀의 달팽이관을 통해 소리를 감지한다. 인간을 포함한 척추동물들의 청각은 청각 기관을 통해 이루어진다. 청각은 음파에 의한 자극에 의해 일어나는 감각으로 발음 기관을 지니고 있는 곤충류와 척추동물이 사용하고 있으며 귀뚜라미와 여치는

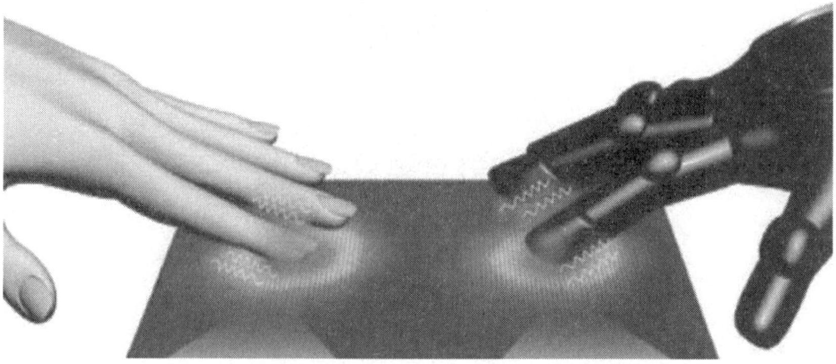

[그림 1-2] 사람과 메카트로닉스 〈출처 : 사이언스어드밴스〉

[그림 1-3] 사람의 감각

앞다리에 메뚜기는 복부에서 소리를 측정하고 있다. 척추동물은 포유류와 조류가 청각이 잘 발달되어 있다. 사람의 귀는 관 모양의 구조로 되어 있고 귓바퀴에 모인 음파가 고막을 진동시키면 림프액에 전달되고 세포가 신경에 의해 대뇌에 전달되어 소리를 감지한다. 후각은 냄새를 맡을 수 있는 감각으로 공기 중의 화학 물질을 감지하는 것이다. 화학 물질의 분자가 후각 세포를 자극하여 발생하는 감각으로 곤충류와 척추동물이 사용하고 있다. 척추동물의 후각은 코로서 기체 상태의 화학 물질이 흡기와 함께 콧속으로 들어오면 상피의 점액에 녹은 후 후세포를 자극하고 후신경을 통해 대뇌에 전달된다. 미각은 음식, 무기물 등의 맛을 측정하는 것으로 혀의 표면에서 미각을 느낀다. 느낄 수 있는 맛은 단맛, 쓴맛, 신맛, 짠맛, 감칠맛, 지방맛의 여섯 가지가 있다. 포도 맛, 사과 맛은 혀로 느끼는 것이 아니라 코의 후각상피로 측정하고 매운맛, 떫은 맛 등은 촉각으로 피부를 통해 정보를 감지하는 것이다.

### 1.2.2 메카트로닉스의 센서

센서(Sensor)는 대상의 정보를 수집하여 기계가 취급할 수 있는 신호로 치환하는 소자 및 장치를 말한다. 사람은 시각, 청각, 미각, 후각, 촉각 등을 통해 얻은 정보를 획득하지만 기계는 사람의 오감과 같은 기능을 하는 센서로 획득한 정보를 이용하여 제어 및 처리를 한다. 센서가 수집하여 치환하는 신호는 온도, 빛, 색 등을 측정할 수 있다. 센서는 활용 형태에 따라 종류가 많기 때문에 목적에 따라 선택하여 사용하며 다음과 같이 분류한다.

#### (1) 센서는 능동형(Active)과 수동형(Passive)으로 분류한다.

수동형 센서는 부가적인 에너지원이 없고 외부 자극에 따라 전기적인 신호로 출력하는 것으로 입력된 외부의 자극이 센서에 의해 출력 신호로 변환된다. 능동형은 센서에서 신호를 보내어 반사되는 신호를 감지하기 때문에 송신부와 수신부가 있으며 부가적

[그림 1-4] 수동형 적외선센서 〈출처 : Korea daily news〉

인 전원 및 회로가 필요하다. 수동형은 물체에서 나오는 신호를 감지하는 것으로 수신부만 있으며 회로구성이 간편하지만 노이즈에 영향을 받는다.

능동형 센서는 외부에서 발생하는 값의 변화량이 전기적인 신호로 변하기 때문에 능동형 센서라고 하며 센서의 파라미터들이 신호를 변조하고 변조된 측정값을 나타내는 것이다. 활용형태로 서미스터는 온도에 민감한 저항체로 전기신호를 생성하지 않지만 전류를 흐르게 하여 저항을 전류 또는 전압으로 측정하여 저항 변화에 따른 전기값을 이용해서 온도를 측정하는 것이다.

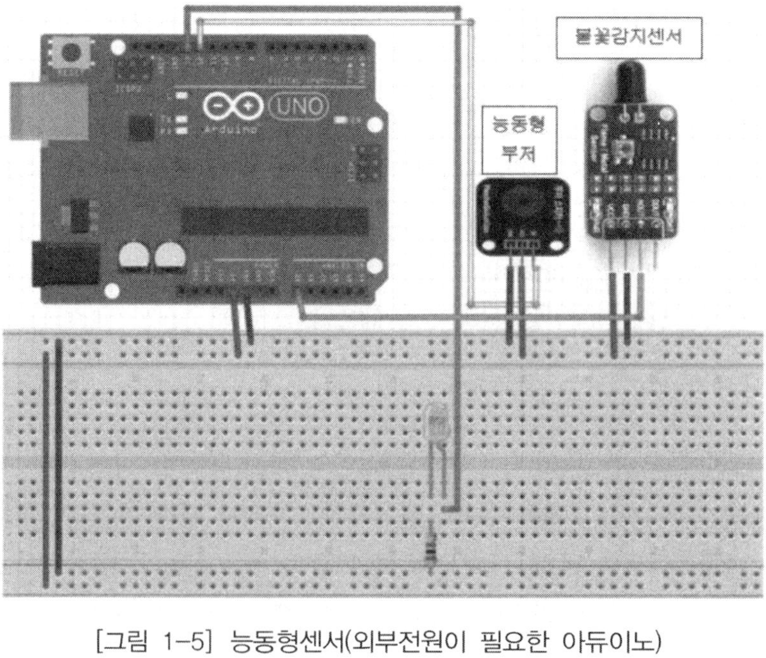


[그림 1-5] 능동형센서(외부전원이 필요한 아듀이노)

### (2) 측정기준에 따라 절대값과 상대값으로 분류할 수 있다.

절대값을 측정하는 센서는 측정 조건과 무관하게 절대적인 물리적 크기에 따라 외부 자극을 측정하는 것으로 온도센서인 서미스터가 있다. 서미스터의 저항은 절대온도 값과 비례 관계에 있는 서미스터의 저항을 측정하여 절대온도를 측정하는 것이다. 상대적인 센서로 열전쌍(Thermocouple) 온도센서는 온도에 따라 기전력이 발생하는 것으로 기준점에 따라 기전력이 변한다. 방법은 얼음물 0℃를 기준으로 열전쌍의 기전력을 측정하여 온도로 환산하는 것이다.

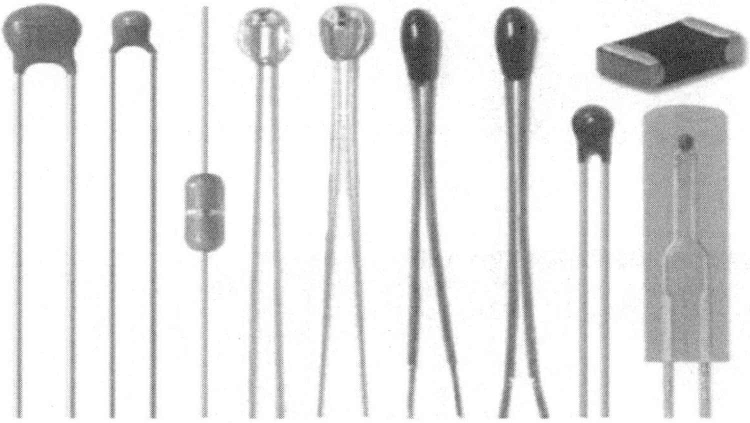

[그림 1-6] 서미스터

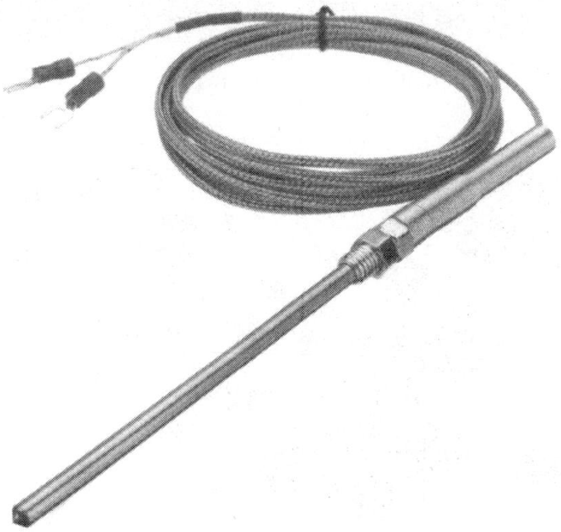

[그림 1-7] 열전쌍 〈출처 : Aliexpress〉

### (3) 특수한 목적을 기준으로 센서를 분류한다.

센서는 재료별로 금속, 반도체, 세라믹, 광섬유, 유전체, 고분자 등으로 구분하고 물리적인 변환현상에 따라 역학센서, 전자기센서, 광센서, 온도센서, 화학센서 등으로 분류한다.

[그림 1-8] 반도체

[그림 1-9] 세라믹(애자)

[그림 1-10] 광섬유 〈출처 : G마켓〉

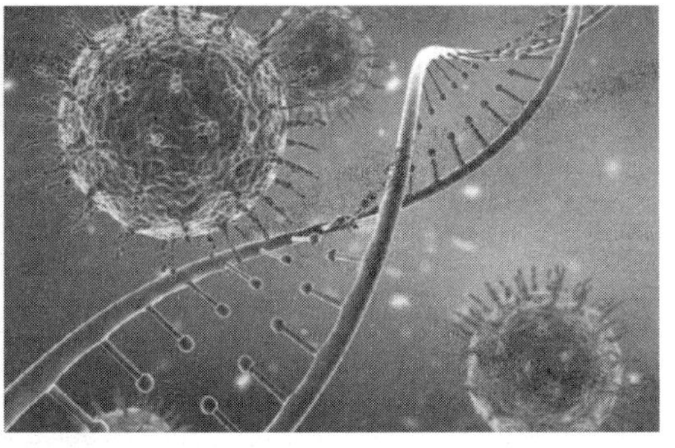

[그림 1-11] 유전체 〈출처 : 코메디닷컴〉

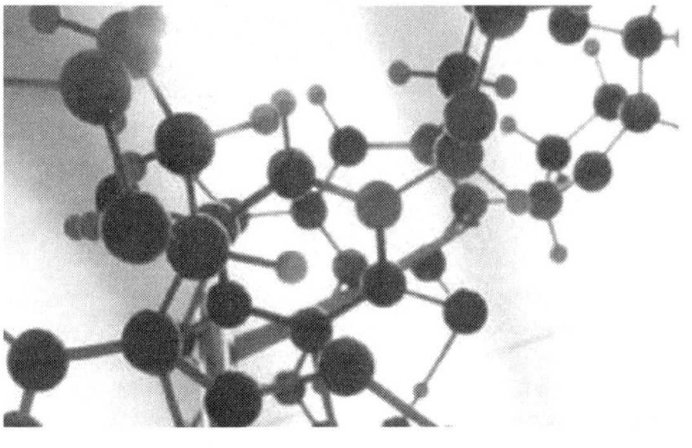

[그림 1-12] 고분자 〈출처 : 성균관대학교 고분자공학과〉

센서는 종류가 많아서 분류에 대한 기준이 명확하지 않고 사용자의 입장에서 구분하기 편한 방법으로 오감을 기준으로 센서를 분류하는 것이 일반적이다. 센서는 접촉식과 비접촉식으로 구분하면 시각, 청각, 후각은 비접촉식 센서이며 촉각과 미각은 접촉식 센서에 해당된다.

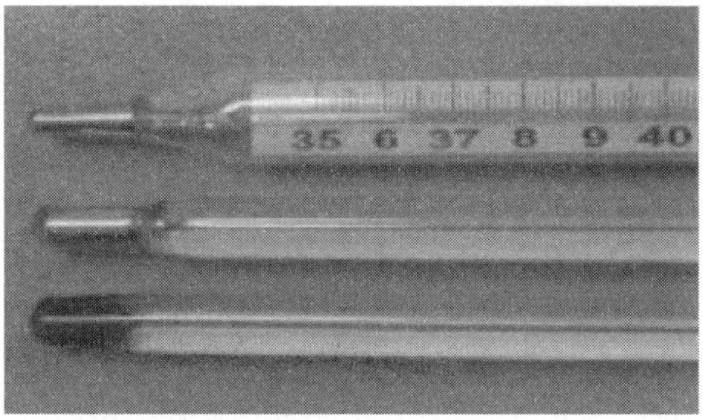


[그림 1-13] 접촉 온도센서

[그림 1-14] 비접촉 온도센서 〈출처 : Eleparts〉

### 1) 시각센서(Image sensor)

사람의 눈에 해당되며 X선, 가시광선, 적외선 등의 전자기파의 특성을 이용해서 이차원 영상을 제공하는 것이다. X선을 이용한 방사선 검출기, 가시광을 이용한 CCD와 CMOS, 적외선을 이용한 열화상 카메라, 마이크로웨이브를 이용한 영상센서, 자기적인 RF의 특성을 이용한 MRI 등이 있다.

[그림 1-15] 방사선검출기 〈출처 : Alibaba〉

[그림 1-16] CCD카메라 〈출처 : HOZAN〉

[그림 1-17] 열화상 카메라

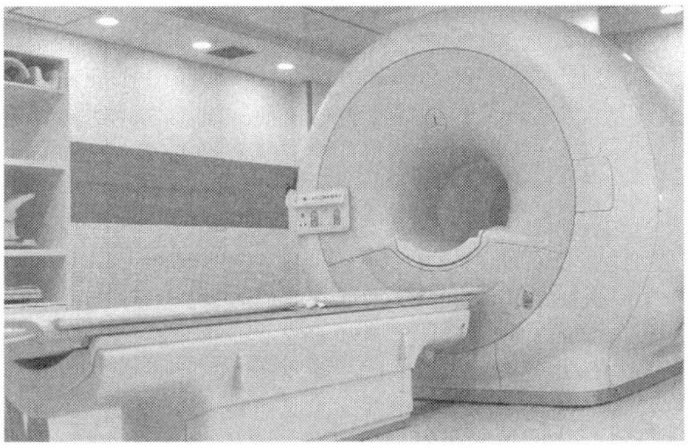

[그림 1-18] MRI

### 2) 청각센서(Auditory sensor)

사람의 귀에 해당되며 음파영역만을 측정하는 것이 아니고 전자기파를 이용해서 대상물의 상태를 검출하는 것이다. 시각센서와 다른 점은 2차원적인 이미지를 제공하지 않고 신호의 크기를 출력하는 것으로 음파를 이용한 마이크로폰과 스피커, 초음파의 음파를 이용하여 수중 목표의 방위 및 거리를 알아내는 소나, 전파를 사용하여 목표물의 거리, 방향, 각도 및 속도를 감지하는 레이더와 전파를 이용해 떨어져있는 위치의 정보를 획득하는 RFID, 가시광을 이용한 조도센서, 자외선을 이용한 화염감지기, 적외선을 이용한 LED와 포토다이오드 센서 등이 있다.

[그림 1-19] 마이크로폰

[그림 1-20] 초음파를 이용한 소나

[그림 1-21] 레이더

[그림 1-22] RFID

[그림 1-23] 조도센서

[그림 1-24] 화염감지기

[그림 1-25] LED

[그림 1-26] 포토다이오드

### 3) 후각센서(Olfactory sensor)

비접촉식으로 입력신호를 측정하는 것으로 청각센서와의 차이점은 대상체의 성분을 감지하는 것으로 대기 중에 포함되어 있는 가스를 감지하는 가스감지기, 온도를 감지하는 화재감지기, 적외선을 이용한 온도센서, 가속도를 감지하는 선형 가속도센서 등이 있다.

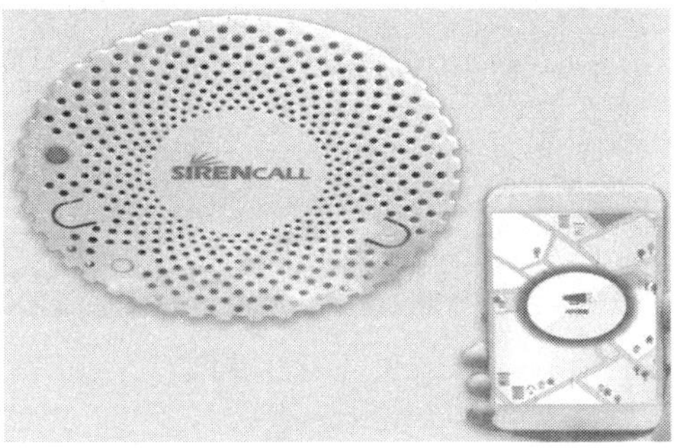


[그림 1-27] 가스감지기

[그림 1-28] 화재감지기 〈출처 : 롯데홈쇼핑〉

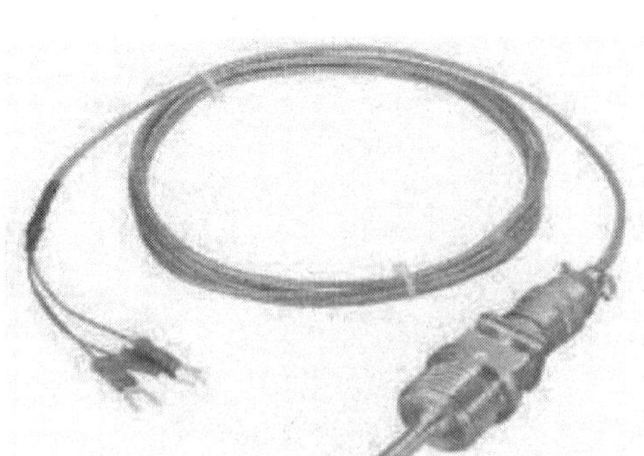

[그림 1-29] 온도센서 〈출처 : Allsensing〉

[그림 1-30] 가속도센서 〈출처 : 인더스트리〉

### 4) 촉각센서(Tactile sensor)

접촉식 센서로 대상물과 센서가 직접 접촉하여 측정하는 것으로 온도, 습도, 힘, 압력 및 유량 등을 측정하는 것이다.

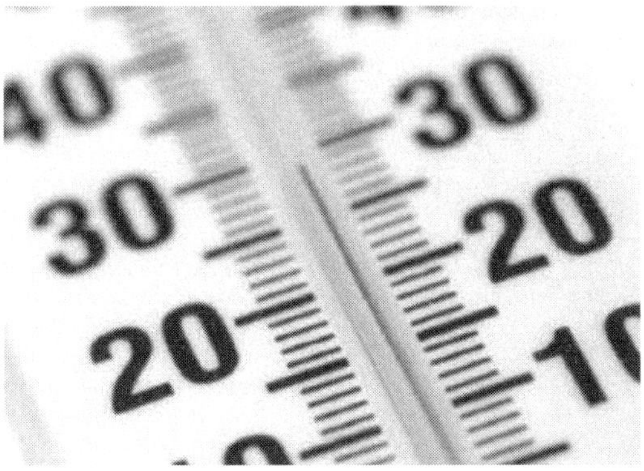


[그림 1-31] 온도센서 〈출처 : Allsensing〉

[그림 1-32] 습도센서 〈출처 : 아듀이노〉

[그림 1-33] 힘, 압력 센서 〈출처 : WIKA〉

[그림 1-34] 유량센서 〈출처 : FA저널〉

### 5) 미각센서

사람의 혀에 해당되며 화학적인 성분을 측정하기 위해 사용되며 생화학적 반응을 통해 검출하는 것으로 성분 분석을 위한 성분감별기, 브릭스 당도 또는 브릭스(Brix)를 측정하여 과일이나 와인의 당도를 측정하는 당도측정기가 있다.

[그림 1-35] 플라스틱 감별분석기

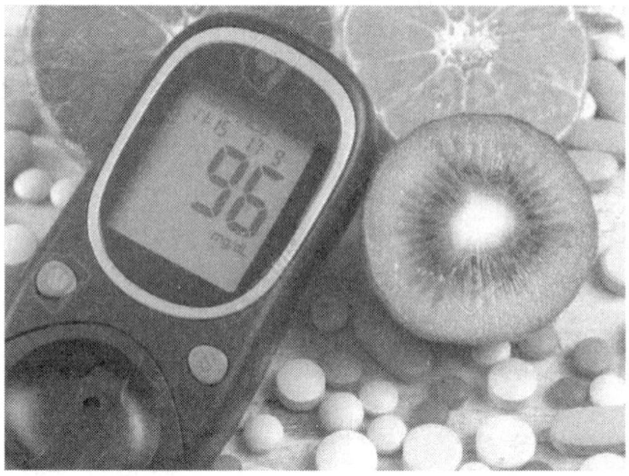


[그림 1-36] 당도측정기

## 공작기계

### 1.3.1 NC

금속 가공을 비약적으로 진보시킨 NC 공작 기계는 1950년대에 등장하여 기계제작 분야의 급속한 발전을 가져왔다. 사람의 노하우에 의한 제작하던 방법을 컴퓨터에 의한 수치 제어(Numerically control)로 자동화되었다. 연산처리가 가능한 컴퓨터를 내장한 NC 공작 기계로 진화하면서 NC선반은 메카트로닉스를 접목하고 서보기구를 부가적으로 채택하여 급격하게 진화를 하였다. 선반은 원주 형태의 가공 재료를 회전시켜 바이트를 이용하여 원하는 형상을 제작하는 것이다. 바이트에 의한 선삭 가공 외에

[그림 1-37] NC

[그림 1-38] 바이트

구멍 뚫기, 보링, 홈 가공, 나사 내기 등의 가공을 한다. 메카트로닉스를 적용한 NC선반은 수치 제어를 바탕으로 설정한 순서에 따라 바이트를 선정하여 자동으로 가로, 세로 및 높이의 좌표값을 적용하여 절삭 등의 가공 위치를 제어하고 가공물의 재질이나 원하는 형상에 따라 회전 속도 및 바이트의 이송 속도를 제어하는 것이다.

선반으로 가공할 때 절단 바이트나 보링 바이트 등을 구분하여 사용하면 여러 가지 형상을 가공할 수 있고 바이트를 설정 변경 없이 사용하여 가공 효율을 높이고 가공물의 방향을 바꾸거나 바이트로 교체했을 때 발생하는 가공 정밀도의 감소 및 가공시간 증가를 방지 할 수 있다. 따라서 NC 선반에서 터릿이라는 회전 장치에 여러 개의 바이트를 장착하고 회전하면서 가공하여 가공물을 척에 고정한 상태에서 연속적으로 가공한다.

다축 자동 선반은 여러 개의 주축으로 각기 다른 가공을 할 때 유리하며 단축 자동 선반은 동일한 가공을 연속적으로 수행하기 위해 가공물을 자동으로 투입하는 오토로더를 부착하여 동일한 형상의 물체를 대량으로 가공한다. 현재 NC 선반은 컴퓨터 제어가 발달하여 CNC 선반이라고 하며 생산 효율 및 양품 생산을 위해 주축 및 터릿을 여러 개 탑재하여 가공물을 동시에 가공하고 가공물 반출입, 세정, 계측 등의 작업에도 메카트로닉스를 적용하여 제조 공정의 효율을 높이고 있다.

[그림 1-39] 터릿

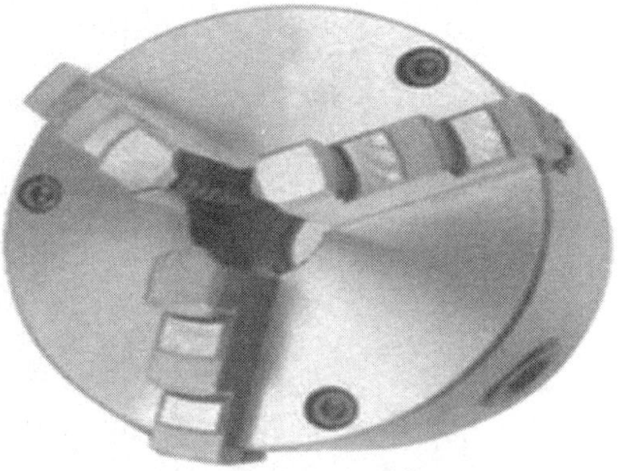

[그림 1-40] 척

## 1.3.2 FMS

FMS(Flexible manufacturing system)는 치수 및 성능이 다양한 제품의 생산으로 다품종소량 생산에 유효하게 대응할 수 있는 합리화된 유연생산시스템이다. 시스템은 공작물, 공구, 부착구 등의 흐름과 제어하는 정보의 흐름을 통합하여 시스템에 유연성(Flexibilty)을 주고 생산을 합리화하는 것이다. 메카트로닉스를 적용한 기계 가공은 CNC 공작기계군 기능, 자동 유통 시스템 기능, 자동창고 기능, 시스템 보전 기능, 종합 소프트웨어 시스템 기능으로 시스템이 구성되어 있다. 가공물의 가공, 조립을 거쳐 품질검사의 생산 공정을 일괄처리 하여 투자 효율, 운용기술의 편리성 등을 감안하여 생산 공정별로 적용하고 있다. 〈출처 : 기계공학대사전〉

다품종 소량생산에 적용된 자동화 생산 시스템은 2차 산업혁명에 적용되었던 컨베이어 작업으로 소품종 대량생산 시스템과 단품 생산 작업이 자동화기술의 발전과 상품시장의 다양화에 접목되어 부품의 반송장치, 공작기계 및 조립기계 등의 작업 장치가 통합된 컴퓨터 시스템이 적용되었다. 현재 실용화되어 있는 시스템은 범용의 수치제어공작기계에 소재의 부착장치나 자동반송에 의한 부품반송 장치를 조합한 자동가공 시스템, 산업용 로봇과 자동조립기계를 활용하는 자동조립 시스템이 있다.

[그림 1-41] 자동차 생산라인의 컨베이어 적용 〈출처 : 현대자동차〉

[그림 1-42] 산업용로봇을 적용한 자동조립 〈출처 : 현대위아〉

### 1.3.3 FA

공장 자동화(Factory Automation)는 1980년대부터 사용되기 시작한 용어로서 제품을 만드는 생산공정 또는 제어를 통한 자동화를 의미하며 넓게 보면 제품의 수주에서 출하까지 일체의 생산 활동을 효율적이고 유기적으로 결합시키는 것이다. 제품의 자동설계, 생산공정의 자동제어, 생산설비의 관리, 장애의 발견과 복구, 품질검사 등 각종 생산과 관련되어 사람이 하던 일을 메카트로닉스를 접목하여 자동으로 처리할 수 있도록 하는 것으로서 생산성을 향상시키고 단시간에 일정한 품질의 제품을 대량으로 생산하기 위한 것으로 1913년 포드자동차에서 처음 적용한 컨베이어 라인(Conveyer

[그림 1-43] 무인 CNC생산라인 〈출처 : 매일경제〉

line) 시스템이다. 처음에는 공급중심, 분업위주, 소품종 대량생산에 적용하였으나 수요중심, 노동자 혼자서 완제품을 생산하거나 다품종 소량생산에 적용되었다. 공장자동화 시스템은 보통 자동 창고, 산업 로봇, 수치 제어 공작 기계, 컨베이어, 무인 운송차, 품질검사 장치 등 라인을 감시하고 제어하는 시스템으로 구성되며 제품의 수주, 설계, 품질 검사, 자재 관리, 창고관리 등이 자동화된 스마트팩토리화 되고 있다.

기술의 발달에 따라 완전 자동화보다 여건에 따라 부분 자동화 방식으로 소수의 인원으로 완제품을 생산하여 품질향상을 높이는 방법과 다품종 소량생산에 따른 공정변경에 적절히 대처할 수 있는 유연생산시스템이 적용하고 컴퓨터를 이용한 공장자동화 기술은 컴퓨터 이용 설계(CAD), 컴퓨터 이용 제조(CAM), 컴퓨터 통합 제조(CIM) 등이 적용되고 있다.

FA는 일반 가정에도 적용되고 있다. 가정용 컴퓨터 시스템인 가정자동화는 집안에 있는 모든 가전제품과 전열기구를 비롯해 방의 창문이나 현관의 문까지 핸드폰을 이용하여 자동으로 조정하는 것으로 기능은 크게 세 가지로 분류할 수 있다. 집안의 가전제품, 조명기기, 음향기기 등을 핸드폰으로 On/Off하는 원격제어 기능과 가스 누출, 화재, 경비 시스템을 적용하여 경고음을 울리거나 방범, 방재, 자동감지, 현관이나 대문의 상황을 영상을 통해 시각으로 확인한다.

컴퓨터와 통신기술의 획기적인 발전에 따라 FA는 확장되고 있으며 PC통신과 인터넷을 통하여 시장정보, 일기예보, 각종 경기, 전시회 등의 다양한 정보를 수집하고 항공권, 열차표, 문화행사의 입장권을 가정에서 구매할 수 있다. 컴퓨터를 이용하여 공과금 납부, 예금내역 조회, 자금이체 및 송금 등의 금융 업무를 처리하고 실시간 주식거

[그림 1-44] 핸드폰과 CCD카메라 연동 〈출처 : TAPO〉

[그림 1-45] 전자상거래

래, 물품의 주문, 대금 지불, 배달까지 해결할 수 있다. 초고속통신망의 보급과 인터넷 TV의 등장으로 컴퓨터나 기계조작이 어려운 사람도 이용할 수 있어서 급속하게 발전할 것이다.

### 1.3.4 CIM

CIM(Computer integrated manufacturing)은 제품의 설계, 제조, 생산관리, 재고관리, 판매관리용으로 사용되는 컴퓨터 및 지능기기를 LAN(Local area network)에 통합시켜 제품의 품질, 원가 등 제품에 대한 데이터베이스를 공유하는 통합적인 생산 시스템이다. 1970년대 후반에 미국에서 등장한 CIM은 생산현장에서 영업에 이르기까지 컴퓨터를 네트워크로 연결시켜 제품의 설계, 제조, 생산관리를 공유하여 수주에서 출하까지 전체 공정을 관리하는 것으로 제조와 경영을 결합한 것이다. CIM은 MAP(Manufacturing automation protocol)으로 네트워크를 사용하여 공장전체를 통합시킨 소프트웨어지향 메카트로닉스를 적용한 것이다.

CIM은 자동화와 성력화만을 목적으로 하는 것이 아니라 공장 전체를 통합하여 양품을 고능률로 생산하고, 신기종에 대응하여 제조라인을 유연하게 변경이 가능하고 소품종 다량생산의 효율 확보 및 국제 경쟁력이 있는 제품을 제조하기 위한 것이다.

CIM의 기능은 컴퓨터에 의한 정보처리와 자동스케줄링, 재고관리, 통계적 품질관리, 생산설비 및 공정의 조업 상태의 파악, 데이터의 자동수집, 에너지의 관리, 고장진단기능, 데이터 관리, 패스워드를 이용한 기밀유지를 할 수 있다. CIM을 구축하기 위

[그림 1-46] CIM

한 기본요소는 설계부문과 생산부문을 연결시키는 CAD/CAM, 다품종소량생산을 위해 지능화된 컴퓨터에 의해 관리되는 CNC장치, 센서 등 지각을 갖는 산업용 로봇, 지능장치를 결합한 컴퓨터 네트워크 및 통합운영 소프트웨어기술이 있다. CIM을 적용하기 위한 LAN(Local area network)은 공장에서 사용되는 컴퓨터를 신경회로망 등을 적용하여 정보의 흐름이 제품의 흐름과 연결된다. LAN 설치시 언어의 소통을 위해 이종간의 상호접촉을 통신 프로토콜에 적용하는 것이 MAP(Manufacturing automation protocol)이다. LAN의 적용을 위한 조건은 신호의 전달에 대한 신뢰, 정보 전달, 속도에 대한 신뢰성, 확장성 및 가격경쟁력이 있어야 된다. 〈출처 : 최신공장관리기술사〉

## 서보기구

서보 기구라는 용어는 피드백과 오차 보정신호를 이용하여 시스템의 기계적인 위치와 속도제어를 위해 사용된다. 서보 기구는 대포의 조준, 화력 조절, 해양 운항장비에 이용되었으며 최근에는 자동공작기계, 위성추적 안테나, 망원경의 천체추적 장치, 자동항법장치, 대공포의 제어장치 등에 응용되고 있다. 서보 기구를 이용하면 응용분야에서 고출력으로 제어되는 소자를 작은 출력으로도 제어하는 것이다. 고출력 소자의 목표 위치와 실제 소자의 차이를 비교해서 생성된 신호에 의해서 소자를 조작하고 제어신호(Control signal)의 출력과 제어되는 소자의 출력 비는 수십억 분의 1이다. 〈출처 : 다음백과〉

[그림 1-47] 서보기구

서보 기구에는 제어를 받는 소자, 명령소자, 오차검출기, 오차신호증폭기, 오차를 감소시키는 작용을 하는 소자 등이 있다. 제어를 받는 소자는 위치를 나타내는 피드백 전기신호를 생성할 수 있는 장치가 필요하고 피드백신호를 오차검출기로 전송하는 것이다. 명령소자는 제어를 받는 소자의 목표 지점에 대한 정보를 외부로부터 받아 서보기구가 이용할 수 있는 전압으로 변환을 하여 제어를 받는 소자에서 발생하는 신호와 함께 오차검출기로 송출한다. 오차검출기는 피드백 신호와 목표치를 비교하여 보정량을 증폭기로 증폭하여 보조전동기를 구동하고 보조전동기는 제어를 받는 소자의 위치로 이동하는 것이다. 서보 기구를 이용하는 장치는 통신위성추적 안테나를 이용하여 위성으로부터 신호를 수신하기 위해서 안테나의 방향을 통신위성과 일치시키기 위해 안테나에 수신된 값을 비교하여 차이가 발생하면 보정 신호를 생성하여 안테나의 서보 기구에 전달하는 피드백제어를 한다.

## 액추에이터

액추에이터(Actuator)는 시스템을 움직이거나 제어하는 기계 장치로 전기나 유압, 압축 공기 등을 이용하는 원동기를 구동하는 것이다. 액추에이터는 전기 에너지를 입력하고 액추에이터가 해야 되는 일을 외부입력 신호에 의해서 구동되는 것이다. 액추에이터는 작업을 하기 위해 신호를 받아서 구동되며 시스템, 기계 및 장치의 일부분이

[그림 1-48] 에어실린더

다. 액추에이터가 작동하려면 전기에너지와 같은 에너지가 필요하고 수행 할 작업에 대한 외부 신호입력이 있어야 되며 출력은 프로그래머가 원하는 결과를 획득하기 위해 회전 및 선형으로 구동되게 된다.

에어실린더는 압축가스 또는 공기를 사용하여 피스톤을 움직여 선형 운동을 하는 것이다. 유압 액추에이터와 마찬가지로 공압 선형액추에이터의 설계는 실린더 내에 공기 또는 불활성 가스를 가압하여 사용되며 가압된 공기는 피스톤이 전진 및 후진이 되도록 한다. 액추에이터의 피스톤이 끝이 원하는 위치에 도달하면 스위치를 움직여 액추에이터의 반대쪽 밸브를 열고 고압의 공기를 이용하여 피스톤을 밀어내는 것이다.

공압 액추에이터의 장점은 다음과 같다.

① 고속이며 시스템의 압력 밸브 및 체적 용량에 의해 제어된다.
② 큰 힘을 얻을 수 있다.
③ 스트로크 길이가 길고 변화가 가능하다.
④ 구동 신뢰성과 내구성을 가지고 있다.
⑤ 구조가 간단하여 크기가 작다.

공압 액추에이터의 단점은 다음과 같다.

① 탱크 및 에어컴프레셔와 같은 장비가 필요하다.
② 누출이 발생하면 성능을 확보할 수 없다.
③ 공기는 압축되기 때문에 시간 지연이 있다.
④ 에어컴프레셔 구동에 따른 소음이 발생한다.

[그림 1-49] 유압 액추에이터

유압 액추에이터는 고압 공기나 가스 대신 비압축성 액체를 사용하는 것을 제외하고는 공압 액추에이터와 동일하다. 유체는 비압축성으로 큰 힘을 전달할 할 수 있기 때문에 중장비, 건설 장비, 굴착기, 덤프 트럭, 지게차, 트럭, 트랙터 등에 사용된다.

유압 액추에이터 장점은 다음과 같다.

① 속도 제어가 가능하다.

② 큰 힘을 얻을 수 있다.

③ 긴 스트로크가 가능하다.

④ 높은 사이클 신뢰성과 내구성을 가지고 있다.

⑤ 구조가 간단하여 소형으로 제작이 가능하다.

유압 액추에이터의 단점은 다음과 같다.

① 유체가 필요하며 누출되면 인체에 유해할 수 있다.

② 큰 힘이 필요할수록 소음이 증가한다.

③ 유압유의 오염에 의해 점도가 변한다.

④ 유체를 고압으로 작동하기 위해 에너지가 증가한다.

⑤ 구입 및 설치비용이 공압에 비해 비싸다.

## 현장 적용 형태

미래성장 동력의 하나로 세계적으로 주목받고 있는 메카트로닉스는 기계, 전기, 전자의 복합기술로 정의되는 기술 위에 나노물질의 물리적 성질을 접목하는 나노과학을 더해 새로운 융합기술로 적용되고 있다. 메카트로닉스 기술을 이용한 나노기술을 접목하여 대량생산방식의 공정기술과 생산 장비에 적용되고 있다.

가공은 발주자의 요구사항에 대하여 신속한 대응과 새로운 요구 사항에 맞춰서 제작하는 과정에 메카트로닉스를 적용하여 소재 가공에 대하여 고분해능, 고속성, 광대역성 등을 활용하는 것이다. 또한 고정밀도 형상제작을 위해 초정밀가공 생산기술이 메카트로닉스의 적용으로 이루어지고 있다. 초정밀가공은 1960년대 미국이 로켓을 달에 보내기 위한 우주계획을 수행하는 과정에서 생긴 것으로 기계설계, 소재 등의 선택과 초정밀가공이 적용되었다. 초정밀가공이 일본에 소개된 1960년대 동경올림픽 이후 기업의 노력과 학회 및 협회의 활동을 통해 메카트로닉스부품 개발과 제품화에 고정밀도 형상을 갖는 제품 제작에 절삭가공을 하면 툴이 지나간 자국이 남았다. 따라서 초정밀 절삭장치나 예리한 다이아몬드공구에 의해 알루미늄 합금인 드랄루민에 고정밀도로 가공하였으며 레이저 가공기가 보급되어 고성능부품을 가공하는데 있어서 초정밀가공기술이 적용되었다. 초정밀가공을 위해 연마를 통하여 재료제거나 정밀도확보를 위해 초정밀연마가공인 액중연마, 기계화학적연마(Mechanical polishing), 탄성방출가공(Elastic emission machining), 부유연마 등을 적용하였다.

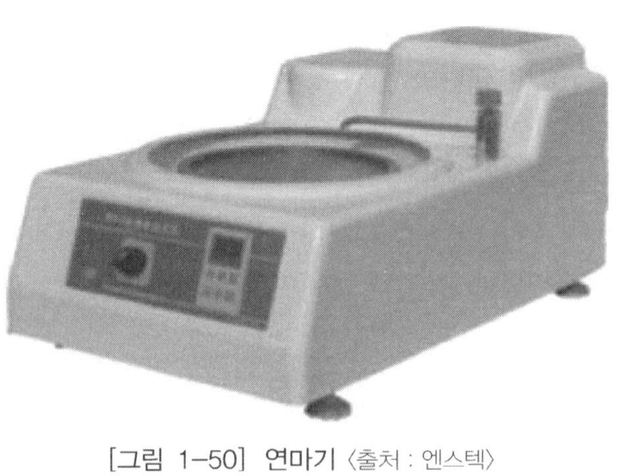

[그림 1-50] 연마기 〈출처 : 엔스텍〉

고가의 소재를 사용하는 대구경 광학부품의 제작은 형상정밀도와 표면거칠기에 대한 공차의 적용이 높기 때문에 비구면 가공을 위해서 메카트로닉스를 접목한 초정밀 가공 기술을 공작기계에 적용하여 가공을 하고 전산 제어로 초정밀절삭 및 초정밀연삭으로 고정밀도의 비구면 형상을 제작하고 계측도 동일한 장치에서 동시에 진행된다. 반도체 웨이퍼 가공은 디바이스가공 후 웨이퍼의 전체 면에 층간절연 막을 부착하고 연마로 평활하게 하여 배선회로를 다층으로 겹쳐서 미세한 배선회로를 제작하여 다층으로 겹칠 때에 디바이스 웨이퍼의 평탄화 연마를 한다. 층간절연막 외에 금속배선재료나 확산방지용 재료 등 가공특성이 다른 이종재료를 동시에 연마하여 요철 발생을 최소로 한다. 반도체디바이스 제작 중 오염물질은 제품의 성능에 영향을 주기 때문에 크린룸에서 제작되고 오염 물질의 발생이 많은 연마가공과 중금속오염이 발생할 수 있는 구리 배선의 전기도금은 전해연마로 진행한다.

[그림 1-51] 웨이퍼

## 연습문제

1. 메카트로닉스를 적용한 사례를 조사하시오.
2. 사람의 오감을 대체하는 센서를 조사하시오.
3. 사람의 오감을 대신하여 현장에 적용한 사례를 조사하시오.
4. FMS(Flexible manufacturing system)를 적용한 분야를 조사하시오.
5. FA(Factory automation)를 적용한 분야를 조사하시오.
6. 초정밀가공의 발전과정을 조사하시오.

CHAPTER

# 2 전기

BC600년 그리스의 철학자 탈레스는 호박이라는 보석을 마찰하면 물체에 인력이 작용하는 것을 발견하였다. 이것이 전기현상에 대한 최초의 발견으로 호박을 의미하는 그리스어의 '일렉트론(Electron)'이라는 말에서 유래하였다. 호박은 송진이 화석화되어 밀황색, 납황색, 적갈색 등으로 투명 및 반투명한 물질이며 장신구로 사용됐다. 중국에서는 기원전 약 1000년경부터 자석이 남북의 방향을 표시하는 나침반의 원리를 알고 있었으며 16세기 길버트(Gilbert)는 지구가 거대한 자석인 것을 확인하였다. 길버트는 자기학의 아버지라고 불리고 자기력과 마찰전기에 대해 처음으로 연구하여 결과를 출간하였다. 책은 자기 및 지구자기의 현상을 조직적이고 순수 경험적으로 다루어 지구 자체가 하나의 자석임을 발견하였고 자침이 남북으로 향하는 이유를 밝혔다. 오늘날 전기기구들을 구성하고 있는 모든 전기회로는 옴의 법칙을 따르고 있고 전기저항을 나타내는 옴(Ω)은 그의 이름을 따서 붙인 것이다. 우리나라의 전기역사는 1887년 에디슨이 백열전구를 발명하고 8년 만에 경복궁의 건청궁에 최초로 전등불을 밝혔고, 고종은 1898년 우리나라 최초의 전기회사인 한성전기회사를 세웠다. 1944년 당시 동양 최대의 수력발전소가 완공되었으며 수력 자원이 풍부한 압록강, 두만강 등에 수력발전소를 건설하였다. 1948년 남한은 전력사용량의 70%를 북한에서 공급받는 실정에서 북한의 일방적인 단전으로 격일제로 전기를 공급하는 심각한 전력난을 경험하였다. 1964년 무제한 송전 시행을 추진하였고 1978년 고리원자력발전소가 준공되면서 원자력발전 시대가 되었다.

## 본질

자연계에 존재하는 양(+)과 음(−)의 부호를 가진 두 종류의 전하가 나타내는 성질로서 전하를 전기라고 한다. 전하란 물질을 구성하는 미립자가 띠는 성질이다. 원자핵은 양전하를, 전자는 음전하를 나타내며 전자가 띠고 있는 전하는 식 (2.1)로 나타낼 수 있다. 여기서 $e$는 전기소량으로 자연계의 기본상수이다.

$$-e = -1.602 \times 10^{-19}\ C \tag{2.1}$$

재료의 성질은 원자의 미세구조와 관련이 있고 미세구조는 물질이 분자와 원자일 때 미소 원자의 집합체이며, 재료의 성질을 이해하기 위해서는 원자의 결합력에 대한 전자구조를 알아야 한다. 모든 원자는 1개의 원자핵과 전자로 구성되며 원자의 구성에 따라 전자는 원자핵 주변의 궤도를 따라 운동한다. 전자는 음(−)전하를 갖는 입자이며 전기적으로 중성인 원자에 있어서 원자핵은 원자가 가진 핵외 전자 수 만큼 양(+)전하를 갖는다. 전자 궤도를 전자 셀이라 하며 안쪽의 전자 셀에서부터 K, L, M, N 셀이라고 한다.

원자핵의 크기는 $10^{-12}$cm정도이고, 원자핵의 주위를 전자가 돌고 있다. 화학원소로서의 특성을 잃지 않는 범위에서 도달할 수 있는 물질의 기본적인 최소입자를 원자라고 한다. 각 원소에 대하여 대응하는 원자가 존재한다. 원자라는 용어는 물질의 궁극적 입자라는 뜻을 가리키며, 원자의 영어명인 Atom이라는 말은 화학적 방법으로는 더 이상 나눌 수 없는 물질의 기본단위 입자를 말하며, 그리스어의 나눌 수 없는 것을 의미하는 Atomos에서 유래한 것이다. 즉, 물질을 계속하여 나누는 과정을 반복하면 더 이상 나눌 수 없는 입자를 얻게 되는데 이를 원자라고 한다. 그러나 전자, 양성자, 중성자 등의 존재가 밝혀지면서 원자가 단일한 입자가 아니고 복잡한 구조를 가진다는 것을 알게 되었다.

원자핵의 크기는 약 $10^{-14}$m정도이고 전자군은 원자핵을 중심으로 지름이 대략 $10^{-10}$m의 영역에 존재한다. 원자핵의 질량은 전자의 질량에 비해 매우 크다. 가장 간단한 수소 원자의 원자핵은 양성자 하나로 이루어지며 질량은 약 $1.67 \times 10^{-27}$kg으로 전자의 질량은 1/1,840에 지나지 않는다. 원자핵은 양성자와 중성자로 이루어진다. 양성자와 중성자는 질량이 비슷하고, 양성자는 양의 소전하를 가지며 중성자는 전하를 가지지 않는다. 원자의 종류는 그 원자핵을 구성하는 양성자와 중성자의 수에 따라 결

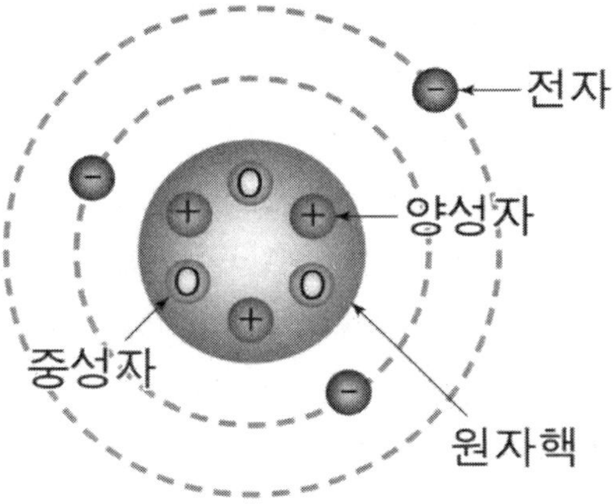


[그림 2-1] 원자

정된다. 원자핵의 전하는 양성자의 수에 따라 결정되며 양성자의 수에 따라 그 원자에 속하는 전자의 수가 결정된다. 또한 원소의 화학적 성질은 거의 원자의 전자 수에 따라 결정되므로 양성자의 수와 같은 원자는 동일한 화학원소에 속하게 된다. 양성자 수와 중성자 수의 합은 질량수라고 하며 원자질량단위로 표시한 원자의 질량과 같다.

## 도체, 부도체, 반도체

물체에 전기를 가하면 전기가 다른 곳으로 이동하는 물체가 도체(Conductive material)이며, 전기가 잘 통하는 물질을 말한다. 예를 들어 금속 대부분은 도체이며 전해액도 그렇다. 전도(Conduction)는 궤도 전자(Orbital electron)의 원자간 이동에 의해 생기는 것이다. 원자가 여분인 전자를 받아들이면 옆의 원자로 전자가 이동한다. 양질의 도체는 원자의 이동이 쉬운 것이다. 전도율(Conductivity)이 높은 물질의 경우는 인가전압이 작아도 큰 전류가 흐른다. 가격을 고려한 경우 전도율이 높은 금속은 구리다. 전기공학 분야에서 말하는 전도체(Conductor)는 도선, 심선이라는 의미도 있다. 대표적인 도체는 금속이 있으며, 염류의 수용액, 인체, 지구 등이 도체에 속한다.

부도체는 도체에 대응되는 용어로 이것으로 도체를 감싸면 열이나 전기의 이동을 방해하며 절연체라고도 한다. 흔히 부도체는 전기나 열을 차단하는 물질이나 실제로는 적은 양의 열이나 전기가 전달된다. 즉 열이나 전기를 완전 차단하는 물질은 존재하지 않는다. 보통의 물은 전기가 통하는 도체지만 이온을 가지고 있지 않은 순수한 물은 부도체이다. 고온이나 강한 전기장을 가하거나 불순물을 첨가하면 부도체도 전기를 전달할 수 있다. 냄비 손잡이 재료인 나무나 플라스틱은 열을 잘 전달하지 않는 부도체로 냄비의 열이 전달되지 않는다. 전선도 감전 사고를 막기 위해 속은 전기를 잘 통하는 구리를 사용하고 표피는 부도체인 플라스틱을 사용한다.

반도체는 전기전도에 따른 물질의 분류 가운데 하나로 도체와 부도체의 중간영역에 속한다. 순수한 상태에서는 부도체고 불순물의 첨가나 기타 조작 때문에 전기전도가 증가한다. 주기율표상에 14족에 위치하는 게르마늄(Ge), 실리콘(Si) 등이 대표적인 반도체이다. 반도체는 다이오드와 트랜지스터 등으로 이루어진 집적회로소자 이외에도 열전자방출 소자, 전자식 카메라의 전하결합소자(CCD : charge coupled device) 등 첨단 전자산업 부문에 넓게 응용되고 있으며 태양 전지나 발광 소자에도 이용되고 있다. 이처럼 대부분 전자제품에 반도체가 활용되어 생활에 편의를 가져다주고 있다. 반도체의 특징은 전기저항의 크기보다 온도의 상승과 더불어 저항률이 증가하는 금속들을 말한다. 반도체의 저항률은 빛의 조사, 전자의 주입, 전계의 인가, 재료의 순도, 제조 및 가공방법 등에 따라서 도체나 절연체의 경우보다 심하게 변화하는 특성을 보인다.

## 전압, 전류, 저항

물이 높은 곳에서 낮은 곳으로 흐르는 것처럼 전하는 전위가 높은 곳에서 낮은 곳으로 이동한다. 이때 전위의 차이가 전압이다. 낮은 곳보다 높은 곳에서 떨어지는 물이 더 많은 위치에너지를 갖고 전압이 클수록 많은 전기에너지를 갖고 있다. 그리고 물은 높이 차이가 없으면 흐르지 않듯이 전압이 0이라면 전류가 흐르지 않는다. 전압의 크기를 나타내는 단위는 V(볼트)다. 1 V는 1 C(쿨롱)의 전하가 두 점 사이에서 이동하였을 때에 하는 일이 1 J(줄)일 때의 전위차이다. 도체의 내부에 전위차를 만들고 전하가 이동해 전류를 통하게 하는 원동력을 기전력이라 한다. 전기회로에 전위차를 발생시키면 직류의 경우 전압의 방향과 크기를 쉽게 정할 수 있지만, 교류는 그 크기와 방향이 시간에 따라서 변한다. 그래서 전압의 순간값을 제곱하여 평균을 구하고 그 제곱근을 교류전압의 실효값으로 정한다.

전기장에서 전기적인 성질을 갖는 물질을 대전체라고 하며 대전체가 가지고 있는 전기적인 양을 전기량, 전하량 및 전하라고하며 기호는 $Q$, 단위는 C(Coulomb)이다. 전하량을 갖는 대전체가 도체 내에서 두 점 사이에 이동하면서 일을 한다. 중력에 의한 위치 에너지가 차이가 나는 것처럼 전기적 위치 에너지도 위치에 따라 다르다. 예를 들어 동일 선상에서 임의의 점에서 한쪽의 높이가 올라갔을 때 전위의 차이를 전위차 또는 전압이라 한다. 전하를 한 점에서 다른 점으로 이동할 때 $W(J)$의 일 량이 소모되며 이때의 일 량을 $E$, $V$로 나타내며 식 (2.2)로 나타낸다. 여기서 $V$는 전압, $Q$는 전하, $W$는 기전력이다.

$$V = \frac{W(J)}{Q(C)} = \mathrm{V} \tag{2.2}$$

우리나라의 전기기술기준에 의한 전압의 종류는 [표 2-1]과 같다.

[표 2-1] 전압의 종류

| 구 분 | 직 류 | 교 류 |
|---|---|---|
| 저 압 | 750($V$) 이하 | 600($V$) 이하 |
| 고 압 | 7000($V$) 이하 | 7000($V$) 이하 |
| 특별고압 | 7000($V$) 초과 | 7000($V$) 초과 |

**예제 2.1** 도체에서 2 C의 전기량을 갖고 두 점 사이를 이동할 때 소요된 일은 24 J이라면 두 점 사이의 전위차는 몇 V인지 구하시오.

[풀이] $$V = \frac{W(J)}{Q(C)} = \frac{24}{2} = 12\ (\mathrm{V})$$

**예제 2.2** 도체에서 4 C의 전기량을 갖고 두 점 사이를 이동할 때 소요된 일은 28 J이라면 두 점 사이의 전위차는 몇 V인지 구하시오.

[풀이] $$V = \frac{W(J)}{Q(C)} = \frac{28}{4} = 7\ (\mathrm{V})$$

전류의 크기를 나타내는 단위는 암페어(A)이다. 1 A는 도선의 단면적을 1초 동안 1 쿨롱(C)의 전하가 통과할 때의 크기다. 전류의 방향은 정전하의 이동 방향을 양(+)의 방향으로 정한다. 그러나 실제로 도선 안에서는 전류의 반대 방향으로 자유전자가 이동한다. 1A의 전류가 흐르는 도선에는 1초에 약 $6.25 \times 10^{18}$개의 자유전자가 단면적을 통과한다. 전류의 종류에는 크기 및 방향이 변하지 않는 직류, 크기와 방향이 주기적으로 변하는 교류가 있다.

도선에 전류가 흐르면 자유전자가 도선 내의 원자 또는 전자와 충돌하여 열이 발생하는 현상은 백열전구, 전기밥솥, 전기다리미와 같은 전열 기구 등에서 나타난다. 전기기기에서 열이 발생하면 전력손실이 생기고 기기 내의 절연성이 떨어지기도 하며 도선에 전류가 흐르면 도선 주위에 자기장이 형성된다. 이 원리를 사용하여 전자석, 전류계, 전동기나 자기부상 고속철도처럼 전기에너지를 역학적 에너지로 바꿀 수 있다.

도체에 전위차가 있으면 전하가 이동하게 되며 이동된 전하가 단위 시간당 흐르는 정도를 전류라고 하고 기호는 $I$로 표시하며 단위는 $A$로 나타낸다. 물의 압력에 따라 동일한 크기의 파이프에 흐르는 물의 양이 달라지며, 같은 압력일 때는 파이프의 굵기에 따라 흐르는 물의 양이 변하는 것처럼 전류도 단위 시간에 파이프에 흐르는 물의 양과 같이 생각할 수 있다. 도체 내의 단위 시간에 전하 흐름의 양을 식으로 표현하면 식 (2.3)과 같다. 여기서 $I$는 전류, $Q$는 전하, $T$는 소요된 시간을 의미한다.

$$I = \frac{Q\,(C)}{T\,(\mathrm{sec})}\ (A) \tag{2.3}$$

전류는 시간의 흐름에 따라 직류와 교류로 분류된다. 직류(DC : Direct current)는 흐르는 방향과 크기가 일정한 전류를 말하며 일정한 방향으로 흐르는 전류를 말한다. 그리고 전류의 방향은 일정하지만 크기가 변하는 경우를 맥동전류로 구분한다. 정류기나 전압 조정기를 통해 출력되는 직류의 전압은 변화가 없지만 전류의 크기는 변하기도 한다. 직류전압을 발생시키는 전지가 발명되면서 전기가 실용화되었다. 전열이나 전등은 전지의 충전이나 전기분해 및 전자회로에 직류전원이 필요하다. 속도 조절 상의 이점 때문에 전동차의 동력에도 직류전동기를 사용한다. 반도체의 발달이 정류기의 발달로 이어져 교류를 직류로 쉽게 만들 수 있게 되면서 교류로 송전하여 정류기를 통해 직류로 바꾼 후 직류전동기를 운전하기도 한다. 직류는 전압강하가 없다는 장점이 있어 직류송전을 하기도 한다. [그림 2-2]는 직류를 나타낸 것이다.

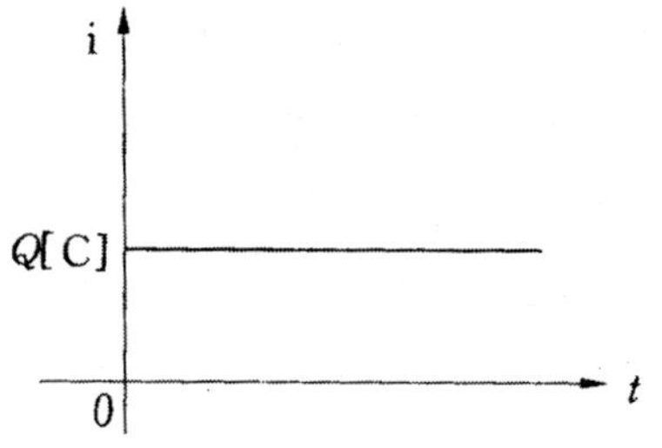


[그림 2-2] 직류

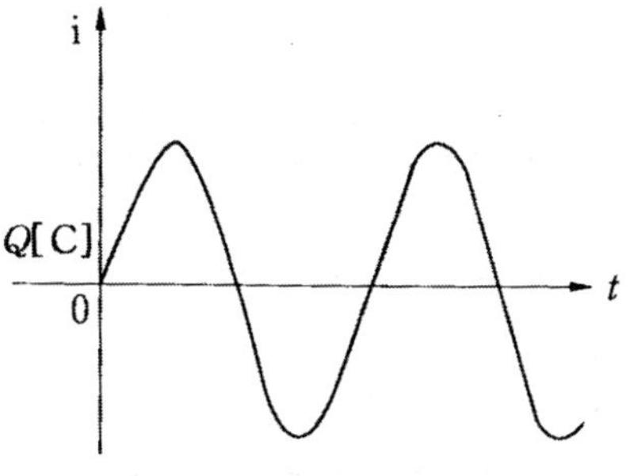


[그림 2-3] 교류

교류(AC : Alternating current)는 시간에 따라 크기와 방향이 주기적으로 변하는 전류로서 사인 파형이 일반적이며 사각파나 삼각파 등으로 나타낼 수 있다. 전류 흐름의 방향이 일정한 직류와 다른 성질을 갖고 발전소로부터 공급되는 전류로 크기와 방향이 주기적으로 바뀌는 전류를 교류라고 한다. 파형이 주기적인 평균값이 0이 되므로 실효값을 사용한다. 대표적인 교류는 사인파형이며 직사각형파, 삼각파, 사다리꼴파, 계단파, 펄스파 등의 변형파가 있다.

영구자석에 의해 형성된 자기장 내에서 폐회로를 일정한 속도로 회전시키면 코일을 지나는 자속이 주기적으로 변한다. 이때 패러데이 법칙에 따라 자기장에 수직한 코일의 부분에 시간에 따라 주기적으로 방향이 바뀌는 유도기전력이 발생한다. 유도기전력이 교류전압이며 교류전압에 의하여 시간에 대해 사인함수로 변화하는 교류전류가 발생된다. 교류전류는 주기적으로 변하므로 순간적인 값을 측정하기 어렵고, 평균값도 0이 되어 1주기에 대하여 교류의 전압 또는 전류의 제곱에 평균값의 제곱근을 취한 실효값으로 전류 또는 전압의 세기를 표시한다.

교류는 전기화학적 작용이 적어서 도선의 부식이 쉽게 일어나지 않는 장점이 있고 변압기를 이용하여 전압을 변경할 수 있기 때문에 회로의 차단이 용이하다. 그러나 송전 가능 거리가 한정되고 전압강하도 커져서 송전손실도 커진다는 단점이 있다. 전자회로나 직류 모터 등 직류를 이용해야 하는 것은 정류기 등의 변환장치가 필요하다. 교류 전원은 다이오드와 같은 간단한 반도체의 연결로 쉽게 직류전원으로 전환할 수 있어 대부분 반도체를 사용하는 가전기기에서 교류를 직류로 전환하는 장치와 함께 교류전원을 사용하고 있다. [그림 2-3]은 교류 전원을 나타낸 것이다.

**예제 2.3** 어떤 도선의 단면을 5초 동안에 흘러간 전하량이 0.5 C 일 때 도선에 흐르는 전류의 세기는 몇 A 인지 구하시오.

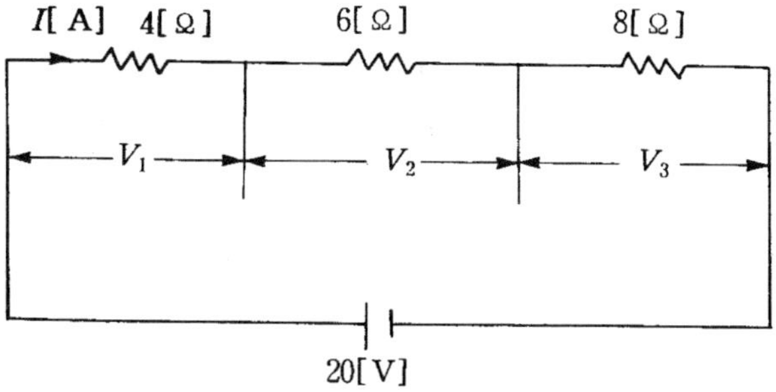


[그림 2-4] 예제 2.3

[풀이]

$$I = \frac{Q\,(C)}{T\,(\mathrm{sec})} = \frac{0.5}{5} = 0.1\ (\mathrm{A})$$

**예제 2.4** 어떤 도체의 단면을 1시간에 7,200 C 의 전하량이 이동하였다고 하면 전류의 크기는 몇 A 인지 구하시오.

[풀이]

$$I = \frac{Q\,(C)}{T\,(\mathrm{sec})} = \frac{7200}{1 \times 3600} = 2\ (A)$$

**예제 2.5** 축전지에서 전구를 연결하여 5 A 의 전류를 흘려 30분 동안 사용하였다. 이때 사용된 전기량은 몇 C 인지 구하시오.

[풀이] $I = \dfrac{Q\,(C)}{T\,(\mathrm{sec})}$ 을 이용하여

$$Q = I(A)\ T(\mathrm{sec}) = 5 \times 30 \times 60 = 9000\ (C)$$

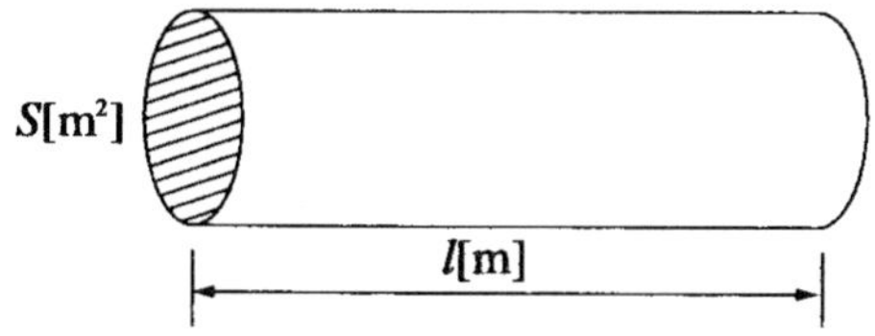


[그림 2-5] 저항체

[그림 2-6] 저항 기호

전기에서 저항은 동일한 크기의 PVC파이프와 콘크리트관에 동일한 압력으로 물이 흐르는 경우 PVC파이프가 단위시간당 흐르는 물의 양이 많다. 마찰계수의 영향에 따라 유량의 차이가 발생하듯 동일한 크기의 다른 도체는 같은 전압 하에서 흐르는 전류의 값이 다르게 나타난다. 도체 내의 고유저항 때문에 흐르는 전류의 양을 방해하는 요소가 다르기 때문에 나타나는 현상으로 전기저항 또는 저항(Resistance)이라고 한다. [그림 2-5]는 저항체를 나타낸 것이다. 그림에서 $S$는 저항체의 단면적, $l$은 길이를 나타낸 것이다. [그림 2-6]은 [그림 2-5]의 저항체를 저항 기호로 나타낸 것이다. 식 (2.4)는 도체의 저항을 구하는 식을 나타낸 것이다.

$$R = \rho \frac{l}{S} \ (\Omega) \tag{2.4}$$

여기서 $R$은 저항

$\rho$은 고유저항

$l$은 길이

$S$는 단면적을 의미한다.

**예제 2.6** 길이가 75 m이고 지름이 5 mm인 동선의 상온에서의 저항은 얼마나 되는지 구하시오(단 $\rho = 1.69 \times 10^{-8}\ \Omega \cdot \mathrm{m}$).

[풀이]

$$R = \rho \frac{l}{S} = 1.69 \times 10^{-8} \times \frac{75}{\pi\left(\frac{5}{2} \times 10^{-3}\right)^2}$$

$$= \frac{1.69 \times 10^{-8} \times 75}{6.25 \times 10^{-6} \times \pi} = 6.4 \times 10^{-2} \ (\Omega)$$

$\rho$는 도체의 종류에 따라 단위 입방체의 저항값이 정해지며 이것을 고유저항 또는 저항률(Electric resistivity)이라고 한다. 식 (2.4)에서 고유저항은 식 (2.5)로 나타낼 수

있다.

$$\rho = \frac{S}{l} R \left( \frac{m^2}{m} \cdot \Omega \right) (\Omega \cdot \mathrm{m}) \tag{2.5}$$

고유저항의 역수를 전도도 또는 도전율(Conductivity)라고 하며 기호 $k$로 나타낸다. 전도도는 전류가 흐르는 정도를 나타내는 것이며 식 (2.6)과 같이 나타낸다.

$$k = \frac{1}{\rho} (\mho/\mathrm{m}) \tag{2.6}$$

식 (2.6)을 다시 정리하면 저항은 식 (2.7)로 표현할 수 있다. 여기서 $k$는 상수 값이다.

$$R = \frac{l}{kS} (\Omega) \tag{2.7}$$

[표 2-2]는 금속 도체의 고유저항을 나타낸 것이다. 도체 내의 자유전자는 도체 온도가 높아지면 원자 격자의 열 진동이 발생하여 전계에 의해 가속된 전자의 충돌 횟수가 많아져서 저항이 증가하여 전기저항이 상승하게 된다.

저항은 전류를 제어하는 소자이며 저항값이 클수록 전류를 원활하게 흐르지 못하게 하는 역할을 한다. [그림 2-7]은 탄소저항기를 나타낸 것이다. 그림에서 저항은 색상으로 치수를 표시하며 리드선으로부터 가까이 있는 색 띠부터 순서를 표시한다. 저항의 치수를 보는 방법은 [표 2-3]의 색채 코드에 따라 저항값을 읽은 방법을 나타냈다. 저항은 1띠 갈색, 2띠 검은색, 3띠가 갈색, 4띠가 금색이면 100 Ω이 되며 오차는 5%인 저항을 의미한다.

[표 2-2] 금속 도체의 고유저항 (단위 : $10^{-8}$ (Ω·m))

| 원소 | 고유저항 | 원소 | 고유저항 |
|---|---|---|---|
| 은 | 1.69 | 니켈 | 6.90 |
| 동 | 10.5 | 철 | 10.0 |
| 알루미늄 | 2.83 | 백금 | 1.62 |
| 마그네슘 | 4.46 | 주석 | 11.4 |
| 몰리브덴 | 4.47 | 주석 | 21.9 |
| 아연 | 6.10 | 수은 | 95.8 |

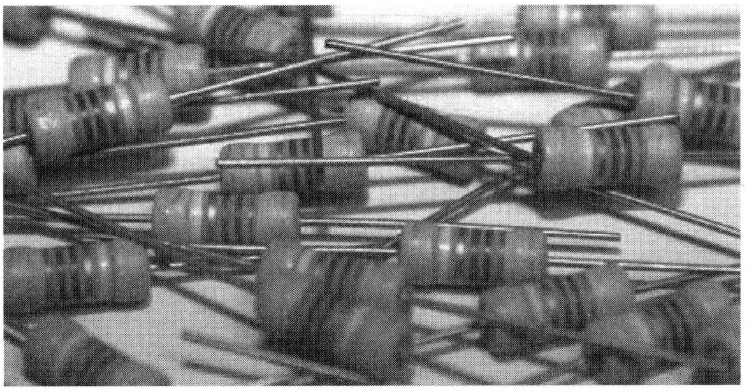

[그림 2-7] 탄소저항기

[표 2-3] 컬러코드에 따른 저항

| 컬러코드 | | 제1색대 | 제2색대 | 제3색대 | 제4색대 |
|---|---|---|---|---|---|
| | | 제1숫자 | 제2숫자 | 승수 | 공칭저항값 허용치(오차) |
| 흑색 | | 0 | 0 | 1 | |
| 갈색 | | 1 | 1 | 10 | 1% |
| 적색 | | 2 | 2 | 100 | 2% |
| 주황색 | | 3 | 3 | 1000 | |
| 노랑색 | | 4 | 4 | 10000 | |
| 녹색 | | 5 | 5 | 100000 | 0.5% |
| 청색 | | 6 | 6 | 1000000 | |
| 보라색 | | 7 | 7 | 10000000 | |
| 회색 | | 8 | 8 | 100000000 | |
| 흰색 | | 9 | 9 | 1000000000 | |
| 금색 | | | | 0.1 | 5% |
| 은색 | | | | 0.01 | 10% |
| 무색 | | | | | 20% |

첫째와 둘째 자리는 숫자로 읽고 세 번째 띠는 승수로 숫자만큼 0의 수를 의미하며 넷째 자리는 오차를 표시한다. 예를 들면 노랑, 보라, 흑색, 금색일 경우 4와 7 흑색은 10에 0승이기 때문에 47Ω에 오차는 5%가 된다. 만약 갈색, 흑색, 갈색이면 1과 0, 10에 1승은 10이기 때문에 100Ω이 된다. 갈색, 흑색, 갈색, 금색이면 1과 0, 10의

1승과 오차 5%의 저항으로 값은 100 Ω과 ±5%인 저항으로 100×0.05 = 5 Ω으로 저항의 실제 값은 (100 − 5) (100 + 5) = 95~105 Ω 사이의 저항이 된다.

## 2.3.1 전기회로도

전류가 흐를 수 있도록 전지, 도선, 스위치 등을 연결해 놓은 통로를 전기회로라 하며 전기회로를 도식화한 그림을 전기회로도라 한다. 전기회로도는 복잡한 전기회로의 해석을 용이하게 하기 위하여 기호를 사용하는 것이다. 이는 마치 건축 설계도를 작성할 때 건물의 벽, 문, 창문 등을 실제 모습이 아닌 간단한 그림으로 표시하는 것과 같다. 따라서 복잡한 전기회로를 회로도로 그리면 쉽게 이해할 수 있다. 반대로 전기회로를 만들기 전에 먼저 회로도를 그려 회로의 작동 여부를 판단할 수도 있다. [그림 2-8]은 실제도, [그림 2-9]는 회로도를 나타낸 것이다. 그림에서 건전지는 전압기호, 전구는 저항기호, 스위치는 스위치 기호를 이용하여 전기 회로도를 나타낸 것이다.

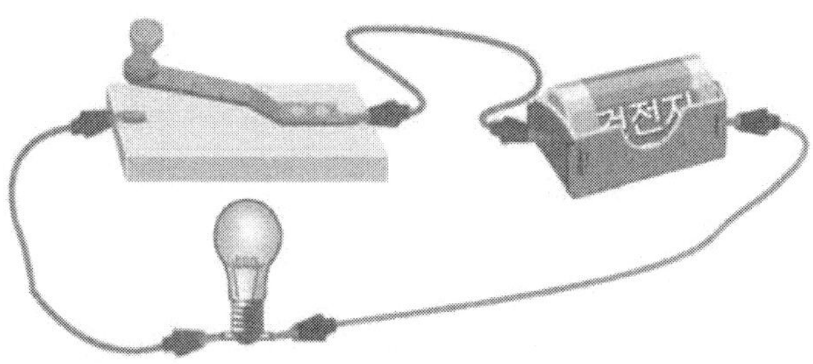


[그림 2-8] 실제도

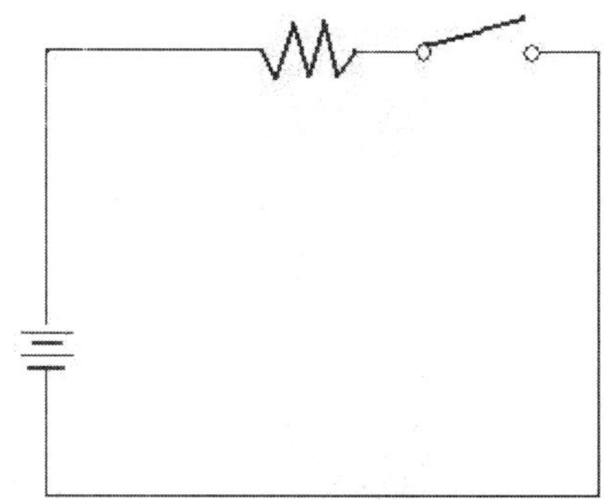

[그림 2-9] 회로도

[그림 2-10] 모터 제어기

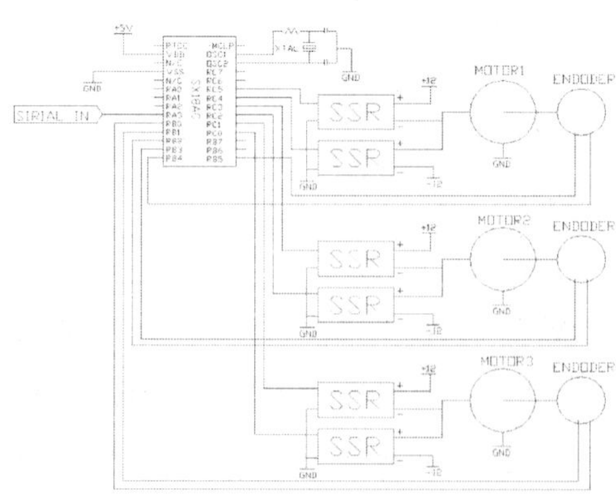


[그림 2-11] 모터 회로도

[표 2-4] 명칭에 따른 기호

| 명칭 | 기호 | 명칭 | 기호 |
|---|---|---|---|
| 저항 |  | 코일 | 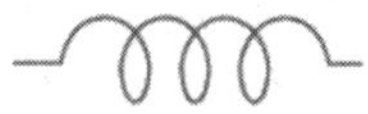 |
| 전압 | 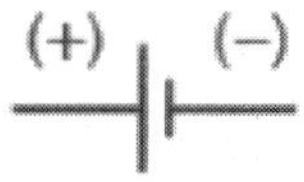 | 전구 |  |
| 스위치 |  | 전압계 |  |
| 전류계 |  | 교류전원 | 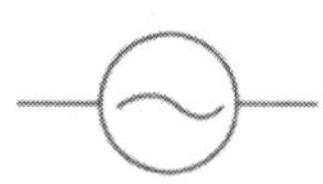 |
| 콘덴서 | 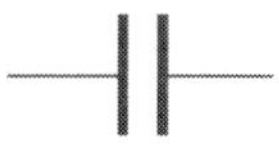 | 접지 | 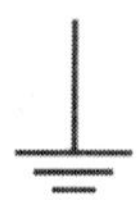 |
| 다이오드 |  | 전동기 |  |

[그림 2-10]은 시스템을 구동시키기 위한 모터 제어기, [그림 2-11]은 모터 회로도를 나타낸 것이다. [그림 2-8]처럼 나타내면 복잡하고 이해가 되지 않을 것이다. [표 2-4]는 명칭에 따른 기호를 나타낸 것이다. 회로도를 작성할 때 기호를 이용하여 작성하면 된다.

## 2.3.2 옴의 법칙

현대문명은 전기에 의해 급속하게 발전하고 있다. 전기난로나 전기오븐 및 빛을 발생하는 전구 등은 전류가 가지고 있는 에너지인 전자를 이동시켜 얻는 것이다. 전기소자는 전류의 On-off에 의해 작동을 하게 되며 전자들의 흐름에 의해 결정되는 것이다. 전류는 전위(전기적 위치에너지) 차이 때문에 발생하며 물이 높은 곳에서 낮은 쪽으로 흐르는 것처럼 전하도 전기적인 위치에너지를 줄이기 위해 전위가 높은 곳에서 낮은 곳으로 이동한다. 음전하가 많은 곳은 전위가 낮고, 양전하가 많은 곳은 전위가 높다고 하며 두 곳 사이에 통로가 생기면 양의 전하는 전위가 낮은 곳으로 이동한다.

음의 전하는 전위가 높은 곳으로 양쪽의 전위 차이가 사라질 때까지 이동한다.

전류와 전위차의 관계를 제일 처음으로 연구한 사람은 캐번디시(Cavendish)이며 라이덴병(대전된 입자를 모아둔 병)과 소금물로 채워진 유리관, 자신의 몸에 전기회로를 만들고 실험 조건을 변경해 가며 전류의 흐름에 따른 전기적 충격을 기록하여 전위 차이는 전류에 정비례한다는 사실을 알아냈다. 1827년 옴(Ohm)이 옴의 법칙을 제시하였다. 옴은 다양한 길이와 재질을 가지는 여러 도선들에 흐르는 전류를 측정하여 전위차와 전류는 정비례한다는 식 (2.8)을 확립하였다.

$$V = I \times R \ (V)$$

$$I = \frac{V}{R} \ (A)$$

$$R = \frac{V}{I} \ (\Omega) \tag{2.8}$$

여기서 $V$는 전위차 또는 전압, $I$는 전류, $R$은 저항이라고 하며 재료에 따라서 고유 저항값이 다르게 나타난다.

**예제 2.7** 70Ω 백열전구의 저항에 $2A$의 전류를 흘리기 위해서 몇 $V$의 전압을 가해야 되는지 구하시오.

[풀이] $V = I \times R$을 이용하여 $2 \times 70 = 140(V)$

**예제 2.8** 저항기에 $60V$의 직류전압을 인가하여 $2.4A$의 전류가 흘렀다. 이 저항기의 저항은 몇 Ω인가?

[풀이] $R = \frac{V}{I}$을 이용하여 $\frac{60}{2.4} = 25\ (\Omega)$

도선의 양단에서 전자를 차단하거나 전자를 공급해 주지 않고 전위차만 있다면 도선 양단에서의 전위는 전하의 이동에 의해 같아지고 전류가 흐르지 않지만 도선의 양단에 전위차를 유지해 주기 위해 한쪽에서 전하를 공급해주고 타단으로 이동시키면 도선에 전류가 흐르는 것이 전지(Battery)이다. 저항이 생기는 이유는 전기가 금속선을 이용하여 내부에서 전자들이 자유롭게 움직이기 때문이다. 금속 내에는 전자를 당기는 양의 전하를 가진 원자핵들이 있고 공간에 주기적으로 배치되어 격자(Lattice)를 형성한다. 금속의 원자들은 최외각전자들을 쉽게 빼앗기며 빠져나온 자유전자들은 금속선에서 이동하며 도선 양단에 전위차가 생기지 않으면 도선을 따라 일정한 방향으로 흐르는 전류가 발생할 수 없다. 도선의 양단에 전지의 음극과 양극을 연결하면 음전하를 가진 전자들은 양극 쪽의 높은 전위를 낮추기 위해 이동하고 전자가 양극 쪽으로 이동하여 전류가 흐르게 된다. 전기장은 전위가 높은 곳에서 낮은 곳으로 향하고, 음전하를 가진 전자는 전기장의 반대 방향으로 힘을 받아 전위가 높은 쪽으로 전자가 이동하게 된다. 그러나 금속은 불순물을 포함하고 있거나 결함을 가지고 있기 때문에 전자의 흐름을 방해한다. 또한 금속을 이루는 원자들은 빠르게 진동하고 있어서 전자의 흐름을 방해하는 역할을 한다.

구리 도선에서 전자의 운동속도는 빛의 속도의 1/100 정도로 1 $\mathrm{cm}^2$의 단면적을 가진 구리 도선에 1$A$의 전류가 흐를 때의 속도에 대하여 시간당 3 mm에 불과하지만 스위치를 On하면 전기 장치들이 작동한다. 이유는 도선 속의 자유전자들이 도선에 전위차가 생기면 도선 끝에 있던 전자들이 이동하기 때문이다. 이것은 파이프 안에 물이 가득 들어 있을 때 한쪽에 물을 넣으면 다른 쪽으로 물이 나오는 것과 같은 원리이다.

저항은 길이에 정비례하고 단면적에 반비례한다. 저항의 크기는 단면적과 재질에 따라 변하고 길이가 두 배인 도선일 경우 도선 내부에 걸리는 전기장의 전위차가 두 배 긴 거리에 생겨서 전위의 공간에 대한 변화율의 크기는 절반이 된다. 옴의 법칙에 의해서 도선의 두께와 길이에 대해 저항이 어떻게 변할지 알 수 있다. 따라서 저항은 도선의 길이를 $L$, 단면적을 $A$라 할 때, 저항을 식 (2.9)와 같이 나타난다.

$$R = \rho \frac{L}{A} \tag{2.9}$$

여기서 $\rho$는 도선의 재질, 온도 등에 따라 결정되는 값으로 비저항이라고 부르고 저항의 단위는 옴(Ω)이다. 1Ω은 1$V$의 전위 차이에 의해 1$A$의 전류가 흐를 때의 저항값이며 단위는 Ω·m가 된다. 비저항이 클수록 큰 전류가 흐르고 나무나 고무 등의 부도체는 값이 0이기 때문에 전류가 흐르지 않는다. 비저항값은 도선 내부에 있는 격자 결함이나 불순물의 밀도에 따라 비례하며 원자들의 진동이나 전자들의 산란은 온도에 영향을 받는다.

## 2.3.3 저항의 접속

저항을 접속하여 전기회로의 전압 및 전류를 조정하는 것을 전기제어(Electric control)라고 하며, 저항을 연결하는 방식에 따라 직렬접속(Series connection), 병렬접속(Parallel connection), 직병렬접속(Series-parallel connection)으로 분류하고 있다.

### 1) 직렬접속

[그림 2.12]와 같이 저항 $R_1$, $R_2$, $R_3$를 직렬로 접속하고, 전압 $V(V)$을 가하면 전류 $I(A)$가 흐른다. 각 저항에 걸리는 전압강하 $V_1$, $V_2$, $V_3$는 옴의 법칙에 의하여 식 (2.10)과 같이 나타낸다.

$$V_1 = IR_1 \ (V)$$
$$V_2 = IR_2 \ (V)$$
$$V_3 = IR_3 \ (V) \quad (2.10)$$

전원전압은 전기회로의 평행조건에 의하여 각 저항에 걸리는 전압강하의 합과 같기 때문에 식 (2.11)과 같다.

$$V = V_1 + V_2 + V_3 \ (V) \quad (2.11)$$

식 (2.10)을 식 (2.11)에 대입하면 식 (2.12)로 나타낼 수 있다.

$$V = IR_1 \times IR_2 \times IR_3 = I ( R_1 + R_2 + R_3 ) \ (V) \quad (2.12)$$

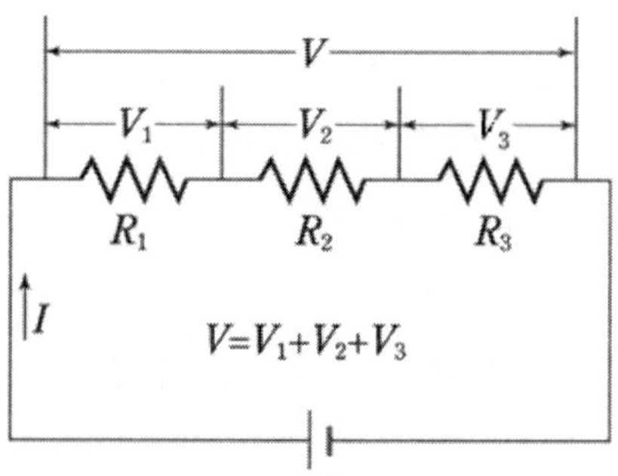


[그림 2-12] 저항의 직렬접속

전체 저항 $R_0$는 각 저항의 값을 합한 합성저항(Combined or total resistance) 또는 등가저항(Equivalent resistance)이라고 하며 식 (2.12)에 의하여 다음과 같이 나타낸다.

$$R_0 = \frac{V}{I} = \frac{I(R_1 + R_2 + R_3)}{I} = R_1 + R_2 + R_3 \ (\Omega) \qquad (2.13)$$

따라서 $R_1$, $R_2$, $R_3$, ……, $R_n$ (Ω)의 $n$개를 직렬로 접속할 때 합성저항은 식 (2.14)와 같다.

$$R_0 = R_1 + R_2 + R_3 + \cdots\cdots + R_n \ (\Omega) \qquad (2.14)$$

같은 저항 $R$을 $n$개를 직렬로 접속하면 합성저항은 식 (2.15)와 같다.

$$R_0 = R + R + R + \cdots\cdots + R = nR \ (\Omega) \qquad (2.15)$$

식 (2.13)과 식 (2.14)에서와 같이 전기회로에서 저항을 크게 하기 위해서는 저항을 직렬로 연결하면 된다는 것을 알 수 있다. [그림 2-12]에서 각 저항 양단 사이의 전압비는 식 (2.16)과 같다.

$$V_1 : V_2 : V_3 = R_1 I : R_2 I : R_3 I = R_1 : R_2 : R_3 \qquad (2.16)$$

저항의 직렬접속회로에 있어서 각 저항에 나타나는 전압은 각 저항값에 비례하며 전체 전압에 분배된 값이다. 각 저항에 분배된 전압 $V_1$, $V_2$, $V_3$는 식 (2.17)과 같다.

$$V_1 = \frac{R_1}{R_0} V \ (V)$$

$$V_2 = \frac{R_2}{R_0} V \ (V)$$

$$V_3 = \frac{R_3}{R_0} V \ (V) \qquad (2.17)$$

**예제 2.9** [그림 2-13]과 같은 회로에서 합성저항 $R_0$, 전류 $I$, 각 저항에 걸리는 전압 $V_1$, $V_2$, $V_3$을 구하시오.

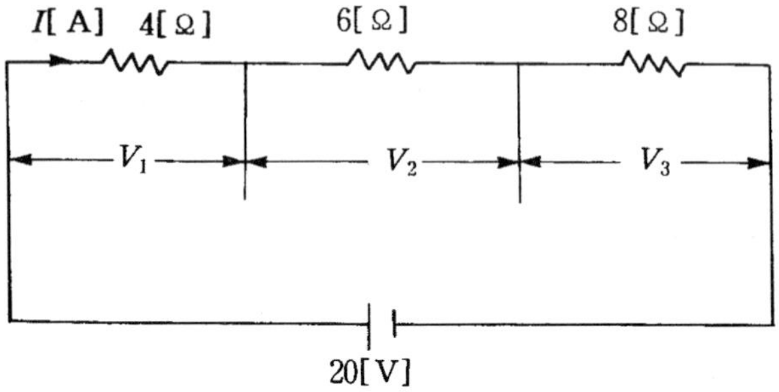


[그림 2-13] 예제 2.9

[풀이] 식 (2.14)를 이용하여 합성저항

$$R_0 = R_1 + R_2 + R_3 = 4 + 6 + 8 = 18\ (\Omega)$$

전류 $I = \dfrac{V}{R_0} = \dfrac{20}{18} = 1.11\ (A)$

각 저항에 걸리는 전압 $V_1 = IR_1 = 1.11 \times 4 = 4.44\ (V)$

$$V_2 = IR_2 = 1.11 \times 6 = 6.66\ (V)$$

$$V_3 = IR_3 = 1.11 \times 8 = 8.88\ (V)$$

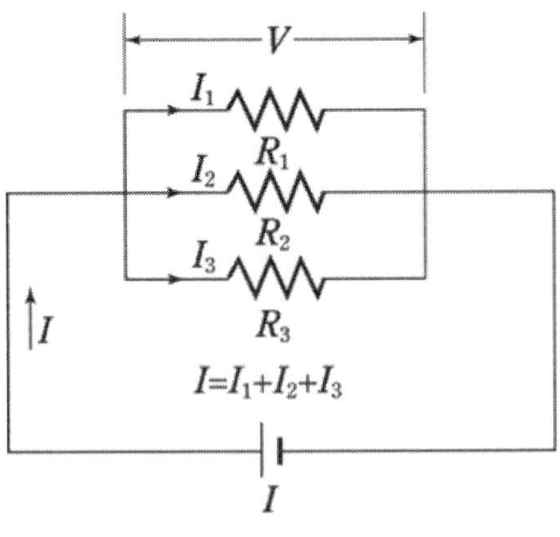


[그림 2-14] 저항의 병렬접속

### 2) 병렬접속

[그림 2-14]는 저항 $R_1$, $R_2$, $R_3$을 병렬로 접속하고, 전압 $V(V)$을 가하면 각 저항에 걸리는 전류 $I_1$, $I_2$, $I_3$는 지로전류(Branch current)라고 하고 옴의 법칙에 의하여 식 (2.18)과 같다.

$$I_1 = \frac{V}{R_1}\ (A)$$

$$I_2 = \frac{V}{R_2}\ (A)$$

$$I_3 = \frac{V}{R_3}\ (A) \tag{2.18}$$

병렬회로의 특징은 각 저항에 걸리는 전압이 항상 일정하다는 것으로 전체 전류 혹은 전전류(Total current)는 각 지로에 흐르는 전류의 합이 되기 때문에 식 (2.19)로 나타낼 수 있다.

$$I_0 = I_1 + I_2 + I_3\ (A) \tag{2.19}$$

식 (2.18)을 식 (2.19)에 대입하면 식 (2.20)으로 나타낼 수 있다.

$$I_0 = \frac{V}{R_1} \times \frac{V}{R_2} \times \frac{V}{R_3} = V\left(\frac{1}{R_1} + \frac{1}{R_2} + \frac{1}{R_3}\right)\ (V) \tag{2.20}$$

여기서 전체 저항 $R_0$는 식 (2.21이 된다.

$$R_0 = \frac{V}{I_0} = \frac{1}{\left(\frac{1}{R_1} + \frac{1}{R_2} + \frac{1}{R_3}\right)}\ (\Omega) \tag{2.21}$$

따라서 $R_1$, $R_2$, $R_3$, ……의 $m$개를 병렬로 접속할 때 합성저항은 식 (2.22)와 같이 나타난다.

$$R_0 = \frac{1}{\frac{1}{R_1} + \frac{1}{R_2} + \frac{1}{R_3} \cdots\cdots}(\Omega) \tag{2.22}$$

같은 저항 $R$을 $m$개를 병렬로 접속하면 합성저항은 식 (2.23)과 같다.

$$R_0 = \frac{1}{\frac{1}{R} + \frac{1}{R} + \frac{1}{R} \cdots\cdots} = \frac{1}{\frac{m}{R}} = \frac{R}{m}\ (\Omega) \tag{2.23}$$

그림 2.3에서에서 각 저항에 흐르는 전류비는 식 (2.24)와 같다.

$$I_1 : I_2 : I_3 = \frac{V}{R_1} : \frac{V}{R_2} : \frac{V}{R_3} = \frac{1}{R_1} : \frac{1}{R_2} : \frac{1}{R_3} \tag{2.24}$$

저항의 병렬접속회로에 있어서 각 지로에 흐르는 전류의 비는 각 저항값에 반비례하여 흐르고, 각 지로에 흐르는 전류 $I_1$, $I_2$, $I_3$는 식 (2.25)와 같다.

$$I_1 = \frac{R_0}{R_1} I\ (A)$$

$$I_2 = \frac{R_0}{R_2} I\ (A)$$

$$I_3 = \frac{R_0}{R_3} I\ (A) \tag{2.25}$$

**예제 2.10** [그림 2-15]와 같은 회로에서 저항 $R_1$은 $4\,\Omega$, $R_2$는 $5\,\Omega$, $R_3$는 $8\,\Omega$이 되는 저항을 병렬접속하고 여기에 $40\,\mathrm{V}$의 전압을 가할 때 각 저항에 흐르는 전류와 전체전류는 몇 $A$, 합성저항은 몇 $\Omega$인지 구하시오.

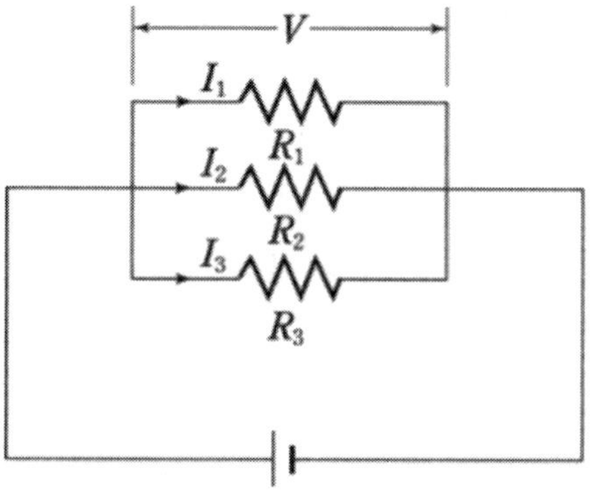


[그림 2-15] 예제 2.10

[풀이] 식 (2.25)를 이용하여 각 저항에 흐르는 전류는

$$I_1 = \frac{V}{R_1} = \frac{40}{4} = 10(A)$$

$$I_2 = \frac{V}{R_2} = \frac{40}{5} = 8(A)$$

$$I_3 = \frac{V}{R_3} = \frac{40}{8} = 5(A)$$

전체전류는 식 (2.19)를 이용하면

$$I_0 = I_1 + I_2 + I_3 = 10 + 8 + 5 = 23\ (A)$$

합성저항은 식 (2.21)을 이용하면

$$R_0 = \frac{V}{I_0} = \frac{40}{23}\ (\Omega)$$

또는 식 (2.22)를 이용하면

$$R_0 = \frac{1}{\frac{1}{4} + \frac{1}{5} + \frac{1}{8}} = \frac{40}{23}\ (\Omega)$$

### 3) 직병렬 접속

[그림 2-16]은 직병렬 접속회로의 계산을 나타낸 것이다. 저항이 직렬과 병렬이 함께 연결된 경우는 병렬저항에 대한 합성저항을 먼저 구하면 병렬저항의 합성저항이 직렬로 연결된 것으로 볼 수 있어 다시 직렬저항처럼 생각하여 저항을 구할 수 있다. [그림 2-16]처럼 병렬저항부분을 계산하고 병렬저항의 합성저항값은 5(Ω)이므로, 전체

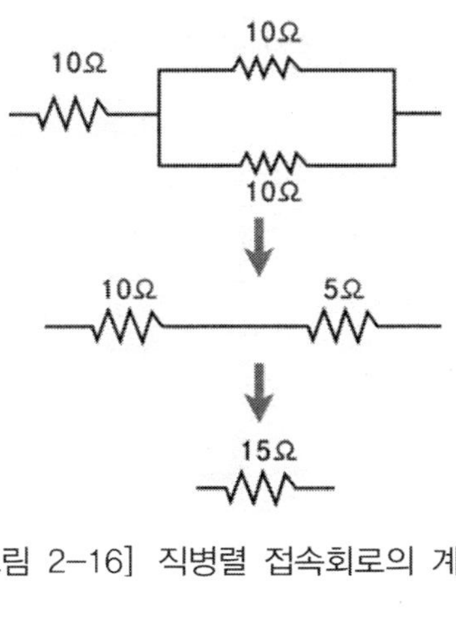


[그림 2-16] 직병렬 접속회로의 계산

저항은 직렬저항 5(Ω)과 10(Ω)이 연결된 것과 등가회로가 되고, 직렬저항 연결식을 사용하면 전체 합성저항은 15(Ω)이 된다.

전기회로는 전류의 순환회로를 의미하며 회로라고도 한다. 전기회로 내 전류의 흐름을 수학적으로 표현하는 두 가지 기본법칙은 옴의 법칙과 키르히호프의 법칙이다. 전기회로는 저항, 콘덴서, 트랜지스터, 진공관 등의 회로소자로 구성되어 있다. 동선으로 연결되어 있는 소자는 수동소자와 능동소자로 나눌 수 있다. 수동소자는 에너지가 생성되거나 변하지 않는 소자로 저항, 콘덴서, 코일 등이 있고 능동소자는 에너지를 생성하고 변환이 가능한 소자로 트랜지스터 등이 있다. 전기회로는 전원에 따라 직류회로 및 교류회로로 구분된다. 직류회로는 전류가 한 방향으로만 흐르고, 교류회로는 시간에 따라 전류의 방향이 수시로 변하는 것이다.

## 키르히호프의 법칙

독일의 물리학자 키르히호프가 발견한 법칙으로 전류에 관한 법칙과 열복사에 관한 법칙이 있다. 전류에 관한 법칙은 제1법칙과 제2법칙이 있는데 복잡한 회로에서 전류를 구할 때 사용되며 분기점에서 흘러 들어오고 나가는 전류의 총합은 0이라는 것이다. 이는 전하량 보존의 법칙에 근거를 둔다. 제2법칙은 폐회로의 법칙이라고 하고 임의의 폐회로에서 회로 내의 모든 전위차의 합은 0이라는 것으로 에너지 보존의 법칙을 적용한 것이다.

### 2.4.1 제1법칙 (전류평형의 법칙)

제1법칙은 접합점법칙 또는 전류법칙이라고 하며 회로 내의 어떤 접속점을 측정해도 그곳에 들어오거나(+) 나가는(−) 전류를 양과 음의 부호를 붙여 구별하면 들어오고 나가는 전류의 총합은 0이 된다. 즉, 전류가 흐르는 도선의 접속점에 들어오는 전류와 나가는 전류의 합이 같다. [그림 2-16]은 회로망에서 한 접속점으로 지로전류가 작용하고 있는 것을 나타낸 것이다. 지로 전류 $I_1$, $I_2$, $I_3$, $I_4$, $I_5$에서 들어오는 전류의 합 $I_i$ $(A)$는 식 (2.26)으로 나타낼 수 있다.

$$I_i = I_1 + I_3 \ (A) \tag{2.26}$$

나가는 전류의 합 $I_o$ $(A)$는 식 (2.27)로 나타낸다.

$$I_o = I_2 + I_4 + I_5 \ (A) \tag{2.27}$$

접속점을 통하여 들어오는 전류의 합과 나가는 전류의 합은 같다는 것이다. 평형조건은 식 (2.28)과 같다.

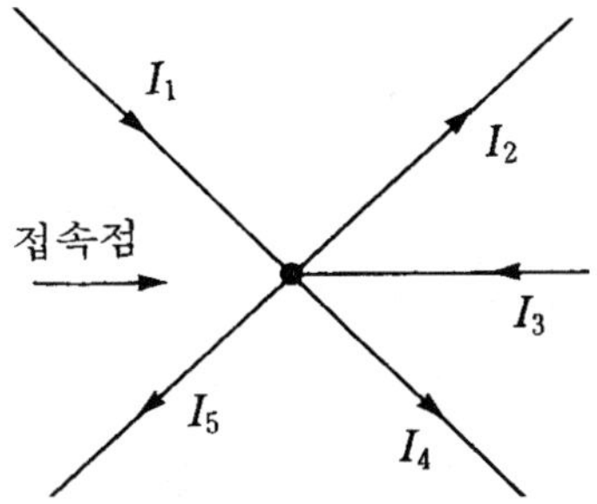


[그림 2-17] 한 접속점의 지로전류

$$I_1 + I_3 = I_2 + I_4 + I_5 \tag{2.28}$$

식 (2.28)에서 접속점을 기준으로 식 (2.29)로 나타낼 수 있다.

$$I_1 + (-I_2) + I_3 + (-I_4) + (-I_5) = 0$$

$$\sum I = 0 \tag{2.29}$$

**예제 2.11** [그림 2-18]에서 접속점 0에 들어오는 전류를 (+), 나가는 전류를 (−)라고 하면 전류는 어느 방향으로 몇 $A$가 흐르는지 계산하시오.

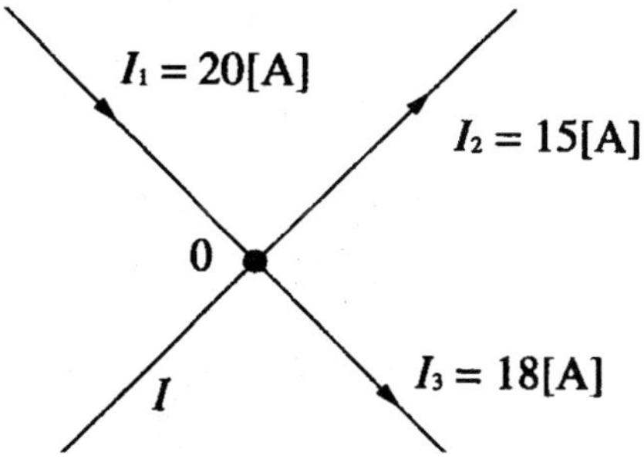


[그림 2-18] 예제 2.11

[풀이] 키르히호프의 제1법칙을 적용하면 O점에 들어오는 전류의 합은 나가는 전류의 합과 같아야 한다.

$$I_i = 20(A)$$

$$I_o = -25 - 18 = -33(A)\ (A) \qquad \therefore\ I = 13(A)$$

### 2.4.2 제2법칙 (전압평형의 법칙)

폐회로 법칙 또는 전압법칙이라고 하며 폐회로 내의 모든 전위차의 합은 0이다. 임의의 폐회로를 따라 전류가 흐르면 회로내의 기전력의 총합은 각 저항에 의한 전압 강하의 총합과 같다. 먼저 회로의 회전 방향(시계방향 또는 반시계방향)을 정하고 같은 방향으로 흐르는 기전력 E와 전압강하 $IR$의 부호를 정한다. 전류와 저항과의 곱의 총합은 그 속에 포함된 기전력의 총합과 같다. 이 법칙은 직류와 교류에 대하여 모두 적용할 수 있으며, 저항 외에 인덕턴스, 콘덴서를 포함하거나 저항을 임피던스로 바꿀 수 있다. 제2법칙은 에너지 보존법칙에 근거한 것이다.

[그림 2-19]에 대한 키르히호프의 제2법칙은 회로망 중 폐회로(Coles circuit or loop) 내에서 회전 방향으로 전류가 흐르면 폐회로 내의 기전력의 합은 폐회로 내에 생긴 전압강하의 합과 같다는 것이다. 따라서 식 (2.30)으로 나타낼 수 있다.

$$\sum (E_i) = \sum (V_i) \tag{2.30}$$

여기서 $E_i$는 기전력, $V_i$는 전압강하를 의미한다. 그림과 같은 회로망 중의 폐회로에

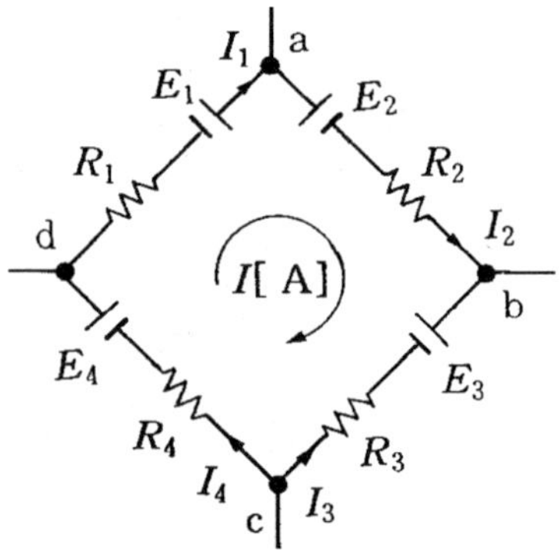


[그림 2-19] 키르히호프의 제2법칙

흐르는 전류를 순환전류(Circule current) $I(A)$로 가정하여 정하면 폐회로내에 순환 전류 방향과 기전력의 방향이 반대이면 – 부호로 표시하고 같은 방향이면 기전력은 + 부호를 붙여서 식 (2.31)과 같이 나타낸다.

$$\sum E_i = E_1 - E_2 - E_3 + E_4 \ (V) \tag{2.31}$$

각 지로에 흐르는 전류가 정해진 순환 전류의 방향과 같으면 그 지로의 전압강하도 + 부호가 되고 방향이 반대이면 – 부호의 전압강하가 되어 식 (2.32)와 같다.

$$\sum V_i = I_1 R_1 + I_2 R_2 - I_3 R_3 + I_4 R_4 \ (V) \tag{2.32}$$

식 (2.31)와 식 (2.32)을 이용하여 식 (2.33)으로 표현할 수 있다.

$$E_1 - E_2 - E_3 + E_4 =\cdot I_1 R_1 + I_2 R_2 - I_3 R_3 + I_4 R_4 \ (V) \tag{2.33}$$

식 (2.33)을 정리하면 식 (2.34)와 같이 된다.

$$\sum E_i = \sum I_i R_i \tag{2.34}$$

## 전지의 접속

전지가 없다면 생활을 하는데 있어서 불편할 것이다. 휴대전화, 각종 리모컨, 전기자동차, 노트북 등 여러 분야에 전지가 이용하고 있다. 전지는 +, –의 두 개의 전극과 전해질로 구성되어 있고 +, – 전극은 전해질과 접촉이 되어있다. +, – 전극끼리는 접촉하면 아크 및 방전 등의 위험을 방지하기 위해 두 전극 사이에 격리판(Separator)으로 분리하고 있고 전지는 화학반응에 의한 에너지를 전기에너지로 전화하는 것이다. 전지를 장치에 연결하면 2개의 전극에서 산화반응과 환원반응이 일어난다. 금속 리튬은 대기 중에서 산화 및 환원반응을 거쳐 산화리튬으로 변한다. 산화리튬으로 변하는 이유는 금속 리튬이 전자를 잃어버려 리튬 이온이 되며, 공기 중의 산소는 전자를 획득하여 산소 음이온으로 변하기 때문이다.

양극(+)에서 산화 반응이 일어나서 생성된 전자들은 회로와 연결된 장치나 기기로 이동하여 전자들이 최종적으로 전지의 음(−)극으로 흘러 전지 내부에서 일어나는 환원 반응에 의해서 화학반응 에너지가 전기에너지로 변환되는 것이다.

## 2.5.1 직렬접속

전기 소자(저항, 코일, 콘덴서 등)나 전원 등을 일렬로 접속하는 것으로 높은 전압이 필요로 할 때 전지를 직렬로 접속하는 것이다. 전기공학 분야에서 전지, 저항, 콘덴서 등을 일렬로 연결하는 접속법을 직렬접속이라고 한다. 전지를 직렬로 접속하기 위해서는 전지의 +단자와 −단자를 연속적으로 배치하면 된다. 기전력의 총합은 전지의 기전력에 더해져 증가하게 되며 저항의 직렬접속은 극성이 없기 때문에 연결하는 순서에 관계없어 회로를 만들면 된다. 직렬로 연결한 저항의 총합은 저항의 합으로 저항값이 증가한다.

직렬로 연결된 저항에 전압을 인가하면 모든 저항에 동일한 전류가 흐르고, 각 저항의 전압은 인가된 전압의 저항값에 대한 비로 배분한 결과로 나타난다. 콘덴서의 직렬접속에서 정전용량의 총합은 각 콘덴서 정전용량의 역수의 합으로 나타난다. 따라서 저항을 구하는 방법을 역으로 생각하면 된다. 콘덴서가 직렬로 연결되었을 때 병렬로 연결된 저항을 구하는 방법이다. 직렬로 접속된 콘덴서의 양단에 전압을 가하면 각 콘덴서의 전압은 인가된 전압을 콘덴서 용량의 역수의 비로 배분한 값이다. [그림 2−20]은 전지의 직렬접속을 나타낸 것이다. 그림에서 기전력이 $E_1$, $E_2$, $E_3(V)$이고, 내부저항이 $r_1$, $r_2$, $r_3(\Omega)$인 전지 3개를 직렬로 접속하고 저항 $R(\Omega)$의 부하저항을 연결하였을 때 회로에 흐르는 전류를 $I(A)$라하고 점선으로 표시된 화살표 방향에 키르히호프

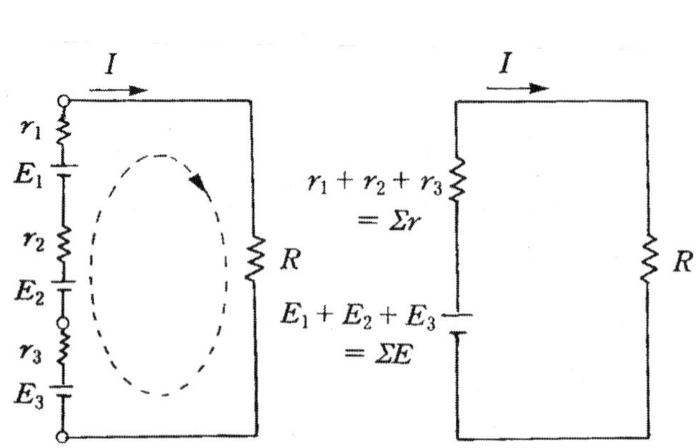


[그림 2−20] 전지의 직렬접속

의 제2법칙을 적용하면 식 (2.35)와 같이 나타난다.

$$E_1 + E_2 + E_3 = r_1 I + r_2 I + r_3 I + RI\ (A) \tag{2.35}$$

식 (2.35)을 이용하여 전류를 구하면 식 (2.36)으로 구할 수 있다.

$$I = \frac{E_1 + E_2 + E_3}{r_1 + r_2 + r_3 + R}\ (A) \tag{2.36}$$

여기서 $E_1 + E_2 + E_3 = \sum E(V)$, $r_1 + r_2 + r_3 = \sum r(\Omega)$이라고 하면 그림처럼 표현이 가능하고 기전력 $E(V)$, 내부저항 $r(\Omega)$인 전지 $n$개를 직렬로 접속하면 식 (2.37)과 같이 나타낼 수 있다.

$$I = \frac{nE}{nr + R}\ (A) \tag{2.37}$$

## 2.5.2 병렬접속

기전력이 같은 전지를 병렬로 연결하여 사용해야 되며 기전력이 다른 전지는 병렬로 접속하면 문제가 발생할 수 있다. [그림 2-21]은 전지의 병렬접속을 나타낸 것이다. 그림에서 기전력 $E(V)$, 내부저항 $r(\Omega)$인 전지 N개를 병렬로 접속하고 부하저항 $R$ $(\Omega)$을 연결하였을 때 회로에 흐르는 전류를 $I(A)$라 하면 전지의 기전력과 내부 저항이 같기 때문에 전지에는 $I/N(A)$의 전류가 흐른다. 점선의 폐회로(I)에 키르히호프의 제2법칙을 적용하면 식 (2.38)과 같다.

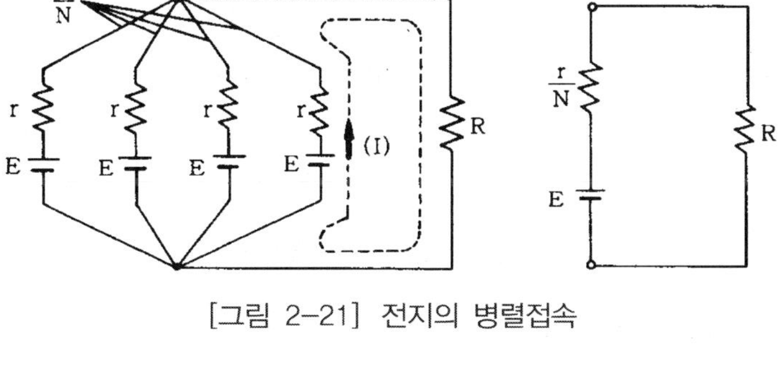


[그림 2-21] 전지의 병렬접속

$$\frac{r}{N} I + RI = E \tag{2.38}$$

병렬로 접속한 경우 전류는 식 (2.39)로 나타낼 수 있다.

$$I = \frac{E}{\frac{r}{N} + R} \ (A) \tag{2.39}$$

## 줄의 법칙

영국의 줄(Joule : 1818~1889)은 맨체스터에서 출생하여 열역학 제1법칙(에너지보존법칙)을 만들었다. 줄은 패러데이의 전자기유도 현상을 적용하여 전류로부터 일을할 수 있도록 전류가 흐르는 동선에서 부하에 의해 발생하는 열을 이용하였다. 열량과 전류의 관계를 파악하여 전류가 흐를 때 발생하는 발열 작용에 대한 줄의 법칙을 수립하였다. 줄의 법칙은 저항 $R$의 선에 전류 $I$를 흐르게 하면, 도체 내에 단위 시간에 소비되는 에너지 $I^2 R$은 전부 열이 되는 것으로 도체에 $t$(s)의 시간동안 발생된 열에너지는 식 (2.40)과 같다.

$$H = I^2 Rt \ (J) \tag{2.40}$$

여기서 $H$는 줄열(Joule heat)이라고 한다. 열량을 표시할 때는 칼로리(cal)라는 단위로 사용하며 $J$과 cal와의 관계 식은 (2.41)과 같다.

$$1 \ (\text{cal}) = 4.186 \ (J) \tag{2.41}$$

줄열과 전력과의 관계는 식 (2.42)로 표현할 수 있다.

$$H = 0.24 P \ (\text{cal}) \tag{2.42}$$

식 (2.42)에서 전력 대신 전압 및 전류로 표현하면 식 (2.43)으로 나타난다.

$$H = 0.24 EIt \ (\text{cal}) \tag{2.43}$$

**예제 2.12** 500(Ω)의 저항을 갖는 전기다리미에 2(*A*)의 전류를 1분간 사용했을 때 발생된 열량은 몇 cal인지 구하시오.

[풀이] 식 (2.42)의 $H = 0.24\,EIt$를 이용하면

$$0.24 \times 2^2 \times 500 \times 60 = 28{,}800\,(\text{cal})$$

## 열전현상

2개의 다른 금속을 도선으로 연결하여 폐회로를 만들고 양단에 온도차를 주면 두 접점사이에 전위차가 발생하는 것이다. 이를 열전현상(Thermo−electric effect)이라 고하며 발생한 전위차를 열기전력이라고 한다. 열전현상은 양단 간의 온도차를 이용하여 기전력을 얻어내는 제베크효과, 기전력으로 냉각과 가열을 하는 펠티에효과, 도체 선상의 온도차에 의해 기전력이 발생하는 톰슨효과로 구분한다. 1821년 제베크가 열전현상을 처음 발견하여 제베크효과(Seebeck effect)라고도 한다. 제베크효과는 서로 다른 2개의 전도물질로 이루어진 회로에서 2개의 전도물질의 접촉점들에 온도 차이를 만들면 전류 또는 전압이 발생하는 것으로 온도가 높은데서 낮은쪽으로 이동하는 열에 의해 전류가 발생되는 것이다.

1834년에 펠티에는 성분이 다른 도체로 이루어진 회로를 통해 직류가 도통되면 전류의 방향에 따라 도체의 한쪽은 가열되고 다른 쪽은 냉각되는 현상이다. 이를 펠티에효과(Peltier effect)라고 하며 열전와는 반대의 개념이다. 1854년 윌리엄 톰슨은 펠티에효과와 제베크효과의 상관관계를 정의하였다. 혼합물이 포함되지 않은 순금속인 도체의 양 끝에 전위차가 발생하면 도체의 양 끝에서 열의 흡수나 방출이 일어나는 현상을 발견하여 톰슨효과(Thomson effect)라고 하였다.

## 정전현상

부도체에 마찰력을 가하면 흡입력과 반발력이 발생하는 현상이 나타나며 정전기는 전하가 정지 상태에서 전하의 분포가 시간에 따라 변화하지 않는 전기를 말한다. 유리

막대를 천으로 문지르면 유리 막대에 양전기가 생기고 금속을 털로 문지르면 금속에 음전기가 생기는 현상이다. 습도가 낮고 건조한 겨울철에 정전기 발생이 증가한다. 정전기가 심하면 주유소에서 기름을 넣던 자동차에 불이 붙거나 금속으로 된 문고리를 잡을 때 정전기가 발생한다. 습도가 낮을 때 스웨터를 벗거나 털 카펫 위를 걸을 때 수만 볼트의 정전기가 생길 수도 있다. 정전기는 전압만 높고 전류가 짧은 순간에 발생하고 사라지기 때문에 정전기로 인한 피해는 발생하지 않는다.

전기적으로 관계없는 물질에 마찰 등 자극을 주면 전기가 발생하는 것을 대전(Electrification)이라고 하며 대전이 발생하는 물질을 대전체라고 한다. 또한 마찰에 의해 발생하는 전기를 마찰전기라고 한다. 전기적인 성질이 없는 물질에 마찰력을 가하면 짧은 시간 동안 전기적인 성질을 갖게 되는 전기를 정전기(Electrostatic)라고 하며 이때의 현상을 대전현상(Electrification phenomena) 또는 정전현상(Electrostatic phenomena)이라고 한다. 대전체 사이에 작용하는 인력 및 반력을 전기력선(Line of electrostatic force) 또는 전력선이라고 하며 대전체로 인하여 정전기의 영향을 주는 전기력선이 영향을 주는 공간을 전장(Electrostatic field) 또는 전계라고 한다.

정전기를 방지하기 위해 천연 소재로 만들어진 카펫을 사용하고 문의 금속 손잡이에 천연 섬유를 씌워 두거나 금속 물체에 손을 살짝 대어 정전기를 방전시킨 다음 물체를 잡으면 정전기의 피해를 줄일 수 있다. 정전기를 이용한 복사기는 전류에 의해 음전하를 가지고 있는 토너 입자들이 정전기에 의해 상이 비친 부분에 달라붙는 현상을 이용한 것이다. 정전유도를 이용하여 종이를 밀착시키고 아래에서 양전하를 보내면 드럼에 붙어 있던 음전하의 토너 입자들이 이동하여 종이쪽에 붙는 것이다.

## 쿨롱의 법칙

프랑스의 쿨롱(Coulomb, 1736~1806)은 전하 사이에 작용하는 힘에 대한 법칙을 발견하였다. 쿨롱은 진공 상태의 두 대전체 사이에 작용하는 힘을 정량적으로 측정하여 전계 내에 작용하는 힘에 대하여 설명하였다.

① 같은 종류의 전하 사이에는 반발력(Force repulsion)이 작용하고, 다른 종류의 전하 사이에는 흡인력(Force of attraction)이 작용한다.

② 대전체 사이에 작용하는 힘은 각각의 대전체가 갖는 전하의 곱에 비례한다.

③ 대전체 사이에 작용하는 힘의 크기는 대전체 사이의 거리의 제곱에 반비례한다.

④ 대전체 사이에 작용하는 힘의 방향은 2개의 대전체를 연결한 직선에 따르며 식 (2.44)과 같다.

$$F \propto \frac{Q_1 \ Q_2}{r} \tag{2.44}$$

식 (2.44)는 쿨롱의 법칙(Coulomb's law)이라고 하며 식 (2.45)는 비례상수 $K$를 적용한 것이다.

$$F \propto K \frac{Q_1 \ Q_2}{r} \tag{2.45}$$

여기서 $K$는 대전체로 사용하는 재료가 가지고 있는 도전율에 따라서 결정되는 값이다. 비례상수 $K$는 식 (2.46)으로 계산된다.

$$K = \frac{1}{4 \pi \varepsilon_0} \tag{2.46}$$

여기서 $\varepsilon_0$은 유전율이라고 하며 유전율은 외부 전기장에 유전체를 가하면 유전분극 현상이 일어난다. 가해진 외부 전기장에 반대 방향으로 분극에 의한 전기장이 발생하며 유전체내 전기장 세기의 비율이 유전율이다. 유전율은 전기변위장(Electric displacement field) $D$와 전기장 $E$로 식 (2.47)과 같다.

$$D = \varepsilon E \tag{2.47}$$

전기변위장은 전기장을 만드는 전하량에만 관계하는 양이다. 따라서 일정한 전하량일 경우 유전율이 높을수록 전기장은 작아지고 유전체 내에서 유전분극이 증가한다.

물질 속의 전기 변위장 $D$와 전기장 $E$ 사이에는 $D = \varepsilon E$의 비례관계를 가지며 $\varepsilon$을 진공의 유전율 $\varepsilon_0$로 나눈 값 $\varepsilon / \varepsilon_0$를 비유전율이라고 한다. 콘덴서에는 유전율이 큰 유전체가 사용된다. [표 2-5]는 물질의 비유전율을 나타낸 것이다.

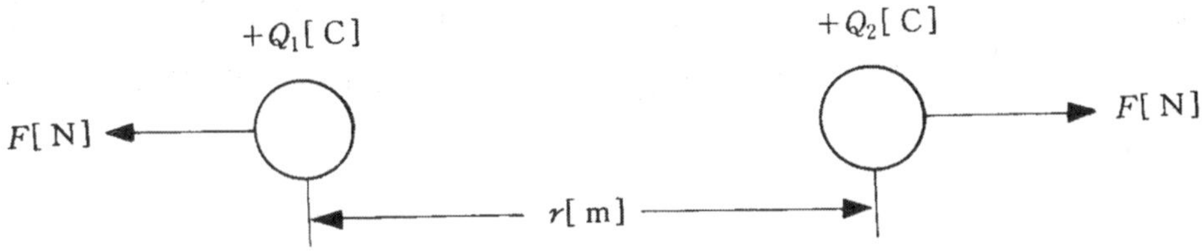


[그림 2-22] 쿨롱의 법칙

[표 2-5] 물질의 비유전율

| 물질 | 비유전율 |
|---|---|
| 공기 | 1 |
| 석영유리 | 3.78 |
| 실리콘 유 | 2.58 |
| 나일론 | 3.9~5.0 |
| PVC | 2.8~3.3 |
| 실리콘 고무 | 3~3.5 |
| 산화티탄 | 88~183 |

## 전계 및 전위

전하에 의하여 전기력선이 미치는 공간을 전계 또는 전장이라고 한다. 전하를 가진 대전체나 전압에 의해 전류가 흐르는 동선 주위에는 전기력이 미치는 공간에 전하가 많거나 전압이 클수록 전기력선이 미치는 공간이 증가한다. 전계의 세기가 크면 전선에 접촉하지 않아도 전장이 미치는 공간이 증가하기 때문에 전기에 의해 감전될 수 있다. 고압전선 주위에는 전계가 형성되기 때문에 감전사고가 발생할 수 있다.

[그림 2-23]은 전계의 세기를 나타낸 것이다. 그림에서 전계 내의 전하로부터 떨어진 한 점에 단일 전하 +1 C을 놓고 이들 사이에 작용하는 힘의 크기를 전계의 세기라고 하며, 방향은 단위 전하가 지나는 전기력선 방향과 일치한다. 자유 공간의 전계 내에 전계가 미치지 않는 무한 원점에서 +1 C의 전하를 갖고 임의의 전하로부터 떨어진 거리까지 운반할 때 소요된 일의 크기를 전위라고 한다. 전위는 전기장 내에서 단위 전하가 갖는 위치에너지로서 스칼라량으로 나타난다. 국제표준 단위로 $V$(volt)라는 단위

를 사용하며 지표면의 전위를 0 V로 한다. 전기장 영역에 있는 전하는 전기적인 압력을 받고 전기적인 압력이 일정하지 않으면 전하는 힘을 받아 가속 운동을 한다. 양전하가 고전위이며, 음전하는 저전위이다. 양전하에서 음전하 방향으로 전기장이 형성되며, 양전하는 전기장의 방향으로 가속된다. 힘의 크기는 전하량에 전기장의 크기를 곱하며 전하를 이동시킬 때 외부에서 전하에 미친 영향에 의해 위치에너지를 갖게 된다. [그림 2-24]는 전위를 나타낸 것이다.

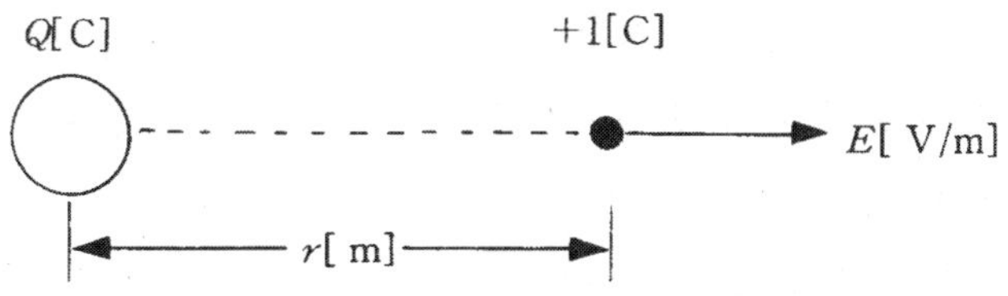


[그림 2-23] 전계

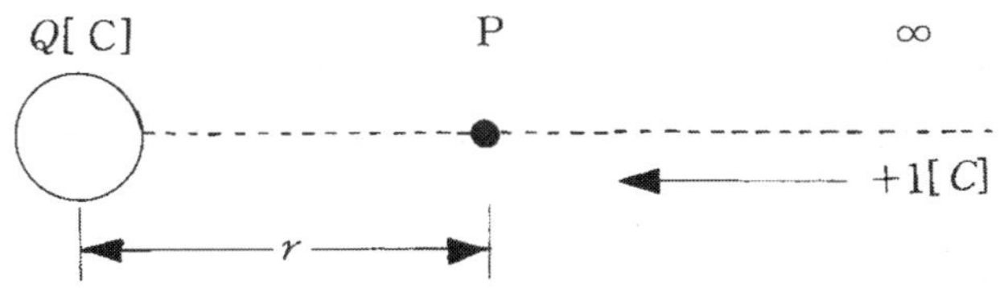


[그림 2-24] 전위

전위는 식 (2.48)로 나타내며, 전위는 전기장 내에서 단위 전하당 위치에너지이며 시간에 의존하는 전기장에서 전위와 구별하기 위해 정전기 전위라고도 한다.

$$E = \frac{V}{r} \tag{2.48}$$

전위의 기준점에 변화를 주면 다른 점의 전위값도 변하게 되며 물리적 양은 두 점 사이의 전위차이다. 실제 전위 V에 어떤 상수를 더해도 전기장에는 아무런 영향을 주지 않기 때문에 게이지 불변(Gauge invariant)이라고 한다. 단위 전하 +1 C을 옮기는데 1 J의 일이 필요할 때 두 점 사이의 전위차를 1 V라고 하고 전위차 또는 전압의 단위로 사용한다. 시간에 따라 변하는 전자기장은 일반화 전위(Generalized scalar electric potential)를 구별하여 사용하며 전위를 설명하기도 한다. 전기장은 에너지의 변화에 따라 변하고 포텐셜 함수(Potential function)가 전기장이 미치는 공간 내의 모든 점에 대하여 정의를 할 수 없다. 전기장은 전위강하(Effective potential drop)를 함축하고 있으며 회로의 인덕턴스로 해석된다. 따라서 전위차를 기전력(Electromotive force)이라고 부른다.

기전력은 전위(Electric potential)가 다른 2점에서는 전위가 높은 쪽으로부터 낮은 쪽으로 전기를 이동시키려는 힘이 작용하며 이러한 힘을 기전력이라 한다. 기전력의 단위는 V가 사용된다. N·S극의 자계 중의 도체를 위 방향으로 움직이면 도체 중에는 앞쪽으로 전류가 흐르는 방향이 기전력이며 플레밍 오른손의 법칙에 의한 것이다. 플레밍의 오른손 법칙은 오른손의 집게손가락, 엄지손가락, 중지를 직각으로 벌리고 집게손가락이 자속의 방향, 엄지손가락은 도체가 움직이는 방향이고 중지가 나타내는 방향이 기전력의 방향으로 발전기의 원리를 설명할 수 있다. 도체가 자속을 차단하면 도체 중에 기전력이 생겨서 전류가 흐르는 현상을 전자유도라고 한다.

[그림 2-25]는 전기력선을 나타낸 것이다. 전기력선은 전기장을 시각적으로 표현하는 방법으로 공간상의 곡선에 대한 접선 방향이 전기장 방향과 일치하는 곡선을 의미한다. 즉 임의의 지점에 작은 양전하가 있을 때 그것이 받는 전기력의 방향을 이은 선이다. 전기력선의 모양은 자석 주위에 쇳가루를 뿌리면 나타난다.

전기력선의 성질은 다음과 같다.

① 전기력선의 방향은 전계의 방향과 일치한다.

② 전기력선 밀도는 그 점에서의 전계의 세기와 같다.

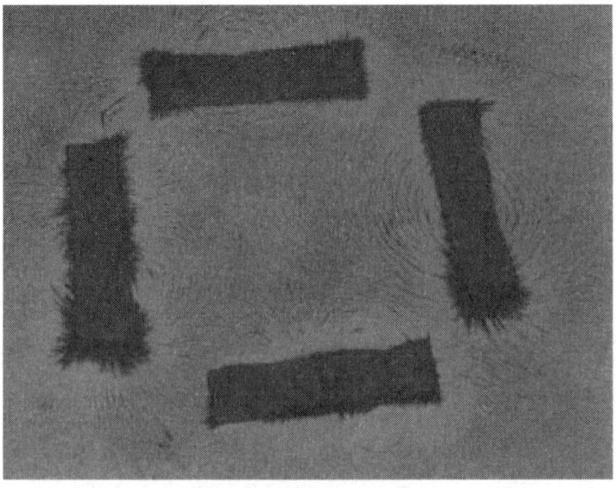

[그림 2-25] 전기력선

③ 전기력선은 +전하에서 출발하여 −전하에서 멈추거나 무한원까지 퍼진다.
④ 전하가 없는 곳에서는 전기력선의 발생과 소멸이 없고 연속적이다.
⑤ 전기력선은 전위가 높은 곳에서 낮은 곳으로 향한다.
⑥ 전기력선은 자신만으로 폐곡선이 되는 일은 없다.
⑦ 2개의 전기력선은 서로 교차하지 않는다.
⑧ 전기력선은 등전위면과 직교한다.
⑨ 도체 내부에서 전기력선은 없다.
⑩ 전기력선은 도체 표면에서 수직으로 출입한다.
⑪ 전기력선은 무한원점에서 끝나거나, 무한원점에서 오는 것이 있다.
⑫ 무한원점에 있는 전하까지 합하면 전하의 총량은 항상 0이다.

## 자기현상

자철석(Magnetic)의 중심을 매달면 지구가 커다란 자석이기 때문에 자화되어 남쪽과 북쪽을 나타낸다. 자기는 자석이 갖는 물리적인 성질로 철이 막대자석에 달라붙는 현상이 자기이다. 자기력이 전기력과 구분되기 시작한 것은 16세기 말이다. 19세기 초에 자석이 철편을 당기거나 전류에 작용을 미치는 성질에 의한 자기 현상을 발견하여 자기와 전기가 밀접한 연관이 있다는 것을 알게 되었다. 고대문학에서도 천연자석인 자철석이 지니는 자기에 관한 기록이 있다. 자석을 뜻하는 영어인 Magnet는 자철석의 산지였던 소아시아 서부의 마그네시아(Magnesia)에서 유래하였다. 자극은 1269년 프랑스의 펠레그리누스가 발견하였다. 전기력과 자기력의 차이가 명확히 구별된 것은 16세기 말이며 영국의 길버트가 실험을 통해 자기에 의해 발생하는 현상을 밝혔다. 1820년 덴마크의 외르스테드는 전류의 자기작용을 발견하였다. 1831년 패러데이가 전자기 유도를 발견하여 자기와 전기의 관계를 통해 전기학과 자기학을 통합하여 전자기학이 성립되었다.

자석은 2개의 자극을 가지고 있다. 지구의 북쪽을 가리키는 자극이 N극인 +극이며, 남쪽을 가리키는 자극은 S극인 −극이다. 같은 자극끼리는 반력이, 다른 자극끼리는 인력이 작용한다. 자극의 세기를 측정하면 자기량이 결정된다. 자석의 자극을 확인하는 방법은 자석 주변에 쇳가루를 뿌려서 쇳가루가 가장 많이 달라붙는 부분이 강한 자기력을 갖는 자극이다. 막대자석의 자극은 자석의 양끝 가운데 부분이다.

N과 S극을 갖는 자석을 반으로 자르면 각각의 자석에서 N극과 S극이 다시 생긴다. 이 과정을 계속 반복하여 더 이상 자를 수 없는 미세자석도 N극과 S극을 하나씩 가진다. 자석을 공중에 매달아 놓았을 때 북쪽을 가리키는 쪽이 N극이며, 남쪽을 가리키는 쪽이 S극이다. 자극이 북쪽과 남쪽을 가리키는 이유는 지구가 하나의 거대한 자석이기 때문에 나타나는 것이다. 자극과 자극 사이에 작용하는 힘을 자기력이라 한다. 같은 종류의 자극끼리는 서로 밀어내는 반발력이 작용하고, 다른 종류의 자극끼리는 서로 잡아당기는 흡인력이 작용한다. 자기력의 크기는 두 자극 사이 거리의 제곱에 반비례한다.

### 2.11.1 자화

자화(Magnetization)는 물체가 자성을 지니는 현상이다. 자기장 안의 물체가 자화되는 양상에 따라 강자성체, 상자성체, 반자성체, 페리자성체로 구분되다. 세기는 물체의 단위 부피에 대한 자기모멘트로 측정한다. 자화율은 물질이 자화되는 세기와 외부 자기장에 대한 자화력의 비율로 상자성체나 반자성체는 물질의 고유 상수로 나타나며, 강자성체는 자화 과정과 자기장의 세기에 따라 자화율이 변한다.

자성체와 반자성체는 자화되는 정도가 약하고 자기장을 제거하면 자성이 없어진다. 강자성체는 자화되는 정도가 강하고 자기장을 제거해도 자성이 남는다. [그림 2-26]은 자화에 의한 자분 형성원리를 나타낸 것이다. 재질 내부의 균일이 자력선 통로에 놓이게 되면 균열부의 양변에 미세철분이 집중된다. 철분의 집중으로 내부결함의 크기를 판단하고, 측정방법은 자성재료인 철(Fe), 니켈(Ni) 및 그 합금에 사용된다. 결함이 있으면 자속선의 방향에 변화가 생기는 점을 이용하여 측정이 가능하다. 결함 상태가 확실하게 나타나지 않으면 자속 방향을 바꾸어 검사하는 것이 유리하다. 적용형태는 육안으로 파악이 어려운 용접부 내부에 대한 결함을 측정하기 위해 적용되지만 문제점은 후속작업에 방해가 될 수 있기 때문에 상당한 시간과 비용을 투여하여 검사부위의 탈자작업을 하는 것이 필요하다.

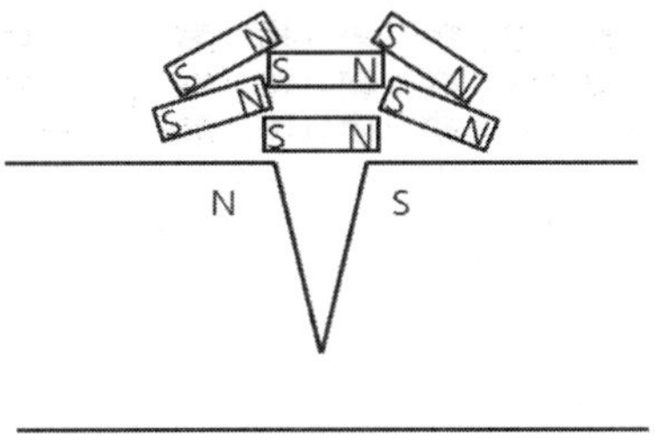


[그림 2-26] 자분 형성원리

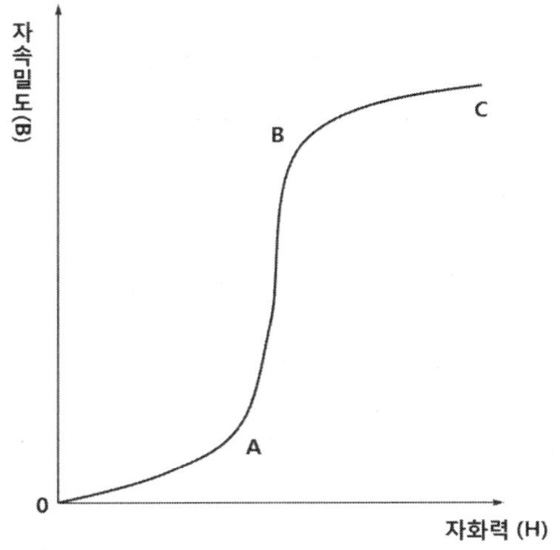


[그림 2-27] 자화곡선

[그림 2-27]은 자화곡선을 나타낸 것이다. 자속밀도를 B라고 하고 자화력을 H라고 하면 철편은 0A구간에서 자속밀도에 비하여 자화력이 증가하지만 AB구간에서는 자속밀도의 증가량에 비하여 자화력이 크게 변하지 않는다. BC구간은 철편이 포화상태가 되어 자화력의 증가량이 변화가 없다. 반대로 철편이 자화된 상태에서 자화력을 없애기 위하여 자속밀도를 줄이면 처음에는 자화력이 크게 줄어들지만 자화력을 0으로 만들기 위해서는 시간이 걸리는 것을 알 수 있다.

## 2.11.2 자기에 대한 쿨롱의 법칙

자기 분자설(Molecular theory of magnetism)은 1852년 독일의 웨버(W.E. Weber)에 의해 강자성체의 성질을 설명하기 위한 것이며, 강자성체는 N·S극을 가진 미소한 분자 자석의 집합체라는 것이다. [그림 2-28]은 분자 자석을 나타낸 것이다.

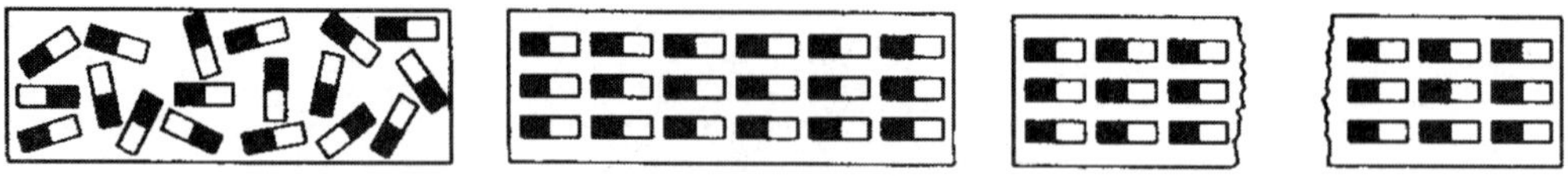

[그림 2-28] 분자 자석

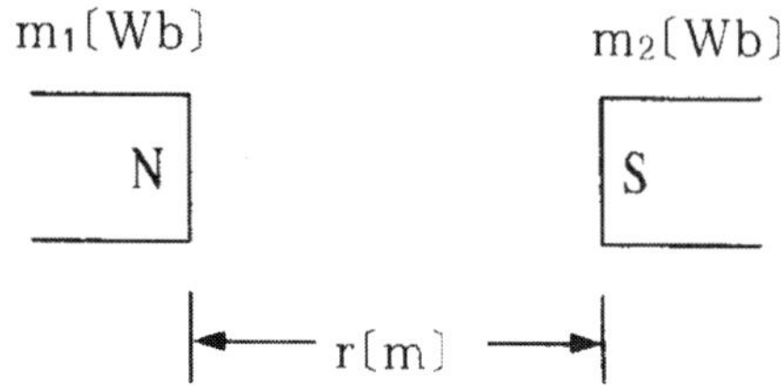


[그림 2-29] 점자극

자화되지 않은 분자 자석은 자유롭게 재료 내부에 배치되어 있으나 자화되면 분자 자석은 자계의 방향으로 평행하게 배열되어 외부에 대해서 자석의 성질을 나타내는 것이다.

자석에 작용하는 힘을 정량적으로 취급하기 위해서 정전기와 같이 쿨롱의 법칙이 적용된다. 자석은 N·S극을 분리할 수 없기 때문에 힘을 측정하기 위해서 점자극(Point magnetic pole)이라 한다. [그림 2-29]는 점자극을 나타낸 것이다.

자석 사이에 작용하는 힘을 자극의 힘이라고 하면 자극 사이의 자기력도 정전기력의 경우와 같이 거리의 제곱에 반비례한다. 원자물리학에서는 자석의 구성요소는 자기쌍극자이고, 쌍극자간의 힘은 전류의 힘으로부터 유도되는 것이다. 쿨롱의 법칙은 전하 사이에 작용하는 전기력, 자극 사이에 작용하는 자기력의 성질을 나타내는 법칙이다. 2개의 전하 $m_1$과 $m_2$ 사이에 작용하는 힘은 $m_1$과 $m_2$를 연결하는 방향으로 작용하고, 크기는 $m_1$과 $m_2$의 곱에 비례하고 거리 r의 제곱에 반비례한다. 이때의 힘이 쿨롱 힘($F$)이고 작용하는 힘은 작용 반작용의 법칙에 의해 식 (2.49)와 같다.

$$F = K \frac{m_1 m_2}{r^2} \ (N) \tag{2.49}$$

자극의 세기를 자하로 나타내면 자기력의 경우도 전하를 자하로 바꾸어 놓으면 같은 법칙이 성립하여 쿨롱의 법칙이라 불린다.

### 2.11.3 자력선과 자속

자력선(Magnetic line of force)은 자석의 N극에서 시작하여 S극에서 끝나며 자신은 수축하려고 하며 같은 방향의 자력선끼리는 서로 반대 방향으로 작용한다. 임의의 한 점을 지나는 자력선의 접선 방향이 그 위치에서의 자계의 방향이다. 자력선의 밀도는 자장의 세기를 의미하며 자력선은 서로 만나거나 교차하지 않는다. [그림 2-30]은 자력선을 나타낸 것이다.

자속(Magnetic flux)은 재료의 표면을 통과하는 자기력선의 수에 비례하는 양을 의미한다. 자기력선은 자기장과 수직이고 면적이 A인 평면을 통과할 때 단위 면적을 지나는 자기력선의 수는 자기장의 크기 B에 비례한다. 이때 자기장의 세기 B와 자기장에 수직인 면적 A의 곱 B×A를 표면적에 대한 자속이라고 한다. 만약 평면이 자기장에 수직이 아니라면 자기력선의 수는 B×A보다 작다. 평면의 법선과 자기장이 이루는 각이 $\theta$일 때, 자속은 $B \times A \times \cos\theta$이다. 따라서 자기장과 면이 서로 수직일 때 자속은 $B \times A$인 가장 큰 값으로 나타나며, 자기장과 표면적이 서로 평행일 때 0으로 가장 작은 값을 가진다. 재료가 굽은 경우 자속을 구하려면 미소 단면으로 나누어서 곡면이 평면에 가까워지도록 하여 자속을 구한 후 전부 더하여 전체 자속을 구한다.

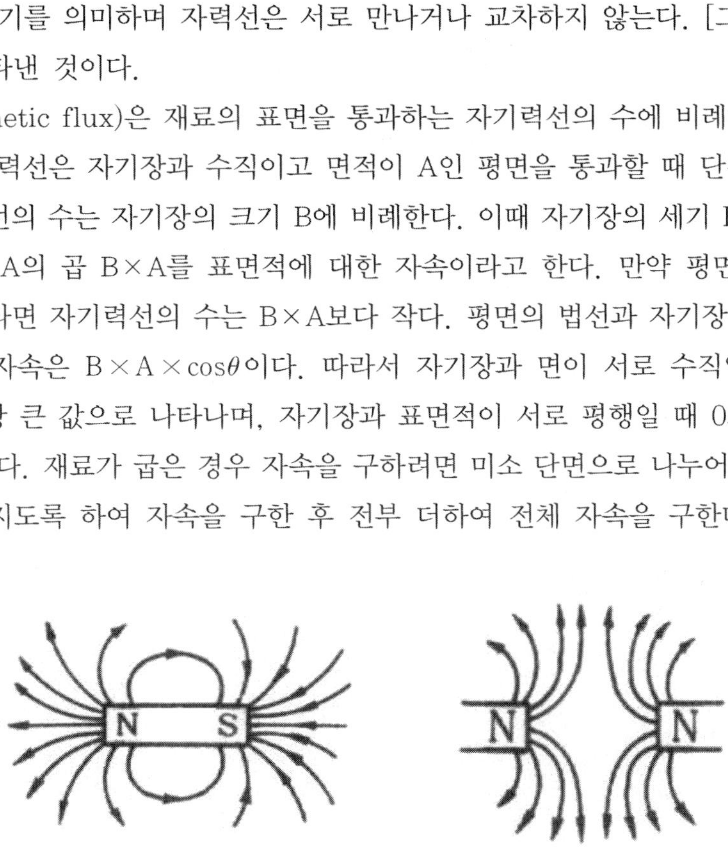


[그림 2-30] 자력선

### 2.11.4 자기모멘트

자화의 세기는 물체의 단위 부피에 대한 자기모멘트에 의해서 측정된다. [그림 2-31]은 자장 내의 자기모멘트를 나타낸 것이다. 그림에서 자장의 세기를 H(AT/m), 자극의 세기는 m(Wb), 자장의 방향을 $\theta$의 각도로 놓으면 N, S극에서 그림과 같이 회전하려고 하는 회전력 또는 토크(Torque)가 발생한다.

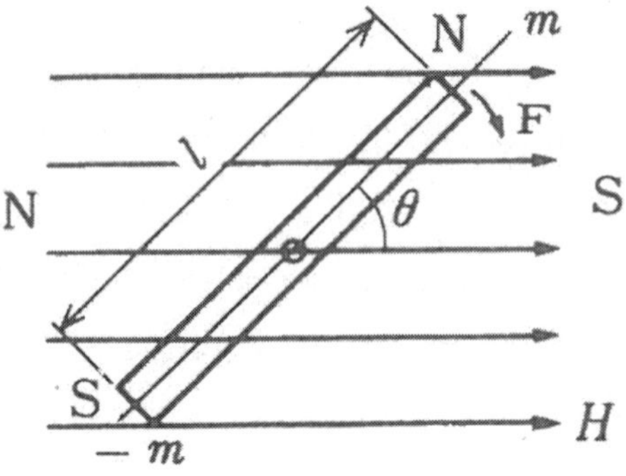


[그림 2-31] 자장 내의 자기모멘트

따라서 토크는 식 (2.50)과 같이 나타난다.

$$F = MH\sin\theta \ (\mathrm{N \cdot m}) \tag{2.50}$$

재료의 길이를 L, 자극의 세기를 m, 자화되는 방향에 수직인 단면적을 S라고 하면, 자기모멘트는 식 (2.51)로 구할 수 있다.

$$M = m\,l \ (\mathrm{Wb \cdot m}) \tag{2.51}$$

자화의 세기는 단면적에 나타나는 자극 세기의 표면밀도를 나타내는 것이다.

**예제 2.13** $2\times10^5$ AT/m의 자계 내에 자극의 세기는 5 Wb, 길이가 20 cm인 막대에 자석을 놓으면 자기모멘트는 얼마인가?

[풀이] $M = m\,l = 5 \times 0.2 = 1\ (\mathrm{Wb \cdot m})$

**예제 2.14** 자극의 세기가 $5\times10^{-4}$ Wb, 길이 10 cm의 막대자석이 100 AT/m의 자계 내에 자계의 방향에 30°의 각도로 놓여 있을 때 자석에 작용하는 토크는 얼마인가?

[풀이]

$$F = MH\sin\theta = mlH\sin\theta = 5 \times 10^{-4} \times 0.1 \times 100 \times \sin 30^\circ$$
$$= 2.5 \times 10^{3}\ (\mathrm{N \cdot m})$$

# 전류에 따른 자계현상

## 2.12.1 전류와 자기

전류가 자계를 만드는 현상은 1820년 에르스텟이 처음 발견되었다. 에르스텟은 도선 가까이 놓인 자침이 도선에 흐르는 전류에 의하여 움직인다는 사실로부터 전류가 흐르는 도선 주위에 자계(Magnetic field)가 발생하는 것을 발견하였다. 암페어(Ampere)는 실험을 통해 전기와 자기는 관련이 있다는 것을 알게 되었다. [그림 2-32]는 자화의 원리를 나타낸 것이다. 전류가 흐르게 되면 시험편 주위로 자장이 형성되는 것이다. 강자성체로 된 시험편의 양쪽 끝에 전류로 생긴 자장에 의해 강자성체는 자화되며 양단부 사이에 화살표 방향으로 자속이 발생한다. 이 자속의 흐름은 결함에 의해 흐름을 방해하면 자속밀도가 높아지게 된다. 투설 자속이 생기면 결함부에 N·S극이 발생하고 자장이 생긴다. 자장에 놓인 분말 자분은 자화되어 자극이 발생하고 자석이 된다. 자화력이 작용하는 영역에 놓인 자분은 인력이 작용하여 자극으로 이동되어 적층된다.

직선 전류에 의하여 생기는 자계의 세기는 전류의 크기에 비례하며 직선으로부터의 거리에 반비례하고 평면에 직각이며 우수계를 이룬다. [그림 2-33]은 암페어의 오른나사의 법칙을 나타낸 것이다. 직선 도선에 흐르는 전류의 방향과 도선 주위의 자기장의 방향의 관계를 오른나사의 진행방향과 회전방향의 관계에 대응시키는 법칙이다. 전류가 흐르는 도선 주위에 형성되는 자기장의 방향과 전류 방향은 평행한 방향을 가리킬 수 없다. 전류가 직선으로 흐르면 자기장은 그 주변에 원형으로 발생하며, 두 방향 사이에는 오른나사의 회전 방향과 진행 방향 사이의 관계와 동일하다. 흐르는 직선 전류의 방향을 오른나사의 진행 방향에 대응시키면 주변에 형성되는 자기장의 방향은 오

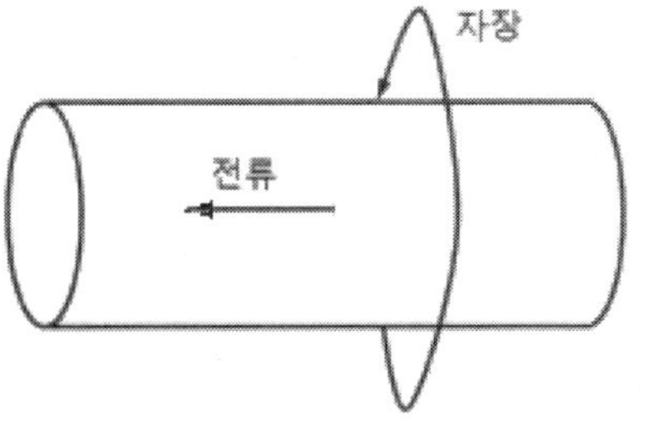


[그림 2-32] 자화의 원리

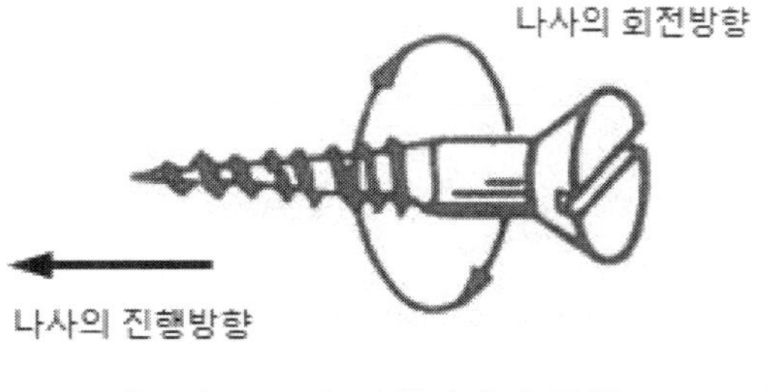


[그림 2-33] 오른나사의 법칙

른나사의 회전 방향과의 대응 관계를 오른나사의 법칙이라고 한다. 또는 오른손법칙이라고 하는데 오른손 엄지가 전류의 방향을 가리키도록 하면 나머지 손가락으로 도선을 감싸듯이 쥐는 것처럼 돌아가는 방향의 원형 자기장이 형성된다. 엄지손가락의 방향은 오른나사의 진행 방향이고 감싸 쥔 손가락의 방향은 오른나사의 회전 방향이다.

전류가 직선으로 흐르지 않고 폐곡선을 따라 흐를 때 폐곡선 상의 도선 요소(Element)에 대해 오른손법칙을 적용할 수 있다. 예를 들어 원형 도선에 전류가 흐를 때 원형 도선을 일정한 길이로 잘게 나누면 작은 도선 요소에 전류가 직선으로 흐른다고 할 수 있다. 각 미소 크기의 도선 요소에 대해서는 오른손법칙이 적용된다.

## 2.12.2 전류에 따른 자계의 세기

자석의 힘이 작용하는 자력이 활동하는 공간을 자계(Magnetic field)라고 하며, 자계의 세기는 (AT/m)이다. 자계의 성질을 이해하기 위해 이용되는 가상선을 자력선이라고 부른다. 자력선은 N극에서 나와 S극으로 들어가고 서로 끌어당기는 고무줄처럼 둥근 모양으로 수축하며 같은 극성의 자력선은 서로 반발하는 성질이 있다. 자극 주위나 전류가 흐르는 도선 주위에 생기는 자기력이 작용하는 공간을 자기장 또는 자장이라고도 한다. 자계 내에 있는 다른 자극과 그곳을 지나는 전류에 영향을 준다. 자계의 영향을 받고있는 도체를 움직이면 도체 내에 기전력이 유발되는 상호 작용이 발생하고 전동기나 발전기는 상호 작용을 이용한 것이다.

### 1) 암페어의 주회 적분 법칙

도선에 흐르는 전류와 발생된 자계와의 관계를 정량적으로 취급한 것이 암페어의 주회 적분 법칙(Ampere's circuital integrating law)이다.

$$\oint H \cdot dl = NI\,(AT) \tag{2.52}$$

식 (2.52)는 적분을 하여 계산하기 때문에 복잡해진다. 따라서 식 (2.53)과 같이 근사값을 구하여 사용한다.

$$Hl = NI\,(AT) \tag{2.53}$$

여기서 $H$는 자계의 세기(AT/m), $l$은 자속이 지나는 길이(m), $N$은 코일의 권수, $I$는 전류(A)를 의미한다.

### 2) 직선상 전류에 의한 자계의 세기

[그림 2-34]는 직선 도체에 발생하는 자기장을 나타낸 것이다. 직선상 도체에 전류 $I$가 흐를 때 도체로부터 $r$(m) 만큼 떨어진 $P$점에 자계의 세기 $H$를 반지름 $r$로 놓고 원의 둘레 $2\pi r$의 관계를 식 (2.54)로 구할 수 있다.

$$\oint H \cdot dl = 2\pi r \cdot H \tag{2.54}$$

식 (2.54)는 복잡한 적분을 하여 계산하기 때문에 식 (2.55)와 같이 근사값을 사용한다. 식 (2.54)를 식 (2.52)에 대입하면 식 (2.55)로 나타낼 수 있다.

$$2\pi r \cdot H = NI \tag{2.55}$$

여기서 $N$은 코일의 권수를 의미하며 무한직선의 도체는 코일의 감긴 횟수가 1이기 때문에 자계의 세기 $H$는 식 (2.56)과 같다.

$$H = \frac{I}{2\pi r} \ (\mathrm{AT/m}) \tag{2.56}$$

식을 통하여 무한직선인 전류에 의한 자계의 세기는 직선 전류에서 떨어진 거리에 대하여 반비례하는 것을 알 수 있다.

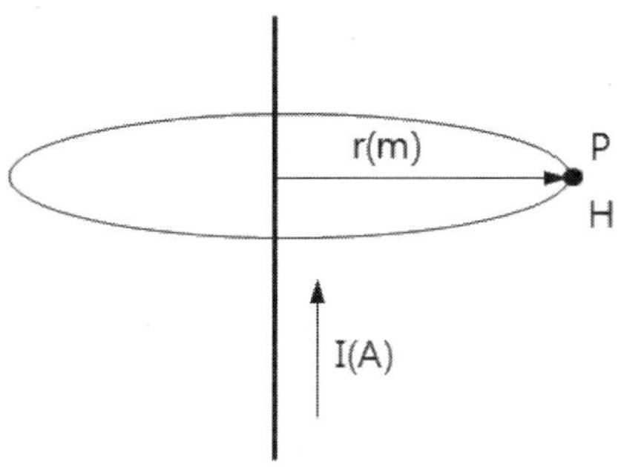


[그림 2-34] 직선도체에 발생하는 자기장

**예제 2.15** 전류 10 A가 흐르는 무한직선 도선 상에 2 cm 떨어진 자계의 세기는 몇 AT/m인지 구하시오.

[풀이] 식 (2.56)을 이용하여

$$H = \frac{I}{2\pi r} = \frac{10}{2\pi \times 0.02} \fallingdotseq 79.58 \ (\mathrm{AT/m})$$

### 3) 솔레노이드 자계의 세기

솔레노이드는 도선을 균일하게 원통형으로 감아 만든 것으로 에너지변환장치 및 전자석에 이용되고 있다. [그림 2-35]는 솔레노이드의 원리를 나타낸 것이다. 도선을 나선형으로 균일하게 원통형으로 감아서 전류가 흐르면 원통의 외부에서는 자기장이 0이고 내부는 균일한 크기의 자기장이 형성된다. 이때 내부자기장의 크기는 전류의 크기에 비례하고 단위 길이당 감은 수에 비례한다. 전기에너지를 자기에너지로 바꾸기 때문에 에너지변환장치라고 하며 전류의 세기를 조절하여 자기장의 세기를 조절하는 전자석의 원리이다.

솔레노이드에 전류가 흘러 자기장이 형성되면 도체를 당기는 성질이 발생한다. 도체를 당기는 성질을 이용하면 관의 개폐를 전기적 신호로 제어할 수 있는 밸브를 만들 수 있다. 압축공기의 압력을 제어하여 자동으로 문을 On/Off하고, 정수기는 냉·온수 잠금장치에 솔레노이드 밸브를 사용하고 있다. [그림 2-35]에서 I는 전류, N은 감은 횟수, L은 길이, H는 자계의 세기를 나타낸 것이다. 자계의 세기 H는 식 (2.53)과 (2.54)에 의해 (2.57)과 같다.

$$\oint H \cdot dl = H \cdot L = NI \tag{2.57}$$

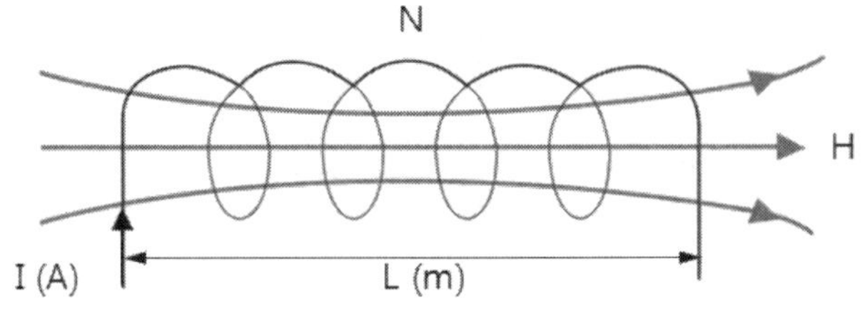


[그림 2-35] 솔레노이드

식 (2.57)은 적분을 하여 계산하기 때문에 식 (2.58)과 같이 근사값을 사용한다. 즉 솔레노이드의 세기는 권수에 비례하고 길이에 반비례한다.

$$H = \frac{NI}{L} \text{ (AT/m)} \tag{2.58}$$

**예제 2.16** 권수가 1000회, 길이가 5 cm인 솔레노이드에 전류 10 mA가 흐를 때 솔레노이드의 세기를 구하시오.

[풀이] 식 (2.58)을 이용하여

$$H = \frac{NI}{L} = \frac{1000 \times 10}{5 \times 10^{-2}} = 200{,}000 \text{ (AT/m)}$$

### 2.12.3 전자력

자계 중에 놓인 도체에 전류가 흐르면 전류 및 자계와 직각 방향으로 도체를 움직이는 힘이 발생하는 것을 전자력(Electromagnetic force))이라 한다. 전자력을 응용한 기기는 전동기, 코일형 계기와 도선은 없지만 브라운관에서 전자빔의 전자 편향, 전자 현미경의 빔 집속이 전자력을 이용한 것이다.

자계 내에 있는 도체에 전류가 흐르면 힘이 작용하는 것을 전자력이라고 하며 전자력의 방향은 자계의 방향과 전류 방향에 따라 결정된다. [그림 2-36]은 플레밍의 왼손 법칙(Fleming's left hand rule)으로 세 번째 손가락을 전류의 방향, 두 번째 손가락을 자기장의 방향, 엄지손가락의 방향이 전자기력의 방향이 되며 손가락의 사이 각은 직각이어야 한다.

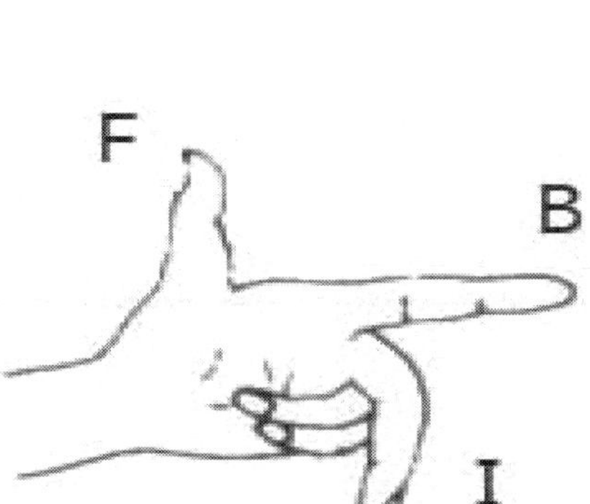


[그림 2-36] 플레밍의 왼손법칙

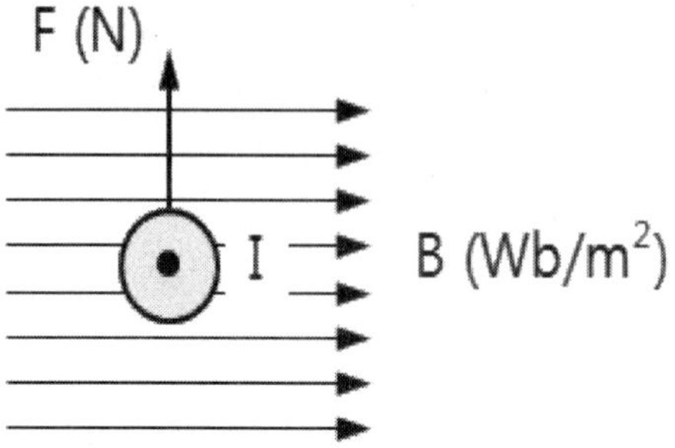


[그림 2-37] 전자력

[그림 2-37]은 [그림 2-36]의 플레밍의 왼손법칙을 전자력으로 나타낸 것이다. 전자력의 크기는 B(WB/$m^2$)의 평등자계내의 도선을 자계와 $\theta$방향으로 기울여 놓아 전류($I$)가 흐르면 도선에 흐르는 힘은 식 (2.59)와 같이 나타낸다.

$$F = IBl \sin\theta \ (N) \tag{2.59}$$

전류의 방향과 자계의 방향이 직각일 경우 sin 90°는 1이기 때문에 식 (2.59)를 다시 나타내면 식 (2.60)으로 나타낸다.

$$F = IBl \ (N) \tag{2.60}$$

**예제 2.17** 0.5 WB/$m^2$의 자계 내에 도선의 길이 0.4 m를 자계와 30° 일 때 전류 2 $A$가 흐르면 전자력은 얼마인지 구하시오.

[풀이] 식 (2.59)를 이용하면

$$F = IBl \sin\theta = 2 \times 0.5 \times \times 0.4 \times \sin 30° = 0.2 \ (\mathrm{N})$$

## 전자유도

전기자동차에 에디슨이 개발한 직류가 아닌 교류를 사용하게 된 가장 큰 이유는 전자유도 현상 때문이다. 에디슨이 개발한 직류가 아닌 테슬라가 개발한 교류를 사용한 가장 큰 이유는 교류에서 나타나는 전자유도 현상 때문이다. 직류는 교류보다 안전하

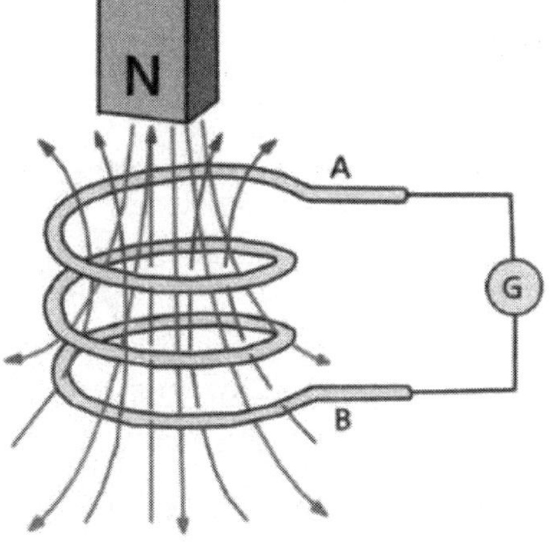


[그림 2-38] 전자유도 현상

여 에디슨은 교류전기의 위험성을 부각하였다. 그러나 교류발전 방식이 채택된 이유는 장거리 송전이 가능하고 전압의 크기에 대해 변화를 줄 수 있기 때문이다.

[그림 2-38]은 전자유도 현상을 나타낸 것이다. 코일의 양 끝을 검류계에 연결하고 코일에 자석을 밀었다 당겼다 하면 검류계의 지침이 움직인다. 지침이 움직인다는 것은 전류가 흐른다는 것으로 시간에 따른 자속의 변화에 의해 기전력이 발생하는 것이다. 코일에 자석을 접근시키면 자석의 N극으로부터 자기장이 코일 안에 영향을 주고 평형을 형성하기 위해 변화가 생긴다. 식 (2.61)은 페러데이의 법칙을 나타낸 것이다. 여기서 $e$는 기전력, $n$은 코일의 감은 횟수, $\Phi$는 자속, $t$는 시간, $\Delta$은 변화를 의미한다. 따라서 기전력을 높이기 위해서는 코일을 많이 감으면 된다. 식에서 -는 감산의 의미가 아니고 자속에 대한 반발력을 의미한다. 즉 자석이 코일로 접근하면 반대로 밀어내는 방향으로 자속을 발생시키는 것이다.

$$e = -n\frac{\Delta\Phi}{\Delta t} \tag{2.61}$$

## 교류

교류(Alternating current, AC)는 시간에 따라서 변화는 전류를 말하며 정현파, 사인파라고도 한다. 가정이나 공장에서 쓰는 전류는 시간에 따라 전류가 흐르는 방향이

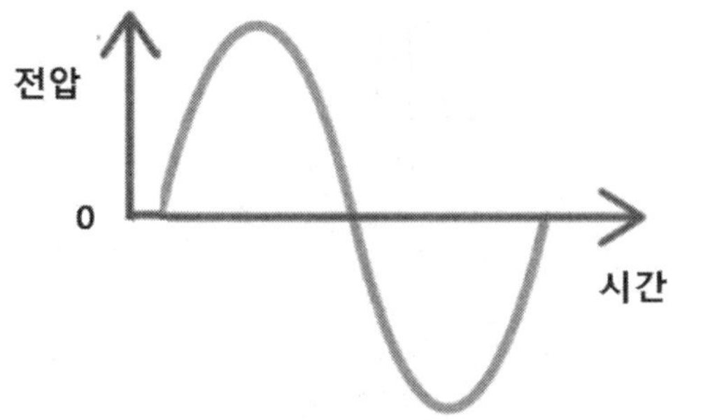


[그림 2-39] 교류

바뀌는데 이러한 전류를 교류라 하며, 기호 AC로 나타낸다. 교류의 방향과 세기는 시간에 따라 규칙적으로 변한다. [그림 2-39]는 교류를 나타낸 것이다.

교류는 주로 발전소에서 가정에 전원을 공급할 때 사용된다. 우리나라에서는 1초에 전류의 방향이 주기적으로 60회 변화하는 60Hz 220V 전원을 가정에 공급하고 있으나 전자제품은 직류를 사용한다. 전자제품에 사용하는 전압은 220V의 고전압이 아니라 5V나 12V의 낮은 직류전압을 사용한다. 따라서 AC 전원을 DC로 바꿔주는 정류기(Rectifier) 혹은 컨버터(Converter)라고 불리는 변환기가 사용되고 있다.

## 2.14.1 사인파

교류는 변압기를 이용하여 전압을 바꿀 수 있으며 직류와 비교하여 도선의 전기적 부식이 적게 발생한다. 부식이 적게 발생하는 이유는 도선 전체에서 전하가 흐르는 직류와 달리 교류는 주파수가 높아지면 전선의 가장자리로 흐르기 때문에 도선의 중심을 철로 보강하고 가장자리에 구리나 알루미늄과 같이 전도도가 높은 소재로 도선을 만드는 방식인 ACSR(Aluminium Conductor Steel Reinforced, 강심 연알루미늄선)이라는 방식을 이용한다. 열의 형태로 전력을 낭비하는 저항기 대신 인덕터를 이용해 전류를 제한하여 같은 전압일 때 아크가 적어 스위치로도 회로 차단이 용이하다.

## 2.14.2 교류의 크기

### 1) 순시값

교류에서 순시값은 [그림 2-40]과 같이 시간에 따라 변하는 값이다. 순시값은 진폭, 주파수, 위상을 통해서 나타낼 수 있다.

### 2) 평균값

식 (2.62)는 전압 파형의 평균값으로 전압 파형의 넓이를 시간으로 나눈 것이다.

$$V_{age} = \frac{1}{T}\int_{0}^{T} V(t)\, dt \tag{2.62}$$

[그림 2-40]과 같은 정현파 교류에서는 한주기 동안 양의 값에 대한 넓이와 음의 값이 넓이가 같기 때문에 적분값은 결국 0이 된다. 따라서 정현파의 평균은 반주기의 평균을 가지고 나타나 식 (2.63)과 같이 된다.

$$V_{age} = \frac{2}{T}\int_{0}^{\frac{T}{2}} V(t)\, dt = V_{age} = \frac{2}{T} V_{\text{Å}} \sin(wt)\, dt = \frac{2}{\pi} V_m \tag{2.63}$$

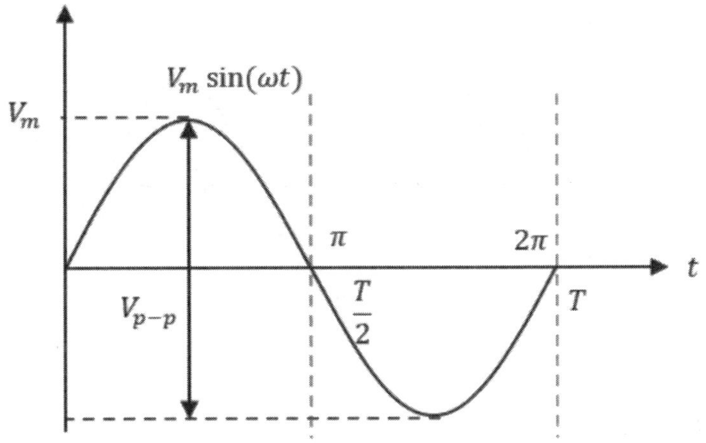


[그림 2-40] 순시값

### 3) 실효값

교류 평균값의 한계 때문에 교류에서 실효값을 적용하고 있으며 식 (2.64)와 같이 나타낼 수 있다. 식 (2.64)는 제곱을 사용하여 적분하기 때문에 부호의 영향을 받지 않고 값의 크기를 나타낼 수 있다.

$$V_{RMS} = \sqrt{\frac{1}{T}\int_{0}^{T} V^2(t)\, dt} \tag{2.64}$$

전력은 식 (2.64)를 이용하여 표현하면 식 (2.65)와 같다는 것을 확인할 수 있다. 실효값을 전류 및 전압으로 평균 전력을 표현할 수 있다.

$$P = \int_0^T i^2(t)\, R\, dt = \int_0^T (I_{RMS})^2\, R\, dt = \int_0^T \frac{(V_{rms})^2}{R}\, dt \qquad (2.65)$$

### 2.14.3 위상

위상은 진동이나 파동과 같이 주기적인 신호의 한 주기 또는 한 주기 내에서 시작 시점을 기준으로 위치나 시간 차이를 나타내는 값을 말한다. [그림 2-41]은 위상을 나타낸 것이다. 한 주기를 360° 또는 $2\pi$ 라디안(Radian)으로 나타낸다. 주파수나 주기가 같은 두 신호의 시작 시점이 같은 것을 동위상이라고 하며, 90°인 것을 직교 위상, 180° 일 때 역위상이라고 한다. 그림에서 실선과 점선은 위상차가 발생한 것을 나타낸 것이다.

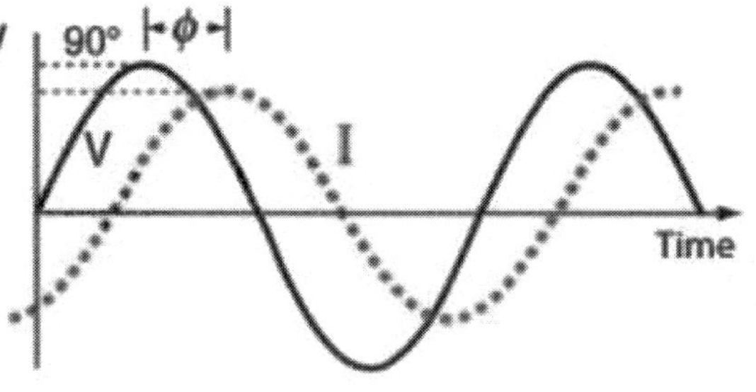


[그림 2-41] 위상

### 2.14.4 3상 교류

자계에 놓인 회전자 철심에 기계적으로 120°씩 차이가 나게 감은 코일 aa', bb', cc'를 배치하고 각속도로 회전하면 각 코일의 양단에는 식 (2.66), (2.67), (2.68)로 표현되는 기전력이 발생하게 된다.

$$e_a = \sqrt{2}\, E \sin wt \qquad (2.66)$$

$$e_b = \sqrt{2}\, E \sin (wt - 120°) \qquad (2.67)$$

$$e_c = \sqrt{2}\, E \sin (wt - 240°) \qquad (2.68)$$

[그림 2-42]는 3상 교류를 나타낸 것이다.

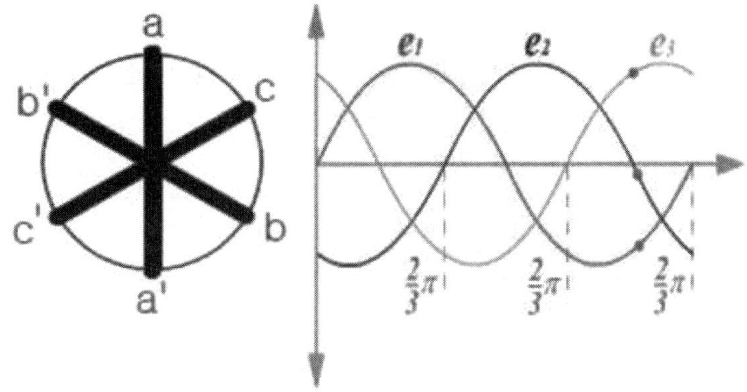


[그림 2-42] 3상교류

## 전기기기

### 2.15.1 직류기

직류기는 직류발전기와 직류전동기를 말한다. 직류발전기는 기계에너지를 전기에너지로 변환하여 사용하는 것이며 직류전동기는 전기에너지를 기계에너지로 변환시키는 것이다. 직류발전기와 직류전동기는 사용 목적과 기능은 달라도 구조가 이론상으로는 동일하기 때문에 직류기라고 한다. 직류기에서 중요한 4부분은 고정자 자석, 전기자코일, 정류자, 브러시이다.

[그림 2-43] 전기자

### 1) 계자

계자(Field magnet)는 고정자 자석을 의미하며 직류전동기나 직류발전기가 동작을 하기 위해서는 자기장이 발생해야 된다. 전기장이 없으면 직류전동기는 회전하지 않기 때문에 동력을 발생시킬 수 없어 발전을 할 수 없다. 따라서 자속을 만들어주는 역할을 계자가 한다. 계자는 영구자석이나 전자석을 이용하고 있다. 전자석은 전류의 세기에 따라 자속을 변화시킬 수 있고 전동기의 속도 및 발전기의 발전전압을 조정할 수 있기 때문에 공장과 같이 제어가 필요한 곳에 활용된다.

[그림 2-44] 계자

### 2) 전기자

전기자(Armature)는 전류가 흐를 수 있도록 하는 것을 말한다. 전동기는 전기자에 외부로부터 전류가 공급되며 전기자에 흐르는 전류는 계자에서 만든 자속과 상호작용하여 플레밍의 왼손 법칙에 의해 전기자가 회전한다. 발전기는 전기자가 회전하면 계자에서 만든 자속과 상호작용하여 플레밍의 오른손 법칙에 의해 전기자에 기전력이 발생하며 전류가 흐른다.

### 3) 정류자

정류자(Commutator)는 전동기에서 직류를 교류로 변환하며 발전기에서는 교류를 직류로 변환해주는 역할을 한다. 정류자를 이용하여 직류전동기는 직류전원으로 운전할 수 있으며, 직류발전기는 직류전기를 발생시킨다. 전동기는 전기자와 축이 연결되어 회전하게 된다.

[그림 2-45] 정류자

### 4) 브러쉬

브러시(Brush)는 정류자에 접촉되어 있는 고정자이며 회전자와는 달리 외부 회로와 체결되어 있으며 전기자와 정류자로 이루어진 직류기의 내부 회로와 외부 회로를 연결하는 것이다. 정류자는 회전하고 브러시는 정지하고 있어 마찰에 의한 고장이 발생할 수 있다. 따라서 강도가 높고 내열성을 가지고 있으며 접촉저항에 의해 정류자에 부하가 걸리지 않도록 한다.

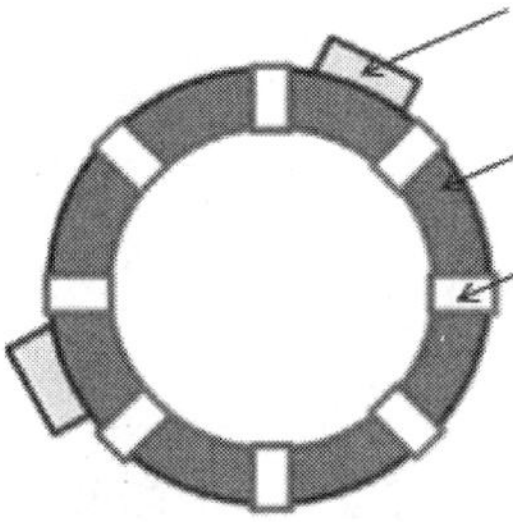


[그림 2-46] 브러쉬

## 변압기

발전소에서 일으킨 전기를 가정이나 공장에서 쓰기 위해 전압을 올리거나 낮추어야 한다. 용도에 맞게 전기의 전압을 높이거나 낮추는 장치를 변압기라고 한다. 변압기는 전자기 유도 현상을 이용하여 전압을 바꾸는 장치이다. 철심 양쪽에 코일을 감고 한쪽 코일에 전지와 스위치를 연결하고 다른 쪽 코일에는 검류계를 연결한다. 전지와 스위치를 연결한 쪽을 1차 코일이라 하며 검류계를 연결한 쪽을 2차 코일이라 한다. 1차 코일의 스위치를 On/Off 하면 코일에는 전류가 흐르다 끊어진다. 그러면 2차 코일의 전류는 1차 코일의 전류에 의해 생기는 자기장의 변화를 방해하는 방향으로 흐른다. 1차 코일에 흐르는 전류를 1차 전류, 2차 코일에 흐르는 전류를 2차 전류라고 한다. 보통 변압기는 규소 강철판을 겹쳐 만든 철심 양쪽에 1, 2차 코일을 절연하여 감은 것이다.

주위에서 볼 수 있는 전신주가 주상 변압기의 대표적 예이다. 한국전력공사에서 일반 가정에 공급하는 것은 220 V로 최초 발전소에서 22 kV로 공급되어 변전소에서 765 kV/345 kV로 송전한 뒤 1, 2차 변전소를 거친다. 전압이 높을수록 전력손실이 줄어들기 때문에 장거리 송전설비에서는 대부분 765 kV로 송전한다. 전신주에서 가정이나 소규모 공장에 단상 220 V나 3상 380 V 전압을 공급하기 위해 전신주에 변압기를 설치한다. 대규모 공장 등 용량이 큰 경우에는 154 kV, 345 kV를 철탑에서 직접 받아 수용가의 변압기를 이용한다. 학교나 건물 등에는 주상 변압기가 아닌 큰 변압기도 존재하며 지중화가 이루어진 곳은 길가에 변압기를 설치하기도 한다. 변압기 안에는 절연유가 누전을 막아 주는 것을 유입변압기(Oil Immersed Transformer)라고 하며 사무용 건물에는 절연유가 필요 없는 몰드변압기(Molded Transformer)가 사용된다. 유입변압기 내에 있는 기름은 시간이 흐르면 빗물이나 먼지에 의해 변질되고 기름 내부에 습기가 차면 화재가 발생하기도 한다. 여름철에 변압기 화재가 발생하여 단전되는 이유 중 절연유의 불량으로 발생하기도 한다. 변압기에는 절연체와 변압기 1차측과 2차측 전압의 혼촉을 막기 위한 방지판이 있다.

[그림 2-47] 변압기

[그림 2-48] 전동기

변압기는 사용하는 주파수, 코어의 자속밀도, 전압, 변압기의 용량, 파형의 종류, 코어의 부피 등을 고려해서 제작한다.

## 전동기

전동기는 전기에너지를 기계에너지로 바꾸는 기계를 말하며 일반적으로 모터(Motor)를 의미한다. 전동기는 전원의 종별에 따라 직류전동기와 교류전동기로 구분된다. 교류전동기는 다시 3상 교류용과 단상 교류용으로 구분된다. 3상 교류용은 1 kW 정도 이상부터 1만 kW가 넘고, 단상은 수백 kW 이하의 소형기에 사용하고 있다. 전동기의 원리는 자기장 속에 도체를 자기장과 직각으로 놓고 여기에 전류를 통하면 자기장에도 직각 방향으로 전자기적인 힘이 발생하는 전자 유도현상을 응용한 것이다. 전자기력은 자기장의 세기, 전류의 세기 및 도체 길이의 곱에 비례한다.

### 2.17.1 전동기의 분류

#### 1) 직류전동기

고정자와 회전자로 구성되어 있으며, 고정자는 계자극(Field poles)과 프레임(Frame)으로 되어있으며 계자극은 스크류나 볼트로 프레임에 고정되어있다. 회전자는 전기자와 정류자 및 브러쉬로 구성된다. 고정된 브러쉬에 정류자가 면접촉 회전을하기 때문에 브러쉬와 정류자는 마모, 분진 및 소음이 발생한다. 전자 스위칭 기술을 이용하여 브러쉬를 사용하지 않는 것이 브러쉬 전동기이다.

브러쉬 모터의 구조는 회전 코일과 고정자석 및 브러쉬와 커뮤테이터 부분으로 구성된다. 브러쉬와 커뮤테이터는 전기자에 공급되는 전류 방향을 회전 각도에 따라 전환시켜 회전자를 회전시킨다.

직류전동기의 특징은 속도, 토크 및 회전 방향 제어가 쉽고 소형 직류전동기는 저전압 12V에서 작동한다. 정류 문제나 기계적인 강도 문제로 고속화에 제한이 있다.

#### 2) 직권전동기

계자극 권선과 전기자 권선이 직렬로 연결된 직류전동기를 말한다. 기동 토크가 크고 부하가 적어지면 속도가 상승한다. 완전 무부하 상태가 되면 속도가 증가하여 위험하기 때문에 제어용으로는 적합하지 않다.

직권전동기를 적용하는 곳은 자동차 시동을 위한 전동기, 크레인에 적용되고 있다.

#### 3) 분권전동기

계자극 권선과 전기자 권선이 병렬로 연결된 직류전동기다. 부하변동에 따른 속도변화가 적고 컨베이어 벨트, Blower, 공작기계에 사용된다.

#### 4) 교류 직류전동기

직류와 교류에서 운전할 수 있는 전동기로 단상 교류를 이용하여 수동 전동공구, 목공기계, 믹서 및 재봉기 같은 가전제품에 사용한다.

#### 5) 유도전동기

가장 많이 사용되는 전동기로 고정자와 회전자로 구성되어 있으며 고정자 권선이 3상인 것과 단상인 것이 있다. 3상 고정자 권선에 교류가 흐를 때 발생하는 자기장에 의해 회전자에 토크가 발생한다. 단상 고정자 권선에서는 교류가 흐르면 자기장이 발생한다. 자기장 발생에 의해 회전자에 기동 토크가 발생하지 않기 때문에 기동장치가 필요하다. 장점은 구조가 간단하기 때문에 수리가 용이하고 가격이 저렴하며 취급이 용이하고 정속도 전동기라는 점이다. 단점은 변속과 관련하여 사용하면 슬립(Slip) 현상이 발생할 수 있다는 점이다.

#### 6) 동기전동기

고정자와 회전자로 구성되어 있다. 고정자는 유도전동기의 고정자와 같고 회전자는 자극과 여자 권선으로 되어있으며 권선에 브러쉬와 Slipring을 통하여 직류 전류를 공급하여 자극을 여자한다. 고정자 권선에는 흐르는 교류에 의해 발생하는 회전자기장 속에서 직류 전류에 의하여 여자된 회전자에 토크가 발생하여 회전하게 된다. 특징은 기동 토크가 작고 구조와 취급이 복잡하며 여자용 직류 전원이 필요하다. Convey belt용 전동기, 소형 시계 등에 사용된다.

### 7) 단상 유도전동기

구하기 쉬운 단상 교류를 전원으로 사용한다. 단상 유도전동기는 가정용과 산업용으로 많이 사용된다. 자력 기동을 할 수 없어 기동을 위한 권선이 필요하다.

### 8) 분상 기동형 전동기

고정자, 회전자, 엔드플레이트 또는 브래킷, 원심력 스위치의 네 가지 주요부품으로 구성된다. 회전자는 농형권선(Squirrel cage winding)으로 되어있고, 고정자는 주권선이 운전권선(Running winding)과 보조 권선인 기동 권선이 병렬로 감겨 있어서 병렬회로에 단상 교류전압을 가하면 운전 권선과 보조 권선 사이의 차이가 회로에 흐르는 전류의 위상 차이에 의해 자기장이 발생한다. 가격이 싸고 기동 토크가 작고 원심력 스위치 때문에 부피가 크며 기동 전류가 많아야 한다. 냉장고, 펌프, 세탁기 등에 사용된다.

### 9) 콘덴서 기동형 전동기

분상 기동형 전동기와 비슷하나, 기동토크를 크게 하려는 목적으로 콘덴서를 기동권선과 직렬로 연결한 것이다. 두 장의 알루미늄판 사이에 전기를 통하지 않도록 화학적 처리를 한 종이가 오일 속에 담겨있는 구조로 되어있다. 분상기동형 전동기에 비하여 기동 토크가 크고 기동 전류가 작다.

### 10) 영구콘덴서형 전동기

콘덴서 기동형 전동기에서 원심력 스위치를 제거한 것이다. 컨덴서가 기동 후 정상 운전 중에도 사용한다. 용량이 적은 콘덴서를 사용하기 때문에 기동 토크는 콘덴서 기동형 전동기보다 작고 원심력 스위치가 없어서 구조가 간단하다.

### 11) 셰이딩 코일형 전동기

고정자 자극의 한쪽 끝에 홈을 파서 돌출된 극을 만들고 돌출극에 구리를 이용하여 제작한 고리를 이용하여 단락하는 것이다. 운전 중에도 Shading coil에 전류가 계속 흘러 효율과 역률 및 기동 토크가 작고 구조가 간단하며 견고하지만 회전 방향을 변경할 수 없다.

#### 12) 삼상 유도전동기

같은 마력수의 단상 유도전동기에 비해서 구조가 간단하고 소형이다. 회전자의 구조에 의해서 농형과 권선형으로 나누어진다. 공장용으로 사용되며 1마력 이상에서 수천 마력까지 다양한 크기가 판매되고 있다.

#### 13) 농형 유도전동기

농형 유도전동기의 회전자는 구리나 알루미늄 환봉을 도체 철심 속에 넣어서 양쪽 끝을 원형측판을 이용하여 단락시킨 것이다. 회전자의 구조가 간단하고 튼튼하며 운전 성능이 양호하다. 기동시에 큰 기동 전류가 흘러 권선이 타기 쉽고 공급 전원에 좋지 않은 영향을 준다.

#### 14) 권선형 유도전동기

회전자에 3상의 권선을 감고 단자를 저항기에 연결한다. 저항기의 저항치를 가감하여 광범위하게 기동특성을 바꿀 수 있다. 회전자 권선으로 인하여 농형보다 구조가 복잡하다.

### 2.17.2 전동기의 원리

#### 1) 직류전동기의 원리

자기장 중에 놓인 도체에 직류가 흐르면 플레밍의 왼손법칙에 의해 도체에 전자력이 발생하여 회전한다. 직류전동기는 속도제어가 용이하여 전철, 압연기 등과 같이 속도 조정이 필요한 경우에 널리 사용된다.

#### 2) 유도전동기의 원리

회전 가능한 도체 원판 위에서 자석의 N극을 시계방향으로 회전시키면 원판은 자기장 사이를 반시계방향으로 회전하는 것으로 플레밍의 오른손 법칙에 따라 원판의 중심으로 향하는 기전력이 유도되는 것이다. 기전력에 의해 발생하는 맴돌이 전류가 플레밍의 왼손법칙과 같이 원판은 전자기력을 받아 시계방향으로 회전한다.

### 3) 단상 유도전동기의 원리

자석을 회전시키면 내부에 있는 도체 원통에 유도전동기의 회전원리에 의해서 자석의 회전 방향과 같은 방향으로 도는 현상이다. 자극 대신에 코일을 이용하기도 한다. 코일을 같은 방향으로 감아서 자석의 N극과 S극이 되어 교류 전원을 연결하면 자기장이 형성된다.

### 4) 3상 유도전동기의 원리

금속 원통의 회전자 주위에 3상의 전원을 인가하면 시계방향으로 자기장이 발생한다. 유도전동기의 회전원리에 따라 회전자도 시계방향으로 회전한다. 시계방향으로 자기장이 생기면 도체는 반대 방향으로 움직이는 것과 같으며 이 회전자기장에 의한 자속에 의해 플레밍의 오른손법칙에 의해 회전자에 기전력이 발생한다.

### 5) 3상 동기전동기의 원리

자극으로 되어있는 회전자 주위에 자석을 회전시키면 흡인력에 의해서 회전자는 자석이 회전하는 속도와 같은 속도로 시계방향으로 회전한다. 자석을 회전시키는 대신 3상 권선을 고정자의 안쪽에 회전자를 두면, 회전자는 고정자의 회전자기장의 속도와 같은 속도로 회전한다.

# 전력

## 2.18.1 발전

전기를 얻는 일반적인 방법은 자석 원통 안에 전선을 감은 회전자를 돌려서 전선에 전류가 흐르도록 하는 것이다. 회전자를 돌리는 힘을 물의 낙차로부터 얻으면 수력발전, 석탄이나 중유 등의 연소열로부터 얻으면 화력발전, 우라늄과 같은 핵연료의 핵분열로부터 얻으면 원자력발전이라고 한다. 친환경 에너지를 이용한 발전은 땅속의 열을 이용한 지열 발전, 조석간만의 차를 이용한 조력 발전, 바람의 힘을 이용한 풍력발전 등이 있다.

## [1] 수력발전

수력발전은 높은 곳에서 떨어지는 물의 힘을 이용하여 발전기의 수차를 돌려 전기를 발생하는 방식이다. 수력발전의 원리는 높은 곳에 있는 물이 낮은 곳으로 떨어지면서 수차에 연결된 발전기를 돌린다. 물이 가지고 있는 위치에너지를 운동에너지로 바뀌고 운동에너지를 전기에너지로 바꾸는 것이다. 물은 높은 곳에 있을수록 큰 위치에너지를 가지고 있다. 물이 아래로 떨어질 때 높이의 차이에 해당하는 위치에너지가 발생한다. 수력발전에 있어 가장 주요한 설비는 터빈, 발전기, 변압기 등의 기계적 설비와 사용 목적에 따라 수력발전소 설치를 위해 저수지 등이 있어야 한다. 발전기에 의해 발생한 전기에너지는 변압기를 통해 전압이 달라진다. 수력발전의 장점은 한 번 건설되면 추가적인 연료 없이 물이 있으면 발전이 가능해 이산화탄소의 발생이 없는 발전으로 수요에 따른 발전량 조절이 용이하다. 그러나 수몰 등에 의한 환경에 변화를 주고 입지 조건에 대한 제한이 있으며 건설비용이 비싸고 자연조건에 따라 발전이 좌우된다. 수력발전은 댐식 발전, 수로식 발전 및 양수 발전의 세 가지가 있다.

[그림 2-49] 수력발전

## [2] 댐식 발전

강에 콘크리트로 둑인 댐을 만들어 강물을 막으면 댐의 위쪽에는 큰 저수지가 생긴다. 이 저수지의 물이 흘러내리는 힘을 이용하여 전기를 일으키는 방식이 댐식 발전이다. 댐식 발전은 지름이 5m의 수압관으로 물을 보내는데 수압관을 통해 쏟아져 내리는 물의 힘을 이용하여 발전을 한다.

[그림 2-50] 댐식 발전

## [3] 수로식 발전

수로식 발전은 높은 곳의 물을 수로로 흘려 발전을 하는 방식이다. 산악 지대와 같이 높은 곳에 물이 있을 때 강도를 가지고 있는 재료로 관을 만들어 물이 흐르게 하거나 지중으로 터널을 경사지게 만들어 물을 아래로 흐르게 하는 것이다. 수압관으로 흐르게 하여 아래로 이동할 때의 힘을 이용하여 수차를 돌리는 것이다.

[그림 2-51] 수로식 발전

## [4] 양수발전

전력 수요에는 낮과 밤에 따라 차이가 발생한다. 심야 등 에너지 사용이 적은 시간대에 남는 전력을 이용하여 물을 하부에서 상부로 양수하여 위치에너지로를 확보하고 저수된 물을 전력 피크시에 흘려보내 발전하는 것이다. 최근의 발전소는 대부분이 가역식 펌프수차를 채용하고 있다.

[그림 2-52] 양수 발전

## [5] 화력발전

화력발전소는 석탄, 중유 등의 연료를 태울 때 발생하는 열로 물을 끓여 수증기의 힘을 이용하여 발전기의 터빈을 돌려 전기를 얻는 것이다. 수력발전의 단점을 극복하기 위해 만들어진 것이 화력발전소이며 화력발전을 위해 보일러, 증기터빈, 발전기를 설치한다. 화력발전의 원리는 불순물을 제거한 물을 급수 펌프로 끌어 올린 다음 가열하고 보일러에 보내 고온 고압의 수증기로 만든다. 우리나라는 화력발전을 통해 사용하는 전기의 약 60%를 확보하고 있다. 화력발전은 유지관리 비용이 높고 화석연료가 고갈되고 있으며 대기오염을 유발하는 문제를 가지고 있다.

따라서 풍력이나 조력, 지열과 같은 친환경발전시설로 바뀌고 있다. 화력발전은 열에너지를 전기에너지로 바꾸는 것이다. 화력발전소에서는 물을 가열하여 발생한 수증기로 증기터빈을 돌려 전기를 얻는다. 수력발전은 도시에서 멀리 떨어진 강에서 이루어지지만, 화력발전은 전기를 사용하는 수용가에 설치하여 송전에 대한 전력손실을 최소화한다.

[그림 2-53] 화력발전

## [6] 원자력발전

원자력발전은 우라늄 등의 핵연료가 원자로 내에서 핵분열로 발생하는 열을 수증기를 만들어 발전기의 터빈을 돌려 발전하는 방식이다. 원자력발전은 열을 얻는 방법 이외에는 화력발전과 같은 방법으로 발전을 하기 때문에 화력발전이라고 할 수도 있다. 우리나라는 에너지 자원의 부족으로 1970년대에 석유파동 이후 에너지원의 다원화로 1978년 고리원자력발전소 1호기 가동을 시작으로 원자력발전소 건설을 시작하였다. 한국의 원자력발전산업은 저렴한 발전원가 및 전력의 안정적 공급에 기여했다. 그러나 원자력발전소 사고와 주변 환경에 미치는 영향 및 핵폐기물 문제 등으로 대책이 필요한 실정이다. 연간 전력생산량은 국내 총 전력생산량의 31%를 차지하고 있다.

원자력발전이 한국의 주력 전력원으로 사용하게 된 것은 1970년 이후 국내 경제 수준과 생활 수준의 향상으로 에너지소비량이 매년 10% 이상씩 늘어나고 사용 에너지의 97% 이상을 수입하고 있는 여건에서 원자력발전을 전력 수요 대처방안으로 채택했다.

원자력발전의 특징은 적은 양의 연료로 큰 전력을 얻을 수 있다는 점이다. 핵연료 1kg이 내는 열량은 석탄 3000톤을 연소할 때 나오는 열량과 비슷하다. 원자로에 연료를 넣으면 3년 동안은 연료 보충 없이 연속적으로 사용할 수 있다. 따라서 원자력발전은 자원이 부족한 우리나라에 현실에 맞춰 급속하게 설치되었다.

[그림 2-54] 원자력발전

## [7] 친환경에너지

### 1) 태양열발전

태양열발전은 태양이 가지고 있는 열에너지를 이용하는 발전하는 것이다. 대용량 태양열발전 방식에는 탑집광 방식과 포물면 집광 방식이 있다. 탑집광 방식은 높은 탑 위에 물탱크를 설치하고 탑 주위에 반사경들을 설치하여 반사된 태양열로 물을 가열하여 물탱크에서 발생된 증기로 터빈을 돌려 발전하는 방식이다. 포물면 집광 방식은 태양을 향해 일렬로 배치한 포물면 거울의 초점 위치에 물이 흐르는 도관을 설치하여 증기를 얻어 발전하는 것이다. 태양열발전소는 일사량이 많은 사막 지역 같은 곳에 건설되고 있지만 초기투자비에 비해 효율이 낮다. 다른 형식으로 태양 전지는 인공위성과 우주탐사선에 부착되어 자체적으로 전력을 공급한다. 태양열발전에 사용하는 터빈에는

[그림 2-55] 태양열 발전

증기터빈, 가스터빈 등이 사용된다.

### 2) 태양광발전

우리나라의 에너지 소비는 매년 10%라는 세계 최고의 증가율을 기록하고 있으며 온실가스 배출량도 증가하고 있다. 세계기후 협약에 의해 탄소배출권에 대한 대책으로 태양광발전 등의 신재생 에너지 적용 필요성이 증가하고 있다. 신재생에너지인 태양광발전을 위한 발전소를 민간에 위탁해 전국에 시설을 구축하고 있다. 강우량이 적고 일조량이 많은 영천에 신재생 에너지원의 확보를 위한 태양광발전소를 건설하였다. 세계적으로 신재생에너지에 대한 관심이 증가하고 있으며 석유를 대체할 에너지원을 확보하기 위해 국가 간의 경쟁이 치열하다.

[그림 2-56] 태양광발전

### 3) 풍력에너지

인류는 돛단배와 함선을 만들어 배를 움직이기 위해 풍력을 사용했고, 건축가들은 건물에 바람을 이용한 자연 환기장치를 이용했다. 기원 후 7세기부터 풍차를 농업에 적용하여 곡식을 제분하기 위해 사용했고 지금도 네덜란드에 가면 풍차를 볼 수 있다.

풍력발전은 풍력 터빈을 이용해서 바람을 전력으로 바꾸는 것이다. 2020년 기준으로 덴마크는 16%의 전력을 풍력발전으로 충당했다. 여러 나라에서 상업적으로 풍력을 이용해서 전력을 생산하고 있다. 풍력은 풍부한 재생에너지로 깨끗하며 온실 효과를 유발하지 않기 때문에 기존의 화석연료를 대체하는 에너지원으로 활용되고 있다. 풍력발전단지는 시각 및 청각적인 거부감과 환경에 미치는 영향 때문에 거부감을 가지고 있지만

[그림 2-57] 풍력발전

기술적인 어려움과 높은 초기 투자비용에도 해상풍력발전이 증가하고 있다.

### 4) 조력발전소

조력발전소는 밀물과 썰물의 차가 큰 지역에서 만의 입구를 방조제로 막아 해수를 가두고 수차 발전기를 설치하여 수위 차를 이용하여 전기를 생산하는 방식으로 밀물과 썰물 때 가동한다. 시화호 조력발전소는 최대 7.5m의 낙차가 발생하는 밀물 때에 방조제 밖의 바닷물을 시화호로 떨어뜨려 발생하는 에너지로 전기를 생산한다. 썰물 때에는 시화호의 물을 바다로 배출하여 시화호의 물을 순환시켜 수질을 개선한다.

[그림 2-58] 조력발전

### 5) 지열에너지

지열발전은 지구 내부의 지열을 이용하여 전력을 생산하는 방법이다. 구석기 시대에는 지열에너지로 데워진 물에서 목욕을 했고 로마 시대에는 지열 에너지를 활용하여 난방을 했다. 오늘날에는 지열을 이용해 전력을 생산하기에 이르렀다. 전 세계적으로 약 10,715MW의 전력이 24개국에서 생산되고 있고 지역난방, 온수 공급, 공업적 용도, 담수화, 농업에 지열을 이용한다. 지열발전은 비용이 적게 들며 꾸준한 전력을 얻을 수 있으며 친환경적이다. 그러나 지열발전은 시설 투자비용이 많이 들고 화산 지대가 있어야 발전을 할 수 있다.

지열발전도 지구 내부에 존재하는 온실가스를 방출하지만 화석 연료를 사용했을 때의 단점을 극복할 수 있다. 지구의 지열에너지는 인류의 에너지 수요량을 모두 충족시키기에 충분하지만 지하 깊은 곳에 위치한 지열에너지를 이용하는 것은 비용이 많이 발생한다.

[그림 2-59] 지열발전

## 2.18.2 송전

송전은 발전소에서 발생된 전력을 멀리 떨어진 수용지로 보내는 것이다. 송전은 발전소에서 직접 연결된 배전용 변전소까지의 전력수송을 의미한다. 송전에 사용되는 전선, 전선을 받쳐주는 철탑, 전선을 보호하는 부속물인 애자 등을 송전선로라고 한다. 송전선로는 대기를 절연하고 가공 송전과 절연재료를 사용하여 지하에 매설되는 지중 송전으로 구분된다. 산과 강을 가로지르며 연결된 송전선으로 전기가 흐르는 것이다.

송전선은 전기저항을 적게 받고 눈, 비, 바람 등에 견딜 수 있는 강성을 가지고 있어야 되며 경제성을 고려하여 동선을 5mm 굵기의 동선을 엮어서 제작한다. 강도를 높이기 위해 가운데 강철선을 넣고, 둘레에 알루미늄을 입힌 강심 알루미늄 선이 사용된다. 전기는 물체의 표면을 흐르기 때문에 표면적이 넓어야 많은 전기를 보낼 수 있고 외선보다는 여러 가닥으로 동선을 만든다. 애자도 중요한 요소 중의 하나이다. 애자는 전기가 흐르지 않는 사기로 만드는데 높은 전압의 전기가 철탑을 통하여 땅 위로 흐르지 않도록 전기를 절연하는 역할을 한다. 전압이 클수록 철탑을 높게 설치하고 애자를 겹치서 설치한다.

송전 철탑은 철제를 이용하며 전압에 따라 높이를 조절한다. 가공 송전은 지중 송전에 비해 경제성 때문에 가공 송전으로 하고 있다. 도시 중심부 등 가공 송전이 어려운 경우나 전력손실 문제, 용지확보가 어렵고 도시미관을 고려하여 지중 송전이 증가하고 있다. 지중 송전선은 전력 케이블을 지하의 콘크리트 홈 내에 설치하는 것이다. 발전소에서 생산한 전력은 1차변전소에 345kV로 송전하고 2차 변전소에서 22.80kV로 변전하여 수용자인 가정에 220 V로 공급한다.

송전선으로 보낼 수 있는 송전용량은 전압과 밀접한 관계가 있다. 선로가 짧은 경우에는 도체의 온도 상승에 따라 송전용량이 전압에 비례하지만 장거리 송전의 경우 송전용량은 전압의 제곱에 비례한다.

[그림 2-60] 송전탑

## 2.18.3 변전

변전은 발전소에서 보낸 전기의 전압을 높이거나 낮추는 것이다. 초고압 변전소, 1차 변전소, 2차 변전소 및 배전용 변전소 등으로 구별한다. 수력발전소나 화력발전소 및 원자력발전소에서 생성된 전기는 1차 변전소로 보내진다. 1차 변전소에서는 변압기로 전압을 높여 고압전선으로 먼 곳까지 보낸다. 고압 전력은 도시나 큰 공장 가까이 있는 2차 변전소에서 다시 전압을 낮추어 소비자에게 저압으로 송전한다.

변압기 안에는 고압 코일과 저압 코일이 있어서 전압을 높이거나 낮출 수 있으며 전압을 일정하게 할 수 있다. 변압기에는 변전소에서 사용하는 용량이 큰 것도 있고 공장이나 주택 근처의 전주 위에 장치하는 작은 것도 있다. 가정에서 전력이 약한 경우에는 작은 상자 모양의 변압기를 사용하기도 한다. 변전소에서는 변압기 외에 배전반과 차단기가 장치로 배전반은 전압이나 전류를 검사하며 스위치를 열거나 닫는 장치이다. 발전소나 전기 시설이 큰 건물이나 공장에 설치되어 있다. 차단기는 사고나 이상이 생겼을 경우 송전을 차단하는 장치이다.

[그림 2-61] 전신주의 변전

## 2.18.4 배전

배전이란 발전소에서 보낸 전기를 일반 가정이나 공장과 같이 필요한 곳에 나누어 송전하는 것이다. 일반적으로 2차 변전소에서 전기를 쓰는 가정이나 공장까지 보내는 것을 배전이라고 한다. 배전은 1차 변전소와 2차 변전소를 거쳐 전신주 위의 주상 변압기로 나누어 준다. 주상 변압기를 경계로 1차 변전소에서 주상 변압기까지의 배전선은 고압 배전선이고, 주상 변압기에서 일반 가정이나 공장으로 이어지는 배선은 저압 배전선이다.

배전은 크게 직류 배전과 교류 배전으로 나눌 수 있다. 우리나라에는 교류 배전 방식이 사용되고 있다. 배전선에는 공중에 설치하는 가공선과 땅속에 설치하는 지중선이 있다.

[그림 2-62] 배전반

## 연습문제

1. 원자의 구조에 대하여 설명하시오.
2. 도체와 부도체에 대하여 설명하시오.
3. 반도체에 대하여 조사하시오.
4. 정전현상을 설명하시오.
5. 쿨롱의 법칙을 설명하시오.
6. 전기력선의 성질에 대하여 쓰시오.
7. 콘덴서의 종류 및 활용 형태에 대하여 조사하시오.
8. 도체에서 5 C의 전기량을 갖고 두 점 사이를 이동할 때 소요된 일은 36 J이라면 두 점 사이의 전위차는 몇 $V$인지 구하시오.
9. 도체에서 7 C의 전기량을 갖고 두 점 사이를 이동할 때 소요된 일은 80 J이라면 두 점 사이의 전위차는 몇 $V$인지 구하시오.
10. 어떤 도선의 단면을 30초 동안에 흘러간 전하량이 20 C 일 때 도선에 흐르는 전류의 세기는 몇 A인지 구하시오.
11. 어떤 도체의 단면을 1시간에 4,200 C의 전하량이 이동하였다고 하면 전류의 크기는 몇 A인지 구하시오.
12. 축전지에서 전구를 연결하여 12 A의 전류를 흘려 45분 동안 사용하였다. 이때 사용된 전기량은 몇 C인지 구하시오.
13. 길이가 90 m이고 지름이 7 mm인 동선의 상온에서의 저항은 얼마나 되는지 구하시오(단 $\rho = 1.69 \times 10^{-8}\,\Omega \cdot \mathrm{m}$).
14. 150 Ω의 백열전구의 저항에 2 A의 전류를 흘리기 위해서 몇 V의 전압을 가해야 하는지 구하시오.

**15.** 저항기에 110 V의 직류전압을 가했더니 30 A의 전류가 흘렀다. 이 저항기의 저항은 몇 Ω 인가?

**16.** 저항기에 220 V의 직류전압을 가했더니 15 A의 전류가 흘렀다. 이 저항기의 저항은 몇 Ω 인가?

**17.** [그림 2-63]과 같은 회로에서 저항 $R_1$은 7 Ω, $R_2$는 9 Ω, $R_3$는 6 Ω이 되는 저항을 병렬접속하고 여기에 30 $V$의 전압을 가할 때 각 저항에 흐르는 전류와 전체전류는 몇 $A$, 합성저항은 몇 Ω인지 구하시오.

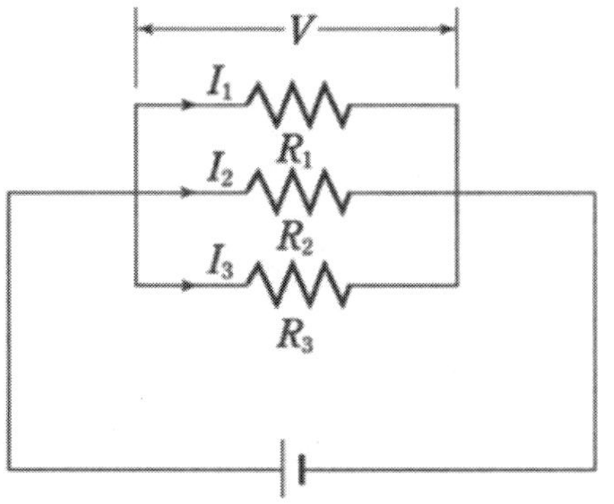


[그림 2-63] 연습문제 17

**18.** 300 Ω의 저항을 갖는 전기다리미에 7(A)의 전류를 20분간 사용했을 때 발생된 열량은 몇 cal인지 구하시오.

**19.** $2\times10^5$ AT/m의 자계 내에 자극의 세기는 7 Wb, 길이 35 cm인 막대에 자석을 놓으면 발생하는 자기모멘트를 구하시오.

**20.** $2\times10^5$ AT/m의 자계 내에 자극의 세기는 3 Wb, 길이 0.5 m인 막대에 자석을 놓으면 발생하는 자기모멘트를 구하시오.

**21.** 자극의 세기가 $2\times10^{-4}$ Wb, 길이 45 cm의 막대자석이 70 AT/m의 자계 내에 자계의 방향과 75°의 각도로 놓여 있을 때 자석에 작용하는 토크는 얼마인가?

**22.** 자극의 세기가 $5\times10^{-4}$ Wb, 길이 0.5 m의 막대자석이 45 AT/m의 자계 내에 자계의 방향과 28°의 각도로 놓여 있을 때 자석에 작용하는 토크는 얼마인가?

CHAPTER

# 3 전자부품 및 전기회로

## 콘덴서

콘덴서는 전하를 축적하기 위한 회로소자로서 얇은 도체의 판 사이에 공기 또는 유전체라 부르는 물질을 판 사이에 존재하도록 하여 만든다. 콘덴서에는 전하를 축적하는 작용 외에 교류전류만을 흐르게 하는 작용을 이용해 직류와 교류가 섞여 있는 전류에서 교류를 분리하기 위해 사용된다. 콘덴서가 전하를 축척하는 원리는 순수한 물을 저장하는 용기로 비교하면 용기에 물을 넣을 때 수위의 상승은 용기의 형태 및 재질 등에 따라 다르며 전하를 저장하는 장치인 축전지에 따라 전하의 수용 능력이 변한다. 전하를 수용할 능력의 정도를 정전용량이라고 한다.

콘덴서가 충전할 수 있는 용량(Capacity) C는 겹쳐지는 극판의 면적이 넓으면 전하가 축적되는 면적이 증가하기 때문에 커지고 극판이 가까울수록 인력이 증가하여 용량이 증가한다. 또한 극판 사이에 삽입되는 절연물의 종류에 따라서 용량이 변한다. 절연물을 극판 사이에 넣으면 정전유도 작용에 의해서 절연물에 양전하와 음전하가 발생하여 극판이 접근한 것과 같은 원리에 의해서 용량이 변하는 것이다. 콘덴서의 용량은 조건에 따라서 달라지며 콘덴서는 1V의 전압을 공급했을 때 1C의 전하가 충전되는 콘덴서의 용량 1F(Farad)가 콘덴서 용량의 기본단위이다. 같은 전압을 인가해도 용량이 큰 콘덴서에는 더 많은 전하가 축적되는 것은 용적이 큰 물탱크에 많은 물을 저장하는 것과 같은 원리다. 같은 용량의 콘덴서라도 높은 전압을 공급할수록 비례하여 더 많은 전하가 축적되는 결과를 종합하면 식 (3.1)과 같이 콘덴서에 충전되는 전기량($Q$)은 콘덴서의 용량($C$)과 공급전압($V$)에 비례한다.

$$Q = C \cdot V \tag{3.1}$$

위의 식에 의하면 콘덴서에 많은 전기를 저장하려고 할 때는 용량을 크게 하고 공급 전압을 높게 하면 된다. 식에서 $V$나 $C$를 이항하면 식 (3.2), (3.3)로 나타낼 수 있다.

$$C = Q / V \tag{3.2}$$

$$V = Q / C \tag{3.3}$$

콘덴서에 직류(DC)를 공급하면 콘덴서에 충전되는 동안만 순간적으로 전류가 흐르고 충전이 완료되면 전류가 흐르지 않는다. 콘덴서를 연결하는 방법도 저항을 연결하는 방법과 같이 병렬연결, 직렬연결 및 직병렬연결법의 세 가지가 있다.

### 3.1.1 병렬연결 (Parallel connection)

전류가 흐르는 길이 방향이 2개 이상일 때 콘덴서를 두 단자에 공통으로 연결하는 방식으로 큰 용량이 필요한 경우 적용된다. 병렬연결의 합성용량은 [그림 3-1]과 같이 병렬로 연결된 모든 콘덴서의 용량을 합한 것과 같다.

정전용량이 각각 $C_1$, $C_2$, $C_3$되는 3개의 콘덴서를 그림과 같이 병렬로 접속하고 단자 사이의 전압 $V$를 인가하면 콘덴서에 축적되는 전하 $Q_1$, $Q_2$, $Q_3$은 식 (3.4), (3.5), (3.6)과 같이 나타낸다.

$$Q_1 = C_1 V \text{ (C)} \tag{3.4}$$

$$Q_2 = C_2 V \text{ (C)} \tag{3.5}$$

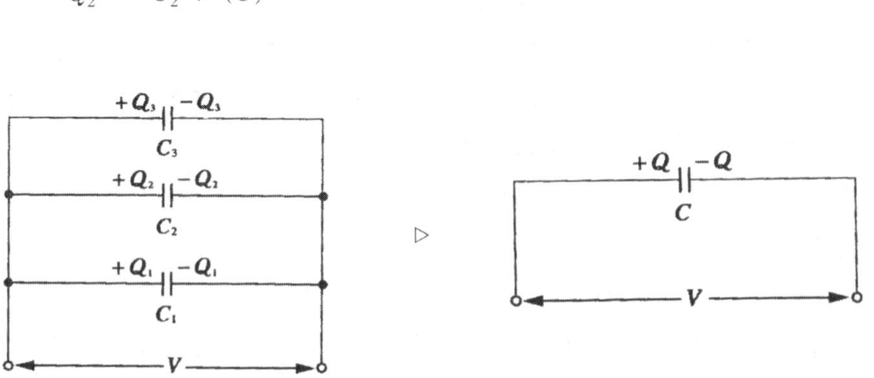


[그림 3-1] 콘덴서의 병렬접속

$$Q_3 = C_3\ V\ (C) \tag{3.6}$$

단자에서 측정된 전하 $Q(C)$는 콘덴서에 축적된 전하의 합이기 때문에 식 (3.7)과 같이 나타낼 수 있다.

$$\begin{aligned} Q &= Q_1 + Q_2 + Q_3 = C_1\ V + C_2\ V + C_3\ V \\ &= V\ (\ C_1 + C_2 + C_3\ )\ (C) \end{aligned} \tag{3.7}$$

따라서 합성 정전용량 $C$는 식 (3.7)에 의해 식 (3.8)과 같이 나타낼 수 있다.

$$C = Q\ /\ V = C_1 + C_2 + C_3\ (F) \tag{3.8}$$

용량이 0.1 μF, 0.2 μF, 0.5 μF인 3개의 콘덴서가 병렬로 연결되어 있으면 합성용량 C＝0.1＋0.2＋0.5＝0.8 μF가 되며, 0.5 μF콘덴서 5개를 병렬로 연결하면 Ct ＝0.5＋0.5＋0.5＋0.5＋0.5＝0.5×5＝2.5 μF가 된다. 동일한 용량의 콘덴서를 병렬로 연결했을 때의 합성용량은 1개의 용량에 개수를 곱하면 된다.

### 3.1.2 직렬연결 (Series connection)

전기의 통로가 직선이 되도록 연결하는 방식으로 용량이 적을 때 이용한다. 직렬로 연결했을 때의 합성용량은 각 콘덴서의 총합의 역수와 같다. 이것을 식으로 나타내면 합성용량이 된다. 정전용량이 $C_1$, $C_2$, $C_3$인 3개의 콘덴서를 [그림 3-2]와 같이 직렬로 접속하고 전압 $V(V)$를 인가하고 전극 a에 $+Q$의 전하가 대전 되었다면 정전 유도에 의해 전극 b에는 $-Q$의 전하가 대전 된다. 따라서 전극 c, e에 $+Q(C)$의 전하가 대전 되고 전극 d, f에는 $-Q(C)$의 전하가 대전 되며 각각의 콘덴서에 가해지는 전압을 $V_1$, $V_2$, $V_3(V)$라 하면 식 (3.9), (3.10), (3.11)으로 나타난다.

$$V_1 = \frac{Q}{C_1}\ (V) \tag{3.9}$$

$$V_2 = \frac{Q}{C_2}\ (V) \tag{3.10}$$

$$V_3 = \frac{Q}{C_3}\ (V) \tag{3.11}$$

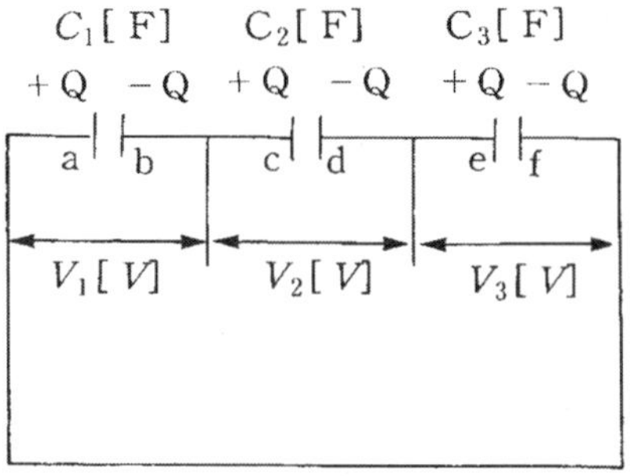


[그림 3-2] 콘덴서의 직렬접속

각 콘덴서에 가해진 전압의 합은 전원 전압과 같기 때문에 식 (3.12)와 같이 나타난다.

$$V = V_1 + V_2 + V_3 = \frac{Q}{C_1} + \frac{Q}{C_2} + \frac{Q}{C_3}$$
$$= Q\left(\frac{1}{C_1} + \frac{1}{C_2} + \frac{1}{C_3}\right) \quad (3.12)$$

따라서 합성 정전용량 $C$는 식 (3.12)에 의해 식 (3.13)으로 나타낼 수 있다.

$$C = \frac{Q}{V} = \frac{1}{\frac{1}{C_1} + \frac{1}{C_2} + \frac{1}{C_3}} \quad (3.13)$$

식 (3.13)에서 $C$는 콘덴서에 축적되는 전하와 회로에 가하는 전압의 비로 합성 정전용량은 식 (3.14)와 같이 나타낸다.

$$V_1 : V_2 : V_3 = \frac{1}{C_1} : \frac{1}{C_2} : \frac{1}{C_3} \quad (3.14)$$

따라서 콘덴서에 가해진 전압의 비는 각 콘덴서의 정전용량에 반비례한다. 각 콘덴서의 분압은 식 (3.15), (3.16), (3.17)과 같다.

$$V_1 = \frac{C}{C_1}\,(V) \quad (3.15)$$

$$V_2 = \frac{C}{C_2}\,(V) \quad (3.16)$$

$$V_3 = \frac{C}{C_3}\,(V) \quad (3.17)$$

위의 식에 의하면 같은 용량의 콘덴서가 직렬로 연결되었을 때 합성용량은 1개의 용량을 개수로 나눈 것과 같다.

### 3.1.3 직병렬연결 (Series parallel connection)

직렬연결과 병렬연결을 조합하여 필요한 용량을 얻고자 할 때 이용하는 방법이다. 직렬연결법이나 병렬연결법만을 이용하여 원하는 용량을 얻을 수 없을 때 직병렬연결법을 이용한다. 예를 들어 100 $\mu$F의 콘덴서만 여러 개 있는데 꼭 75 $\mu$F가 필요하다면 직병렬연결법을 이용해야 한다. 100 $\mu$F를 2개만 직렬로 연결하여도 50 $\mu$F가 되어 25 $\mu$F나 부족 되므로 100 $\mu$F 4개를 직렬로 연결하여 25 $\mu$F를 만든 다음 100 $\mu$F 2개를 직렬로 연결하면 합성용량 50 $\mu$F에 병렬로 연결하여 75 $\mu$F의 용량을 얻는 것이다. 직병렬연결회로의 합성용량을 계산할 때는 직렬로 된 부분과 병렬로 된 부분으로 나누어 계산한 다음 종합하면 편리하다.

[그림 3-3]은 알루미늄 전해콘덴서를 나타낸 것이다. 일반적으로 전해콘덴서 또는 케미콘(Chemical condenser)이라고도 부른다. 이 콘덴서는 유전체로 얇은 산화막을 사용하고 전극으로 알루미늄을 사용한다. 유전체를 얇게 할 수 있어 콘덴서의 체적에 비해 큰 용량을 얻을 수 있다. 특징은 플러스 전극과 마이너스 전극이 고정되어 있기 때문에 극성을 고려하여 회로를 구성해야 한다는 점이다. 일반적으로 콘덴서 자체에 마이너스측 리드가 표시되어 있고 전압 및 용전 용량도 표시되어 있다. 극성을 잘못 접속하거나 전압이 너무 높으면 콘덴서가 파열된다. 회로도에도 +극성을 표시하며 큰 용량을 얻을 수 있다. 전원의 평활회로, 저주파 바이패스(저주파 성분을 어스 시켜 회로를 원활하게 작동)회로에 사용된다.

[그림 3-4]는 탄탈콘덴서(Tantalum condenser)라고도 부르며 전극에 탄탈륨이라는 재료를 사용하고 있는 전해콘덴서이며 알루미늄 전해콘덴서와 같이 큰 용량을 얻을 수 있다. 온도변화에 따른 영향 및 주파수 특성이 전해콘덴서 비해 좋다. 알루미늄 전해콘덴서는 크라프트(Kraft)지에 전해액이 스며들게 한 후 금속 알루미늄을 삽입하여 감아 붙인 것이고 탄탈 전해콘덴서는 소결하는 구조로 제작되어 알루미늄 전해콘덴서와 비교하여 우수한 성질을 나타낸다. 극성이 있으며 콘덴서 자체에 +의 기호로 전극을 표시한다. 가격은 전해콘덴서와 비교하여 고가이고 온도에 의한 용량변화가 발생하지 않는 회로 및 주파수가 높은 회로에 사용되며 신호 파형을 중요시하는 아날로그 신호계에는 탄탈콘덴서를 사용한다. 탄탈콘덴서도 전해콘덴서와 같이 극성을 가지고 있

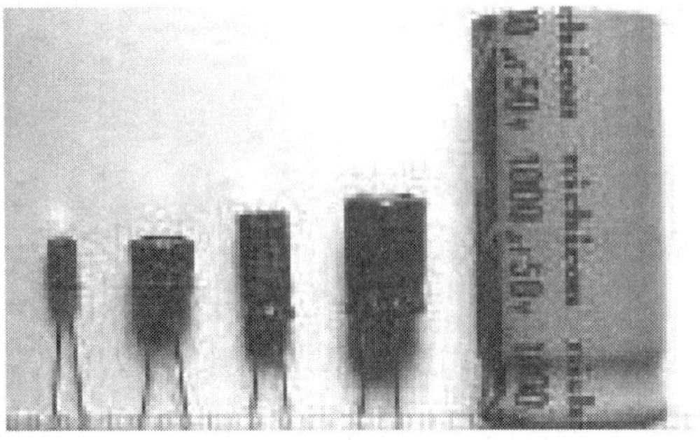

[그림 3-3] 전해콘덴서

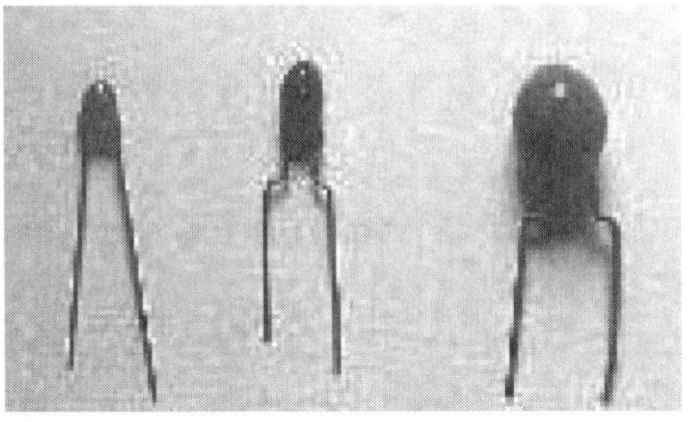

[그림 3-4] 탄탄콘덴서

다. 전극의 +측을 나타내는 기호가 콘덴서 자체에 표시되어 있다.

[그림 3-5]는 세라믹콘덴서(Ceramic condenser)라고 하며 전해콘덴서나 탄탈콘덴서와 같은 전극의 극성은 없다. 세라믹은 강유전체의 물질로 아날로그 신호계 회로에 사용할 수 없다. 전극 간의 유전체로 티탄산 바륨(Titanium-Barium)과 같은 유전율이 큰 재료가 사용되고 인덕턴스가 적다. 고주파 특성이 양호하다는 특징을 가지고 있어 고주파의 바이패스 회로에 사용된다. 모양은 원반형이며 용량이 작다.

[그림 3-6]은 적층세라믹콘덴서를 나타낸 것이다. 여러 층을 붙인 적층세라믹콘덴서는 전극 간의 유전체가 다층 구조로 되어있고 온도 특성, 주파수 특성이 좋고 소형이다. 주파수 특성이 양호하고 소형이라는 점 때문에 바이패스용 및 온도 특성도 양호하여 온도변화가 발생하는 회로에 사용한다.

[그림 3-7]은 스티롤콘덴서를 나타낸 것이다. 전극 간의 유전체로 폴리스티렌(Polystyrene) 필름을 사용하여 필름을 감은 구조로 되어있고 인덕턴스 성분이 크고 고주파에는 사용할 수 없다. 100 kHz 이하의 회로나 타이밍 회로에 사용한다. 스티롤콘덴서는 전극에 동으로 만든 박판을 사용하고 전극으로 알루미늄을 사용하는 경우에는 은색을 띠는 것도 있다. 차이는 동으로 박판을 사용한 것이 비싸고, 주파수 특성이

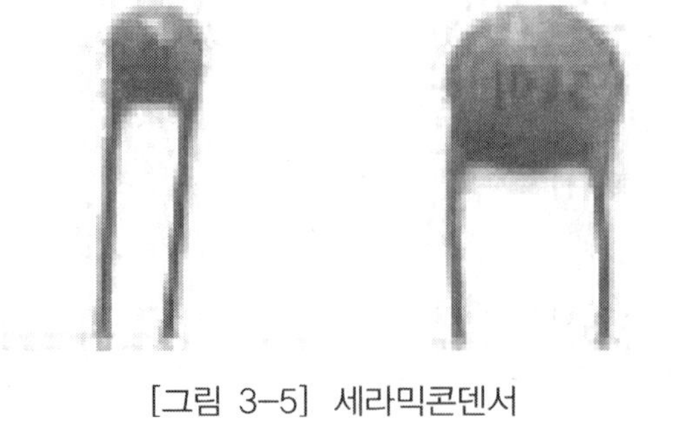

[그림 3-5] 세라믹콘덴서

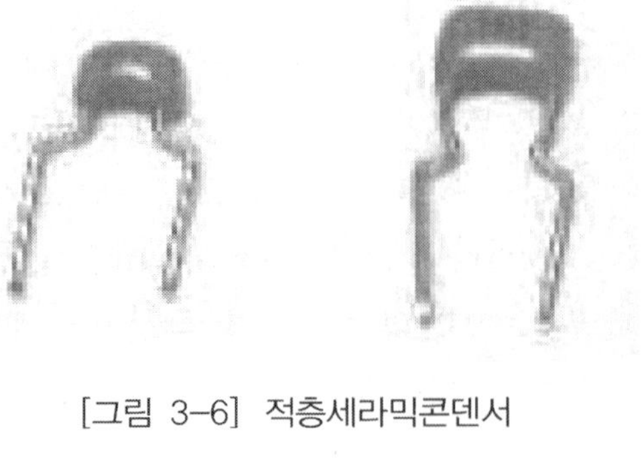

[그림 3-6] 적층세라믹콘덴서

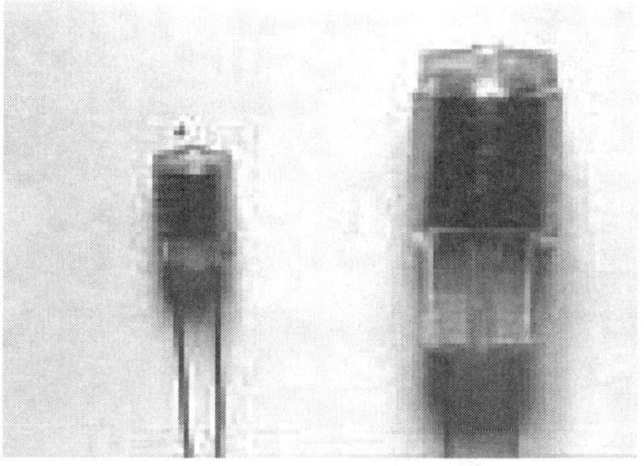
[그림 3-7] 스티롤 콘덴서

[그림 3-8] 슈퍼 커패시터

좋고 전극의 극성은 없다.

[그림 3-8]은 슈퍼 커패시터를 나타낸 것이다. 슈퍼 커패시터는 대용량 콘덴서이며 전원회로에 사용할 콘덴서에 전하가 충전되어 있지 않을 때 전류가 유입되면 정류기 등이 과전류로 인한 피해로 콘덴서가 소실될 수 있다. 전원회로의 평활 콘덴서 1,000 $\mu$F 정도로 짧은 시간에 충전되지만 충전이 완료되기까지 회로가 쇼트된 것과 같은 원리다. 대용량으로 단시간의 백업에 사용되며 형태가 작고 전극에 극성이 있다.

## 저항기

저항기(Resistor)는 저항 성질을 띠는 회로 소자이다. 저항기는 여러 방법으로 종류를 나누는데, 가장 일반적으로 나누는 방법은 저항기가 소모할 수 있는 최대 전력으로 분류하는 것이다. 저항기에서 소모되는 전력은 다음과 같이 구할 수 있다.

$$P = V \times I = \frac{V^2}{R} = I^2 \times R \tag{3.18}$$

여기서 $P$는 저항기에서 소모되는 전력, $V$는 저항기 양단에 걸린 전압, $I$는 저항기를 통해 흐르는 전류, $R$은 저항기의 저항을 의미한다. 저항기에 따라 허용전력이 다른 것은 저항기에서 소모되는 전력이 열에너지로 전환되는 것으로 열에너지 때문에 저항기의 온도가 상승하며 저항기의 허용 온도를 초과하는 경우 저항기가 고장나는 원인이 된다.

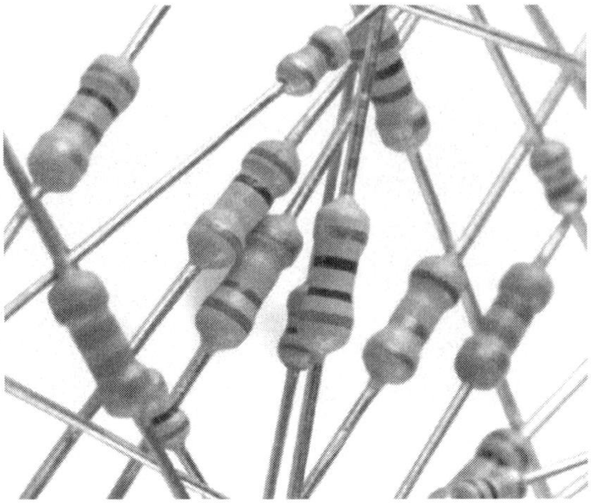

[그림 3-9] 저항

## 2극 진공관

2극 진공관은 진공으로 된 관 속에 플레이트와 캐소드 및 캐소드를 가열하는 히터로 구성되어 있다. 2극 진공관은 전류를 한 방향으로만 흐르도록 하는 정류관(Rectifier tube)인 것이다.

[그림 3-10]은 2극 진공관의 구조를 도식적으로 나타낸 것이다. 한 쌍의 전극(금속판)중 상부의 전극을 플레이트(양극), 아래쪽을 캐소드(음극)라 한다. 그리고 캐소드 아래에 히터가 있고 텅스텐 재질의 필라멘트를 이용한 열선이다. 히터에 전압을 걸어서 전류를 흘리면 필라멘트가 가열되고 그 열로 인해 캐소드가 가열되어 섭씨 약 700

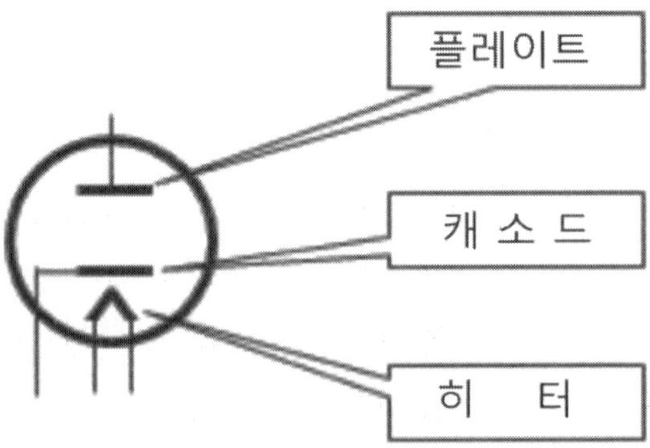


[그림 3-10] 2극 진공관

도 이상의 고온이 된다. 캐소드가 가열되면 캐소드라는 금속판에 들어있는 자유전자가 극판을 탈출하려고 하는 상태가 된다. 플레이트에 +의 직류가 걸리면 캐소드의 전자들이 캐소드에서 플레이트 쪽으로 이동하게 된다. 플레이트에 더 높은 전압을 걸어주면 더 많은 전자가 캐소드에서 플레이트로 이동하게 되면서 고압의 전류가 흐르게 된다.

일반 가정에서 사용하는 전기는 교류(Alternating current)로 +, -전위를 일정하게 교차하여 플레이트에 교류의 +전위가 케소드에서 전자가 이동하여 전류가 흐르고 플레이트에 -전위가 걸리게 되면 전류는 흐르지 않는다. 2극 진공관은 전류를 한 방향으로만 흐르도록 하는 것이 정류관(Rectifier tube)이다.

현재는 다이오드와 트랜지스터가 개발되어 진공관의 사용이 줄었지만 트랜지스터로 대제하지 못하는 분야에서 사용되고 있다. 높은 주파의 큰 전력의 용도로 진공관이 사용되고 있으며 라디오의 AM 방송 송신에 100~1000 kW급 출력이 필요할 때 사용된다.

진공관을 오디오 앰프의 증폭용 소자로 사용하면 독특한 음질을 띄어 매니아들이 사용하고 있고 고급 오디오 앰프 등의 용도에 사용되고 있다. 진공관을 증폭용 소자로 사용한 앰프는 트랜지스터 앰프에 비해 구조를 단순하게 만들고 오디오용 진공관은 중국 등에서 제조가 이루어지고 있다.

## 3극 진공관

3극 진공관(Triode)은 진공의 유리 용기 내부에 가열된 필라멘트 또는 음극(캐소드), 그리드 및 플레이트(양극)의 3개의 전극으로 구성되는 전자 증폭관이다. 열이온 다이오드에 그리드 전극을 추가 한 진공 튜브인 3극 진공관은 최초의 실용적인 전자 증폭기이자 4극 진공관과 같은 다른 유형의 진공관보다 먼저 개발되었다. 이 발명에 의하여 증폭된 무선 기술과 장거리 전화가 가능하게 되어 전자 시대가 도래되었으며 3극 진공관은 트랜지스터에 의하여 라디오, TV와 같은 가전제품에 적용되었다. 현재 사용되는 곳은 무선 송신기 및 산업용 RF 가열 장치의 고전력 RF를 증폭하고 오디오 애호가들의 진공관 오디오 시스템에 대한 관심으로 저전력 3극 진공관에 적용되고 있다.

3극 라디오 수신기는 이어폰으로 들어야 했던 것을 증폭시켜 들을 수 있도록 하여 라디오 방송이 시작되면서 대중통신 매체로 적용되었다. 3극 진공관은 장거리 전화가 가능하게 되었으며 텔레비전, 방송 시스템, 전기 축음기, 유성 영화 등에 적용되었다. 3극 진공관은 트랜지스터가 개발되어 대체될 때까지 라디오, 텔레비전, 오디오 시스템

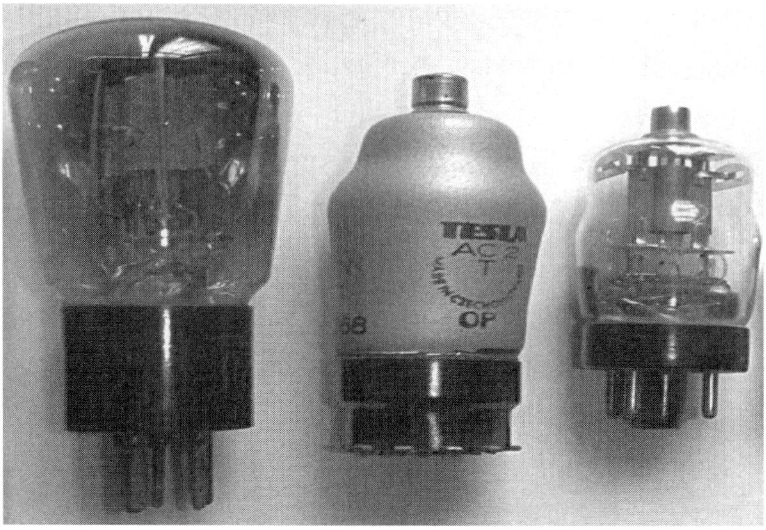


[그림 3-11] 3극 진공관

과 같은 가전제품에 적용되었으며 진공관 시대를 종식시키는 계기가 되었다. 현재는 무선 송신기 및 산업용 난방 장비와 같이 고체 반도체 장치가 적합하지 않은 높은 전력이 필요한 곳이나 고음질 오디오 및 음악 장비에 적용되고 있다.

3극 진공관은 전자를 방출하는 필라멘트에 의해 가열 된 열음극 전극과 전자가 끌어 당기는 플레이트 전극 사이에 전류를 제어하는 와이어 스크린으로 구성된 그리드가 있고 필라멘트는 연소하여 진공관의 기능이 떨어지면 교체하도록 되어 있다. 3극 진공관의 전자는 캐소드의 가열에 의해 열이온을 방출하고 음극은 얇은 금속 필라멘트를 통해 흐르는 별도의 전류에 의해 가열된다. 전자는 양극에 끌려 그리드 와이어 사이의 공간을 통과하여 튜브를 통해 음극에서 양극으로 전자가 이동한다. 전류의 크기는 음극과 그리드 사이에 적용된 전압에 의해 제어되고 그리드에 적용되는 저전력 교류신호는 양극 전류를 제어하여 증폭한다.

## 반도체

반도체(Semiconductor)는 상온에서 전기 전도율이 구리 같은 도체와 애자, 유리 같은 부도체의 중간 정도인 물질이다. 가해진 전압이나 열, 빛의 파장 등에 의해 전도도가 변하고 규소 결정에 불순물을 첨가하는 방법으로 제작하여 증폭 장치, 계산 장치 등

[그림 3-12] **반도체** 〈출처 : 한국경제〉

의 집적회로를 만드는데 쓰인다. 반도체는 실온에서는 전자 분포가 변해서 원자의 공유결합이 파괴되어 자유롭게 이동할 수 있는 상태가 되어 전하가 전도한다. 공유결합에서 빠져나간 전자에 의해 자유전자가 양공으로 이동하는 것이다.

도체와 반도체의 차이점은 반도체는 전류가 흐르는 경우 전자와 양공이 모두 이동한다는 것으로 반도체의 전자 이동에 따라 반도체와 부도체로 구분한다. 물질에서 전류가 흐르는 원인은 전자의 이동으로 자유전자의 수에 따라서 결정되며 가전자의 양공은 전자에 대응하여 중성자가 되는 것과 같은 원리다. 예를 들어 반도체는 낮은 온도에서는 부도체이고 실온에서는 도체와 같은 기능을 나타내는 것으로 반도체는 상황에 따라서 부도체, 도체처럼 동작하기 때문에 실제의 부도체나 도체와는 차이가 있다.

## 3.5.1 진성 반도체

물질의 특성을 이용하여 만들어지는 진성반도체는 결정(Crystal) 형성방법에 따라 단결정과 다결정으로 분류되며 단결정은 시료의 결정축의 방향이 같고 다결정이란 단결정들이 모여서 결정을 형성하는 것이다. 실리콘의 단결정은 실리콘 원자가 규칙적으로 최외각에 4개의 전자를 가지고 있으며 결정을 형성한 전자가 공유결합을 형성하여 Si의 최외각 전자 4개가 공유 결합하여 순수한 실리콘에서는 원자핵의 인력에 의해 전자가 이동할 수 없기 때문에 외부에서 전압을 걸려도 전류가 흐르지 않는 것이다.

진성반도체는 부도체와 같기 때문에 불순물을 첨가하여 전류가 흐르도록 하기 위해 인(P), 붕소(B) 등의 물질을 첨가한다. 불순물에 있는 전자나 정공이 전류를 흐르게 하

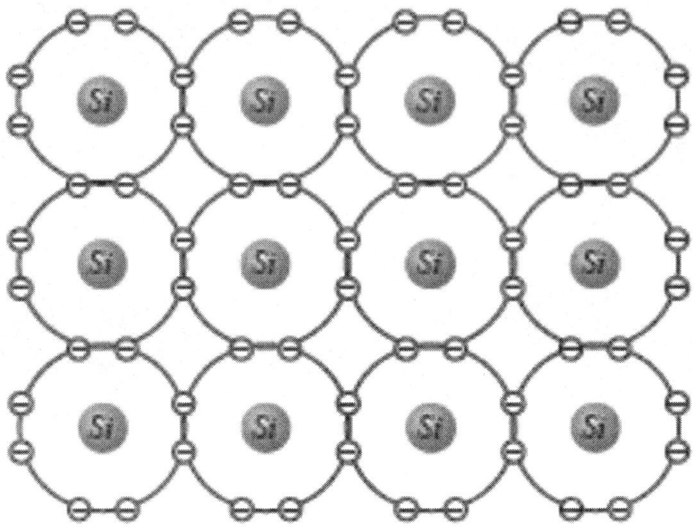


[그림 3-13] 공유결합

는 매개체 역할을 하는 불순물을 첨가하여 전기전도도를 조절하는 반도체를 외인성(Extrinsic) 반도체 혹은 불순물 반도체라고 한다.

### 3.5.2 불순물 반도체

불순물 반도체(Extrinsic)는 불순물을 포함시켜 전기전도를 조절하는 것으로 불순물의 정도에 따라서 전류의 흐름을 제어하며 p-type과 n-type이 있다. 진성반도체에 전자가 부족한 정공(Hole)에 전압을 걸어 전류가 흐르는 p-type반도체 또는 p-type 실리콘이 있고 진성 반도체에 전자가 남는 상태를 만들어 전압이 걸리면 자유전자가 되며 전류가 흐르게 되는 것이 n-type반도체, n-type실리콘이라고 한다.

## 다이오드

다이오드는 전류를 순방향으로만 흐르게 하고 역방향으로 흐르지 못하게 하는 성질을 가진 반도체 소자 또는 2극 진공관을 말하며 P(+)에서 N(−) 쪽으로 전류가 흐르는 것을 말한다.

[그림 3-14] 다이오드 기호

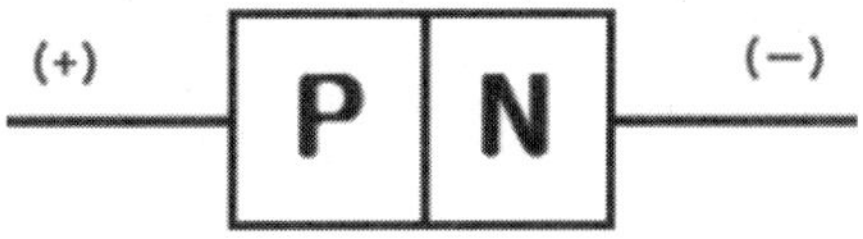


[그림 3-15] 다이오드 원리

다이오드(Diode)는 게르마늄(Ge)이나 규소(Si)로 만들어 정류, 발광 등의 특성을 지니는 반도체 소자이다. 최초의 다이오드는 진공관(Vacuum tube)으로 만들었다. 진공관 다이오드는 플레이트 전극(Anode)과 열음극(Hot cathode) 2개의 전극으로 대부분의 반도체 다이오드는 p-n 접합으로 2개의 전극을 갖지고 있다.

## 3.6.1 정류 다이오드

정류 다이오드(Silicon diode)의 기능은 순방향으로만 전류가 흐르게 하는 것으로 전원공급 장치나 신호처리에 대하여 정류작용이 필요한 회로에 적용하여 역방향으로 전류가 흐르지 못하게 하는 것이다. 실리콘으로 만들고 재질의 장점은 생산성과 품질에 대한 안정성을 가지고 있으나 순전압은 높다. 예를 들어 태양광으로 배터리를 충전할 때 발열로 인한 전력 손실이 발생한다. 게르마늄은 실리콘에 비해 신호의 반응속도가 빠르지만 열에 약하고 고장의 위험이 있으며 초기에는 라디오 부품으로 사용되었다.

[그림 3-16] 정류 다이오드

## 3.6.2 정전압 다이오드

역방향 바이어스에서 항복전압(Breakdown voltage)이상이 되면 역방향의 항복 전류가 흐르는 것을 이용하는 다이오드가 정전압 다이오드(Zener diode)이다. 항복전류가 흐를 때 특정 전압을 유지하는 특성을 이용한 정전압 다이오드는 높은 전압에서 항복전압을 조절하여 역방향의 바이어스에 적용하는 것이다. 회로에서 역방향으로 동작하도록 전압의 양전압(+)에 캐소드를 음전압에 애노드를 인가한다. 역방향으로 전압을 인가했을 때, 특정 전압 이상이 되면 전류가 흘러 전압 상승을 방지한다. 특정 전압을 유지하는 회로에 적용하고, 주로 기준전압을 사용한다.

[그림 3-17] 정전압 다이오드

### 3.6.3 정전류 다이오드

정전류 다이오드(Current limiting diode, CLD)는 반도체 소자로서 정전류원으로 사용되는 전자 부품으로 게이트 전압이 일정하면 드레인 전류가 일정한 성질을 가지기 때문에 회로에 직렬로 연결하면 전류를 일정 수준으로 제한하는 정전류 소자로 교류적으로 해석할 때 무한대의 임피던스 특성을 나타낸다. 단자가 접지에서 단락되면 정전류 회로는 전류를 제한하기 때문에 과전류가 흐르는 것을 방지한다.

[그림 3-18] 정전류 다이오드

### 3.6.4 쇼트키 다이오드

쇼트키 다이오드는 순방향으로 전류가 흐를 때 실리콘 다이오드가 0.6~0.7V와 비교하여 전압이 낮고 순방향과 역방향의 전환에 고속으로 복귀하여 고속 스위칭 작용을 하는 회로에 적용된다. 특징은 역방향에서 순방향으로 전환하면 p-n접합보다 빠른 전환이 가능하여 신호처리와 전력제어용으로 사용된다. 스위칭 전원장치 등에 코일과 결합하여 입력쪽에서 전류가 단절되면 코일의 전류를 유지하는데 유용하다.

[그림 3-19] 쇼트키 다이오드 기호

[그림 3-20] 쇼트키 다이오드

## 3.6.5 발광 다이오드

발광 다이오드는 전압이 순방향으로 되었을 때 발광하는 반도체 소자로 LED (Light-emitting diode)라고 하며 원리는 전계 발광 효과를 이용한 것으로 수명도 다른 발광체에 비하여 길고 재료에 따라서 색상이 다르고 자외선, 가시광선, 적외선 영역까지 발광체를 제작할 수있다.

발광 다이오드는 반도체를 이용한 PN접합을 적용한 것으로 전자가 가지는 에너지가 직접 빛에너지로 변환되어 열이나 운동에너지가 발생되지 않는다. 전극으로부터 반도체에 주입된 전자와 양공은 PN 접합부에서 재결합할 때 에너지가 빛으로 방출되는 것이다. 다이오드와 동일하게 극성이 있고 캐소드(음극)에서 애노드(양극)로 정전압을 가해서 사용하며 전압이 낮은 경우에는 전류가 흐르지 않고 발광도 하지 않지만 작동 전압 이상이 되면 전압 상승에 의해 전류가 흘러서 전류량에 비례해서 발광하는 것으로 순방향 강하전압이 높다.

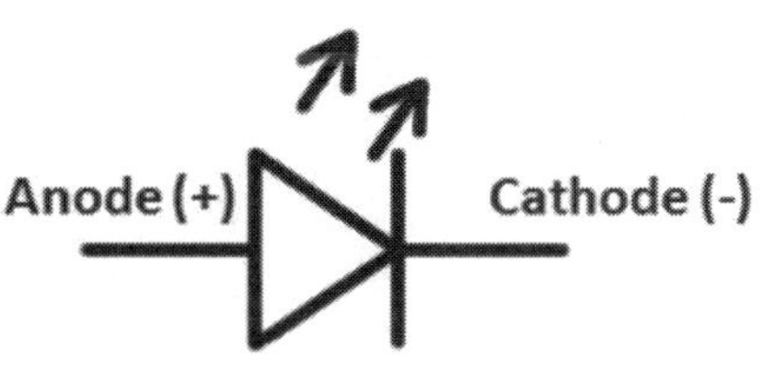


[그림 3-21] 발광 다이오드 기호

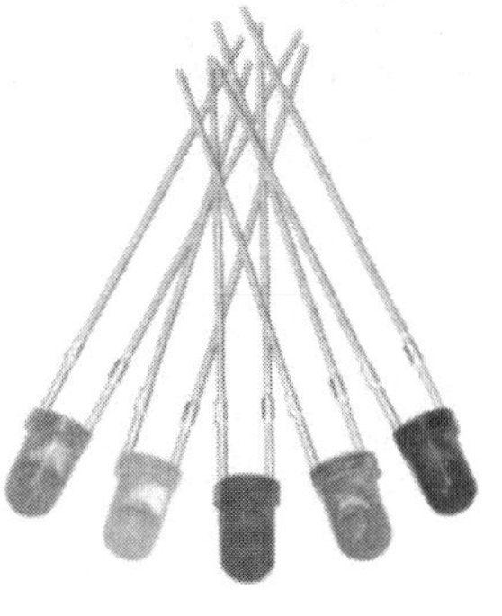

[그림 3-22] 발광 다이오드

물리적 특성은 구조가 간단하고 대량생산이 가능하며 전구처럼 필라멘트가 없어서 소형이고 진동에 강하며 수명이 길다.

## 트랜지스터

트랜지스터(Transfer + Resistor = Transistor)는 전기 스위치와 증폭 작용을 하는 반도체 소자를 말한다. 사회에서 반도체라고 하면 다이오드, 발광 다이오드 등도 포함되지만 트랜지스터나 트랜지스터 집적회로를 말하며 반도체 물질로 전기의 흐름을 제어하고 정보를 처리한다. 트랜지스터는 발이 3개 달려있는데, 가운데에 있는 발이 스위치 역할을 해서 전기신호를 보내 양 옆에 달린 발이 On/Off 한다. 메카트로닉스에서는 전자 부품과 트랜지스터를 조합해서 AND, OR, NAND, NOR, XOR 등의 논리 게이트를 만들고 논리 게이트를 연결하여 연산기, 기억장치 등에 사용한다. 트랜지스터를 조밀하게 만들어 작은 칩에 넣은 것을 집적회로(IC)라고 하며 CPU, 플래시 메모리, RAM 등이 트랜지스터를 적용한 것이다.

논리회로(Logic gate)는 불 대수를 물리적 장치에 구현한 것으로 입력값에 대해 논리 연산을 수행하여 하나의 출력을 얻는 것으로 AND, OR, NOT의 기본 불 대수를 결합하여 복합적인 작업을 수행한다.

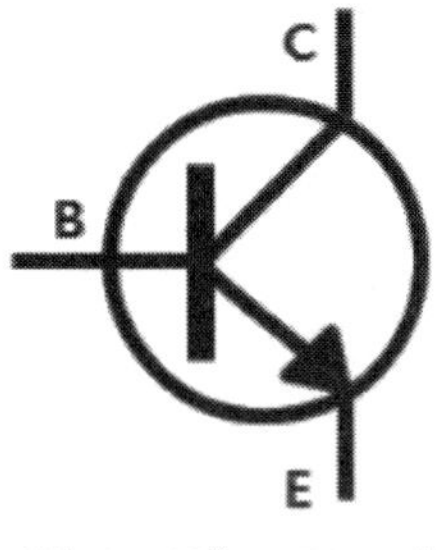

[그림 3-23] NPN 기호

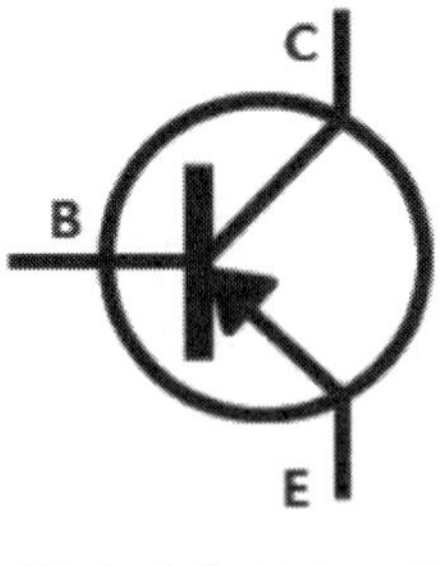

[그림 3-24] PNP 기호

[그림 3-25] 트랜지스터

### 3.7.1 AND

AND 게이트는 2개 이상의 입력과 하나의 출력을 갖는 논리 회로이며 모든 입력이 1 일 때 출력이 1이 되는 것이다.

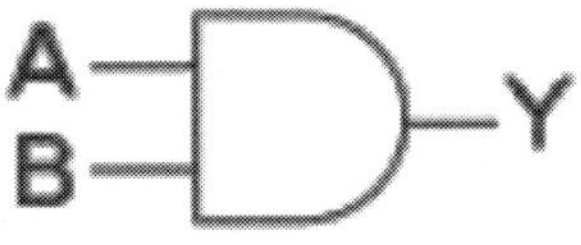


[그림 3-26] AND 논리회로 기호

AND 게이트 진리표(Truth Table)를 보면 입력값에 거짓(0)이 있으면 출력값은 거짓(0)으로 나타난다. 논리식은 (3.19)과 같다.

$$Y = A \times B \tag{3.19}$$

[표 3-1] AND 진리표

| Imput | | Output |
|---|---|---|
| A | B | Y |
| 0 | 0 | 0 |
| 1 | 0 | 0 |
| 0 | 1 | 0 |
| 1 | 1 | 1 |

### 3.7.2 OR

OR 게이트는 2개 이상의 입력과 하나의 출력을 갖는 논리회로이며 입력값 중 하나만 1 일 때 출력이 1이 되는 것이다.

OR 게이트 진리표(Truth Table)를 보면 입력값에 모두 거짓(0)일 때 출력값이 거짓(0)으로 나타난다. 논리식은 (3.20)과 같다.

[그림 3-27] OR 논리회로 기호

$$Y = A + B \tag{3.20}$$

[표 3-2] OR 진리표

| Imput | | Output |
|---|---|---|
| A | B | Y |
| 0 | 0 | 0 |
| 1 | 0 | 1 |
| 0 | 1 | 1 |
| 1 | 1 | 1 |

## 3.7.3 NOT

NOT 게이트는 논리회로 소자의 하나로 출력이 입력과 반대되는 값을 가지는 논리소자로 인버터(Inverter)라고도 한다.

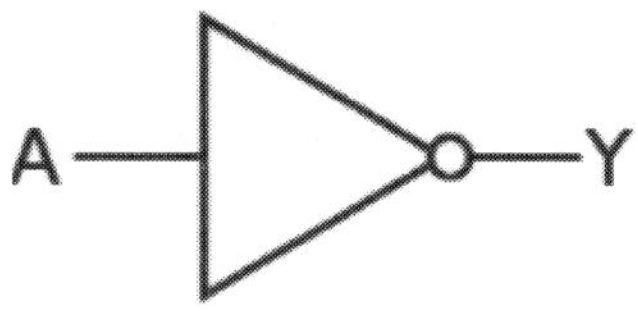


[그림 3-28] NOT 논리회로 기호

NOT 게이트 진리표(Truth Table)를 보면 입력값이 거짓(0)이면 출력값이 참(1)으로 나타난다. 논리식은 (3.21)과 같다.

$$Y = \overline{A} \tag{3.21}$$

[표 3-3] NOT 진리표

| Imput | Output |
|---|---|
| A | Y |
| 0 | 1 |
| 1 | 0 |

### 3.7.4 NAND

NAND 게이트(Negative-AND)는 모든 입력이 참일 때에만 거짓인 출력을 내보내는 논리 회로이다.

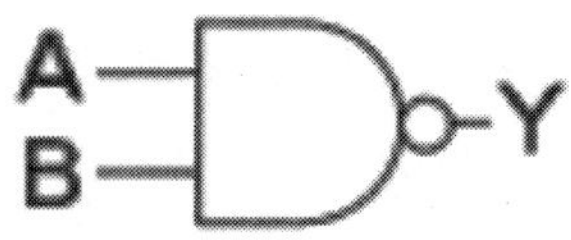


[그림 3-29] NAND 논리회로 기호

NAND 게이트 진리표(Truth Table)를 보면 입력값에 거짓(0)일 때만 출력값은 참(1)으로 나타난다. 논리식은 (3.22)와 같다.

$$Y = \overline{A \times B} \tag{3.22}$$

[표 3-4] NAND 진리표

| Imput | | Output |
|---|---|---|
| A | B | Y |
| 0 | 0 | 1 |
| 1 | 0 | 1 |
| 0 | 1 | 1 |
| 1 | 1 | 0 |

### 3.7.5 NOR

NOR 게이트는 부정논리합을 구현하는 디지털 논리회로이며 2개의 입력이 거짓(0)이면 참(1) 출력되고 입력 중 하나가 참(1)이면 거짓이 출력(0)되며 OR 연산자의 부정이다.

[그림 3-30] NOR 논리회로 기호

NOR 게이트 진리표(Truth Table)를 보면 입력값에 모두 거짓(0)일 때 출력값이 참(1)으로 나타난다. 논리식은 (3.23)과 같다.

$$Y = \overline{A + B} \tag{3.23}$$

[표 3-5] NOR 진리표

| Imput | | Output |
|---|---|---|
| A | B | Y |
| 0 | 0 | 1 |
| 1 | 0 | 0 |
| 0 | 1 | 0 |
| 1 | 1 | 0 |

## 3.7.5 XOR

XOR 게이트는 참 입력의 개수가 홀수일 때 참(1) 출력을 내보내는 디지털 논리 게이트이다. 배타적 논리합을 구현하며 게이트의 입력 중 하나만 참이라면 그 결과는 참이 된다.

[그림 3-31] XOR 논리회로 기호

XOR 게이트 진리표(Truth Table)를 보면 입력값이 하나만 참(1)일 때 출력값이 참(1)으로 나타난다. 논리식은 (3.24)와 같다.

$$Y = \overline{A}\,B + A\,\overline{B} \tag{3.24}$$

[표 3-6] XOR 진리표

| Imput | | Output |
|---|---|---|
| A | B | Y |
| 0 | 0 | 0 |
| 1 | 0 | 1 |
| 0 | 1 | 1 |
| 1 | 1 | 0 |

## 포토 트랜지스터

포토 트랜지스터는 빛의 양을 감지하고 양에 따라 이미터와 컬렉터 사이에 흐르는 전류의 흐름을 변화시키는 반도체 부품이다. 그림에서 포토 트랜지스터의 구조와 에미터 베이스 컬렉터 단자들을 나타냈고 빛의 주파수에 따라 기시광선 또는 적외선 영역을 찾을 수 있다.

포토 트랜지스터의 출력은 이미터 단자에서 나타나며 바이어스 목적으로 사용된다. 광선이 포토 트랜지스터의 베이스 영역에 들어가 전자 정공 쌍을 만들고 전류 차단 및 포화 영역에 대하여 스위치로 이용된다.

광 트랜지스터의 작동하는 특성은 다음과 같다.

① 광전류의 강도는 DC 전류가 높을수록 증가한다.

② 광감도는 들어오는 광속에 대한 광전자 전류의 비율에 따라 결정된다.

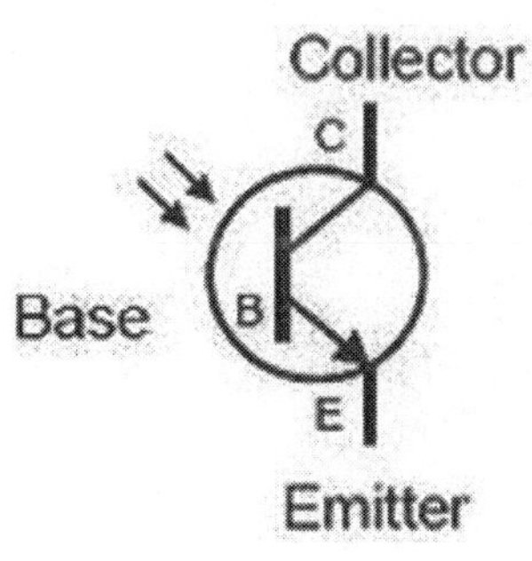


[그림 3-32] 광 트랜지스터 심볼

[그림 3-33] 포토 트랜지스터

③ 파장이 증가하면 주파수는 감소한다.
④ 컬렉터와 베이스의 접합 면적이 넓어지면 진폭이 증가한다.

포토 트랜지스터의 장점은 다음과 같다.
① 트랜지스터의 효율이 광 다이오드보다 크다.
② 응답 시간이 빠르다
③ 노이즈에 대한 영향이 적다.
④ 회로를 간단하게 구축할 수 있다.
⑤ 경제성을 가지고 있다.

포토 트랜지스터의 단점은 다음과 같다.
① 자기장이 발생하면 효율이 떨어진다.
② 높은 주파수에서는 사용할 수 없다.
③ 정전기가 발생할 수 있다.

## 릴레이

릴레이는 자동으로 On/Off 할 수 있는 전자부품으로 분리되어 흐르는 전기를 On/Off 할 수 있는 신호나 펄스를 생성하여 제어하는 것으로 전압은 낮지만 입력 전압은 높기 때문에 낮은 전압이나 전류를 이용하여 높은 전압 및 전류를 제어하는데 사용한다.

[그림 3-34] 릴레이

### 3.9.1 유접점 릴레이

유접점 릴레이는 전자기 릴레이라고 하며 권선에 제어 입력 전류를 흘려 자화시킨 전자석에 의해 접점을 개폐하는 릴레이로 전자석을 구동하는 소비 전력이 크고 On/Off을 반복할 때 응답 시간이 느리지만 과전압 및 과전류에 강하고 고주파 제어도 가능하다. 접점의 구성에 따라 힌지형과 플런저형이 있다. 힌지형은 전자석의 지점을 중심으로 회전 운동을 하며 직간접적으로 접점을 개폐하는 릴레이고 플런저형은 접촉부를 전자석으로 접점을 개폐하는 것이다.

동작방법은 단안정과 쌍안정이 있다. 단안정은 전자석에 전류가 흐를 때만 접점의 개폐가 이루어지고 전류가 멈추면 스프링의 힘에 의해 원점으로 돌아가고 쌍안정은 전자석 철심이 자화 현상에 의해 전류가 끊어져도 개폐 상태를 유지하고 상태 전환을 위해 반대로 감긴 코일에 전류가 흐르도록 해야 된다.

접점의 개폐 상태는 다음과 같은 세 가지가 있다.

① a 접점은 평상시에 열려 있고 코일에 전기가 통할 때 닫힌다.

② b 접점은 평상시에 닫혀 있고 코일에 전기가 통할 때 열린다.

③ c 접점은 2개의 접점을 코일의 통전 상태로 전환한다.

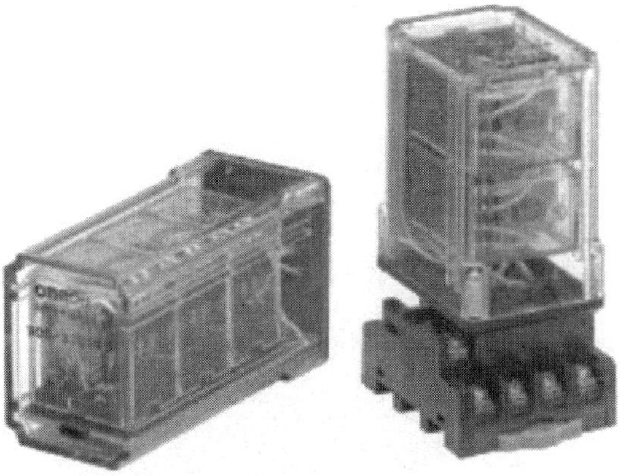

[그림 3-35] 유접점 릴레이

### 3.9.2 무접점 릴레이

무접점 릴레이는 반도체 릴레이라고도 하며 작은 입력 전력으로 큰 출력 전압으로 개폐하는 릴레이며 소형, 경량으로 응답 시간이 빠르고 전자기 릴레이와 비교하여 접점의 수명이 길고 접점에서의 아크 발생에 따른 노이즈, 이력현상 등이 적게 발생한다.

무접점 릴레이의 제어선에 전압이 인가되면 발광 다이오드에서 빛이 발생되어 광센서 다이오드가 받도록 되어있다. 무접점 릴레이는 직류 부하용으로 병렬로 여러 개의 금속 산화막 전계효과 트랜지스터로 되어있고 금속 산화막 전계효과 트랜지스터에서 다이오드는 역방향으로 전류가 흐르도록 되어 있다. 드레인 핀을 출력핀에 연결하여 릴레이가 On되면 신호가 상승하고 게이트는 광다이오드에 의해 소스보다 높은 전압이 걸린다. 무접점 릴레이는 직류 부하용으로 병렬로 연결할 수 있다.

무접점 릴레이의 장점은 다음과 같다.

① 전기 기계식 릴레이보다 반응속도가 빠르다.
② 제어 논리와 높은 전압 부하사이를 분리하여 동작할 수 있다.
③ 수명이 길다.
④ 전기적 노이즈가 적다.
⑤ 동작에 소음이 발생하지 않는다.

무접점 릴레이의 단점은 다음과 같다.

① 닫혔을 때 임피던스가 높다.
② 열렸을 때 낭비되는 전류가 있다.

[그림 3-36] 무접점 릴레이

③ 스위치 동작에 오류가 발생할 수 있다.
④ 스파크가 발생하지 않는 환경에서 사용해야 된다.
⑤ 전기 기계식 릴레이와 비교해서 가격이 비싸다.

## IC

IC(Intergrated circuit)는 집적회로를 말하며 하나의 반도체 기판에 다수의 트랜지스터, 진공관 등의 능동소자와 저항, 콘덴서, 저항기 등의 수동수자를 작은 공간에 집적시켜 분리되지 않도록 하나의 구조로 되어있다. 트랜지스터, 다이오드, 콘덴서와 같은 개별소자들은 혼자서는 기능을 할 수 없기 때문에 혼합하여 CPU, RAM등의 기능을 할 수 있도록 한 것이다. 소자는 부품 등을 말하며 장치 전체에서 일부분을 담당하는 역할을 하며 능동소자는 입력과 출력을 가지고 신호를 증폭하거나 변환시켜 전기에너지를 변환시키는 소자를 말하고 수동소자는 전기에너지를 자체적으로 발생시킬 수 없고 에너지를 소비, 축적, 통과시키는 소자를 말한다.

집적회로의 장점은 다음과 같다.
① 소형화가 가능하다.
② 가격이 저렴하다.
③ 기능이 증가된다.

[그림 3-37] 집적회로

④ 신뢰성이 높다.
⑤ 수리가 간단하다.

집적회로의 단점은 다음과 같다.
① 전압이나 전류에 취약하다.
② 열에 약하다.
③ 노이즈가 발생할 수 있다.
④ 정전기에 영향을 받는다.

## 디지털 회로

디지털 회로(Ddigital circuit)는 디지털 신호 0, 1을 이용하는 전자회로이며 아날로그 회로와 반대되는 것이다. 디지털 회로는 컴퓨터와 같은 장치에 적용하여 수학적 개념의 논리를 전기공학으로 표현하기 위해 논리 0과 1로 표현한다. 개념은 논리표현에서 전기 값을기준으로 전류가 흐르면 1 반대의 경우는 0으로 표현한다. 전압을 논리상태로 표시하는데 5V를 기준으로 놓고 논리게이트 및 마이크로프로세서를 구축한다.

입력은 전압에 따라 논리 1은 Vcc로 논리 0은 0V로 전류는 회로의 구성에 따라 전압과 저항이 옴의 법칙에 따라 전류가 흐르며 1을 입력한다고 해서 반드시 전류가 흐르는 것은 아니다. 출력은 특정 노드에 전압이 Vcc로 하이면 논리 1이고 전압이 0V면 논리 0으로 출력이 나타난다.

[그림 3-38] 디지털 IC

## 3.11.1 플립플롭

플립플롭(Flip-flop)은 1비트의 정보를 보관하고 유지할 수 있는 회로이며 순차회로의 기본요소로 조합논리회로에 비해 플립플롭은 이전 상태를 계속 유지하여 저장한다. 디지털 공학에서 입력을 출력에 반영하는 엣지에서 반영한다.

디지털 시스템 설계에서의 회로는 조합논리와 결합하여 순차회로의 기능을 구현하는 중요한 요소로 마이크로프로세서와 같은 디지털 로직을 사용하는 많은 전자회로에 사용되며 시계의 카운터 회로나 복잡한 디지털 회로에 사용된다. 조합회로를 단순하게 조합논리기능을 실현하는 것이 아니고 지연된 하나의 출력을 피드백하여 입력측에 정보를 보관하고 유지하는데 사용한다. 플립플롭은 휘발성으로 정보는 전원이 있을 때 보관, 유지되며 전원이 차단되면 정보는 사라지는 것으로 디지털 회로에서 카운터나 상태제어 등에 사용된다. 플립플롭은 클럭 신호가 필요하며 엣지 시점에서 입력이 출력에 반영된다. 구조는 계전기(릴레이)를 이용한 자기 보관유지 회로에 사용되고 있다. 플립플롭은 내부가 논리회로로 구성되어 있어서 응답 속도가 빠르며 컴퓨터의 기억장치를 구성하는 회로에서 사용되는 방식인 DRAM의 기억 소자와 비교하여 기억내용의 변경을 축전기의 충전과 방전을 기다릴 필요가 없다.

## 3.11.2 카운터

카운터(Counter)는 계수기라고도 하며 펄스를 수치로 제어하는 디지털 회로로 이진수를 세그먼트 발광 다이오드에 표시되는 숫자로 나타내어 사람이 보기 편하게 하기

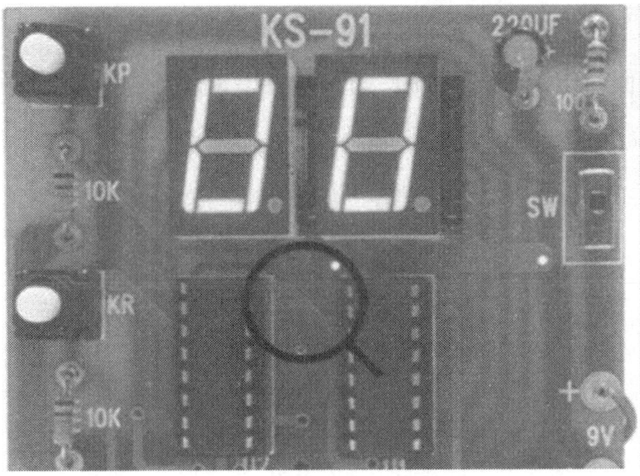


[그림 3-39] 세그먼트

위해 사용하는 것으로 인코더가 정보를 이진수로 변환한 것을 계수기로 처리하는 것이다. 수정진동자를 이용한 발진회로를 통해 주파수의 전기신호를 낮은 주파수 신호로 변환하기 위해서도 사용하는 회로를 분주기라고 한다.

### 3.11.3 위상동기회로

위상동기회로(Phase-locked loop, PLL)는 입력신호와 출력신호에서 신호와 위상차를 이용해 출력신호를 제어하는 시스템으로 입력된 신호에 따라 출력신호의 주파수를 조절하기 위해 사용된다. 출력신호의 주파수 디바이더와 입력된 신호와의 위상차를 검출하고 위상차를 오차로 판단하여 오차가 줄이기 위해 입력전압을 조절하여 출력 주파수를 조정하는 것이다.

무선신호를 처리하는 위상동기회로는 무선회로에서 사용하는 위상잠금 장치를 말하며 송신된 신호의 위상동기루프회로를 말한다. 위상 동기란 기준신호원에 위상각에서 동작하도록 발진기 또는 주기신호발생기를 제어하는 것이다. 위상동기루프는 디지털 피변조파의 동기복조, 반송파의 추적, 임계의 연장, 비트의 동기, 심벌의 동기 등에 사용된다.

### 3.11.4 가산기

가산기(Adder)는 덧셈 연산을 수행하는 논리 회로이며 디지털 회로 및 조합 회로로 산술 논리 장치뿐만 아니라 주소값, 테이블 색인 등을 더하는 프로세서에 사용된다. 수학적 연산을 수행하는 가산기를 구성하여 2진수의 합을 계산할 때 2의 보수나 1의 보수를 이용하여 음수 표현 및 가감산기로 사용한다. 전자계산기가 발명된 당시에는 진공관, 현재는 집적회로로 기능이 증가 되었다. 입력신호 전압의 덧셈을 출력하는 디지털 회로를 가산회로라고 한다.

## 연습문제

**1.** 콘덴서 직렬접속의 회로도를 그리고 식을 유도하시오.

**2.** 콘덴서 병렬접속의 회로도를 그리고 식을 유도하시오.

**3.** 전해 콘덴서와 세라믹 콘덴서를 비교하시오.

**4.** 그림을 보고 □ 안의 1~5를 기입하시오.

| 1 | 2 | 3 | 4 | 5 |
|---|---|---|---|---|
| | | | | |

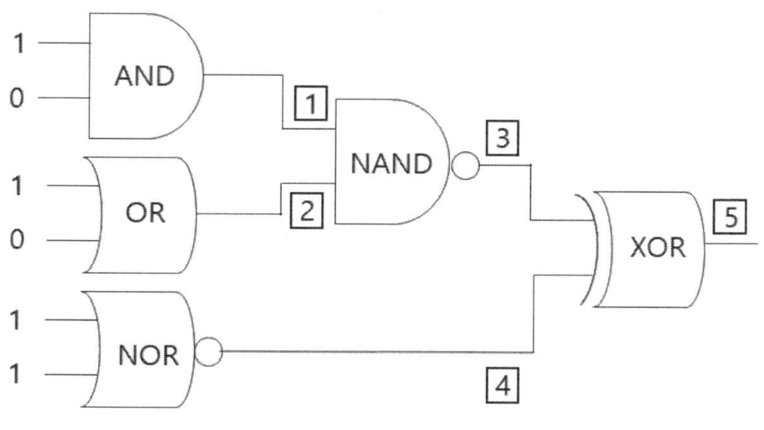

CHAPTER

# 4 기계

## CNC

최근 제조업체의 생산시스템은 메카트로닉스를 적용하여 새로운 국면을 맞이하고 있다. CAD/CAM의 방식은 생산기법 등이 생산시스템에 실현되고 있으며, 현장의 요구에 맞추어 발전을 거듭하고 있다. 생산시스템이 신속하게 제품을 생산할 수 있도록 개방된 정보시스템을 요구할 뿐 아니라 생산 활동에 관여하는 모든 구성 요소 등을 정보화해야 할 필요성이 요구되고 있다.

공학현상 및 자연현상을 구현하는데 사용되는 CAD/CAM 기술은 오늘날 산업현장에서 제품개발과 제조공정에 획기적인 도움을 주는 중요한 기술적 도구이다. 공학연구에 있어서 도면으로의 구현 및 어려운 문제해결을 위한 컴퓨터의 활용은 이제 일반적인 추세로 CAD/CAM 기술은 적용되지 않은 분야가 없을 정도로 다양하게 활용되고 있다. 그동안 대기업 위주로 활용되어 왔던 CAD/CAM 기술은 이제 보편화되어 중소기업에서도 유용성과 필요성을 느끼기 시작하고 있으며, 중소기업이 사용할 수 있는 수준의 가격 경쟁력을 갖춘 CAD/CAM 제품들의 개발로 사용자층을 넓혀가고 있다. CAD/CAM은 현대산업구조에서 구조 및 고유영역을 세밀하게 구분하는 것이 어려울 정도로 서로 연동성을 가지고 있다.

CAD/CAM의 기원은 고대 이집트, 그리스, 로마의 기술자들이 그래픽스 정보 교환 기법을 이용했던 문명의 초기 시대까지 거슬러 올라간다. 이집트 무덤의 그림은 도면으로 해석하려고 하며 오늘날 사용하는 직교 투영은 프랑스의 수학자이자 궁중 설계사였던 Gaspard monge(1746~1818)에 의해 개발되었다. 이 방법은 처음에는 30년간

[그림 4-1] CNC 〈출처 : 하림〉

군사비밀로 유지되어 오다가 19세기 초반에 일반 공학도에게 공개되었다. 19세기 후반에 제로그래피(Xerography)의 발명으로 CAD/CAM이 현재의 체제와 위력을 갖추게 되었다.

본격적으로 컴퓨터를 설계와 제작에 응용하던 CAD/CAM의 시작은 1950년대를 출발점으로 네 번의 중요한 단계를 거치면서 발전되었다. 1950년대는 컴퓨터의 많은 발전은 이루지 못하였으며, 컴퓨터를 이용하던 분야는 일부 군사적인 목적으로 한정되어 있었다.

- 1950년 : MIT에서 텔레비전 모양의 CRT(음극선관)를 컴퓨터에 인터페이스하여 간단한 그림을 만들어냈다.
- 1952년 : MIT Servo Mechanisms 연구소가 3축 밀링머신에 수치제어(NC : Numerical Control) 개념을 적용하면서 CAM이 시작되었다.
- 1950년대 중반 : 주로 군사적인 명령과 통계 처리를 위해 수동적으로 CRT에 그래픽을 구현하였다.
- 1950년대 후반 : MIT는 국방부와 프로젝트를 추진하면서 APT(Automatically Programmed Tool)를 개발하였으며, 1959년에는 GM이 대화식 그래픽스의 가능성을 탐색하기 시작하였다. APT는 수치제어 공작기계에 사용되는 베이직(Basic)과 유사한 프로그래밍 언어이다. 오늘날 CAM에서 중요한 부분을 차지하고 있는 개념으로 작업자의 실력에 의한 공작기계방식과는 달리 수치제어 공작기계는 APT를 이용하여 자동화로 정밀가공을 하는 것이다.
- 1960년대 : 대화식 컴퓨터 그래픽스를 위한 중요한 연구가 진행되었던 시기이다. 1962/1963년은 연구 성과의 획기적인 이정표로 MIT에서 박사학위과정에

있었던 Ivan Sutherland가 박사학위 논문으로 개발한 스케치패드(Sketch Pad) 시스템을 발표되었다. 스케치 패드 시스템 이전에는 컴퓨터가 주로 설계의 결과를 수치로 해석하는 것에 그쳤으나, 스케치 패드에서는 그림을 그릴 수 있는 컴퓨터 화면과 라이트 펜을 이용 컴퓨터와 대화하면서 설계하는 것이 가능해졌다. 즉, 대화식 컴퓨터 그래픽스의 개념을 개발하여 컴퓨터에 응용한 획기적인 사건이었다. 요즘의 모든CAD/CAM 소프트웨어는 대화식 컴퓨터 그래픽스 방식을 채용하고 있다.

- 1960년대 중반 : 다양한 집단이 대형 컴퓨터 그래픽스를 연구하기 시작하였다. 이때부터 컴퓨터 지원 설계 즉, CAD라는 용어가 사용되기 시작하였다. 1964년 GM사가 DAC-1(컴퓨터에 의한 설계)이라는 시스템을 소개하였다. 1년 후에 록히드(Lockheed) 항공사는 지금도 널리 사용되고 있는 카담(CADAM)을 발표하였다. 이는 IBM 메인 프레임에 몇 개의 모니터를 연결한 본격적인 CAD/CAM 시스템이다. 또한 벨 전화연구소가 Graphic 1의 원격 디스플레이 시스템을 발표하였다. CADAM은 1967년 실용화되고 개량이 되면서 발전하고 있다. 시스템들은 제조업체가 자체적으로 이용하기 위하여 개발된 시스템이었으나, 1960년대 말부터는 시판을 목적으로 개발된 CAD/CAM 시스템들이 등장하기 시작하였다.
- 1970년 : 컴퓨터 그래픽스에 대한 관심의 증대로 강좌와 워크숍이 본격적으로 개설되기 시작하였고, NCGA(미국 컴퓨터 그래픽스협회)을 결성하였으며, 1980년 워싱턴 D.C에서 첫 총회가 개최되었다. 중요한 발전으로는 1970년도에 시작된 IGES(Initial Graphics Exchange Specification)가 있다. 이때는 공급업체가 하드웨어와 소프트웨어를 한꺼번에 공급하는 일괄 공급 시스템이 대부분이었다. 와이어프레임 모델링 방식과 단순하지만 곡면 모델링이 사용되기 시작하였으며, 산업체에서 CAD/CAM이 설계와 생산에 향상을 가져 올 수 있다는 것을 보여주기 시작하였다.
- 1980년대 : 3차원 CAD보다는 2차원 CAD가 활발하게 사용 및 발전되었다. 이 시기에 CAE에 대한 개념이 일부 사용자들에 의해 수용되기는 시작하였으나 제품모델 구축을 위한 3차원 형상의 모델링 기능 미비로 인하여, FEM 모델을 생성하기 전에 준비하는 정도였으며 CAE는 기능, 성능 평가만을 수행하는 시스템으로만 인식되고 있었다. 이후 활발한 연구 활동으로 인하여 새로운 알고리즘들이 개발되고 데이터베이스와 CAD/CAM를 결합하는 시스템이 등장하기 시작하

였으며 형상 모델링이 3차원으로 확장되어 솔리드 모델링으로 불리는 3차원 설계가 가능하게 되었다.

- 1990년대 이후 : 네트워크와 인터넷의 시대로 표현할 정도로 시스템 환경에서 네트워크가 중요한 위치를 차지하게 되었다. CAD/CAM 분야도 네트워크를 이용한 공동 작업이 가능하게 되었다.

### 4.1.1 CNC기술의 정의

일반적으로 CAD/CAM은 컴퓨터를 이용한 설계 및 생산과 해석을 의미한다. 과거에는 수작업으로 행하던 일들을 컴퓨터를 이용하여 제품의 설계와 생산 및 해석을 자동화하여 생산성을 높이는 기술을 일컫는 것이다.

#### [1] CAD

CAD(Computer Aided Design : 전산응용설계)는 컴퓨터를 이용하여 각종디자인의 기획, 도면작성, 수정 등을 CAD/CAM이 수행하며 Database를 구축하여 설계업무의 제반사항을 신속, 정확하게 처리하여 주는 시스템으로 정의 할 수 있다. 넓은 의미로는 CAD란 설계분야뿐만 아니라 생산 및 물류관리에서 판매에 이르기까지의 모든 공정을 컴퓨터의 도움으로 발전시킨다는 개념으로 확대할 수 있다.

CAD는 컴퓨터의 데이터 처리능력을 이용하여 설계에 필요한 자료를 그림의 형태로 나타내어 설계자의 이해를 돕게 해주는 역할을 수행한다. 컴퓨터에 의해 만들어지는 도면은 컴퓨터를 사용하는 기법가운데 가장 효율적으로 사용된 기법으로 컴퓨터에 의해 디스플레이(Display)시키는 방법은 초기에는 입출력 장치 간에 생기는 문제를 해결하기 위해서 시작되었다. 디스플레이기법과 컴퓨터운용기법의 발전으로 사람과 기계사이의 대화식(Interactive) CAD로 발전을 가져와 CAD에 의한 결과물을 이미지 형태로 볼 수 있게 되었다.

#### [2] CAM

CAD가 설계와 제도분야에 컴퓨터를 도입하여 작업을 효율적으로 수행하는 것이라면, CAM(Computer Aided Manufacturing : 전산응용가공)은 생산과 제조분야에서 컴퓨터를 도입한 것으로 볼 수 있다. CAD에 의해 제품도, 부품 가공도, 조립도 등의 최종설계안이 확정되면 제품제조단계에 들어가게 된다. 이때의 관련된기술이 CAM이다. 일반적으로 CAM은 공정설계(Process planning : 생산방법 및 순서결정), 생산관리와 MRP(Material Requirements Planning : 원재료에서 제품을 완성하는데 필요한 자재의 흐름을 관리하여 제조활동의 최적화를 이루려는 계획), 작업기술 결정, 가공, 검색, 조립 등의 제품제조의 전과정에 컴퓨터의 지원을 받는 기술의 총칭으로 정의한다. CAM은 컴퓨터내에서 입력된 설계도 혹은 제작도 등을 디스플레이하고 생산 및 가공단계에서 필요한 여러 가지 자료를 얻어내고 실행시킨다. 공구의 궤적을 지시하여 공작기계의 작동을 지정 및 제어하는 NC 프로그램을 작성함으로써 원하는 제품을 만드는 과정을 CAM 시스템에서 할 수 있다. 따라서 CAD/CAM은 단순한 대화형의 도형시스템이나 NC 프로그램 제작 시스템이 아니고 설계에서 제조에 이르는 다양한 생산기술 활동과 기술정보의 흐름에 대하여 그래픽환경을 제공하는 컴퓨터를 이용하여 종합적으로 처리하는 기술인 것이다. 설계자, 생산기술자의 업무를 위한 생산성을 높이고 의사소통을 수행하는 컴퓨터 이용기술이다.

현재 CAD/CAM 시스템을 적용하는 이유는 설계 및 제조분야에서의 사무자동화(OA : Office Automation)로 이해하면 된다. CAD/CAM은 산업의 에너지 절약, 합리화, 표준화를 이룩하는 획기적인 계기가 되었다.

CAD/CAM 시스템이 필요 하게된 배경은 크게 네 가지로 요약할 수 있다.

### 1) 주변 환경

① 소비자 요구의 다양화 : 제품생산회사에서는 여러 계층의 소비자를 대상으로 한 다양한 제품개발이 요구된다.

② 가격경쟁 : 동일한 종류의 제품을 여러 회사에서 유사하게 제조하여 판매함으로 인하여 비슷한 성능의 제품이라면 저렴한 가격이 소비자들에게 인기를 갖게 된다.

③ 국제경쟁 : ①, ②의 내용을 국제적인 경쟁으로 확대되고 있다.

④ 제품지식의 집약화 : 여러 계층의 소비자를 대상으로 하는 제품을 생산하기 때문에 생산모델이 다양해지게 되었고 다양화된 제품의 지식을 정리하여 집약해야 한다.

⑤ 제품의 라이프사이클(Life cycle)의 단축 : 빠른 주기로 유행이 변화하기 때문에 제품이 유행에 따라 급속히 변화 한다.

### 2) 설계환경의 변화

① 신제품의 개발경쟁 : 제품의 라이프사이클 단축으로 인한 새로운 제품개발 경쟁이 필연적이다.

② 고품질 저가격 설계의 필요성 : 인류가 추구해온 것은 품질 좋은 물건을 저렴하고 빠르게 구입하는 것이기 때문에 고품질의 물건을 값싸게 만들려면 고품질의 저가격 설계가 필요하다.

③ 설계납기의 단축 : 제품의 생명주기가 단축되어 신제품 개발기간이 줄어들었다. 짧은 기간에 여러 종류의 제품을 설계해야 하기 때문에 설계기간도 단축되어야 한다.

④ 제품사양의 다양화로 설계 작업량의 증대 : 설계납기의 단축, 모델의 다양화로 인하여 관리해야 할 제품의 수량이 급증함에 따라 설계 및 개발에 필요한 제품의 종류가 다양해졌다.

### 3) 제조환경의 변화

① 다품종 소량생산 : 다양한 제품이 개발되고 있다.

② 생산자동화의 비율증대 : 공장자동화의 비율이 증가하고 있다.

③ 설비기계의 가동율 향상 : 기계 설비를 이용하여 제품을 생산하고 있다.

### 4) 인적환경

① 고학력화 : 고학력화에 따른 인건비 지출이 증대됨에 따라 업무를 자동화하여 필수 인원으로 업무추진을 극대화시킨다.

② 잔업 야간근무의 감소 : 사회전반적인 추세가 근로자는 가능한 자신의 여유시간을 갖기를 원하고, 회사에서는 근무시간 이외의 작업(Over time)에 대한 추가임금비용을 줄이려는 추세이기 때문에 작업물량을 근무시간 내에 끝내기 위한 업무처리가 요구된다.

③ 창조 작업으로의 지향 : 사람들은 매일 똑같은 일을 반복적으로 실시하면 단순반복 작업에 의한 싫증과 권태를 느끼게 되어, 새로운 일을 찾고자 하는 욕구가 발생된다. 따라서 단순 반복 작업은 기계가 해야 한다.

현대 산업구조에서 CAD/CAM의 구조 및 고유 영역을 세밀하게 구분하는 것이 어려울 정도로 CAD/CAM은 서로 연동성을 가지며, 중복된 범위에서 생산 활동이 이루어지고 있다.

## 4.1.2 기술동향 및 전망

요즘 출시되는 신제품들의 경우에 기본적인 기능의 차이보다는 인터페이스나 속도 개선, 사용의 편이성에 주목하고 있는 경우가 대부분인 것처럼, CAD 기술은 성숙 단계로 비약적인 발전이 이루어지기는 힘들다.

특이한 점은 기능상의 발전보다는 캐드와 IT 환경의 통합이 이루어지면서 인터넷과의 결합이 이루어지고 있다는 점이다. 인터넷과 캐드를 결합하여 프로세스를 단축하는 방향으로 연구들이 이루어지고 있다. 또한 캐드에서도 웹과 연동하여 동시설계 환경을 지원함으로써 협업 솔루션과 연계하는 기능들이 접목되고 있다. 이와 함께 파일의 호환성 증대를 위한 노력들이 지속적으로 이루어지면서 파일 호환 문제가 개선되었다.

사용자 인터페이스를 개선해 사용자가 이용하기 쉽고, 작업하는데 공수를 줄이는 방향으로 개발이 이루어지고 있다. 물론 이러한 흐름은 다른 소프트웨어도 같은 맥락에서 개발이 이루어지고 있다.

## 4.1.3 CNC 시스템

CNC 시스템은 크게 하드웨어(NC 공작기계, 검사장치, 컴퓨터, 부속장치 등)와 소프트웨어(CNC 하드웨어 및 제조정보의 흐름을 통제, 진행, 감시하기 위해 컴퓨터의 프로그램 시스템을 상호 연관시킨 것)로 나누어진다.

### [1] CNC 하드웨어

컴퓨터처리 NC 시스템은 범용 NC 공작기계의 MCU(Machine Control Unit)에 의해 수행되던 논리적 기능의 일부 또는 전부를 컴퓨터로 처리함으로서 다음과 같은 장점을 가지게 된다.

① NC 논리기능이 프로그램 가능한 소프트웨어로 설계되므로 광범위하게 사용이 가능하다.

② 컴퓨터 기억장치에 저장된 NC 프로그램을 편집할 수 있다.

③ 공정상 필요한 정보가 컴퓨터에 의해 피드백되고 저장되어 높은 수준의 정보를 취급할 수 있다.

④ 정보지시가 컴퓨터 기억장치에 의해 직접 입력되기 때문에 종전 범용 NC 공작기계의 종이테이프 및 테이프 리더(Tape reader) 장치가 필요 없다.

⑤ CNC를 제어 컴퓨터로부터 원거리에 설치할 수 있다. 같은 시스템에서는 1개의 제어 컴퓨터로 여러 대의 NC 공작기계군을 동시에 제어할 수 있다.

CNC(Computerized numerical control)는 소프트 와이어드(Soft wired), 또는 저장 프로그램(Stored program)으로 불리며, 하드웨어 기능의 일부 또는 전부를 저장된 컴퓨터로 대치시킨 NC 시스템을 말한다.

CNC 시스템의 전형적인 제어기 요소로는 두 가지가 있다. 첫 번째는 여러 제어기능을 수행할 수 있는 프로그램 가능한 소프트와이어(Softwired) 컴퓨터 모듈이고, 두 번째는 다른 제어작동을 위해 사용되는 하드와이어드(Hardwired) 논리회로(Logicalcircuitry)이다.

CNC 시스템에서 대부분의 하드웨어 부분은 소프트웨어로 대치되어 사용될 수 있으나, CNC의 소프트웨어화에는 두 가지 제약조건이 있다.

① 해석(Analysis), 보관(Interpolution), 논리기능(Logic) 소프트웨어 모듈은 현재의 미니컴퓨터 용량에 비해 상대적으로 고급인 대용량 컴퓨터를 필요로 한다.

② 현재의 컴퓨터 소프트웨어는 기능상 하드웨어 회로보다 응답성이 떨어진다.

범용 NC 장치에서처럼 CNC 윤곽제어계(Contouring control system : 연속경로제어계)에서의 보관법은 제어기에 의해 수행되어지는 가장 중요한 계산 작업이다. 경로 보관에서는 모두 하드와이어드 전자회로로 구성되는 VPRC(Variable pulse rate circuitry)와 DDA(Digital differential analyzers) 방식을 사용한다. 소프트와이어드 시스템에서 이러한 경로보관을 계산하기 위해서는 위의 디지털회로(Digital circuits)가 미니컴퓨터에 의해 유사추정(Simulation)되어야만 한다. 하드와이어드 회로의 소프트웨어 유사추정문제는 3차원 윤곽제어에 필요한 경로보관기능과 이송속도를 고려한다.

CNC의 가장 큰 장점은 시스템의 적응성(Flexibility)에 있다. 하드와이어드 회로는 일단, 특정 기능의 프로그램이 설정되면 회로의 재변경 없이는 프로그램을 수정할 수 없지만 컴퓨터는 재프로그램 및 다양한 작업을 실행할 수가 있다. 이러한 이유로 범용기계에서 불가능했던 것이 가능하게 되었다.

① NC 파트 프로그램을 다른 NC 공작기계에 전달시키기 위한 대용량 기억장치가 있다.

② 공작기계 작동자와 원거리에 위치한 컴퓨터 사이의 인터페이스를 제공하는 터미

널을 가지고 있다.

③ 원거리상에 데이터를 전달하는 통신라인이 있다.

④ 공작기계는 실제 시간상에서 공작기계로부터 피드백 된 데이터를 이용하여 1개의 중앙 컴퓨터에 의해 제어되며 모든 생산 공정을 전체적으로 통제할 수 있다.

## [2] CNC의 소프트웨어

CNC는 실시간(Real time)상의 정보와 호출 가능한 저장정보에 의존하고, CNC의 저장된 정보는 제어 및 해석기능을 수행시키기 위하여 필요한 모든 입력 정보를 제공하며, 자료는 데이터베이스에 내장되고 컴퓨터에 의해 고속처리가 가능하다.

CAD 프로그램으로부터 공학적 설계 데이터가 저장되며, 설계자료 및 외부에서 공급되는 제조 공정상 필요한 자료가 NC 파트프로그램(Part program) 및 다른 특정 작동을 개발하기 위해 생산 및 제조공학 등에 의해 사용된다. 모든 자료가 데이터베이스 내에 NC 생산정보를 저장한다.

파트프로그램(Part program)이란 초기의 설계 도면을 바탕으로 이루어지는 NC 프로그램을 파트프로그램이라 하며, 이는 저급 언어(Low-level language)와 고급 언어(High-level language)로 크게 두 가지로 구별된다.

최종 NC 파트프로그램이 CNC 데이터베이스에 저장되면 프로그램이 실행될 때 제작상 선행조건(Priorities)을 기술한다. 이러한 계획 프로그램은 생산 상태에 대한 정보를 제공받고 아래와 같은 정보를 창출한다.

① 절삭가공 중 부품의 상태를 확인할 수 있다.

② 각 NC 공작기계의 상태를 확인할 수 있다.

③ 계획된 생산 일정에 대한 실제의 생산일정을 예측할 수 있다.

④ 공작기계 및 전체 시스템의 위험성을 예측할 수 있다.

이러한 정보를 기초로 하여 생산계획 프로그램은 설정된 선행조건을 유지하면서 각 공작기계에 주어지는 생산량을 결정한다. 계획 프로그램이 다음으로 실행될 NC 파트프로그램(Part program)을 결정하면 데이터를 기억시키고, 프로그램은 제작시간, 공작물의 부착조정시간, 공구 등에 관한 정보를 창출한다.

제작공정제어 형태는 CNC 시스템에 사용되는 NC형에 따라 다르다. CNC의 일반적인 제조공정 프로그램은 NC 공작기계측의 컴퓨터에 의해 실행되거나, 공작기계에 연결된 대형컴퓨터에 의해 실행된다. 공정상의 정보 및 기계 상태는 제어프로그램에 의해 적절한 데이터평가 모듈(Data evaluation modules)로 전달되며, 품질관리는 CNC 데이터베이스로부터 얻어진 요소 조건을 사용한다. 품질관리 프로그램은 검사측에 설치된 단말기를 통해 수동 입력되거나 직접 NC 검사 장치로부터 데이터를 전달받는다. 데이터 요소(Data source)와 상관없이 품질관리 프로그램은 제조부품의 신뢰성을 유지하고, 허용치 이상의 오차발생시 제조공정에 보상작동을 수행한다.

### 4.1.4 프로그램 (하드웨어)

#### 1) 전원을 켠다.

#### 2) Tool 교체와 재료 고정

① Tool 교체

- OP MODE ↵
- 5(JOG/HOME SEARCH) ↵
- Handwheel에서 Axis단추를 Z축으로 선택 후 다이얼을 돌려 Z축을 위로 올린다.
- 몽키스페너를 이용하여 선택한 tool을 교체한다.

② 재료 고정

- OP MODE ↵
- 5(JOG/HOME SEARCH) ↵
- Hand wheel에서 Axis단추를 Y축으로 선택 후 다이얼을 돌려 작업대를 적당한 위치로 이동시킨다.
- 클램핑을 사용하여 재료를 단단히 고정시킨다.

#### 3) X, Y, Z 각축의 원점 선택

- OP MODE ↵
- 5(JOG/HOME SEARCH) ↵
- Hand wheel위치에서 Axis단추를 사용해 재료의 표면에 최대한 가깝게 위치시킨다.
- X ↵, Y ↵, Z ↵

  ☞ (X = 0000.000, Y = 0000.000, Z = 0000.000)

CNC 하드웨어의 조작키는 다음과 같다.

### 1) OP MODE

조작에 대한 기능화면을 보여준다. 해당기능을 선택하여 자동운전, 수동운전, 프로그램 편집 등의 각 기능별 작업을 수행할 수 있다.

OP MODE(OPERATING MODE)

0. AUTOMATIC : 자동운전
1. SINGLE BLOCK : 한 블럭씩 운전
2. PLAY-BACK : 기계의 현재 위치를 기억
3. TEACH-IN : 기계를 입력한 위치로 이동
4. DRY RUN : 기계를 움직이지 않고 프로그램을 CHECK 함
5. JOG/HOME SEARCH : 기계의 각축을 방향키를 이용하여 이동
   - 속도(FEED) MODE – 작업 속도나 TOOL이동시 사용
   - 간격이동(JOG) MODE – 선태된 수치만큼 가축의 스위치를 누르면 급속으로 이동
   - 핸들 MODE – 선택된 속도로 핸들을 이용하여 원하는 위치로 이동
   - 원점복귀(HOME) – 기계의 각축을 원점복귀 시킴
6. EDITING : 프로그램 편집
7. INPUT-OUTPUT : 프로그램 전송
8. TOOL OFFSET/G53-G59 : 공구 보정
9. SPECIAL MODES : CNC PARAMETER 및 기능 입력

### 2) DELETE

프로그램의 삭제, 지우는 기능

### 3) RESET

두 번 누르면 초기화가 된다.

### 4) RECALL

프로그램의 호출 및 프로그램 블록을 호출할 때 사용한다.

5) ENTER

프로그램의 입력 및 편집

6) X+ −, Y+ −, Z+ −

X, Y, Z 축으로 이동

7) SPINDLE

TOOL의 정회전(CCW)과 역회전(CW), SPINDLE의 속도를 수동으로 제어

8) E − STOP(Emergency − stop)

비상시 누르면 운전정지

9) COOLANT

절삭류와 에어를 자동(AUTO)과 수동(MANU)으로 제어

### 4.1.5 프로그램 (소프트웨어)

[그림 4-2]는 CNC 프로그램을 실행하면 나타나는 초기화면이다. 화면에 필요한 작업(도면작성)을 할 수 있다. 작업전에 재료의 크기(X, Y, Z)를 먼저 선택한 후 크기에

[그림 4-2] 프로그램 실행화면

맞게 설계한다. 작업을 하면서 확대 및 축소 모드를 이용하여 설계 할 수 있고 작업한 도면을 저장 및 열기를 할 수 있다. 반드시 재료의 위치를 X, Y축의 (0,0)에 놓아야 한다. 재료의 위치가 CNC 가공기의 작동범위이기 때문에 영점을 맞추지 않으면 원하는 작업을 할 수 없고 고장의 원인이 된다.

[그림 4-3]은 설계를 [그림 4-4]는 툴 패스(Tool pass)를 나타낸 것이다. 설계가 끝난 후 엔드밀의 크기 선정, 엔드밀의 작업방향 선정 및 엔드밀의 회전속도를 결정(재료에 따라)하면 설계에 의해 가공 툴이 가공하는 선을 보여준다.

[그림 4-5]는 가공 상태를 확인하는 것이다. 3D로 재료의 작업 상태를 확인 후 저장하여 사고를 미리 예방할 수 있다.

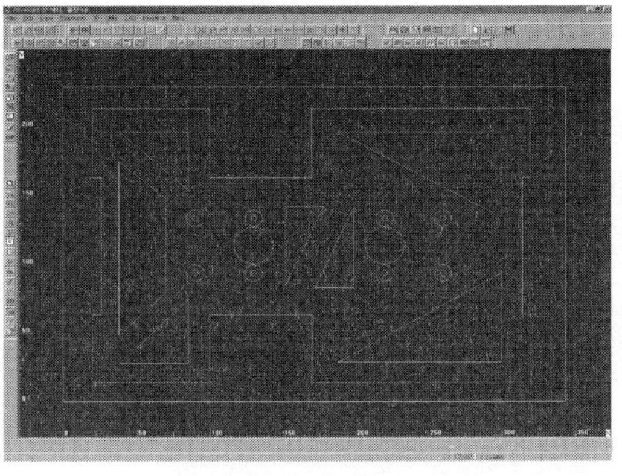

[그림 4-3] 설계

[그림 4-4] 툴 패스

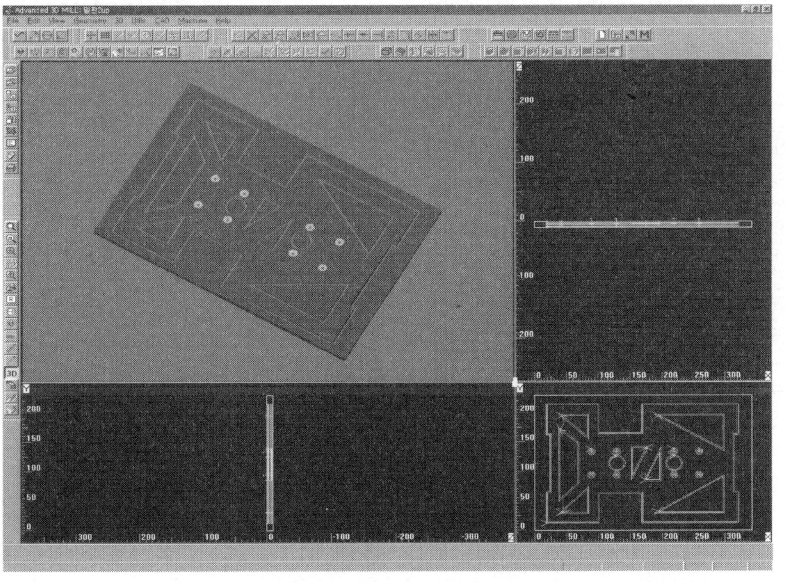

[그림 4-5] 가공 상태

CNC 소프트웨어의 Computer에 대한 전송순서는 다음과 같다.

① COMPUTER에 전원을 켠다.

② DOS MODE가 아닐 경우 DOS MODE 상태에서 시작한다.

③ 이동저장 매체를 연결한다.

④ 작성된 파일의 확장자명을 PIH로 바꾼다.(m상태에서 [Alt]+R 이용)

(예) alphacam.anc → alphacam.pih

⑤ 프로그램을 실행시킨다.

C : ₩ DNC ₩ DNC . BAT ↵

⑥ MAIN MANU에서 6 – Infinite program execation ↵

main manu

1 – Parameters

2 – Program management

3 – Tool management

4 – Machine parameter management

5 – Remote control

6 – Infinite program execation

7 – Utilites

8 – End of program

⑦ Program ideatification에서 [F2]를 누르고 자신이 작성한 프로그램을 고른 후 ↵

Infinite program

Program ideatification : alphacam.pih ↵

Number of repetition : 1 ↵

Mode of operation : 0 ↵

From block number : 0 0 0 0 ↵

⑧ 전송할 것인지 물어보면 Y ↵

⑨ DNC > DNC (프로그램 전송중)

전송이 완료되면 자동으로 가공이 된다.

# 프레스 가공

프레스(Press) 가공은 제조시스템에서 꼭 필요한 가공방법이다. 부품을 빠르고 편리하게 생산하기 위해서는 프레스가공이 필수적이다. 프레스 가공은 펀치와 다이를 이용한 박판 재료의 커팅(Cutting), 성형작업(Forming), 드로잉(Drawing) 등을 말한다.

프레스는 냉간가공과 열간가공이 같이 이루어지며 가공에서 제품을 생산하기 위해 설계된 펀치와 다이를 프레스에 장착한다. 공구는 성형작업, 펀칭(Punching), 블랭킹(Blanking), 슬로팅(Slotting) 및 프레스 가공 장비를 사용하는 것이다.

## 4.2.1 프레스의 종류

### 1) 경사프레스(Inclined press)

갭(Gab) 프래임을 가진 오픈백 프레스를 말한다. 부품과 스크랩(Scrap)이 뒤쪽으로 미끄러져 빠지도록 경사지게 할 수 있으며 부품은 중력에 의해서 미끄러져 내려가도록 되었있다. 재료는 슈트(Chute)를 통하여 다이 안으로 공급되며 벤딩, 펀칭, 블랭킹에 사용된다. [그림 4-6]은 경사프레스를 나타낸 것이다.

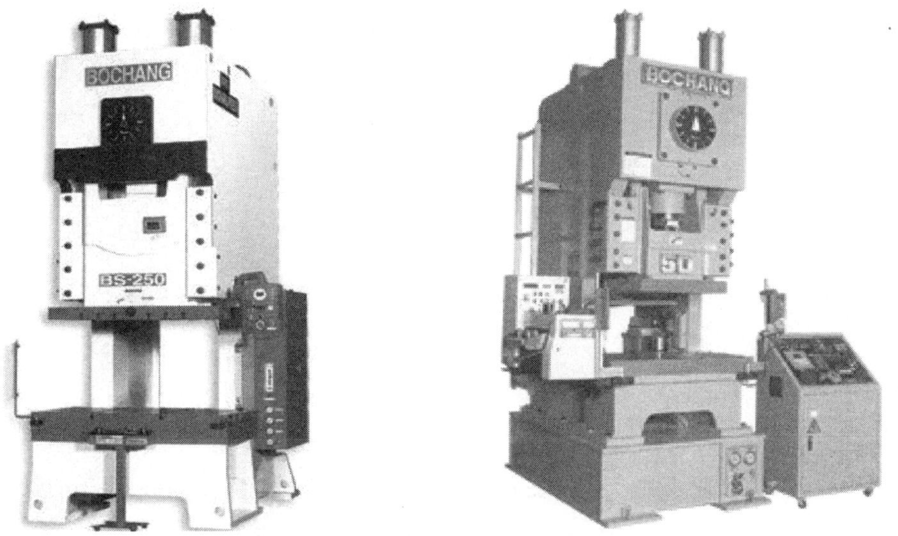


[그림 4-6] 경사프레스 〈출처 : 보창프레스〉

### 2) 갭 프레스(Gap press)

갭 프레스는 프레스 프레임의 옆이 열려 있고 프레스의 형상 때문에 C프레임프레스라고도 부르며 갭 프레스는 길고 넓은 부품의 가공에 사용된다. [그림 4-7]은 갭 프레스를 나타낸 것이다.

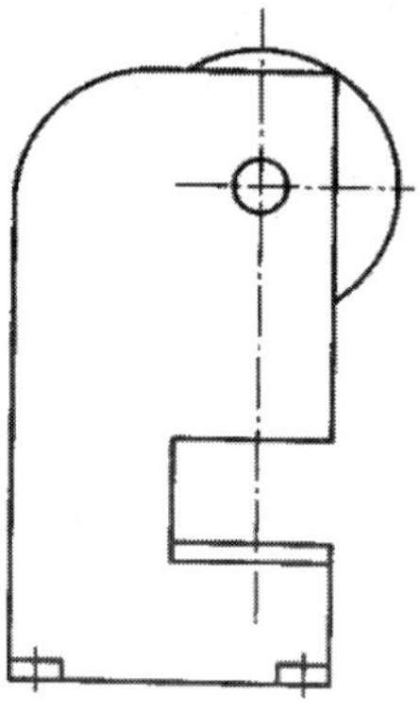

[그림 4-7] 갭 프레스

### 3) 아치형 프레스(Arch press)

아치프레스는 프레임의 형상 때문에 이름이 붙여졌으며 베드에 가까운 프레임 하부는 면적이 큰 박판 금속의 작업을 할 수 있도록 넓게 되어있고 무거운 작업을 할 수 있도록 설계되지 않아서 크랭크 축이 베드와 슬라이드 면적에 비해 적다. 클랭킹과 벤딩 및 트리밍 작업을 한다. [그림 4-8]은 아치형 프레스를 나타낸 것이다.

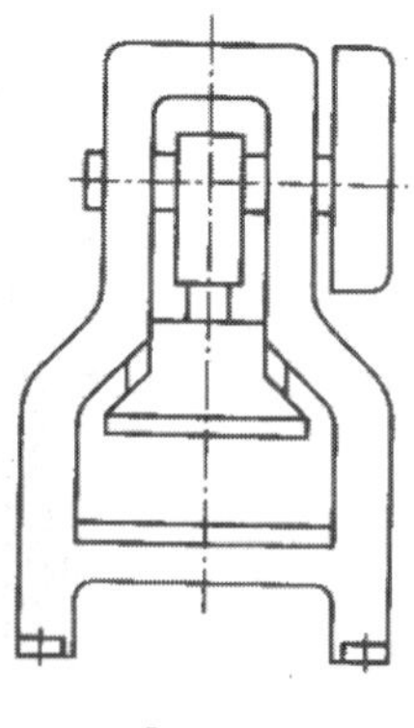

[그림 4-8] 아치형 프레스

#### 4) 스트레이트 사이드 프레스(Straight side press)

거대한 사이드 프레임에 의해 수직방향의 큰 하중을 받도록 되어 있다. 다이와 펀치가 일직선으로 배열되어 변형에 대한 영향을 받지 않는다. 두꺼운 소재의 성형, 프레스 단조, 코이닝 및 딥 드로잉과 같은 큰 하중이 필요한 작업이 가능한 유압프레스다. [그림 4-9]는 스트레이트 사이드 프레스를 나타낸 것이다.

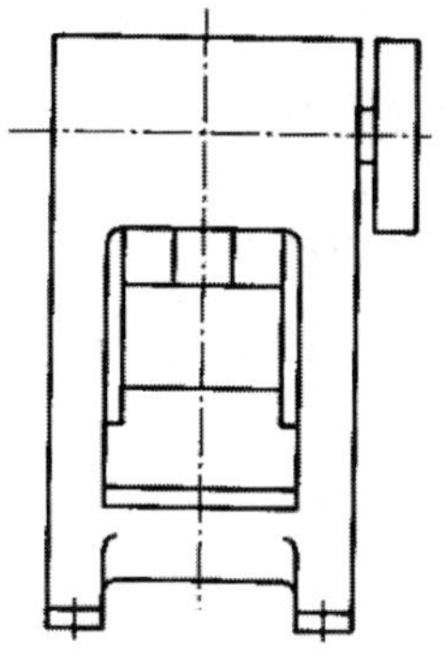

[그림 4-9] 스트레이트 사이드 프레스

#### 5) 혼 프레스(Horn press)

베드 대신에 기계 프레임으로부터 튀어나온 무거운 축(Shaft)을 가진다. 시밍(Seaming), 가장자리 끝굽힘, 펀칭, 리벳팅 및 엠보싱과 관련된 실린더의 물체에 적용된다. [그림 4-10]은 혼 프레스의 형태를 나타낸 것이다.

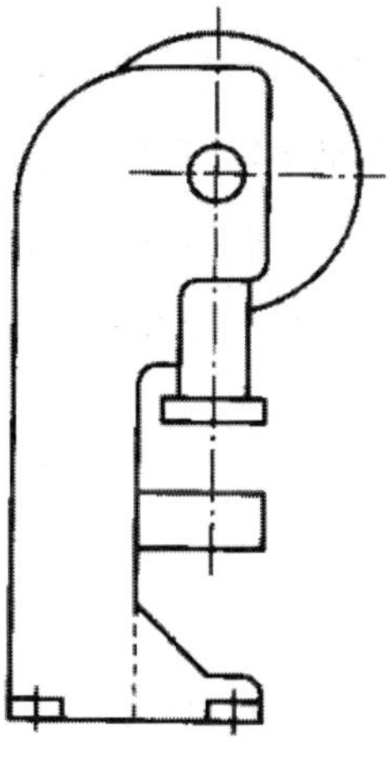

[그림 4-10] 혼프레스

#### 6) 너클 조인트 프레스(Knuckle joint press)

코이닝, 사이징 및 엠보싱을 위하여 대형으로 설계 제작된 프레스이며 2개의 너클 링크가 직선으로 이동될 때 큰 힘이 슬라이드에 의해서 전단된다. 동전을 만들 때 사용된다.

#### 7) 프레스 브레이크(Press brake)

프레스 브레이크는 박판 금속을 펀칭, 엠보싱, 시이밍, 성형 및 굽힘을 하는데 사용된다. 성형가공한 크기는 16 mm, 10 ton까지 가공이 가능하다.

#### 8) 스퀘어링 시어스(Squaring shears)

강판을 절단하는데 사용되며 수동운전과 동력에 의한 운전을 하여 5 m의 판을 가공할 수 있다.

#### 9) 터렛 프레스(Turret press)

여러 크기의 다양한 구멍을 가진 박판 생산에 사용된다. 많은 수의 펀치와 다이 세트를 한번에 준비할 수 있기 때문에 터렛이라고 부른다.

#### 10) 유압식 프레스(Hydraulic press)

유압식은 기계식보다 일정하고 넓은 면적에 동일한 하중을 가할 수 있다. 느리고 균일한 구동 때문에 딥 드로잉 작업에 적용되며 분말금속의 압축성형, 압출, 플라스틱 몰딩 및 프레스 단조를 하는데 적용된다.

#### 11) 트랜스퍼 프레스(Transfer press)

완전자동으로 구동되고 연속적인 작업을 할 수 있다. 롤러에 의해서 가공용 소재를 프레스에 이송하거나 소재 이송기로부터 블랭크로서 공급한다. 작업하는 동안에 슬라이드의 운동과 동시에 작동하는 기구에 의해서 소재를 한 위치에서 다른 위치로 이동시킨다. 각 다이는 분리되며 중심 슬라이드로부터 독립적으로 조절되며 대량생산에 사용된다.

### 4.2.2 프레스 구동기구

프레스 가공을 하기 위새서는 동력이 전달되어야 하며 슬라이드에 동력을 전달하기 위한 구동기구가 사용된다.

### 1) 단일 크랭크 구동(Single crank drive)기구

기구의 구조가 간단하여 가장 많이 사용되는 구동기구로서 단순한 움직임에 가까운 직선 운동을 한다. 단일 크랭크의 중간 행정에서 속도가 최대에 도달한 후 감소한다.

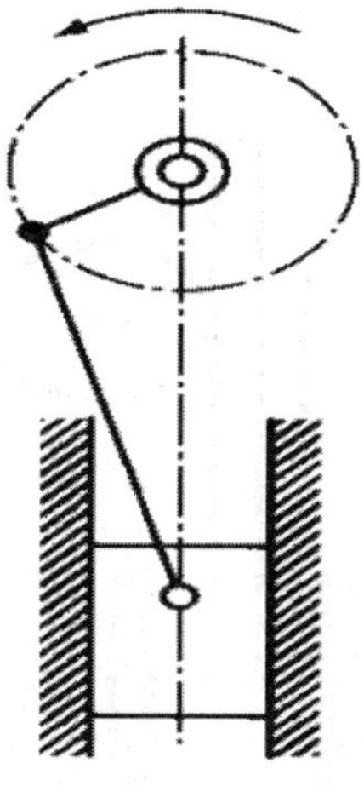

[그림 4-11] 단일 크랭크

### 2) 편심 구동(Eccentric drive)기구

편심 운동기구는 크랭크와 같은 운동을 하며, 특징은 큰 강성을 가지며 단일 크랭크 기구보다 변형이 적다. 구동은 운동을 슬라이드에 전달하기 위하여 롤러 종동부가 편심을 받는다.

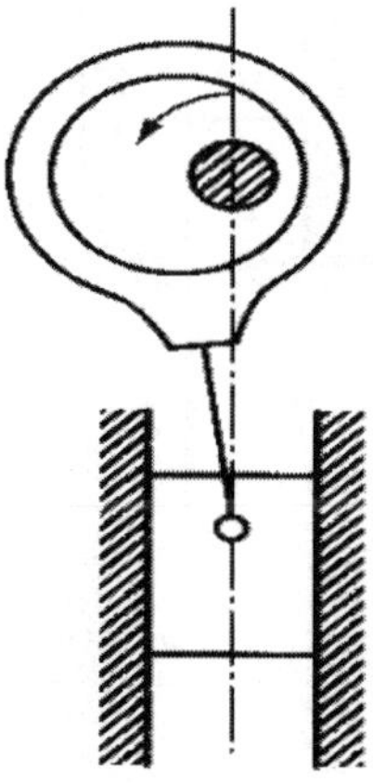

[그림 4-12] 편심 크랭크

### 3) 렉과 기어구동(Rack and gear drive)기구

긴 스트로크가 왕복 운동 기관에서 피스톤이 실린더 안의 한 끝에서 다른 끝까지 움직이는 동작에 요구되는 경우에 적용되며 슬라이드의 움직임이 크랭크 프레스보다 더 느리고 균일한 운동을 얻을 수 있다. 스트로크의 길이를 조절하기 위하여 멈춤 장치가 있고 슬라이드를 출발점으로 복귀하는 속도가 빠르다.

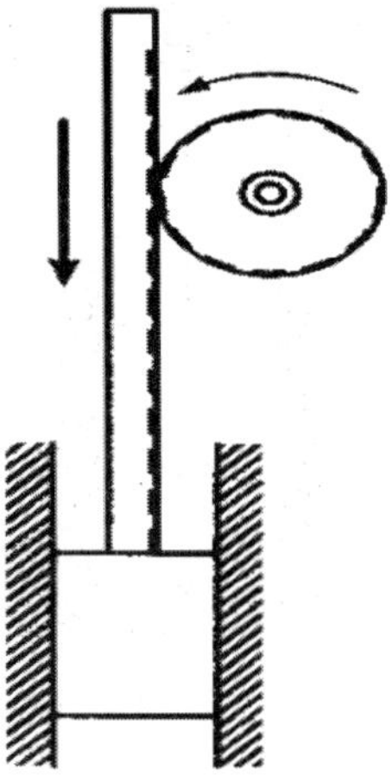

[그림 4-13] 랙과 기어구동

### 4) 유압구동기구

성형, 프레싱, 드로잉 작업과 같은 낮은 속도로 커다란 압력이 필요할 때 사용된다.

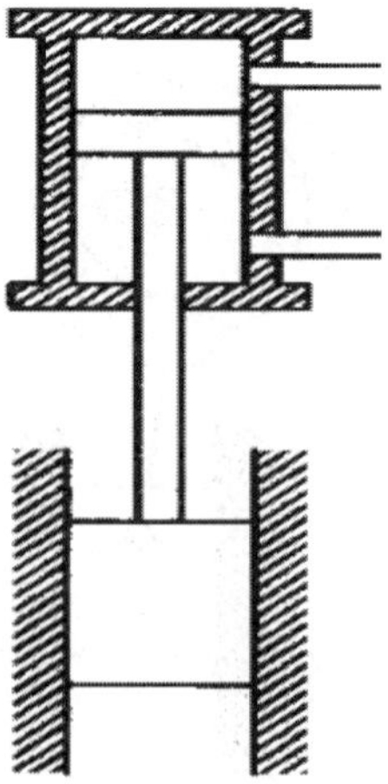

[그림 4-14] 유압구동기구

### 5) 나사식 구동(Screw drive)

플라임 휠이 있는 마찰 디스크로 슬라이드를 가속하며 휠이 늦게 작동하면 슬라이드의 속도가 빨라진다. 스트로크의 시작에서부터 끝날 때까지 슬라이드의 움직임이 빨라진다.

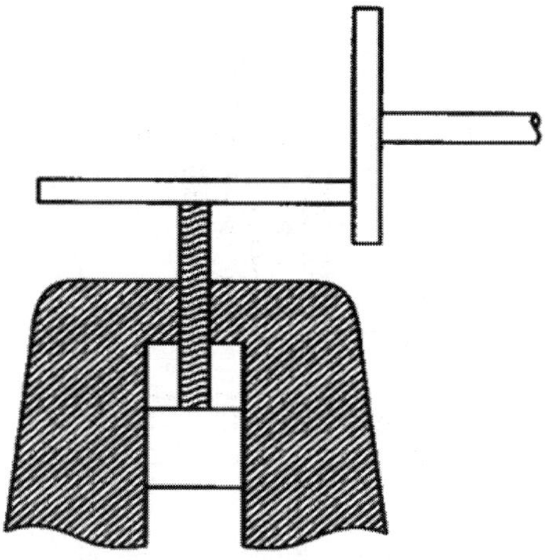

[그림 4-15] 나사식 구동

### 6) 너클 조인트 기구

2개의 링크 기구가 일직선상으로 접근할 때 스트로크의 하사점 근처에서 기계적인 장점을 나타낸다. 너클 조인트 기구는 하중이 크기 때문에 코이닝(Coining)과 사이징(Sizing)작업에 사용된다.

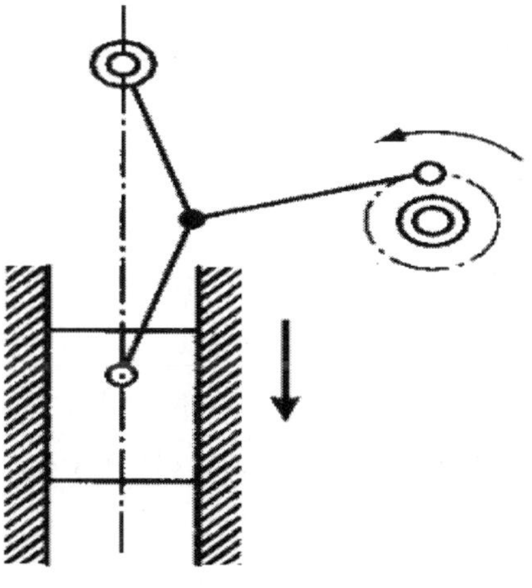

[그림 4-16] 너클 조인트 기구

### 7) 토글기구(Toggle drive)

일시정지시간을 가지는 구동을 함으로서 작업을 하는데 있어서 재료의 투입시간을 맞출 수 있다.

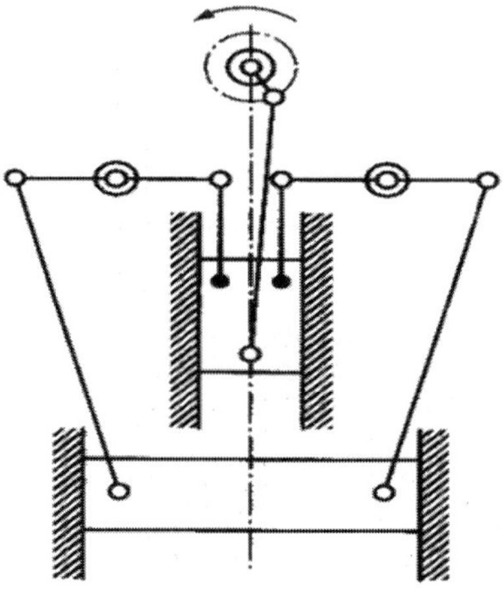

[그림 4-17] 토글 구동장치

## 4.2.3 프레스 작업공정

프레스 작업는 여러 가지 가공법이 있지만 전단, 굽힘, 드로잉으로 크게 분류할 수 있다. 프레스 작업에 사용되는 공구를 펀치와 다이라고 한다. 펀치는 프레스의 램에 붙어 있고, 다이는 베드 위에 고정되어 있다. 펀치는 다이 내부로 들어가고 펀치와 다이는 정밀한 작업을 하기 위하여 일직선상에 있어야 한다. 디이와 펀치는 호환성이 없지만 한쌍이 되어야 작업을 할 수 있고 어떤 다이를 선택하느냐에 따라 다양한 작업을 할 수 있다.

### 1) 전단(Shearing)

전단은 날카로운 모서리 사이에서 시작되며 전단이 일어날 때의 응력은 절단되는 금속의 인강강도 이상이다. 펀치가 소재에 가해서 생기는 압력은 소성변형을 일으킨다. 소재는 펀치와 다이 모시리 근처에서 높은 응력을 받아 변형되며 변형이 진행되면 박판의 양쪽에서 파괴되기 시작된다. 응력이 재료의 인장강도에 도달하면 파괴된다. [그림 4-18]은 펀치와 다이를 이용한 소재의 전단을 나타낸 것이다. 다이 위에 소재를 넣고 펀치에 하중이 가해지면 파괴가 진행되는 과정을 나타낸 것이다.

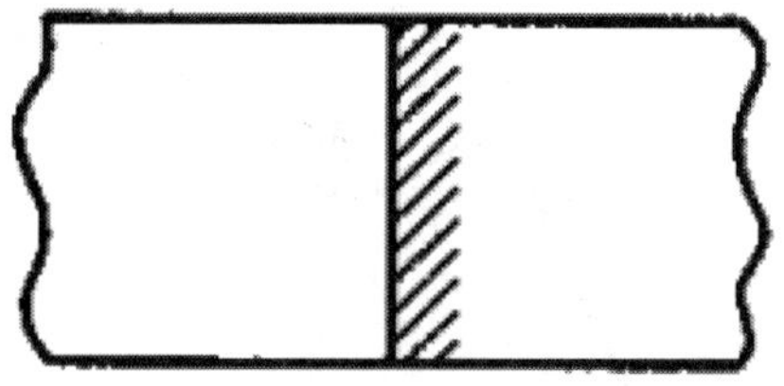

[그림 4-18] 전단

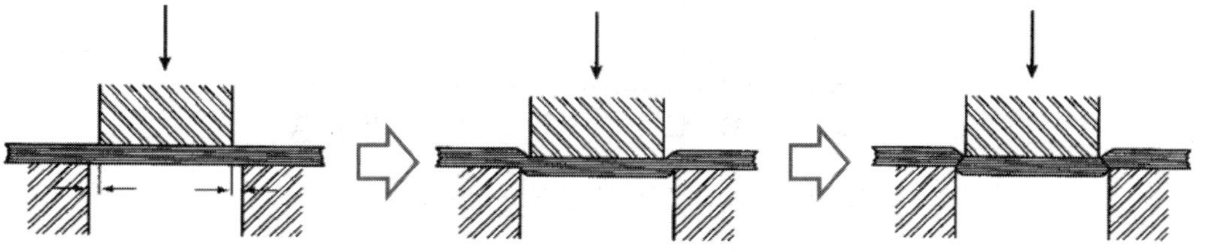

[그림 4-19] 펀치와 다이를 이용한 소재의 전단

## 2) 굽힘(Bending)

굽힘은 전단에서 사용하는 장비를 이용하여 가공한다. 굽혀지는 소재는 탄성(Elasticity)을 가지고 있기 때문에 펀치를 제거하면 탄성회복이 일어난다. 탄성회복이 일어나는 것을 스프링 백(Spring back)이라고 한다. [그림 4-20]은 굽힘에서 스프링 백 현상을 나타낸 것이다. 소재에 하중을 가하여 $\theta$만큼 굽힘 후 하중이 제거되면 소재가 탄성에 의해 $\Delta\theta$로 되돌아가는 것을 말한다. 재료에 따라서 스프링 백 현상 값인 탄성계수가 다르다.

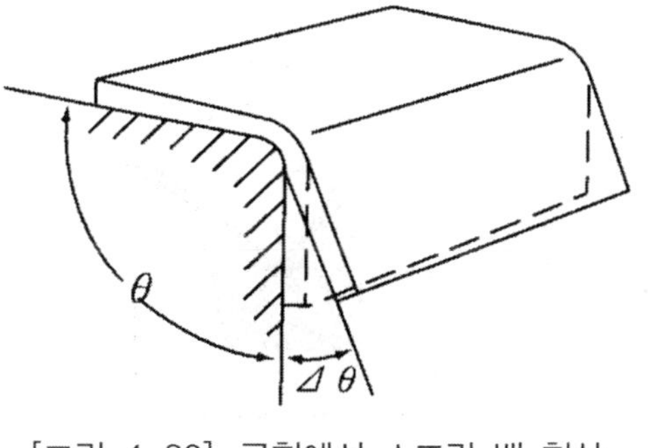


[그림 4-20] 굽힘에서 스프링 백 현상

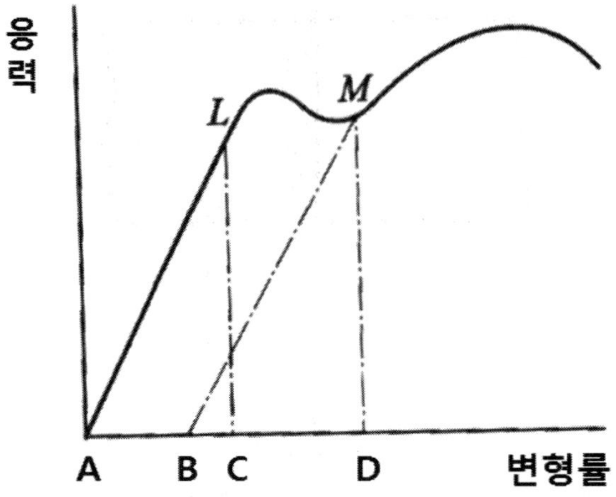


[그림 4-21] 스프링 백 현상과 응력변형률선도

[그림 4-21]은 스프링 백 현상과 응력변형률선도의 관계를 나타낸 것이다. 응력을 가하여 재료의 변형을 C까지 가한 후 응력을 제거하면 A점으로 되돌아 온다. 만약 하중을 가하여 재료의 변형을 탄성한도 *L*을 지나 D까지 가한 후 하중을 제거하면 길이는 B가 된다. 따라서 하중이 제거 되었을 경우 탄성회복되는 것을 고려하여 더 굽혀야 정확한 부품을 완성할 수 있다.

스프링 백의 양은 다음과 같이 결정된다.

- 경도와 탄성이 높은 재료 일수록 크다.
- 구부림 반지름이 같을 때에는 두께가 얇을수록 크다.
- 같은 두께의 판재에서는 구부림 반지름이 클수록 크다.
- 같은 두께의 판재에서는 구부림 각도가 작을수록 크다.

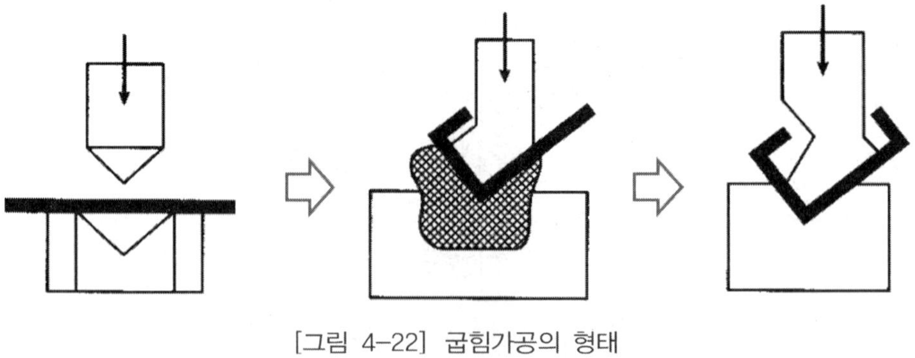

[그림 4-22] 굽힘가공의 형태

[그림 4-22]는 굽힘가공의 형태를 나타낸 것이다. 원하는 치수의 가공품을 얻기 위해서는 스프링 백 현상에 의한 탄성회복 능력을 파악하고 굽힘 가공을 해야 된다.

### 3) 드로잉(Drawing)

드로잉은 금속박판, 카트리지, 포탄 케이스에 적용이 가능하다. 드로잉은 깊게 들어간 구멍이 부품 지름을 초과하는 부분에 소성유동을 고려한다. 다이의 윤곽형상에 따라 원통형 등 다양한 형상의 판재 재품을 만들 수 있다. 드로잉 작업에서 플랜지의 소재가 다이공동부로 당겨져서 반지름 방향으로 인장응력, 원주 방향으로는 압축응력을 받고 요소 면에 수직한 방향으로 압축응력을 받는다.

펀치와 다이의 모서리 반지름이 작으면 모서리부에서 소재가 파단될 수 있고 너무 크면 소재가 지지되지 않은 부분에서 주름이 발생할 수 있다. 주름으로 인해 소재 벽면에 주름살 결함이 생긴다. [그림 4-23]은 드로잉을 나타낸 것이다. 다이에 소재를 넣고 펀치로 하중을 가하면 그림과 같이 성형이 된다. [그림 4-24]는 드로잉의 예를 나타낸 것이다. 드로잉을 이용하여 여러 가지 성형가공이 가능하다. 드로잉에서 윤활은 가공력을 줄이고 가공성을 높이며 다이마모와 제품의 결함을 줄이는데 중요한 역할을 한다. 펀치에는 윤활을 하지 않는 이유는 펀치와 소재 간의 마찰이 클수록 가공성은 향상되기 때문이다.

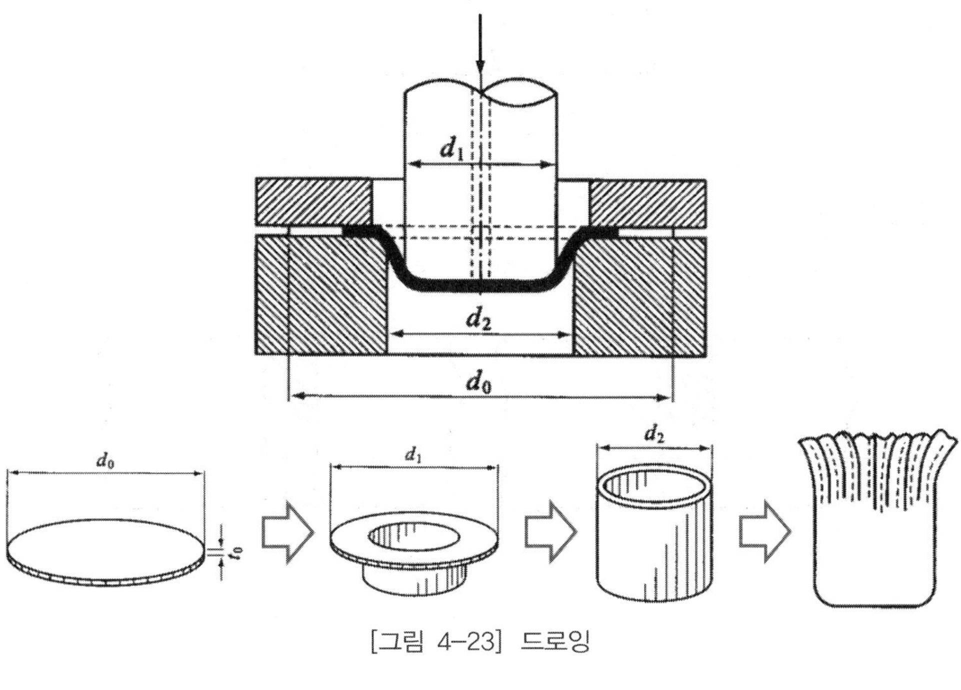


[그림 4-23] 드로잉

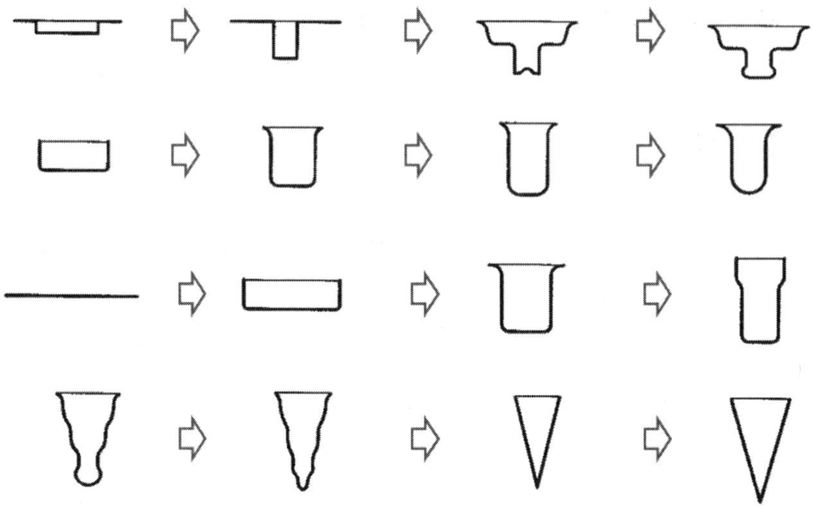

[그림 4-24] 드로잉의 예

### 4) 절단(Cutting off)

하나의 선을 따라 스트립(Strip)으로부터 조각을 잘라내는 작업을 말한다.

[그림 4-25] 절단

### 5) 분할(Parting)

2개 조각으로 분리할 때 중앙부에 잔여물을 내는 작업을 말한다.

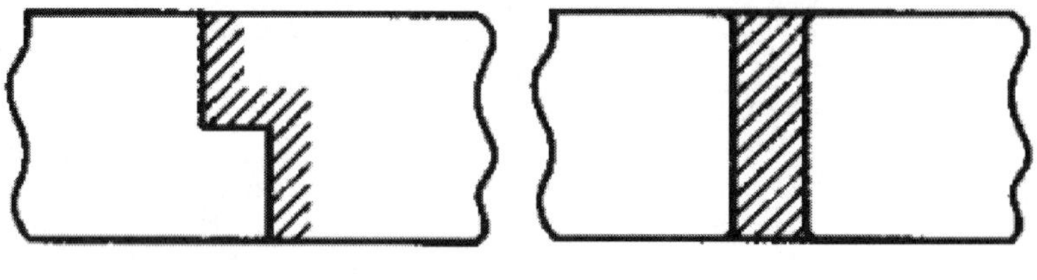

[그림 4-26] 분할

### 6) 블랭킹(Blanking)

박판 금속으로부터 블랭크의 부품을 잘라내는 작업을 말한다.

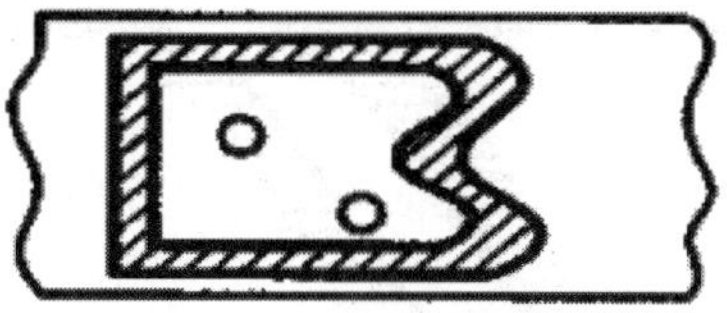

[그림 4-27] 블랭킹

### 7) 펀칭(Punching)

피어싱(Piercing)이라고도 하며 소재에 구멍을 내는 작업을 말한다.

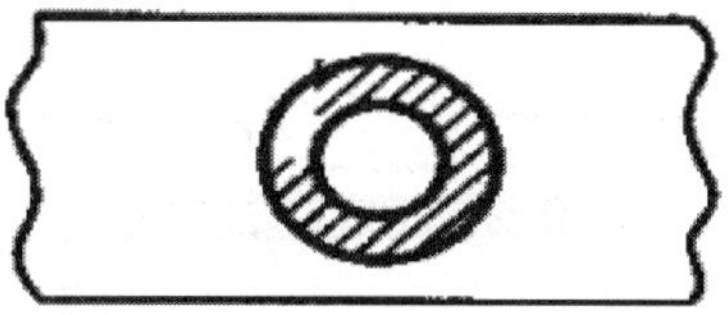

[그림 4-28] 펀칭

### 8) 노칭(Notching)

판재나 블랭크의 옆면에서 홈을 파는 작업을 말한다.

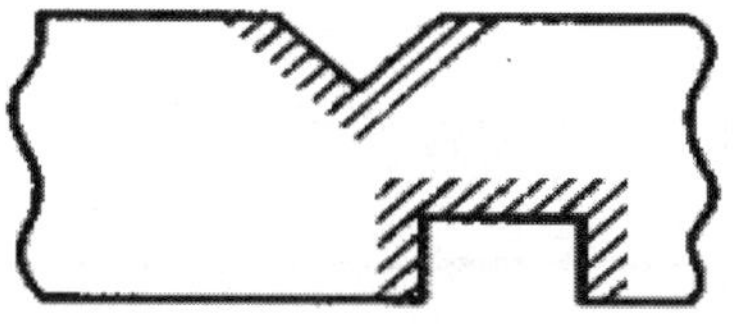

[그림 4-29] 노칭

### 9) 슬리팅(Slitting)

타원같이 길게 늘어난 구멍이나 슬롯을 절단하는 작업을 말한다.

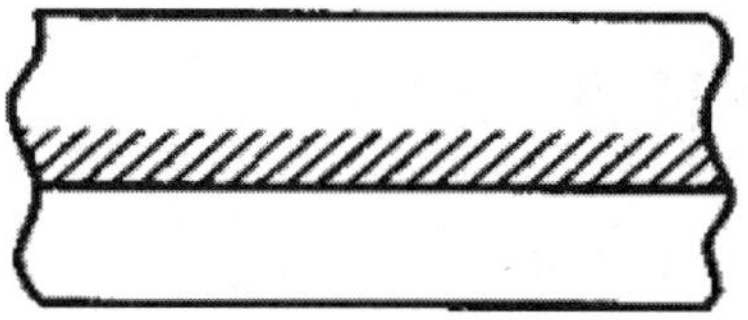

[그림 4-30] 슬리팅

### 10) 니블링(Nibbling)

스톡(Stock)을 자르는 작업을 말한다.

[그림 4-31] 니블링

### 11) 트리밍(Trimming)

플랜지에서 남은 재료를 잘라내거나 부품의 귀(Flash)를 제거하는 작업을 말한다.

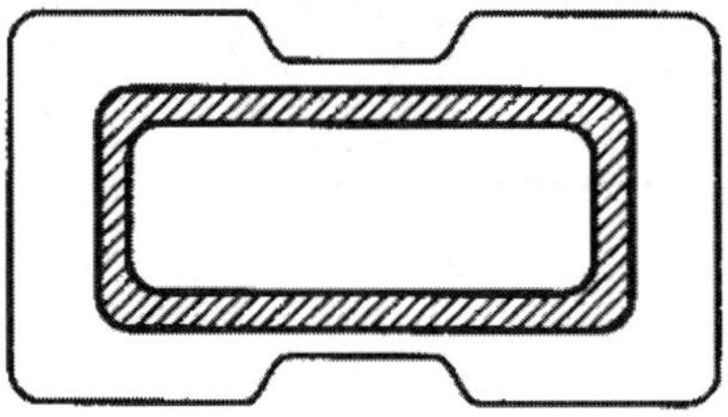

[그림 4-32] 트리밍

### 12) 랜싱(Lancing)

블랭크를 부분적으로 잘라내는 작업을 말한다.

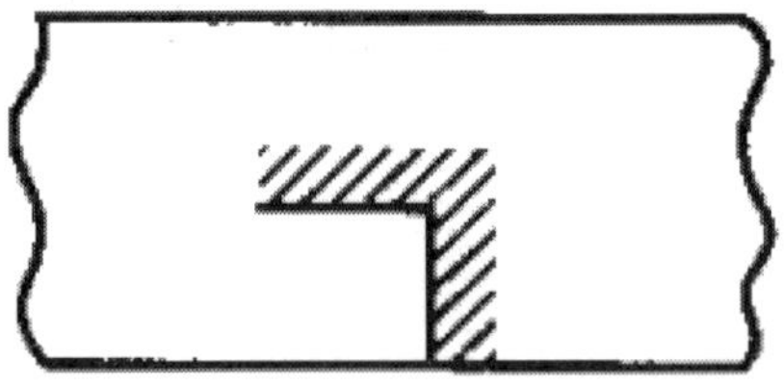

[그림 4-33] 랜싱

## 4.2.4 프레스 외의 판금가공

프레스 가공은 금속판을 필요한 형태로 성형하는 작업을 말하며 프레스를 쓰는 판금가공은 판금프레스가공이라고 한다. 프레스 외의 기계를 사용하는 판금가공에는 롤러

성형, 스피닝, 인장변형가공, 폭발성형, 방전성형 등이 있다.

### 1) 롤러성형

가느다란 금속 판자를 가로방향으로 변형시켜 원판, 형재, 새시와 같은 단면이 똑같은 제품을 만드는 방법이다. 2개 1조인 성형롤러를 여러 조 배치하고 판재를 앞에서부터 차례로 롤러 사이를 통과시켜 조금씩 구부려 최종 단면형으로 완성하는 작업이다. 코일모양으로 감은 소재를 사용하면 매우 긴 제품을 능률적으로 만들 수 있다. 판자를 굽히고 이음매를 전기 용접하여 만든 둥근관을 전봉관이라고 한다.

### 2) 스피닝(spinning)

원판으로 회전대칭형 용기를 만드는 작업이다. 정반위에서 진흙으로 단지를 성형하는 것이다. 가공할 용기의 안쪽 모양에 맞춘 성형틀에 소재를 붙여 함께 돌리면서 바깥쪽에서 롤러를 눌러서 소재를 조금씩 소성변형시켜 성형틀과 같은 모양으로 만드는 방법이다. 롤러 대신 철인두를 사용하면 주둥이가 오므라진 물통과 같은 용기를 만들 수 있다. 판금프레스가공과 롤러성형가공은 틀공구 비용이 많이 들지만 작업속도가 빠르기 때문에 동일한 제품의 대량 생산에 적합하다. 용기를 여러 종류로 소량 생산할 때 암수의 쌍 중에서 틀공구의 어느 하나만으로 할 수 있는 방법이 스피닝이다.

### 3) 인장변형가공

넓은 철판 양쪽을 잡아당기면서 수틀을 판면에 눌러서 그 외형 형상에 맞추는 가공으로 비교적 얇은 대형 용기제조에 적합하고 안장성형도 가능하다.

### 4) 폭발성형과 수중방전성형

폭발성형은 물속에서 화약을 폭발시키고, 수중방전성형은 전극 사이에서 방전할 때 순간적으로 발생하는 큰 가스압력과 팽창에너지를 물의 운동으로 바꾸어 소재에 압력을 걸어 틀에 맞추는 방법이다.

그 밖에 접합방법으로 판금가공이 있다. 합석을 연결할 때 박판을 접어서 서로 걸어 당기며 접합하는 작업이다. 시밍(Shimming)가공법은 깡통에 뚜껑을 닫는 작업에서 먼저 프레스로 깡통 입구 1 mm 가량을 밖으로 직각으로 굽혀 두었다가 가장자리를 원형으로 접은 뚜껑을 덮을 때 이 접힌 부분을 조이는 것이다.

## 4.2.5 굽힘가공의 종류

굽힘가공은 일반적인 형식으로 [그림 4-34]의 프레스 굽힘과 [그림 4-35]의 절곡으로 구분된다. 프레스 굽힘은 펀치와 다이를 이용하여 소재를 굽히는 방법이며 절곡은 형을 통해 이동하는 공구를 갖춘 절곡기를 이용하여 굽히는 방식으로 판과 형재 등의 굽힘에 이용된다.

[그림 4-34] 프레스 굽힘

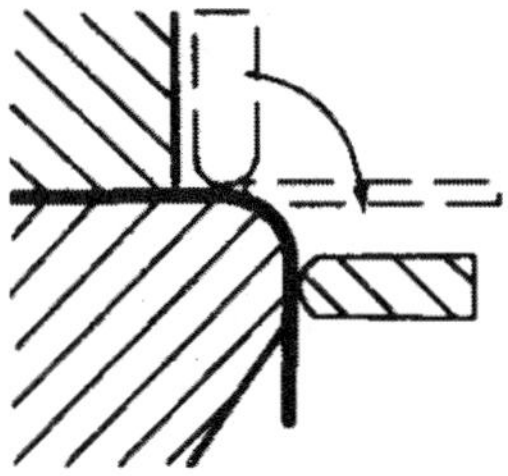

[그림 4-35] 절곡

[그림 4-36]은 롤러굽힘을 나타낸 것이다. 롤러굽힘은 회전하는 롤러에 재료를 보내어 연속적으로 굽힘 가공하는 방식으로 소재를 굽혀 원통상의 제품을 만드는 방법이다.

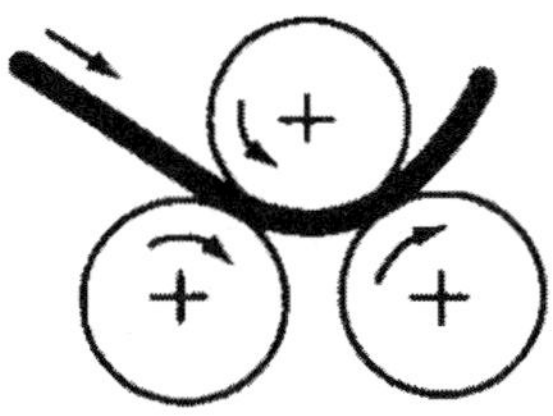

[그림 4-36] 롤러굽힘

[그림 4-37]은 롤러성형을 나타낸 것이다. 로울성형은 보내는 방향에 수평한 여러 개의 성형 롤러에 긴 판재를 통과시켜 순차적으로 굽혀서 긴 판재와 형재를 가공하는

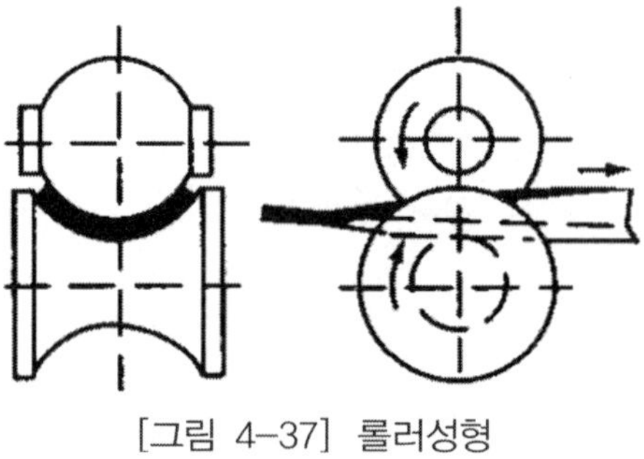

[그림 4-37] 롤러성형

방법이다.

굽힘 작업 중 대표적인 굽힘 방법으로 [그림 4-38]은 V형 굽힘, [그림 4-39]는 L형 굽힘, [그림 4-40]은 U형 굽힘을 나타낸 것이다.

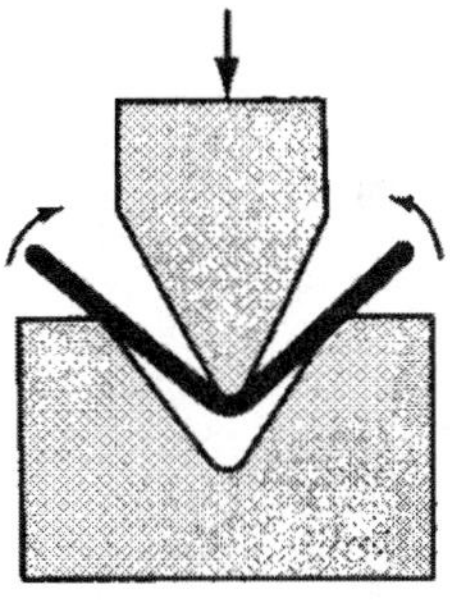

[그림 4-38] V형 굽힘

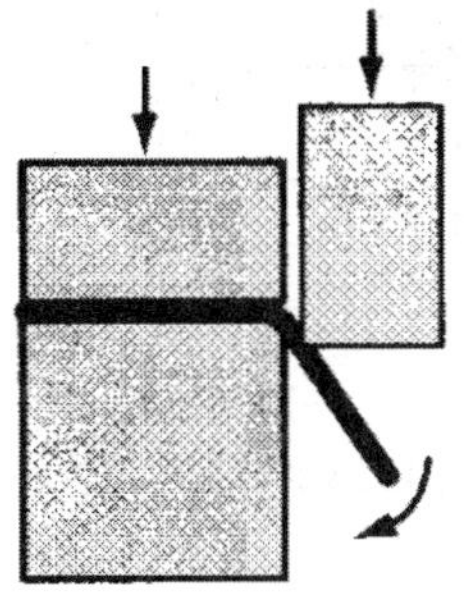

[그림 4-39] L형 굽힘

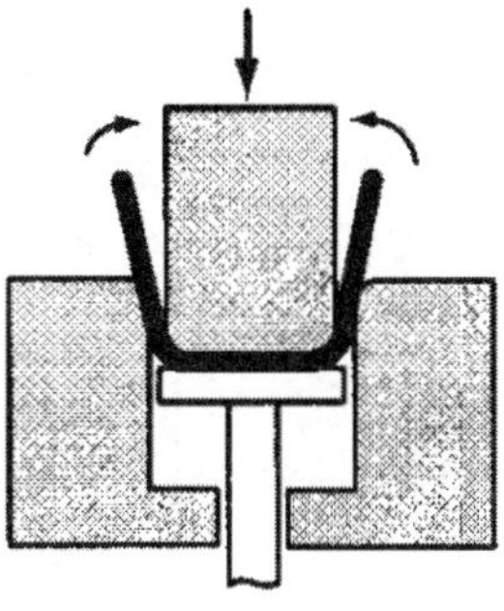

[그림 4-40] U형 굽힘

굽힘선의 형태와 관계없이 굽혀진 부분의 변형이 다른 모양인 [그림 4-41]은 굽힘, [그림 4-42]는 압축성형, [그림 4-43]은 인장성형을 나타낸 것이다. [그림 4-41]은 단순한 굽힘변형으로 소재를 가공하지만 곡선인 경우 소재에 굽힘선 방향으로 인장이 생기면서 압축변형을 받는다.

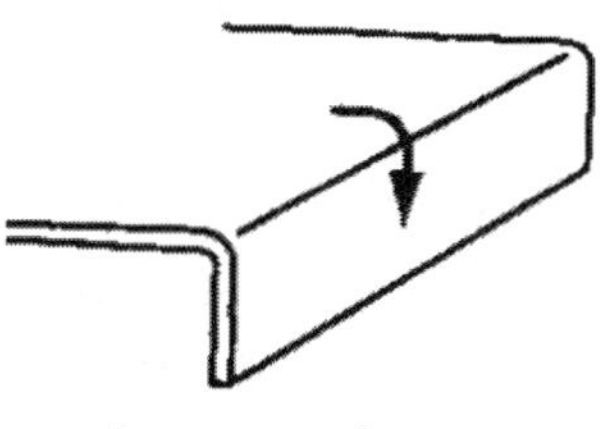

[그림 4-41] 굽힘

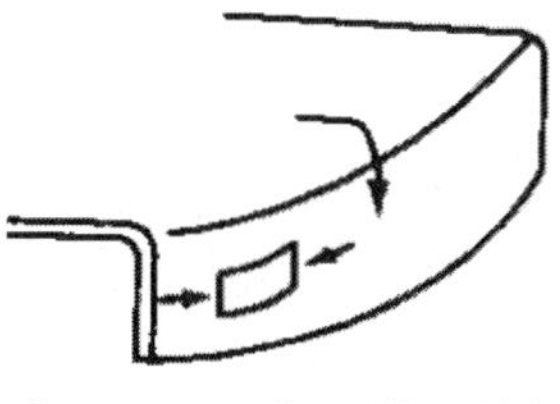

[그림 4-42] 압축 성형

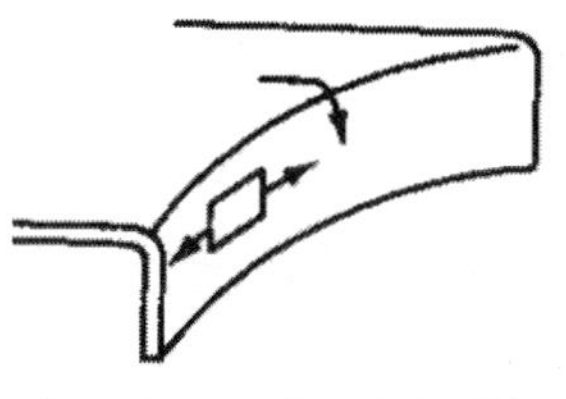

[그림 4-43] 인장성형

### 4.2.6 굽힘 변형

소재에 굽힘 변형을 주면 [그림 4-44]와 같이 바깥면은 굽힘선에 직각방향으로 늘어나게 되고 안쪽은 줄어들게 된다. 따라서 판두께의 폭 중앙부근에는 연신 수축이 생기지 않는 중립면이 존재하게 된다.

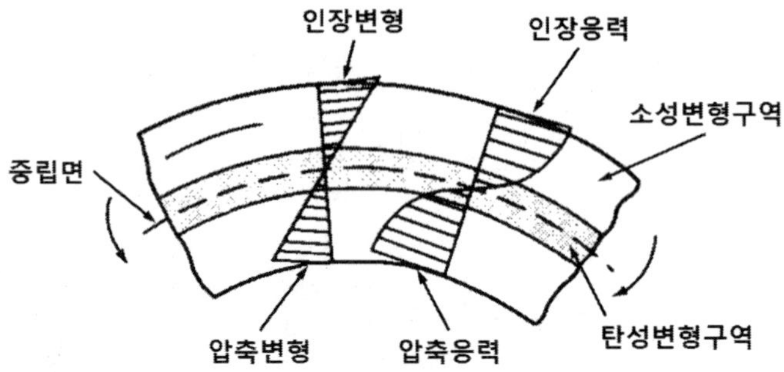


[그림 4-44] 단면 내의 응력과 변형

그림에서 원주반경의 변형은 식 (4.1)로 구할 수 있다.

$$e = \frac{\gamma - p}{\rho} \tag{4.1}$$

여기서 $\rho$는 중립면의 곡률반경, $\gamma$는 곡률반경, $p$는 하중을 의미한다. 원주반경은 중립면으로부터의 거리에 비례하고 중립면의 곡률반경에 반비례한다.

폭방향은 판두께 방향과 같은 형태로 바깥쪽에서 원주방향의 인장변형에 의해 폭 방향으로 줄어들고 안쪽면에는 반대로 원주방향의 압축변형에 의해 폭방향으로 넓어진다. 따라서 [그림 4-45]처럼 휨(Camber)이 발생한다. 폭이 판의 두께에 비하여 좁은 경우 제품에 영향을 준다.

굽힘가공은 식 (4.1)과 같이 바깥쪽에서 최대의 인장변형을 받는다. 재료가 인장변형한계를 넘으면 판의 표면에 잘록함과 거칠게 일어나는 원리를 [그림 4-46]에 나타냈다.

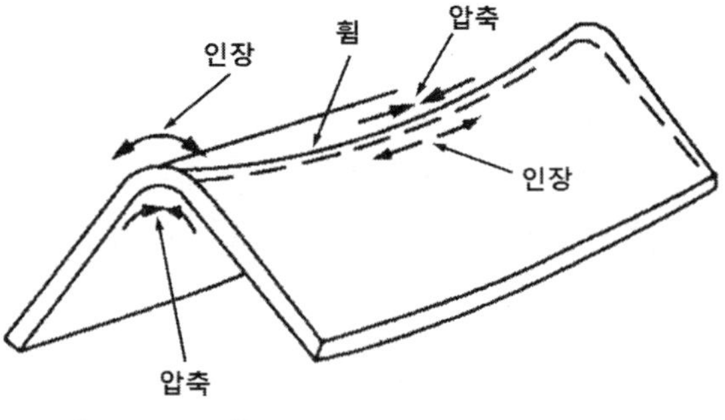


[그림 4-45] 굽힘가공에서 나타나는 휨

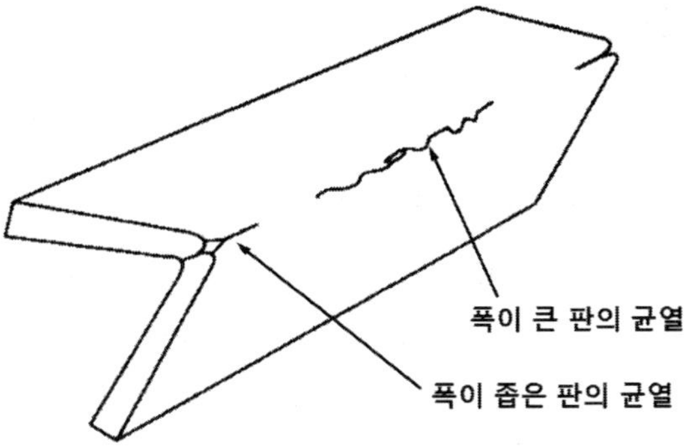


[그림 4-46] 굽힘 가공에 의한 균열

금형 굽힘 등에 의한 것은 탄성회복에 의해 바깥쪽을 열어놓으며 [그림 4-47]과 같이 금형의 구속 등에 의해 굽힘부 이외에서도 변형이 일어난다. 이와 같이 탄성회복 현상을 완전히 누르는 것이 어렵고 일반적인 탄성회복이 있는 곳에는 금형에 굽힘 각과 굽힘 반경을 조정해야 된다.

판재를 가공하는 경우에 요구하는 치수정밀도를 얻기 위하여 소재의 평탄도가 문제가 되는 경우가 발생하게 된다. 박판은 코일로 감기 때문에 교정이 필요하다. 판의 굽힘을 교정하기 위해서는 반대 방향으로 스프링 백을 고려하여 구부러진 곳에 하중을 가하면 변형이 없어진다. [그림 4-48]은 롤러를 이용한 굽힘을 하여 판을 교정하는 것이다.

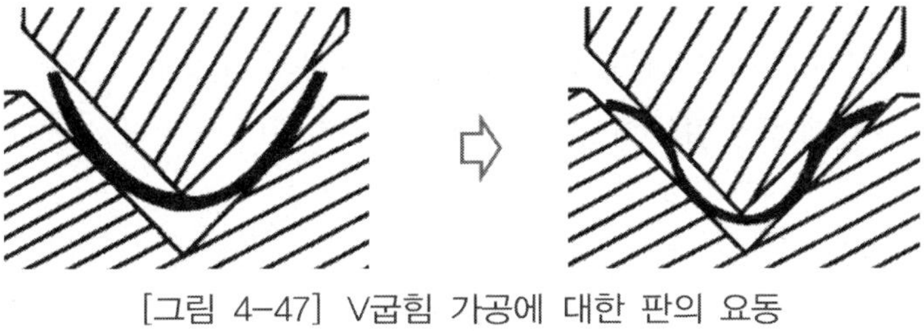

[그림 4-47] V굽힘 가공에 대한 판의 요동

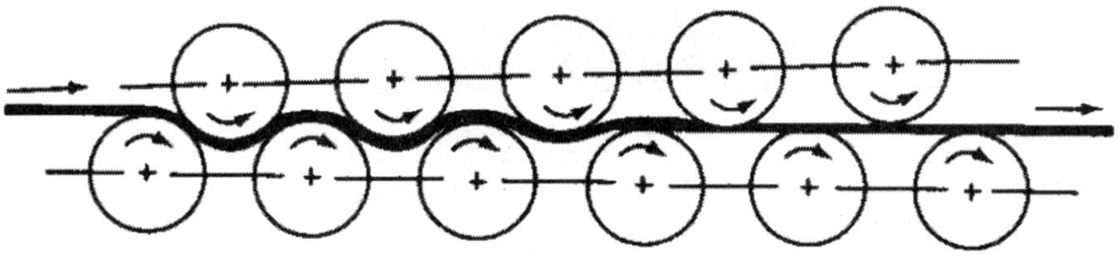

[그림 4-48] 롤러에 의한 판의 교정

## 4.2.7 특수 성형가공

### 1) 마폼법(Marform)

드로잉과 비교하여 보면 다이와 펀치의 위치가 반대이다. 펀치가 아래쪽에서 소재를 받치고 다이가 위쪽에 있어서 다이 안에 압력을 흡수하는 고무를 넣고 펀치쪽으로 힘을 가하면 펀치도 다이쪽으로 힘을 가하여 가공을 완료한다. 모서리에 균열이 생기지 않기 때문에 모서리의 반경이 매우 작은 제품을 만들 수 있다. [그림 4-49]는 마폼법을 나타낸 것이다.

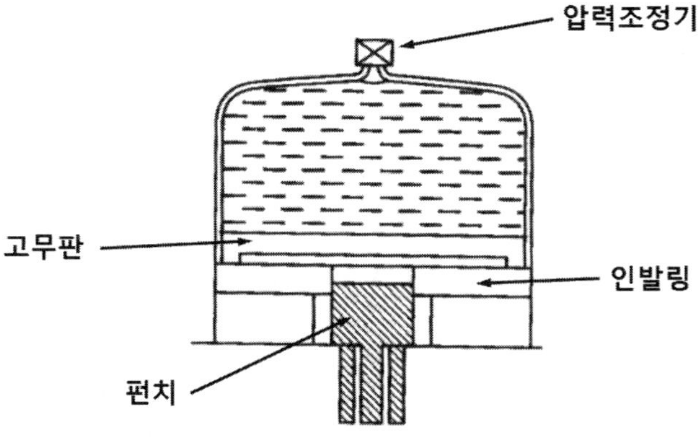


[그림 4-49] 마폼법

### 2) 게링법(Guerin)

펀치의 선단에 고무를 부착시키고 작업 중에 고무가 밀려나지 않도록 하고 다이의 선단에 요철을 두어 제품의 표면에 요철을 만드는 것이다. [그림 4-50]은 게링법을 나타낸 것이다.

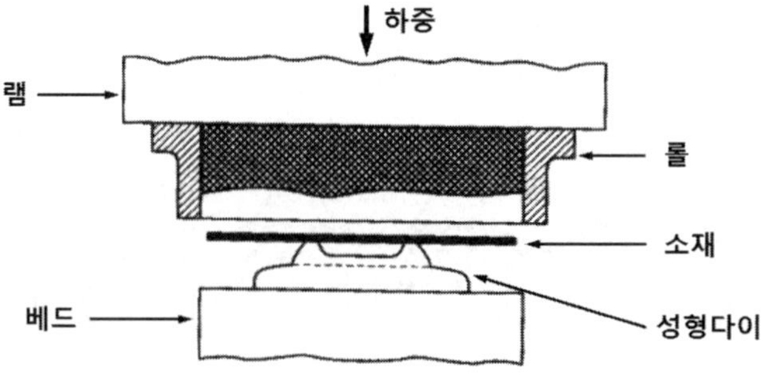


[그림 4-50] 게링법

### 3) 하이드로포밍(Hydroforming)

마폼법과 비슷하며 고무를 충격흡수용으로 사용했지만 여기서는 고무대신 압축이 되지 않는 액체를 사용한다. 하이드로포밍은 액체성형이라고도 하며 성형하는 방법에 따라 판재 하이트로포잉과 튜브 하이드로포밍으로 분류된다. 판재 하이드로포밍은 다이와 함께 펀치를 가압용 공구로 사용하며 판재 하이드로포밍은 액압으로 컵의 벽면을 가압하여 소재의 성형성이 향상된다. 하이드로포밍으로 제조된 부품은 치수안정도와 강도가 높고 드로잉 공정에 비해 높은 정수압응력을 받아 성형난이도가 높은 부품의 성형도 가능하다. 제품의 형상과 공정 중에 마찰에 따라서 다음과 같이 분류한다.

① 지속적인 확장과 압축 : 전체적인 형상을 따라서 축방향으로 소재의 유동량이 많은 유형의 제품이다. 제품은 소재가 공정 중 연속하여 확장과 압축을 받는다. 축방향 소재유동의 결과 소재의 두께만 변화시켜 성형하는 경우보다 고도의 변형이 가능하다.

② 부분적인 확장과 압축 : 길이방향을 따라서 부분적인 확장이 여러 곳에서 일어나는 것으로 경우에 따라서 부품의 형상이 굽힘을 받는 것도 있다. 따라서 축방향 소재유동은 소재의 양단 근처에서 효과가 있다.

③ 조정 : 축방향 유동이 불가능할 경우 조정 공정만을 수행하여 소재 벽두께의 변화만으로 성형시키는 방법이다.

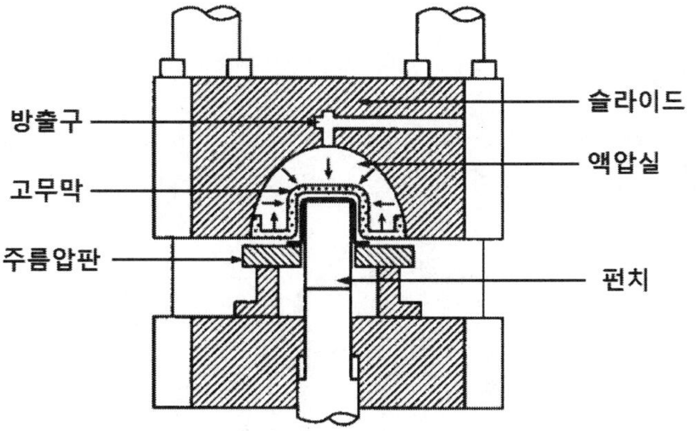


[그림 4-51] 하이드로포밍

### 4) 벌징(Bulging)

용기(Container)에 소재를 넣고 압력을 가하여 용기 내벽에 압착시켜 성형하는 방법이다. 소재에 압력을 가하는 방법에 따라 고무벌징과 액체벌징으로 나뉜다. 고무를 사용하는 경우 펀치를 제거하면 고무는 원래 형상으로 되돌아가고 다이를 열어서 제품을 이탈시킨다. 복잡한 형상을 가공할 때는 원기둥형 고무대신에 특정부위에 높은 압력을 전달할 수 있는 형상을 가진 고무를 사용하기도 한다. 고무는 마모저항, 윤활제에 대한 화학저항이 높고 성형제품의 표면정도에 해를 주지않는 장점을 가지고 있다. 액체를 사용하는 경우 작업유의 누설방지와 압력조절이 필요하다. 벌징작업으로 관재에 주름을 만들 때는 관재를 등간격으로 확장시킨 후 축방향으로 압축하여 확장부위가 겹쳐져서 주름이 되도록 한다. [그림 4-52]는 벌징을 나타낸 것이다. 그림에서 소재를 원래의 크기보다 확장하는 하이드포밍을 벌징이라고 한다.

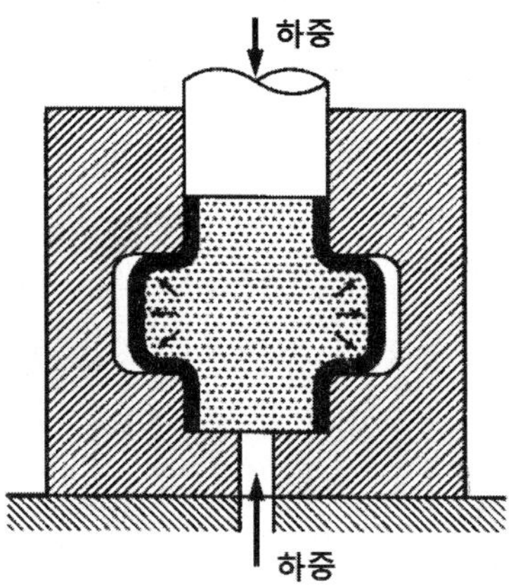


[그림 4-52] 벌징

### 5) 비딩(Beading)

드로잉한 제품에 홈(Groove)을 만드는 가공법으로 팽창 다이나 롤러 다이 등을 이용하여 가공한다. [그림 4-53]은 비딩을 나타낸 것이다.

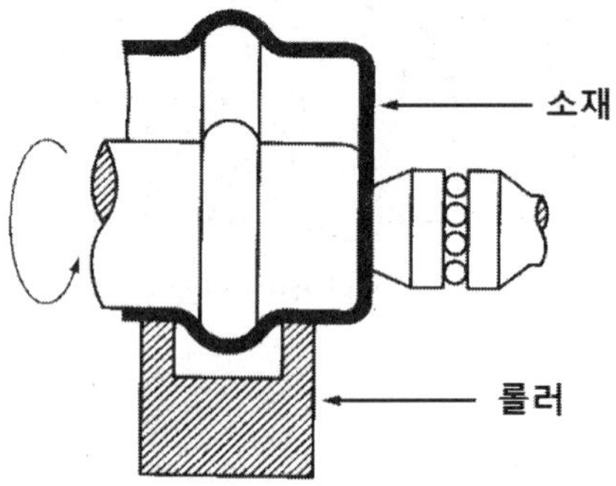


[그림 4-53] 비딩

### 6) 스피닝(Spining)

선반의 주축에 다이를 고정시키고 얇은 판과 같은 소재를 갖다대고 심압대로 누르면서 회전시킨다. 이때 봉이나 롤러로 소재에 힘을 가하여 변형시켜 가공하는 방법이다. [그림 4-54]는 스피닝을 나타낸 것이다.

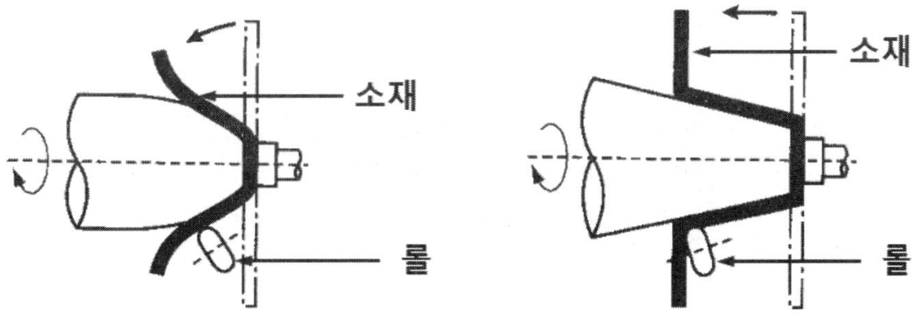


[그림 4-54] 스피닝

### 7) 컬링(Curling)

드로잉한 제품의 끝을 둥글게 말아 붙이는 가공법으로서 취급이 편하도록 하거나 장식을 만들기 위하여 사용된다. 판재의 끝부분을 다이의 공동부로 만들기 때문에 관성모멘트가 증가하여 강성을 줄 수 있고 제품의 외관을 보기 좋게 하며 날카롭게 돌출되는 부분을 없애서 인체의 피해를 방지하는 방법이다. [그림 4-55]는 컬링을 나타낸 것이다. 그림에서처럼 화살표 방향으로 성형되는 과정을 나타낸 것이다.

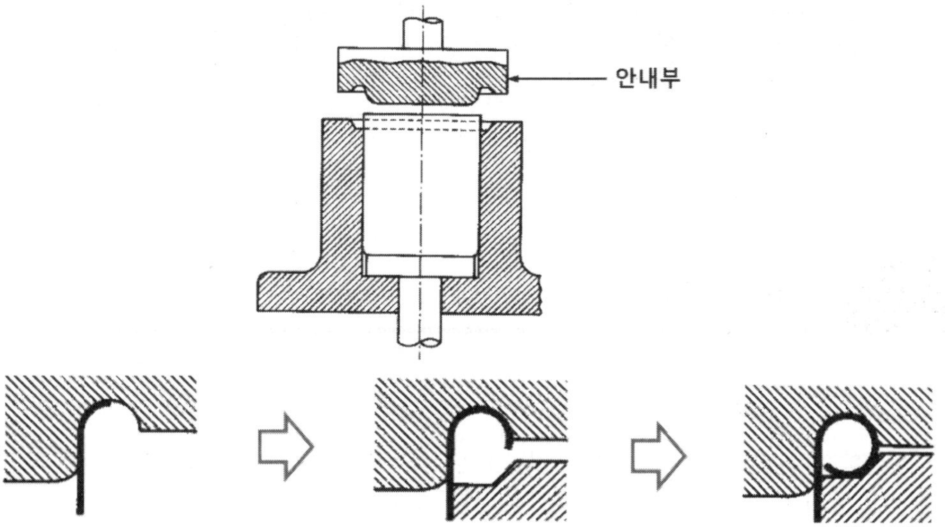


[그림 4-55] 컬링

### 8) 인장성형법(Stretch forming)

굽힘가공을 할 때 소재의 양쪽을 잡고 소재의 항복응력 이상으로 인장력을 가하면서 성형하는 방법이다. 스프링 백의 양을 줄일 수 있고 가공 효율이 증가된다. [그림 4-56]은 인장성형법을 나타낸 것이다.

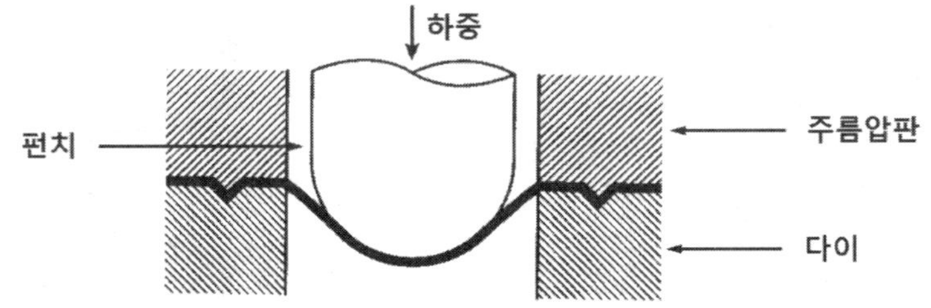


[그림 4-56] 인장성형법

### 9) 시밍(Seaming)

판과 판을 서로 연결하는 방법으로 두 판의 가장 자리를 겹치게 하여 구부리거나 접착제로 접착한다. [그림 4-57]은 시밍을 나타낸 것이다. 그림에서 화살표 방향으로 성형하는 과정을 나타낸 것이다.

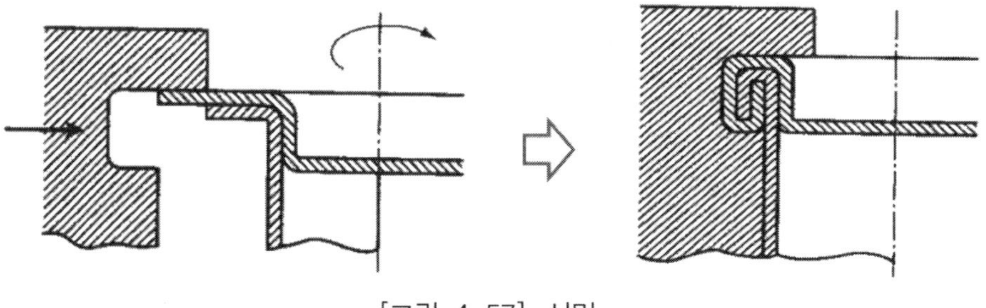

[그림 4-57] 시밍

## 절삭가공

공작물이 공구에 의해 절삭될 때 날끝 부위의 재료가 소성변형을 일으키고 공구의 압력에 의해 미끄럼이 일어나 모재로부터 분리되어 칩(Chip)이 형성된다. 절삭가공이란 재료를 바이트 등의 절삭공구를 사용해서 원하는 치수로 가공하는 것이다. 절삭가

[그림 4-58] 절단기 〈출처 : 유성기계〉

공은 기계로 재료를 가공하는 것으로 대표적인 것에는 선반, 밀링, 드릴링, 탬핑, 보링 등이 있다.

회전력을 이용하여 재료를 가공하는데 바이트나 공구 등으로 재료를 가공하는 것이다. 절삭은 재료를 깎을 때 필요 없는 부분을 공구로서 잘라내는 것으로 가공할 때 칩, 즉 파쇄 조각이 발생한다. 절삭가공의 방법은 여러 가지가 있으며 톱으로 목재나 금속을 절단하는 것도 절삭이며, 기계를 제작하는데 중요한 위치를 차지하는 공작기계에 의한 가공도 절삭가공에 포함된다. [그림 4-58]은 절단기를 나타낸 것이다.

## 4.3.1 선반

공작기계 중에서 가장 역사가 오래되었으며 많이 사용되고 있다. H.모즐리가 근대적인 미끄럼공구대가 붙은 선반을 1877년 완성한 후 바이트를 사용하는 작업을 사람의 손으로부터 기계로 할 수 있게 되었다. 기계동력으로 선반을 운전하면서 변환기어 등을 사용하여 나사 깎는 작업은 물론 각종 기계부품을 정밀하게 가공할 수 있다. [그림 4-59]는 선반을 나타낸 것이다.

선반의 주요 구성요소는 베드, 주축대, 심압대, 왕복대, 공구대 및 이송장치로 되어 있다. 주축대와 심압대 사이에 가공물을 고정시키고, 회전운동을 주축대로부터 받도록 설계되어 있다. 절삭공구는 왕복대에 장치되어 있는 공구대에 유지하고, 공구대를 전후좌우로 움직여서 절삭 길이를 주어 칩의 발생과 함께 가공물을 절삭한다. 공구대는 베드의 전면에 있는 이송봉과 리드스크루를 따라 움직이게 된다. 이송봉이나 리드스크루의 회전을 위하여 주축의 회전운동을 이용한 기어장치가 널리 쓰이고, 이송속도 변

[그림 4-59] 선반 〈출처 : 투타〉

환장치 속도에 변화를 줄 수 있도록 되어 있다. 그리고 나사를 절삭할 때는 주축의 회전과 이송기구를 이용하게 된다. 베드는 주축대, 심압대, 공구대 등 선반의 본체를 구성하는 주요 부분을 싣고 있으므로 견고한 구조로 되어 있다. 베드의 상부는 왕복대가 좌우로 미끄러져서 그것을 안내하는 부분이고, 정밀한 다듬질을 통하여 높은 정밀도를 유지하게 되어 있다.

선반의 크기는 베드 위의 스윙, 왕복대 위의 스윙, 두 센터 사이의 최대거리로 나타낸다. 또한 베드의 길이로 나타낼 수 있다. 여기서 말하는 베드 위의 스윙은 공작물의 최대지름을 말한다. 왕복대 위의 스윙은 왕복대와 접촉하지 않고 주축에 장치할 수 있는 가공물의 최대지름을 의미한다. 센터 사이의 최대거리는 심압대를 베드 위에서 주축으로부터 가장 멀리 떨어진 곳에 설치하였을 때 주축과 심압대 사이의 거리로 가공물의 최대길이를 나타낸다.

선반에서 가공물을 고정하는 방법에 따라 세 가지로 나눌 수 있다.

### 1) 센터작업(Center work)

2개의 센더, 돌리개(Lathe dog), 면판(Face plate)을 사용하는 작업이다. [그림 4-60]은 센터작업을 나타낸 것이다.

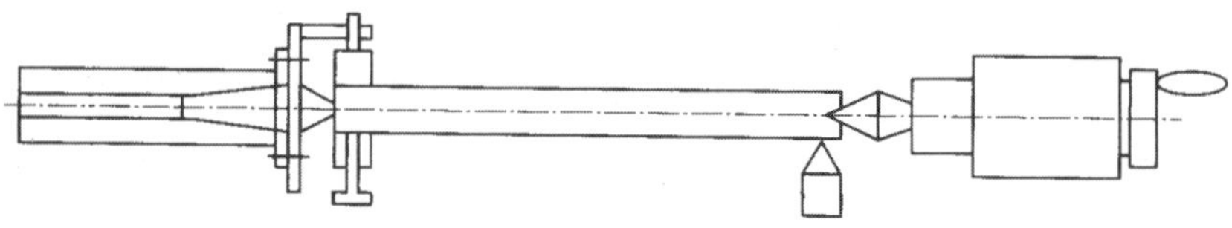

[그림 4-60] 센터작업

### 2) 척작업(Chuck work)

일반적으로 척 또는 척과 센터를 사용하는 작업이며, [그림 4-61]은 척작업을 나타낸 것이다.

[그림 4-61] 척작업

### 3) 고정구 작업(Fixture work)

면판 또는 면판과 앵글 플레이트(Angle plate)를 사용하는 작업이며, [그림 4-62]는 고정구작업을 나타낸 것이다.

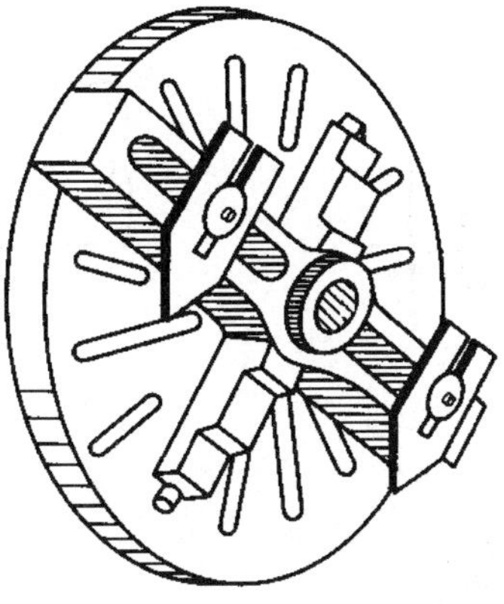

[그림 4-62] 고정구 작업

선반은 선삭가공을 하는 공작기계이며 공작기계 중 가장 중요한 것으로 용도가 다양하다. 주축에 공작물을 고정시키고 주축을 회전시켜 공작물을 돌리면서 공구대에 장치된 바이트에 절삭 깊이와 이송을 주어 공구를 가공방향으로 이동시켜가며 공작물을 원기둥모양으로 깎는 공작기계이다.

[그림 4-63]은 외경선삭, [그림 4-64]는 경사면선삭을 나타낸 것이다. [그림 4-65]는 곡면선삭, [그림 4-66]은 외각홈선삭을 나타낸 것이다. [그림 4-67]은 단면선삭, [그림 4-68]은 절단작업을 나타낸 것이다. [그림 4-69]는 나사선삭, [그림 4-70]은 드릴링 작업을 나타낸 것이다.

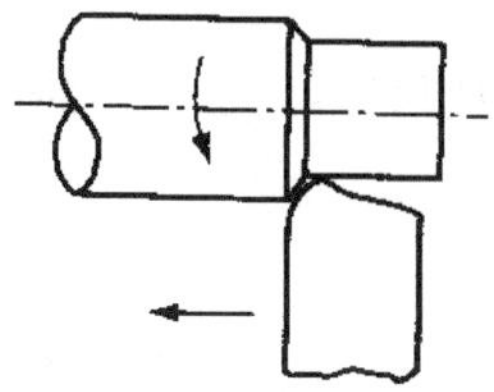

[그림 4-63] 외경선삭

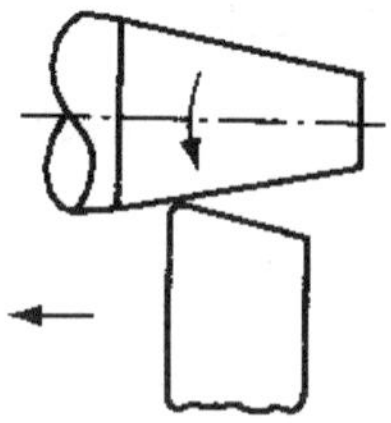

[그림 4-64] 경사면선삭

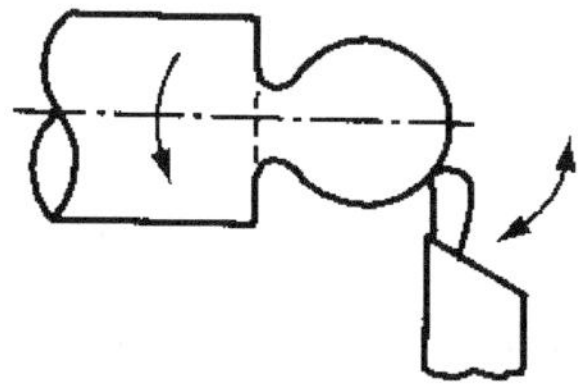

[그림 4-65] 곡면선삭

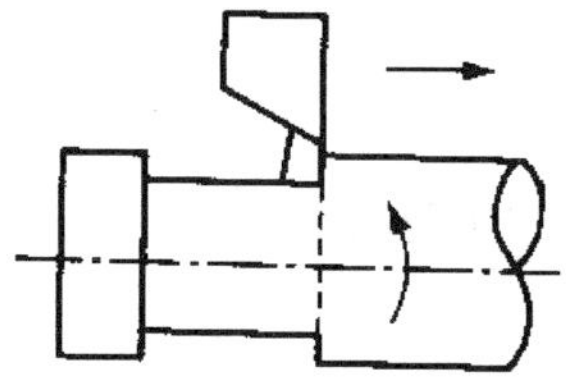

[그림 4-66] 외각홈선삭

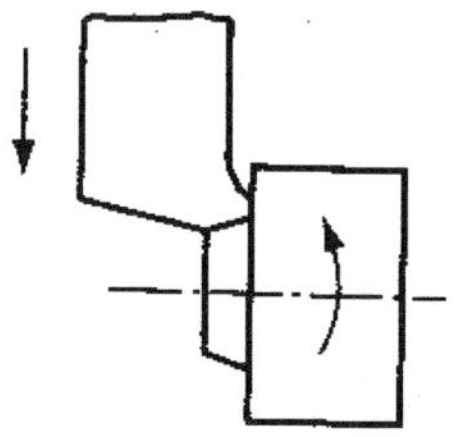

[그림 4-67] 단면선삭

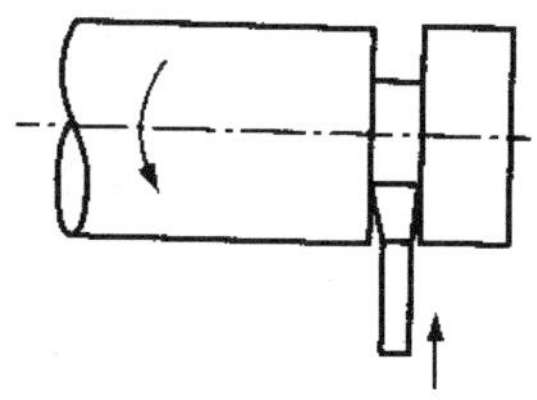

[그림 4-68] 절단작업

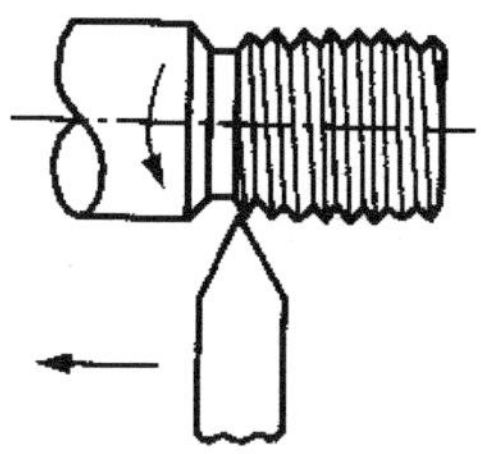

[그림 4-69] 나사선삭

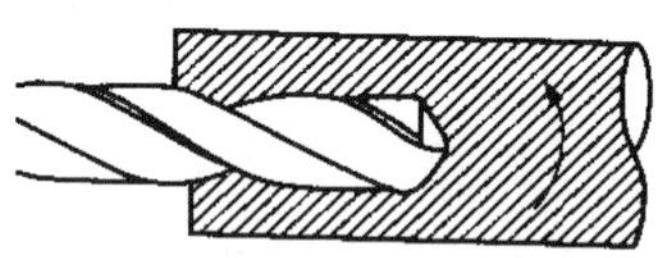

[그림 4-70] 드릴링작업

### [1] 선반의 구조

일반적으로 선반이라고 하면 보통선반(Engine lathe)을 말하고 선반의 크기는 베드에 닿지 않고 회전할 수 있는 공작물의 최대지름, 주축과 심압축의 센터 사이의 최대거리, 왕복대에 닿지 않고 회전할 수 있는 공작물의 최대지름, 베드의 길이 등을 사용해

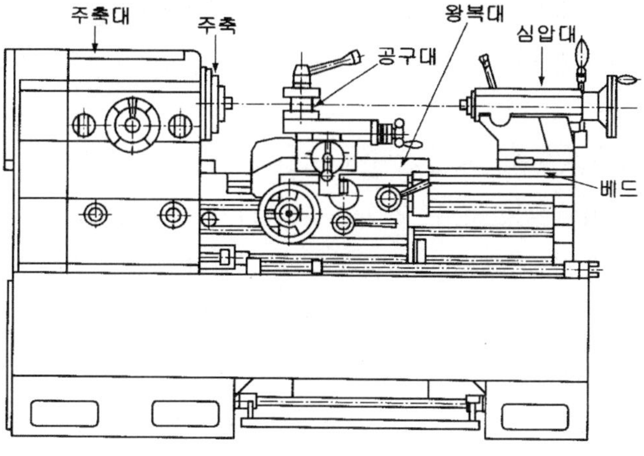


[그림 4-71] 보통선반

서 표시한다.

선반을 구성하고 있는 주요부분은 베드(Bed), 심압대(Tail stock), 주축대(Head stock), 왕복대(Carriage), 이송기구(Fdde mechanism) 등으로 구성된다.

### 1) 주축대

공작물을 고정하고 회전하여 절삭운동을 일으키는 장치로서 진동이 적고, 강력하여 안정성이 있어야 한다. 주축은 중공 축으로 되어 있으며, 이는 긴 공작물을 가공하고, 무게를 감소시키며, 열 발산을 쉽게 하기 위해서이다. 또한 비틀림 강도를 향상시키기 위한 것이다.

주축대는 주축과 주축을 지지하는 베어링 및 전동기의 동력을 주축에 전달하는 구동장치로 되어 있다. 주축과 베어링은 선반의 성능에 중요한 부분이며 높은 회전 정밀도, 강성, 열적 안전성 등이 요구된다. 베어링은 넓은 절삭속도가 가능하고 회전정밀도가 양호하며 보수와 조립이 용이하다는 이유에서 구름베어링이 많이 이용된다. 주축용 구름베어링은 그 목적에 따라 사용되고 있는데 대표적인 것으로 복렬 원통롤러 베어링과 원뿔롤러 베어링이 있다.

복렬 원통롤러 베어링은 외형 치수에 비해서 레이디얼 강성이 높고 모양이 단순하기 때문에 롤러의 상호 차이를 적게 할 수 있어 높은 정밀도를 얻을 수 있고 조정을 쉽게 할 수 있도록 내륜의 안지름에 테이퍼를 설치하여 사용한다. 복렬 원통롤러 베어링은 스러스트 하중을 감당할 수 없기 때문에 고속회전에도 사용 가능한 앵귤러 볼베어링을 같이 사용한다.

원뿔 구름베어링은 레이디얼과 스러스트의 양방향의 하중을 동시에 받을 수 있고 강성도 높으며 베어링 주변의 장착구조가 간단하여 예압의 조정을 쉽게 할 수 있다는 장점이 있다.

주축대의 구동장치는 여러 절삭조건의 변화에 따라서 경제적인 절삭속도를 선택할 수 있도록 속도제어기가 필요하다. 절삭속도는 나사 깎기에서부터 세라믹, 육방결정계 질화붕소 공구를 사용하는 고속절삭에 적용되고 있다. 작업 범위 내에서 임의의 속도 설정을 할 수 있는 것이 이상적이지만 실제로는 한정된 단수의 회전속도를 얻을 수 있는 변속메커니즘을 채택하고 있는 경우가 많다. 속도열은 속도의 강하율이 공작물의 지름과 관계없이 일정하며 변속메커니즘이 등비급수 속도열을 사용하고 있다. 수치제어선반 등에서는 무단변속이 채택되고 있으며 NC 프로그램으로 주축 회전속도를 지정할 수 있다.

### 2) 베드

베드는 그 위에 왕복대, 공구대, 주축대 및 심압대 등을 장착하는 부분으로 골격이 있는 상자형의 주물이다. 베드는 각 구조 부분의 자중에 의한 변형 및 절삭가공 중의 진동으로 인한 가공정밀도의 저하를 억제하기 위하여 강도뿐만 아니라 충분한 강성을 가진 구조로 설계할 필요가 있다. 베드의 단면을 상자형 구조로 하여 강성을 높이거나 보강을 하고 있다. 주철을 이용한 베드는 흡진성을 향상시키고 베드 일부에 콘크리트 구조를 채용하는 등의 방법이 강구되고 있다. 베드 재료는 강도와 내마멸성이 좋은 주철을 많이 사용하고 있다. 또한 왕복대의 안내면을 설치하기 위하여 진직성을 유지하고, 칩과 절삭유의 처리가 쉬워야 하며 작업 및 보수가 쉬워야 한다.

### 3) 삽입대

축에 모스 테이퍼(Morse taper)를 갖는 센터를 끼워 가공물을 지지하는데 사용되며, 센터 대신 드릴을 꽂아 드릴링을 수행할 수도 있다. 베드상에 심압대를 고정하고 핸들을 돌려 축을 움직인다. 심압대의 중심과 주축대의 중심은 동일선상에 있다. 심압대는 베드 위에서 주축과 마주 보는 위치에 있으며, 베드 위를 이동할 수 있도록 되어 있다. 그 주요 부분은 심압대 본체, 심압대 베이스, 심압축, 정지센터 등이다. 심압대 본체는 심압대 베이스 위를 축심과 직각방향으로 이동할 수 있으며 주축의 회전센터와 정지센터와의 맞추기를 할 수 있게 되어 있다. 심압축은 심압대 본체의 구멍으로 왕복이동할 수 있는 축이며, 센터를 부착시켜서 공작물의 한쪽 끝을 지지하는 기능을 한다. 심압대에는 센터 이외에 드릴, 리머, 드릴 척 등을 끼워 천공작업을 할 수 있다. 때문에 심압대는 충분한 강성을 가져야 하고, 센터의 중심위치가 정확해야 한다.

#### 4) 왕복대

왕복대는 에이프런(Apron), 새들(Saddle), 복식공구대(Compound) 및 공구대(Tool post) 등으로 구성되며, 베드를 따라 왕복이송 운동을 하고 가공에서 절삭 길이와 관련된 부분이다. 공구대는 절삭 깊이와 관련된다. 왕복대는 베드 위를 왕복하며 바이트를 이송 운동시키는 부분이며 에이프런, 가로 이송대, 회전대, 세로 이송대, 공구대 등으로 구성되어 있다. 가로 이송대는 새들 위를 주축과 직각방향으로 이동한다. 회전대는 가로이송대 위에서 약 ±60° 회전시킬 수 있으며 이 범위 내에서 임의의 각도로 테이퍼 깎기를 할 수 있도록 되어 있다. 회전대 위에 부착된 세로이송대는 주축에 대해서 평행이동을 하며 공구대에 장착된 바이트를 미세하게 이송시킬 수 있다. 공구대는 45° 및 90°씩 회전시킬 수 있는 구조로 되어 있다. 왕복대에서는 이상과 같은 복합운동을 할 수 있어 바이트를 임의의 위치까지 이동시켜 정지시킬 수 있다. 이송축 및 리드스크루는 주축의 회전속도에 비례하여 왕복대에 이송속도를 전달한다. 따라서 에이프런 내의 속도변환장치를 거쳐 전달된 동력에 의해 왕복대는 세로 이송되고 왕복대 위의 가로이송대는 가로이송된다. 리드스크루는 선반으로 나사 깎기를 할 때 사용되며 왕복대와의 결합에는 반으로 분할된 너트를 사용한다. 나사 깎기의 정밀도에 영향을 주는 것은 리드스크루의 비틀림 및 가공정밀도이다. 리드스크루는 이송축과 함께 정밀도가 높은 가공 및 강성이 높은 설계에 이용된다.

### [2] 선반의 부족장치

선반에는 작업의 종류에 따라 각종 부속품과 부속장치가 사용된다.

#### 1) 센터(Center)

센터는 질이 좋은 강철로 제작되며, 보통 60°의 각도로 되어 있으나 다소 무거운 것을 지지할 때는 75° 또는 90°의 것을 사용된다. 자루부분은 모스테이퍼(Morse taper)로 다듬어져 있으며, 주축 및 심압대에 끼워 사용한다. [그림 4-72]는 표준형

[그림 4-72] 표준형 센터

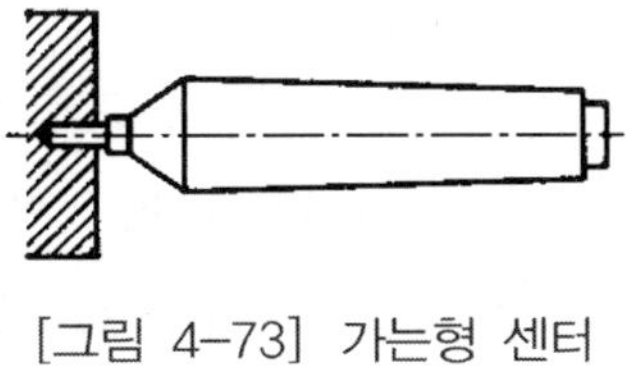

[그림 4-73] 가는형 센터

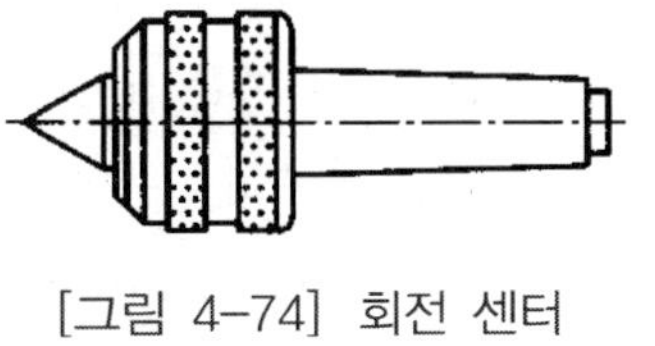

[그림 4-74] 회전 센터

센터, [그림 4-73]은 가는형 센터, [그림 4-74]는 회전 센터를 나타낸 것이다.

### 2) 면판(Face plate)

공작물을 고정시킬 때 방사상으로 나있는 홈에 볼트와 여러 모형의 각 판을 이용한다.

### 3) 돌리개(Dog)

돌리개는 양 센터 작업을 할 때 사용되며, 주축의 회전을 돌림판으로부터 공급받아 공작물에 전달하는 역할을 한다.

### 4) 심봉(Mandrel)

벨트 풀리(Belt pulley)나 기어(Gear)의 소재 등은 구멍을 먼저 가공한 다음 구멍을 기준으로 외경과 측면을 가공하는 것으로 심봉을 사용한다. 심봉의 종류로는 표준 심봉, 팽창식 심봉, 나사 심봉, 테이퍼 자루 심봉, 조립식 심봉 등이 있다.

### 5) 방진구(Work rest)

방진구는 가늘고 긴 공작물을 절삭할 때 일어나는 진동 및 굽힘을 방지하기 위하여 사용된다. 방진구에는 베드 위에 고정하는 고정 방진구와 왕복대에 설치하여 왕복대와 동시에 일어나는 이동 방진구가 있다.

### 6) 척(Chuck)

척은 선반가공에서 공작물을 지지하고, 주축의 회전운동에 의하여 회전하는 기구이며 다음과 같은 종류가 있다.

① 단동척(Independent chuck) : 4개의 조(Jaw)가 각각 독립적으로 움직인다. 공작물의 임의의 센터조정을 통한 편심가공에 주로 이용된다

② 연동척(Universal chuck) : 조가 동시에 열리고 닫히는 척으로 공작물의 신속한 고정에 유리하다. 일반적인 선반가공에서 널리 사용된다.

③ 마그네틱 척(Magnetic chuck) : 전자석이 장착된 척으로 자력에 의해 공작물을 고정하며, 주로 면절삭이나 길이가 짧은 공작물을 가공할 때 사용된다.

④ 콜릿 척(Collet chuck) : 직경이 작은 환봉이나 각봉재를 가공할 때 편리하다. 터릿 선반이나 자동선반에 널리 이용된다.

⑤ 압축공기 척(Compressed air chuck) : 압축공기 도는 유압 조를 움직여 공작물을 고정하며, 고정력의 조절이 용이하고 공작물의 자동 탈부착에 이용된다.

⑥ 드릴 척(Drill chuck) : 선반에서 심압대에 끼워 드릴을 고정시켜서 공작물에 구

멍 뚫기, 또는 리밍 작업을 할 수 있도록 고정시켜 주는 척이다.

⑦ 벨 척(Bell chuck) : 원통 주변에 6~8개의 볼트를 설치한 것으로 이것을 죄어가면서 중심을 내는 척이다.

## [3] 선반용 절삭공구

바이트(Bite)는 선삭가공에서 공작물과 직접 마찰하여 칩을 생성하는 공구이다. 바이트는 크게 공구홀더(Tool post)에 지지하는 지지부족 자루(Shank)와 절삭을 하는 절삭날 부(Cutting part)로 나누어진다. 절삭날에는 주 절삭날과 앞 절삭날이 있고, 절삭날 면에는 공구상면(Tool face)과 측면(Flank)이 있다. 주 절삭날과 앞 절삭날이 맞닿는 곳은 보통 곡선으로 되어 있으며, 인선곡률(Nose)이라 부르고 이것들이 절삭에 관여하는 주요 부분이다.

최근의 NC선반에서는 절삭자동처리장치와 공구대의 복수화 등을 고려해서 베드구조에 변화가 일어나고 있다. 베드의 안내면은 가공과 수리를 용이하게 하기 위해 단순한 모양으로 만들고 모멘트부하에 대한 안정성, 내마멸성, 낮은 마찰저항 및 안내면 상호간격조정의 용이성 등의 조건을 만족시키도록 설계되어 있다. 안내면의 단면모양에는 삼각형과 평탄한 평형이 있다. 베드와 볼트로 결합시킨 다리는 선반 전체를 일정한 높이로 지지하는 것으로 베드와 일체구조로 하여 강성을 높인 것이 많다.

선반은 가공물에 회전운동을 주고, 공구인 바이트에 필요한 절삭 깊이(Depth of cut)와 이송(Feed)을 주어 절삭하는 공작기계로 기계제작 공정에서 큰 비중을 차지한다.

선반은 주로 바깥지름 절삭(Turning), 정면절삭(Facing), 절단(Cutting), 및 드릴링(Drilling), 보링(Boring), 리밍(Reaming), 나사절삭(Thread cutting), 테이퍼 절삭(Taper), 윤곽절삭(Relieving), 총형절삭(Formed cutting), 모방절삭(Copying), 등의 기본가공에 유효하게 사용된다. 기능성 공작기계로서 가공 적용범위가 상당히 넓다.

## [4] 선반의 종류

가공물의 형상, 크기에 따라 여러 가지 형식의 선반이 사용되며 다음과 같다.

### 1) 보통선반

선반의 종류 중 가장 널리 사용되는 것으로 각종 선반의 기본이 되며, 용도가 다양하고, 거의 대부분의 가공을 할 수 있다.

### 2) 탁상선반

탁상 위에 고정시켜 사용하는 것으로 소형에 속하며, 작은 공작물의 가공이나 공구 제작에 많이 사용된다.

### 3) 터릿선반

많은 양의 공작물을 효율적으로 생산할 수 있는 선반으로 절삭공구를 터릿상에 방사성 형으로 배치하여 이를 돌려가면서 연속 가공을 할 수 있다.

### 4) 자동선반

터릿선반을 자동화한 것으로 전자동식과 반자동식이 있다.

### 5) 모방선반

모방장치를 이용하여 모형에 따라 바이트를 안내하며, 곡면 등을 모방 절삭한다.

### 6) 정면선반

직경이 크고, 길이가 짧은 공작물을 주로 가공하는 선반이다.

### 7) NC(수치제어)선반

수치제어를 적용하여 NC code로서 가공을 수행할 수 있도록 한 자동화된 선반이다.

## 4.3.2 밀링머신

밀링이란 주축에 고정한 밀링커터를 회전시켜 테이블 위에 고정한 재료에 절삭깊이와 이송을 주어 절삭하는 공작기계이다. 밀링머신(Milling machine)은 테이블 위에 일감을 고정시키고 많은 절삭날을 가진 밀링커터를 회전시켜 재료에 이송을 주면서 절삭하는 공작기계를 말한며 프라이스반이라고도 한다.

밀링머신은 여러 개의 회전하는 날끝을 가진 밀링커터라는 절삭공구를 사용하여 공작물을 가공하는 기계로 바이트를 사용하는 선반과는 다르다. 공작물은 테이블에 고정되며, 테이블을 이동하여 공구쪽으로 직선이송한다. 일반적으로 테이블은 가로, 세로, 상하 세 방향으로 이동하며 테이블이 회전하는 형식도 있다.

밀링머신은 사용범위가 상당히 넓은 공작기계이며 [그림 4-75]는 밀링머신을 나타낸 것이다.

[그림 4-75] 밀링머신 〈출처 : 한미공작기계〉

밀링머신은 밀링커터나 부속품과 부속장치를 사용하는 방법에 따라 여러 가지 가공을 할 수 있다. 평면은 물론 불규칙하고 복잡한 면을 깎거나, 드릴의 홈, 기어의 치형을 깎기도 한다. 여러 가지 모양의 재료를 가공하려면 밀링커터도 모양, 치수, 재질 등에 따라 여러 가지의 형태가 필요하다. 밀링머신은 범용성이 풍부하고 가공정밀도도 높기 때문에 선반, 드릴링머신과 함께 널리 사용되고 있는 공작기계의 하나이다. 또한 크기, 가공능력에 따라 많은 종류가 있고, 공구와 공작물에 상하 상대운동을 위한 구조상의 차이에 따라 니형과 베드형으로 구분된다.

## [1] 밀링머신의 분류

밀링머신은 사용목적에 따라 여러 종류가 있으며, 구동은 원추풀리와 벨트, 전동기, 유압 등을 사용한다. 공작물의 이송도 수동, 자동 또는 유압으로 구동한다.

### 1) 수평 밀링머신(Horizontal milling machine)

수평 밀링머신은 아버(Arbor)가 주축과 함께 수평으로 설치되어 있다. 니(Knee)는 기둥(Column) 전, 후로 이동하며 새들 위의 테이블(Table)은 좌우로 이동할 수 있도록 구성되어 있다. 따라서 테이블은 상하운동, 전후운동, 좌우운동이 가능하며 테이블 위에 고정된 공작물은 필요한 방향으로 이송하며 가공할 수 있다.

### 2) 수직 밀링머신(Cvertical milling machine)

수직 밀링머신은 주축이 수직으로 설치되어 있으며, 니(Knee), 기둥(Column), 새들(Saddle) 및 테이블(Table)은 수평 밀링머신과 동일한 구조로 되어 있다.

커터(Cutter) 또는 엔드밀(Endmill)을 사용하여 홈가공 및 측면가공을 하고, 정면커터(Face cutter)로 평면가공을 능률적으로 할 수 있다. 주축은 고정식 구조로 되어 있으나 버티컬 헤드(Vertical head) 우측에 있는 핸들로 상하이송시켜 드릴링(Drilling)이 용이하다.

### 3) 복합 밀링머신(Verical & horizontal milling machine)

복합 밀링머신은 수직 밀링기능과 수평 밀링기능을 동시에 갖추고 있으므로 수평 밀링머신과 같은 평면가공은 물론 수직 밀링머신과 같은 홈가공 및 측면가공, 평면가공 등을 할 수 있다. 특히 버티컬 헤드가 좌우로 이동하므로 정확한 각도가공을 할 수 있다.

### 4) 생산형 밀링머신(Production type milling machine)

생산형 밀링머신은 주로 동일한 제품의 대량생산에 적합한 구조로 되어 있다. 일반적으로 구조는 단순하며 중절삭이 가능하도록 견고하게 제조되어 있으며, 자동 또는 반자동으로 운전된다. 테이블은 좌우 이송만 사용되며, 전후 및 상하이송은 사용하지 않고 작업하는 경우가 많다.

### 5) 플레이너형 밀링머신(Planer type milling machine)

플레이너형 밀링머신은 중량물 및 대형 가공물의 중절삭에 주로 사용되며 플라노 밀러(Planomiller)라고도 한다. 외견상 플레이너와 비슷하나 여러개의 밀링커터로 가공할 수 있다. 주축은 횡주(Cross rail)에 수직으로 설치하고, 상하이송과 횡이송을 자유로이 할 수 있다.

재료를 상하로 움직이도록 하는 것이 니형이고 공구를 상하로 움직이도록 하는 것이 베드형이다. 니형 밀링머신은 주축이 수직인 직립형과 수평형으로 분류되고, 수평형 밀링머신 중에서 테이블이나 주축헤드 등이 회전하는 것을 만능밀링머신이라 한다. 램형 밀링머신은 기둥 위의 램에 주축헤드가 붙어서 그 램이 앞뒤로 왕복운동 하는 것도 있는데 주축헤드가 좌우로 기울어진 것 및 램이 평면 내에서 회전하는 것 등이 있다. 베드형 밀링머신에도 니형과 같이 주축의 방향에 의해 직립형과 수평형이 있다. 베드형 중에서 주축의 상하운동 및 가공물의 전후운동을 반고정으로 하고, 테이블의 좌우운동을 주체로 하는 대량 생산에 적합한 것을 생산밀링머신이라 한다.

니형 밀링머신은 기둥, 니, 새들, 테이블의 기본구조 요소로 이루어지며 테이블과 새들을 위에 있는 니가 상하로 움직이고 니 위의 새들은 전후로 움직이며 새들 위의 테이블은 좌우로 움직여서 공작물의 3차원가공을 할 수 있다. 주축은 기둥 속에 장치되어 있다. 니형 밀링머신의 특징은 조작성이 좋은 것이며 각종 부속장치를 설치하여 광범위한 가공을 할 수가 있다. 작은 부품의 가공을 대상으로 하며, 복잡한 절삭면이나 많은 절삭면을 가지는 경우에 알맞다.

베드형 밀링머신은 니형에서처럼 상하운동을 하지 않고 주축헤드에 의해 상하운동을 하며 테이블은 마루 위에 고정시킨 베드 위를 왕복운동 하는 구조이다. 중량물의 가공에 알맞고 정밀도가 높다.

### [2] 밀링머신에 의한 가공

평면 커터를 사용하여 절삭하는 경우 커터를 고정하는 방법에 다라 상향절삭(Up cutting)과 하향절삭(Down cutting)으로 나눌 수 있다.

#### 1) 상향절삭

상향절삭은 커터의 절삭방향이 공작물의 이송방향에 반대이며, 칩의 얇은 부분에서 절삭하기 시작하므로 공작물이 절삭될 때 미끄러짐과 마찰에 의해 날 끝이 상하기 쉽고, 다듬질 정밀도도 좋지 않다. 상향절삭은 다음과 같은 특징을 가지고 있다.

① 밀링커터날이 공작물을 들어올리는 방향으로 작용하므로 기계에 무리를 주지 않는다.

② 절삭을 시작할 때 날에 가해지는 절삭저항이 0에서 점차적으로 증가하므로 날이 부러질 염려가 없다.

③ 칩이 날의 절삭을 방해하지 않고, 절삭된 칩이 가공된 면에 쌓이지 않으므로 절삭열에 의한 치수 정밀도의 변화가 적다.

④ 커터날의 절삭방향과 공작물의 이송방향이 서로 반대이고 서로 밀고 있는 형태이기 때문에 이송기구의 백래시가 없다.

⑤ 커터날의 마모가 심하고 가공면의 정밀도가 낮다.

#### 2) 하향절삭

커터의 절삭방향과 공작물의 이송방향이 같다. 하향절삭은 다음과 같은 특징을 가지고 있다.

① 밀링커터의 날이 마찰작용을 하지 않기 때문에 날의 마모가 적고, 수명이 길며, 따라서 절삭속도를 높일 수 있다.

② 커터날이 밑으로 향하여 절삭하면서 공작물을 테이블 쪽으로 누르기 때문에 공작

물의 고정이 간편하다.

③ 커터의 절삭방향과 이송방향이 같기 때문에 가공 면이 깨끗하다.

④ 절삭된 칩이 가공면 위에 쌓이기 때문에 가공된 면을 볼 수 없다.

⑤ 테이블에 동력이 적게 들어 상향법에 비하여 절삭량을 크게 할수 있다.

⑥ 얇은 판이라도 절삭이 용이하고 진동이 적다.

분할대는 밀링 가공시 분할작업 및 각도 변위가 요구되는 작업에 이용된다. 예를 들면, 기어를 깎을 때에 치형과 치형 사이의 분할 또는 리머를 깎을 때 홈 각도 변위, 밀링커터 제작 등에 이용할 수 있으며, 이때 분할대를 장착한 기구에 의해서 작업이 진행된다.

기어의 가공방법에는 성형법과 창성법이 있다. 성형법은 밀링머신에 의한 성형 밀링 절삭법이다. 기어가공을 전용 기어 절삭기계에서 창성법에 의하여 대량 생산을 하고 있지만 밀링머신을 이용해서 기어를 제작한다. 창성법은 피니언 커터(Pinion cutter)에 의한 절삭, 래크 커터(Rack cutter)에 의한 절삭, 호브 커터(Hob cutter)에 의한 절삭이 있다. [그림 4-76]은 평면가공, [그림 4-77]은 절단가공, [그림 4-78]은 홈가공을 나타낸 것이다.

[그림 4-76] 평면가공

[그림 4-77] 절단가공

[그림 4-78] 홈가공

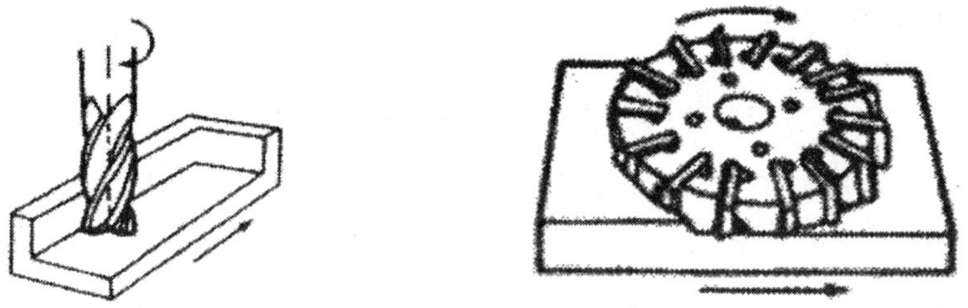

[그림 4-79] 정면가공

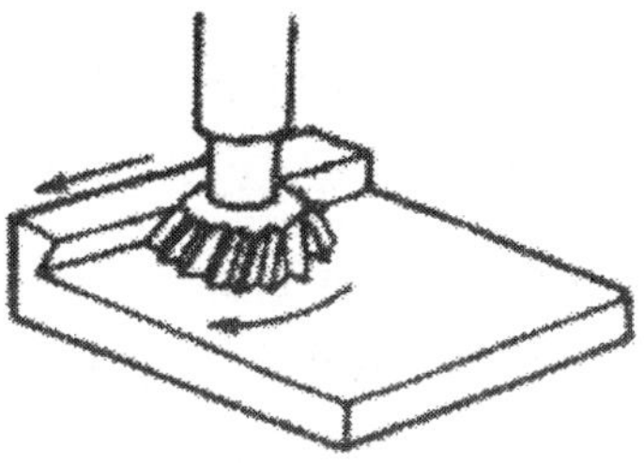

[그림 4-80] 각도가공

[그림 4-81] 기어가공

[그림 4-82] 나사가공

[그림 4-79]는 정면가공, [그림 4-80]은 각도가공, [그림 4-81]은 기어가공, [그림 4-82]는 나사가공을 나타낸 것이다. 그림과 같이 각종 작업이 가능하므로 기계공작에서 선반, 연삭기 등과 함께 널리 사용된다. 특히 분할대와 같은 부속을 사용하여 나사 절삭, 홈 깍기 등이 가공작업과 총기, 시계 부품 등의 가공을 수행할 수 있다.

### 4.3.3 드릴링머신

보통 구멍을 뚫는 작업에는 트위스트 드릴(Twist drill)이 사용되고, 드릴링에 사용되는 기계를 드릴링머신이라고 한다. [그림 4-83]은 드릴링머신을 나타낸 것이다.

[그림 4-83] 드릴링머신 〈출처 : 성진종합기계〉

## [1] 드릴링머신의 분류

드릴링머신은 공구 중 주로 드릴을 사용하여 구멍을 뚫는 공작기계를 말한다. 구멍을 뚫는 가공 외에 뚫린 구멍을 정밀하게 다듬는 리밍, 구멍을 넓히는 보링, 탭에 의한 나사내기, 구멍 입구부의 가공 등도 가능하다. 드릴링머신의 종류는 직접 드릴링머신, 레이디얼 드릴링머신, 다축 드릴링머신 및 기타 등으로 분류된다.

### 1) 직립 드릴링머신

수직으로 설치된 주축과 그것을 구동시키는 전동기, 변속기구 등이 조합되어 있는 주축두와 주축두를 지탱하고 있는 칼럼, 칼럼과 주축에 수직으로 설치되어 상하로 이동할 수 있게 되어 있는 테이블, 칼럼을 지지하고 있는 베이스로 이루어진다. 드릴이나 리머 등의 공구는 주축 끝에 뚫려 있는 구멍에 직접 부착하거나 구멍에 부착된 드릴체크에 부착하여 사용한다. 주축의 회전은 정회전과 역회전의 두 방향 모두 가능하며 회전축 방향으로 자동 및 수동으로 움직일 수 있다. 공작물은 일반적으로 테이블 위에 고정시켜 가공한다. 지름 13 mm 이하의 구멍을 뚫는 소형의 직립 드릴링머신을 탁상 드릴링머신이라고도 한다.

### 2) 레이디얼 드릴링머신

공작물을 고정시킨 채 여러 개의 구멍을 뚫을 수 있도록 칼럼에 큰 암(arm)이 돌출되어 있으며 암이 칼럼을 중심으로 선회할 수 있고 주축부가 암 위를 반지름 방향으로 이동할 수 있게 되어있다. 종류로 베이스형, 만능형, 벽걸이형, 이동형이 있다.

① 베이스형 : 베이스 위에 테이블을 설치하여 직립 드릴링머신으로 다룰 수 있는 소형 부품의 가공이 가능하며 암 끝에 보조칼럼을 부착하면 수직방향으로 구멍을 넓히는 가공도 가능하다.

② 만능형 : 수직방향의 구멍 뚫기뿐만 아니라 보일러와 같은 큰 공작물의 측면에도 수평방향의 구멍을 뚫을 수 있도록 주축이 원하는 방향으로 움직이도록 되어 있다.

③ 벽걸이형 : 칼럼이 공장의 벽이나 기둥에 부착된 구조로 되어 있다.

④ 이동형 : 기계 전체가 수평안내면상을 이동할 수 있게 되어 있다.

### 3) 다축 드릴링머신

생산성을 향상시키기 위해 여러 개의 축으로 동시에 많은 구멍을 뚫을 수 있게 한 것이다.

### 4) 기타

하나의 테이블에 직립 드릴링머신의 주축두를 다수 늘어놓고 구멍뚫기, 자리파기, 나사내기 등의 가공이 순차적으로 이루어지는 다축 드릴링머신, 공작물을 고정시켜두고 여러 종류의 공구가 부착되어 있는 선반으로 회전할 수 있게 되어 있어서 공구를 순차적으로 바꿔 가는 터릿 드릴링머신, 지름 10 $\mu$m 크기의 작은 구멍을 뚫을 수 있는 특수한 드릴링머신 등이 있다.

## [2] 구멍불량의 원인 및 드릴 파손 원인

드릴링에 의해 구멍가공을 수행할 때 구멍의 방향, 크기가 소정의 것과 다르거나 구멍이 진원이 아닌 경우에 불량구멍이라 할 수 있으며, 그 원인은 다음과 같다.

① 절삭날의 길이와 각도가 드릴의 중심선에 대하여 대칭이 아닐 때에는 구멍은 드릴 지름보다 크게 된다.
② 공작물 재질이 불균일하거나 기공등이 있으면 절삭저항이 작은 쪽으로 드릴이 굽어져 들어간다.
③ 스핀들(Spindle)이 드릴링머신의 테이블에 대하여 직각이 아닌 경우에는 경사된 구멍을 뚫린다.
④ 주축의 베어링(Bearing)이 헐거워져 있거나 드릴(Drill), 소켓(Socket) 및 스핀들의 테이퍼(Taper)가 정확하지 않은 경우에는 구멍의 지름은 크게 되며, 진원이 되지 않는다.

드릴(Drill)은 작업 중 다음과 같은 원인으로 파손되는 일이 있다.

① 절삭날이 바르게 연삭되지 않아서 절삭날에 국부적으로 과대한 절삭력이 작용할 때 발생한다.
② 작업 중 구부러진 드릴로 계속 가공할 때 발생한다.
③ 시닝(Thinnig)이 너무 깊어서 선단이 약해졌을 때 발생한다.
④ 구멍에 칩(Chip)이 너무 많이 충전되어 있어서 토크(Torque)과 크면 발생한다.
⑤ 이송이 너무 커서 절삭저항이 크면 발생한다.
⑥ 구멍에 비하여 드릴을 너무 길게 고정하여 휘어질 때 발생한다.

## 4.3.4 탭핑머신

탭핑은 나사내기 작업을 말한다. 드릴링을 통해 뚫려진 구멍에 나사산을 생성한다. [그림 4-84]는 탭핑머신을 나타내었다.

탭핑 작업에 사용되는 공구를 탭(Tap)이라 한다. 탭은 등경탭(Reqular tap) 3개가 1세트로 되어 있다. 등경 1번 탭(Taper tap)의 선단은 6~7개의 나사산이 테이퍼로 되어있고, 깍아낸 칩의 중량비는 25%이다. 등경 2번 탭(Plug tap)은 선단 3번의 탭(Bottoming tap)은 선단의 나사산이 테이퍼로 되어 있고, 깍아낸 칩의 중량비는 20%이다.

[그림 4-84] 탭핑머신 〈출처 : 진박종합기계〉

## 4.3.5 보링머신

보링머신(Boring machine)은 드릴로서 구멍을 뚫거나 단조, 주조에서 내부 구멍이 만들어져 있는 것을 보링머신을 사용하여 구멍 내부를 완성 가공하거나 내부 구멍을 확대하는 작업이다. 가공물을 테이블 또는 지면에 장치하고 보링용 공구를 회전시켜서 작업한다. 대형 및 복잡한 모양의 재료에 여러 종류의 구멍을 가공하는데 편리하다. 대부분의 보링머신 작업을 하는 기계는 수평 보링머신, 지그 보링머신 및 정밀 보링머신 등이 있다.

대량생산에 사용되는 전용기계는 다축 및 특수한 구조로 되어 있으며, 가공물을 회전시키는 선반 형식의 보링머신도 있다. 보링머신의 절삭 형식은 선반의 내면가공과 유사하며 [그림 4-85]는 보링머신을 나타낸 것이다.

[그림 4-85] 보링머신 〈출처 : 도시바〉

신형기구를 갖춘 보링머신은 보링작업, 리머작업(Reaming), 탭작업(Tapping) 뿐만 아니라 단면절삭(Facing), 바깥지름 절삭(Turning), 나사 깎기(Threading) 등의 선반작업에서 할 수 있는 가공도 수행하고 밀링작업도 할 수 있다. 초정밀 보링머선(Fine boring machine)과 지그 보러(Jig borer)와 같은 정밀 공작기계의 출현으로 항공기, 자동차 공업에 발전을 가져왔다.

## [1] 보링머신의 종류

보링머신은 구조와 작업종류 및 가공능력에 따라 다음과 같이 분류할 수 있다.

### 1) 수평 보링머신(Horizontal boring machine)

보통 보링머신은 수평식 보링머신을 의미하며 가장 대표적인 보링머신이다. 구조에 따라 테이블형(Table type), 플로어형(Floor type), 플레이너형(Planer type), 이동형(Portable type)으로 나눌수 있다.

① 테이블형 : 테이블이 새들 위에서 전후로 새들이 베드 위에서 좌우로 움직여서 가공물의 중심을 쉽게 맞출 수 있도록 되어 있다.

② 플로어형 : 공작물이 대형일 때 주축대를 컬럼 위에서 상하로 움직여 중심을 맞출 수 있도록 되어 있고, 주축이 지름이 100 mm 이상일 때 주로 이형식을 사용한다.

③ 플레이너형 : 테이블형과 비슷하나 새들이 없다. 무거운 공작물을 정밀가공할 때 사용한다.

④ 이동형 : 보링머신을 공작물에 이동시켜 편리한 가공을 할 수 있는 구조로 되어 있으며, 대형 기계의 수리 등에 용이하다.

### 2) 지그 보링머신(Jig boring machine or jig borer)

드릴링머신 또는 보통 보링머신으로 뚫는 구멍은 중심 위치의 정밀도가 충분하지 못하도록 정밀도가 큰 가공물, 특히 각종 지그 제작 및 정밀도 높은 기계의 구멍 가공 등에 사용하기 위한 기계로서 제품의 허용오차가 ±0.002~0.005 mm 정도의 정밀도를 가지고 있다. 높은 정밀도를 유지하기 위하여 주로 항온실에서 작업한다. 보통 항온실의 온도는 20±1℃로 유지한다.

테이블과 주축대의 위치를 결정하기 위하여 정밀 측정장치를 사용한다. 정밀 측정장치에는 나사와 마이크로 다이얼 측정방식, 표준 봉 게이지와 다이얼게이지, 표준척과 현미경을 이용한 광학적 장치 및 전기적 계측장치 등이 사용되며, 이를 통해 높은 가공 정밀도를 갖추게 된다.

가공물을 테이블상에 고정하고 표준선에서 구멍의 위치에 따라 테이블 및 주축을 이동시켜 구멍을 뚫으면 정확한 위치에 구멍이 뚫린다. 드릴로서 구멍을 뚫고, 같은 위치에서 보링작업을 한다.

[그림 4-86]은 지그 보링머신 작업 순서를 나타낸 것이다. 처음에는 작은 구멍을 뚫고, 점차적으로 구멍을 크게 가공하고 리머 또는 보링 바이트로 최종 가공한다. 이를 통해 정밀한 구멍을 가공할 수 있다.

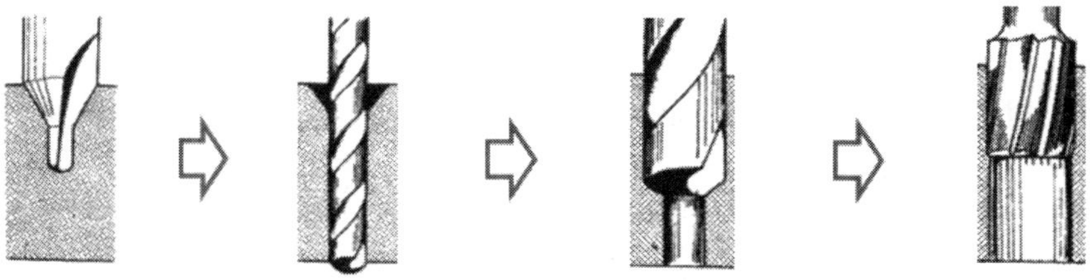

[그림 4-86] 지그 보링머신 작업 순서

### 3) 정밀 보링머신(Fine boring macchine)

정밀 보링머신은 다이아몬드 공구 또는 초경합금 공구를 사용하여 고속 경절삭과 미세한 이송으로 정밀한 표면가공을 하는 기계이다. 특히 가공표면이 매끈하고 우수한 정밀도를 갖고 있어 내연기관의 실린더나 베어링부의 완성작업 등에 사용된다. 정밀 보링머신은 수평식과 수직식으로 나눌 수 있으며, 각각 단축형과 다축형이 있다.

### 4) 수직 보링머신(Vertical boring machine)

수직식 보링머신은 주로 자동차용 엔진 및 기타 엔진의 실린더를 보링하는데 사용한다. 이것은 수평식 보링머신보다 용도가 제한적이다. 수직식 보링머신에 요구되는 가공방식에 따라 단축형, 다축형, 경사식 다축형, 주축 상향형 등이 있다.

### 5) 심공 보링머신

심공 보링머신은 구멍이 지름의 10~20배 이상의 것을 뚫을 때에 사용되는 방법이다. 형식에는 수평식과 수직식이 있다. 보통 수평식이 사용되고, 드릴은 특수한 것이 사용되며 작업 중에 자동적으로 축심을 유지하면서 구멍을 뚫을 수 있는 것이 사용된다. 칩은 고압의 압축 공기로서 제거하면서 작업한다. 가공물 또는 드릴 중에 어느 한 쪽을 회전시키면서 가공하거나 양측을 모두 회전시키면서 작업한다.

## 연삭가공

연삭가공은 경도가 높은 입자에 대하여 결합제를 사용하여 결합한 입자공구로 가공물 표면에서 칩을 깎아 내는 작용을 하면서 가공하는 방법으로 정밀도가 큰 표면 완성 가공에 주로 사용한다. 연삭가공에는 연삭(Grinding), 호닝(Honing), 슈퍼 피니싱(Super finishing), 래핑(Lapping) 등이 있다.

### 4.4.1 연삭

수많은 입자로 된 연삭숫돌(Grinding wheel)을 고속으로 회전시켜 공구로 사용하고, 가공물에 상대운동을 시켜 가공물 표면을 정밀하게 가공하는 작업을 연삭이라고 한다. 연삭에 사용되는 기계를 연삭기(Grinding machine)라 한다.

연삭입자의 재질은 초기에는 금강사(Emery), 칼런덤(Corundum) 등의 천연산을 사용하였고 인조 연삭숫돌이 발명되어 연삭능력이 향상되었다. 정밀연삭의 조건은 연삭입자의 선택 못지않게 조용한 연삭을 할 수 있는 연삭기가 필요하며, 최근에는 V벨트식 외에 유압식 등이 사용되고 있다. 선반, 밀링머신 등과 같은 보통 공작기계에서 가공할 수 없는 굳은 재질도 가공할 수 있으며, 정밀한 가공표면이 얻어진다.

연삭가공의 특징은 다음과 같다.

① 칩이 작으므로 다듬질 면이 깨끗해지고, 정확한 치수가 된다.

② 열처리 경화강과 같은 높은경도의 재료도 가공이 가능하다.

③ 연삭숫돌은 자동적으로 드레싱(Dressing)할 수 있어 보통 공작기계의 바이트, 밀링커터와 같이 따로 연삭할 필요가 없다.

④ 동력이 적게 소모된다.

정밀한 연산작업에는 정확한 회전운동과 직선운동이 필요하며, 또한 회전하는 연삭숫돌의 밸런스(Balance)에 유의하여 진동발생을 억제해야 한다. [그림 4-87]은 연삭기를 나타낸 것이다.

[그림 4-87] 연삭기 〈출처 : 성진종합기계〉

## 4.4.2 외경 연삭기

선반으로 바깥지름을 가공할 때에는 그 치수를 정확하게 가공하기가 어렵지만 연삭기를 사용하면 더욱 정밀하게 가공할 수 있다. 외경 연삭기의 구조는 선반과 흡사하며, 연삭숫돌을 구성하는 입자들은 작은 커터(Cutter)의 역할을 수행한다.

외경 연삭기는 구조에 따라 보통 외경 연삭기(Plain cylindrical grinding machine), 만능형 연삭기(Universal grinding machine), 센터리스 연삭기(Centerless grinding machine) 등으로 분류할 수 있다.

### 1) 보통 외경 연삭기

보통 외경 연삭기는 공작물의 외경을 가공하는 기계로서 세 가지의 연삭방식이 적용된다.

① 테이블에 이송을 주고, 숫돌차로 깊이방향으로 가공을 하는 방식이 있다.
② 숫돌차로 이송과 깊이를 주는 방식이 있다.
③ 숫돌차를 이용하여 깊이만을 주는 플랜지 컷(Flange cut) 방식이 있다.

### 2) 만능 연삭기

만능 연삭기는 외경 연삭기에 다각적인 기능을 부여한 것으로서 바깥지름 가공뿐만 아니라 단면, 테이퍼, 성형 등의 각종 연삭가공이 가능하도록 연삭숫돌대 및 주축대가 선회할 수 있다. 또한 테이블 자체의 회전각도가 크다. 주축은 척을 고정할 수 있으며, 그 운전방식에는 여러 기구가 채용되고 있다.

### 3) 센터리스 연삭기

센터리스 연삭(Centerless grinding)은 외경 연삭의 일종이지만 공작물을 지지하는데 센터나 척을 사용하지 않고, 원주를 연삭하는 방법이다.

연삭숫돌은 보통 외경 연삭과 같은 원주속도 1700~2000 m/min으로 고속 회전한다. 조정 숫돌에 10~30 m/min으로 회전 시키면 공작물은 조정 숫돌에 의해서 같은 원주 속도로 회전한다. 보통 외경 연삭에서는 숫돌과 공작물의 회전이 동일 방향인 상향 연삭이지만 센터리스 연삭에서는 서로 반대 방향으로 회전하는 하향 연삭이 이루어진다. [그림 4-88]은 상향연삭, [그림 4-89]는 하향연삭을 나타낸 것이다.

센터리스 연삭은 다음과 같은 장점을 가진다.

① 공작물에 센터 구멍을 만들 필요가 없으며, 공작물 탈부착 시간이 절약된다. 그리고 공작물 탈부착을 자동화시킬 수 있다.
② 대량 생산에 적합하다.
③ 한번 조정하면 초보자도 쉽게 작업할 수 있다.
④ 연속 연삭을 수행할 수 있다.

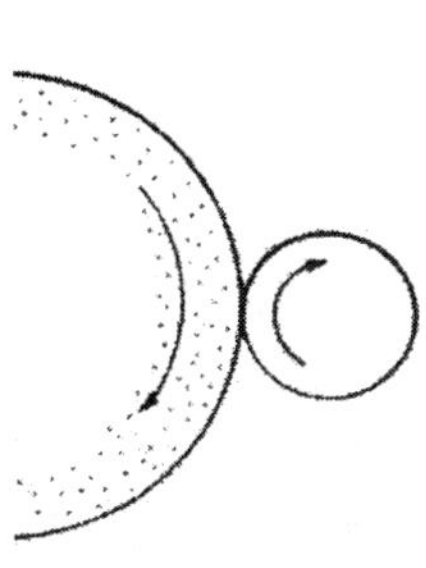

[그림 4-88] 상향연삭

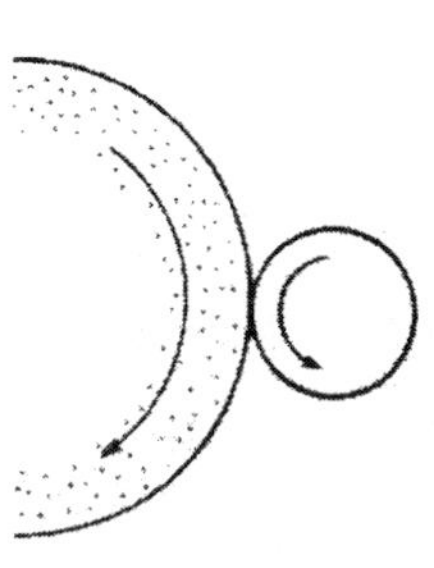

[그림 4-89] 하향연삭

⑤ 양 센터로 지지하는 것보다 고정 여유가 적어도 된다.
⑥ 지름의 연삭 오차가 적다.
⑦ 치수 관리가 쉽다.
⑧ 가늘고 긴 공작물을 쉽게 연삭할 수 있다.
⑨ 작업중에 이송하는 부분이 적어 가공정밀도 및 기계 자체의 정밀도를 높일수 있다.

### 4.4.3 내면 연삭기

중공형 공작물의 내면을 연삭하기 위한 연삭기로서 숫돌이 크기가 작기 때문에 필요로 하는 절삭속도를 얻기 위해서는 숫돌 주축의 회전수가 커야 하고, 외경 연삭에 비해 숫돌의 마모가 크다.

### 4.4.4 평면 연삭기

평면을 가공하기 위하여 설계된 연삭기를 평면 연삭기라 한다. 평면 연삭기는 숫돌의 원주면을 이용하는 숫돌차의 주축이 수평인 것과 숫돌의 측면을 이용하는 숫돌차의 주축이 수직인 것이 있다.

### 4.4.5 공구 연삭기

절삭공구를 정확히 연삭해서 사용할 목적으로 공구 제작실 또는 공구 공장에서 사용하는 연삭기를 총괄하여 공구 연삭기(Tool grinding machine)라고 한다. 특히 초경합금 공구, 바이트, 드릴, 리머(Reamer), 밀링커터 등을 연마할 때에 사용된다.

### 4.4.6 초정밀 연삭

비철금속재료에 대한 초정밀 가공은 정해진 정밀가공프로세스에 따라 달성할 수 있지만 세라믹카바이드, 유리경화강과 같이 경도가 높고 취성이 강한 재료나 반도체재료 등은 연마프로세스로 가공해야 한다. 초정밀 연삭가공은 가공이 어려운 재료 및 표면 마무리가 필요한 부품을 만드는 것이다. 프로세스는 불충분한 표면거칠기를 막기 위하여 후속 연마프로세스가 필요하다. 연마는 높은 수준의 표면 거칠기를 만들어내지만 시간과 고비용이 소요된다. 시간 및 비용을 줄이기 위해 정밀연삭가공에 의한 정밀한 표면품질이 중요하다. 초정밀 연삭가공은 넓은 응용범위를 갖고 있다.

다이아몬드 터닝기에 연삭스핀을 장착하여 유리재료의 초정밀가공으로 확대하고 고품질의 초정밀 연삭가공을 수행하기 위해서 정밀공작기계에 대한 요구조건이 필요하다.

### 1) 연마재

초정밀 연삭용 연마재는 다이아몬드가 많이 사용된다. 천연다이아몬드 및 인조 다이아몬드는 높은 마모저항, 열전도, 경도, 낮은 마찰계수를 나타낸다. 단점은 고온연마에서 다이아몬드가 흑연으로 전이를 유도하는 금속재료와 화학적 반응을 하는 것이다. 화학적 친화성을 해결하기 위하여 다이아몬드 연마재는 실리콘, 유리세라믹, 텅스텐과 같은 취성 비철재료 연마에 사용된다.

### 2) 연마공구의 접합

금속접합(Metal bonding)은 초정밀 연삭에서 취성재료를 절단하는 얇은 숫돌 또는 마이크로펜슬을 연마용으로 사용한다. 수지접합재는 여러 종류의 합성수지로 만들며 접합재는 규소(Si) 웨이퍼연삭과 같이 표면연삭용으로 사용된다.

[그림 4-90]은 소결가공에 의한 마이크로펜슬 연삭공구, [그림 4-91]은 마이크로펜슬의 연삭 작업을 나타낸 것이다.

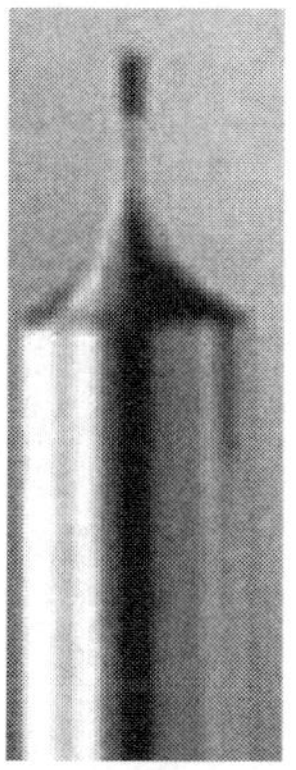

[그림 4-90] 소결가공에 의한 마이크로펜슬 공구

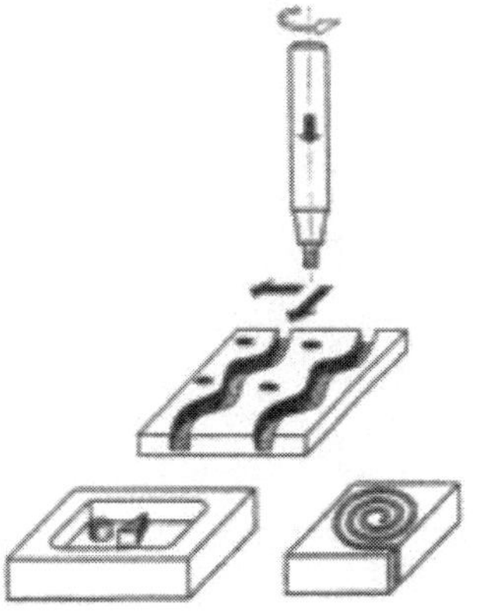

[그림 4-91] 마이크로펜슬 작업

### 3) 다이싱블레이드

정밀연삭용에서 가공하는 재료의 두께는 10 μm이며, 다이싱 블레이드는 1~6 μm 크기의 연마입자 금속접합재로 구성되며, Si 화합물반도체, 유리세라믹, 크리스탈 등 재료의 홈가공 절단에 이용된다.

[그림 4-92]는 다이아몬드 연삭숫돌, [그림 4-93]은 다이아몬드 연삭숫돌을 이용한 연삭형태를 나타낸 것이다. 연삭숫돌이 회전운동을 하면서 직선으로 작업을 하여 필요한 형상의 제품을 가공하는 것이다.

[그림 4-92] 다이아몬드 연삭숫돌

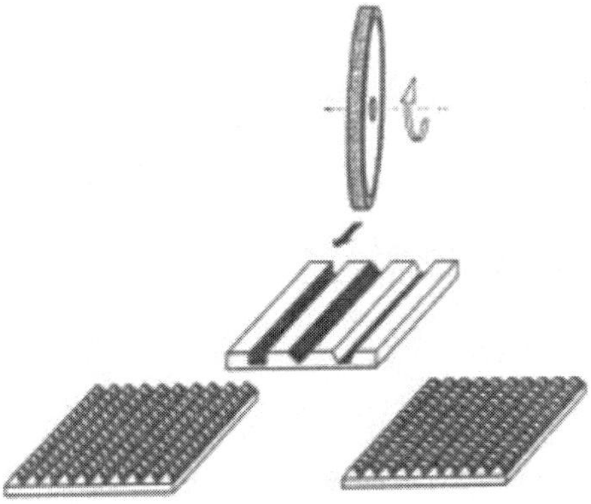

[그림 4-93] 다이아몬드 연삭숫돌의 연삭형태

## 연습문제

1. 자동차 부품 가공을 위해 CNC를 접목한 사례를 조사하시오.
2. CNC를 판매하는 회사를 조사하고 각각의 특징을 쓰시오.
3. CAD/CAM을 적용한 사례를 조사하시오.
4. 응력 변형률 선도를 그리고 설명하시오.
5. 스프링 백 현상에 대하여 쓰고 제품 가공에 적용한 사례를 조사하시오.
6. 메카트로닉스를 적용하여 가공 중 발생하는 인력 피해 방지를 위한 방안을 구축하시오.

CHAPTER 5

# 센서

센서는 온도, 광, 압력, 습도 등의 물리량이나 화학량을 감지하여 처리하기 쉬운 신호(주로 전기신호)로 바꾸어 주는 소자 또는 장치로 정의할 수 있다. 센서는 크게 물리센서와 화학센서로 나눌 수 있다. 물리센서는 빛, 전기, 자기, 열, 역학에 관련된 물리량을 계측하는 것이며, 화학센서는 기체 및 액체 상태의 화학성분의 양을 계측하는 것이다.

## 센서의 출력신호

센서의 출력신호는 입력이 시간적으로 변하지 않을 때의 정특성(Static characteristics)과 시간에 따라 변할 때의 동특성(Dynamic characteristics)으로 구분되며 정특성은 감도(Sensitivity), 직선성(Linearity), 히스테리시스(Hysteresis)가 있고 동특성은 응답시간(Response time), 주파수 특성(Frequency characteristics)이 있다.

### 5.1.1 전달함수 (Transfer function)

센서의 출력신호는 센서 내부의 열적잡음과 외부의 잡음에 의해 결과값에 오차가 포함되며 참값과 실측된 측정값 사이에서 발생하는 오차가 선형성을 가지고 상관관계를 나타내면 선형보간법으로 기울기를 계산하여 적용할 수 있다. 선형성이 좋지 않으면 복잡한 함수를 이용해야 되어 신뢰성이 떨어진다. 센서의 측정값과 참값 사이의 함수

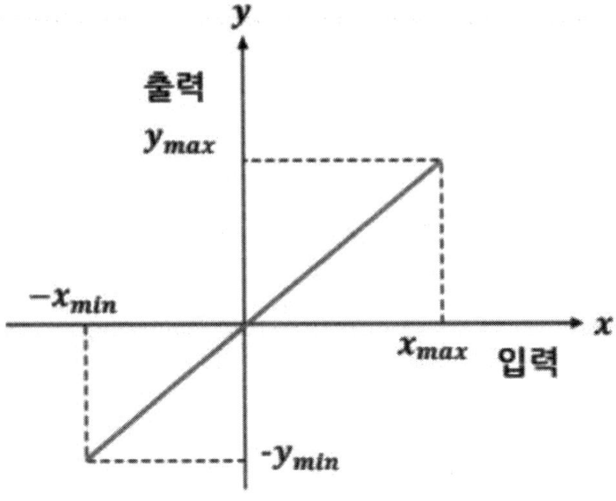


[그림 5-1] 전달함수의 기울기

근사식을 전달함수라고 하며 센서의 물리적 입력신호와 전기적 출력신호의 관계식을 말한다. 센서로 측정한 값과 함수식으로 계산한 값을 비교하여 근사식에 대한 정밀도를 결정할 수 있기 때문에 근사식이 선형으로 나타나면 계산하기 용이하지만 대부분의 경우 센서로 획득한 데이터는 비선형적으로 나타난다.

기울기는 센서의 감도(Sensitivity)로 기울기가 크면 외부에서 발생하는 작은 자극에도 센서가 반응하는 것이고 센서 출력은 전기적인 값으로 센서의 특성, 신호 조건 및 회로에 따라 진폭, 위상, 주파수, 펄스폭 변조(Pulse-width modulation), 디지털 코드 등의 형태로 출력된다.

전달함수에 대하여 선형적으로 나타나는 센서가 없기 때문에 근사값을 적용하는 방법으로 변수도 적고 계산도 용이하기 때문에 비교적 간단한 전달함수인 로그함수, 지수함수, 멱함수(Power function)를 이용한다. 센서를 이용하여 측정하고 분석할 때 변수가 적을수록 편리성을 확보할 수 있고 주기적으로 교정을 할 때 비용이 적게 발생한다. 센서의 전달함수가 일차함수와 같은 단순한 형태가 아니고 복잡한 전달함수를 표현할 때는 다항식 근사법으로 3차 다항식을 이용한다.

### 5.1.2 감도 (Sensitivity)

감도는 입력변화에 대한 응답의 출력 변화의 비율을 말하며 고감도 센서는 노이즈를 포함해서 입력되기 때문에 참값보다 큰 출력값을 나타낸다. 센서의 전달함수가 직선으

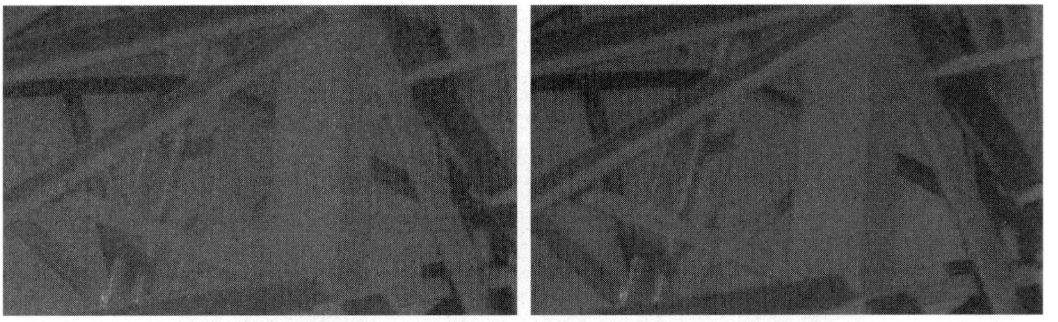

[그림 5-2] 감도(왼쪽 : 감도 낮음, 오른쪽 : 감도 높음)

로 나타날 경우 감도는 직선의 기울기를 말하고 기울기가 크면 감도가 좋고 기울기가 작으면 감도가 좋지 않은 것이다.

### 5.1.3 동작 범위 (Operating range)

측정범위는 센서가 측정할 수 있는 외부의 입력하한과 상한사이의 범위(-xmin ~ xmax)를 말하며 센서로 측정할 수 있는 외부의 입력 동적범위(Dynamic range)를 총 입력 범위라고하며 오차를 허용할 수 있는 범위 내에서 외부에서 센서로 입력할 수 있는 최대값으로 파워 또는 데시벨로 나타낸다.

### 5.1.4 잡음 (Noise)

잡음이란 원하지 않는 신호가 변환회로나 센서로부터 불규칙적으로 변동하는 잡음이 원인으로 제거할 수 없는 것도 있다. 잡음은 환경적인 영향 등으로 출력 특성에 영향을 주어 센서의 입력변화에 대한 응답이 잡음레벨 이하가 되면 센서의 측정값에 신뢰성이 떨어진다. 센서로 들어오는 잡음이 커지면 감도가 좋아도 미소입력신호의 검출이 불가능해 측정 하한치가 증가한다. 잡음을 개선하기 위해 필터를 사용하며 센서의 신호 대 잡음비를 향상시켜 검출 하한치를 개선한다. 그림에서 잡음은 다른 신호의 간섭 및 의도하지 않은 입력신호를 차단하는 것이다.

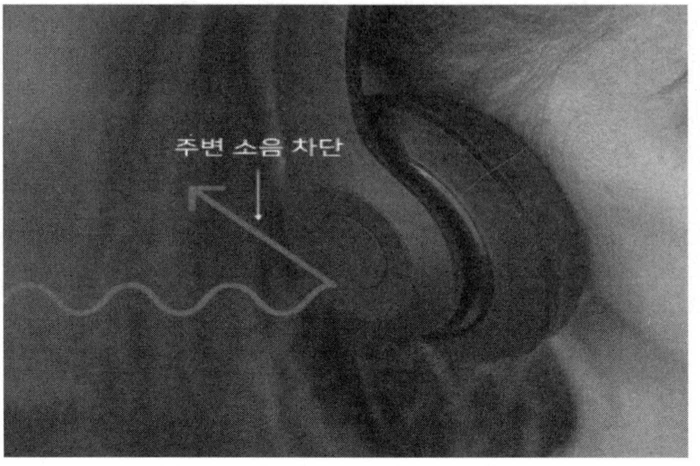


[그림 5-3] 잡음

## 5.1.5 분해능 (Resolution)

분해능은 해상도, 정밀도라고 하며 디지털 카메라의 분해능은 픽셀당 할당된 그림을 말하며 현미경은 해상도로 대상을 얼마까지 분리할 수 있는지를 의미한다. 광학기기에서 분해능은 떨어져 있는 두 물체를 구별하는 정도로 할 수 있는 능력을 의미한다. 분해능이 작으면 가까워 있는 같은 대상을 다른 대상으로 판정할 수 있고 분해능이 크면 떨어져 있는 2개의 물체를 하나의 대상으로 인식할 수 있다. 그림은 시간에 대하여 분해능을 측정한 것을 나타낸 것으로 $\Delta t$에 대해서 측정값에 대한 분해능을 측정한 것으로 $\Delta t$의 간격을 조절하면 측정값인 굵은 실선이 변하게 된다.

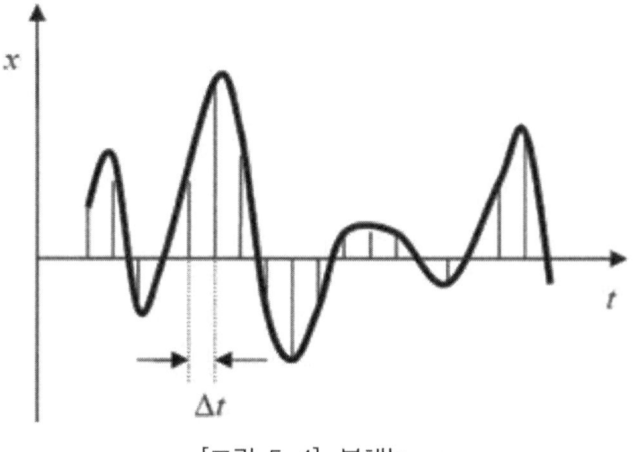


[그림 5-4] 분해능

## 5.1.6 반복성과 재현성

반복성은 동일한 양을 같은 조건과 방법으로 단시간에 측정했을 때 센서 출력값의 변화를 말하며 출력값의 변동이 작으면 반복성이 좋은 것이다. 재현성은 동일한 양을 같은 방법으로 장기간에 걸쳐 측정하거나 측정자 또는 실험실에 변화를 주어 측정할 때 출력값의 변화로 출력값의 변동이 작으면 재현성이 좋은 것이다. 반복성과 재현성은 센서를 선택하는 척도로 사용된다.

## 5.1.7 정확도 (Accuracy)

정확도는 동일한 조건에서 측정할 때마다 얼마나 동일한 값으로 나타나는지 측정하는 것으로 계기로 나타나는 결과 값에 대한 참값의 오차를 의미한다. 정확도는 센서 출력값이 참값에 근접한 정도를 나타내는 것으로 부정확도를 오차로 표현한다 그림에서 [A]는 높은 정밀도와 정확도, [B]는 높은 정밀도와 낮은 정확도, [C]는 낮은 정밀도와 낮은 정확도를 의미한다.

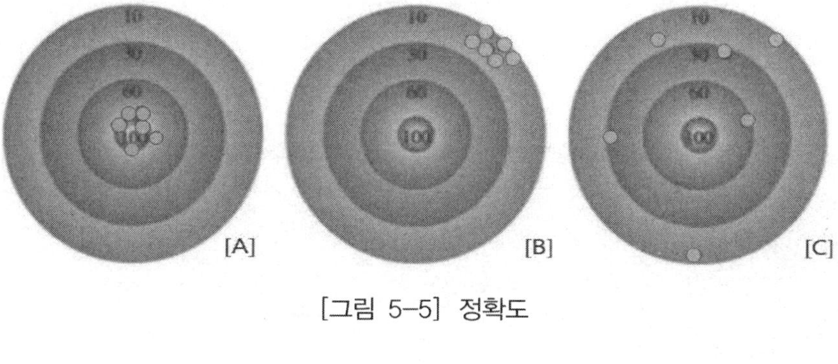


[그림 5-5] 정확도

## 5.1.8 교정 (Calibration)

교정은 센서에 알고 있는 입력값을 인가하여 출력을 측정하는 것으로 교정에 사용되는 입력값을 표준이라고 하며 교정에 의해서 입출력값의 상관관계를 통해 획득되는 곡선을 참값에 맞추는 것으로 교정은 방법 및 시간에 따라 비용이 발생하기 때문에 교정을 최소화해야 된다. 카메라를 구입하면 영상처리 전에 측정값과 실제 좌표를 교정해야 된다. 대상체의 이동위치 측정을 위한 영상처리 시스템의 3차원 거리정보는 하나의 점에 대하여 2대의 카메라에서 얻은 각각의 영상을 이용하여 계산하여 카메라를 교정

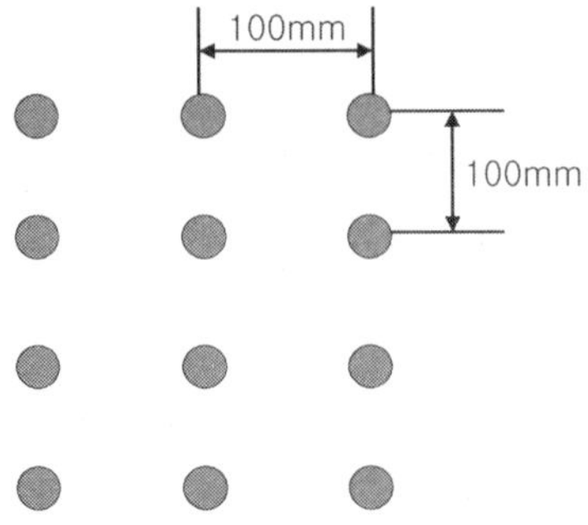


[그림 5-6] 교정

한다.

기준이 되는 점들은 평평한 판에 가로 3줄과 세로 4줄의 총 12개의 점을 찍은 후에 카메라의 중앙을 중심으로 9개의 점이 영상으로 입력되도록 하고 점과 점 사이의 거리는 100×100 mm로 하였다. 카메라 교정은 그림판과 카메라 렌즈까지의 거리를 최단 400 mm에서 최장 650 mm까지 50 mm 간격으로 측정을 하여 측정된 값과 실제 점 사이의 간격 오차가 1 mm가 넘을 경우 재측정을 실행하여 최소한의 오차가 나도록 하였다.

그림은 카메라 보정을 하는 프로그램을 나타낸 것으로 9개의 점을 추출한 후에 그 점들의 가운데 점을 찾아서 교정하였다. 3차원 영상처리장치는 카메라의 기울기 동작

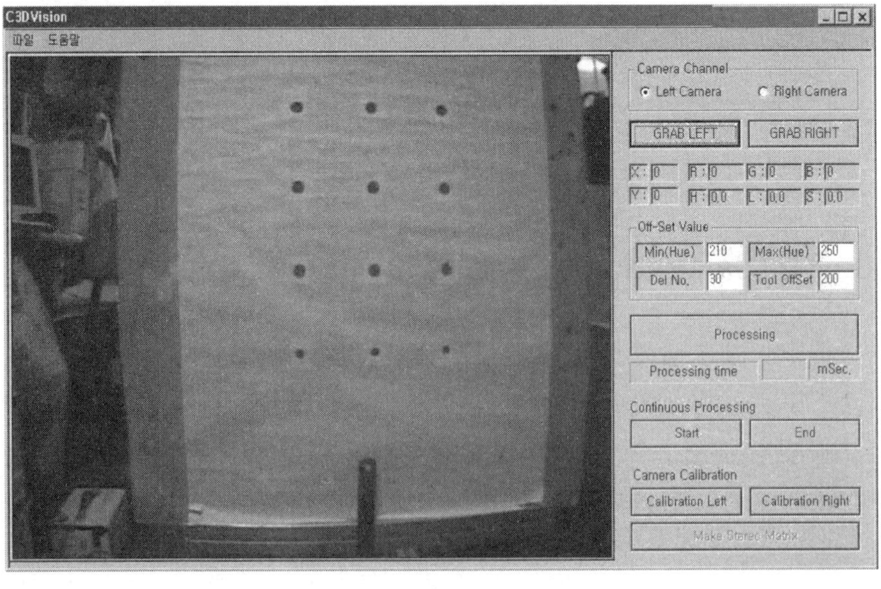


[그림 5-7] 카메라 교정

이외에도 카메라 2대의 초점조절이 가능해 영상처리 과정에서 대상체에 대한 깊이 정보추출은 물론 추출된 이미지에서 대상체를 제외한 배경의 삭제도 가능하다.

### 5.1.9 응답시간 (Response time)

응답시간은 시스템이나 실행단위에 입력이 주어지고 나서 반응하기까지 걸린 시간으로 응답속도 및 반응속도라고 하며 응답시간과 반비례 관계이다. 예를 들어 자료처리의 응답시간은 사용자가 메시지 입력을 완료한 시점부터 출력되기 시작하는 시점까지의 시간이다. 원격 시스템에서 시스템의 응답시간은 메시지의 송신이 끝나고 메시지가 수신되기 시작하는 시점까지 경과한 시간이다.

### 5.1.10 주파수 응답특성

센서의 입력을 정현적(Sine or cosine)으로 변화시킬 때 센서가 반응하는 주파수를 말하며 주파수 응답은 입력 주파수에 따라 출력의 변화를 측정하는 것이다. 커패시터나 인덕터의 경우 주파수에 따라 임피던스가 변화하기 때문에 입력의 주파수에 따라 출력이 변한다. 그림에서 입력 $f(t)$를 주파수 $w$인 정현파가 발생했다고 하면 출력 $x(t)$는 $\phi$의 시간지연의 응답특성을 나타낸 것이다.

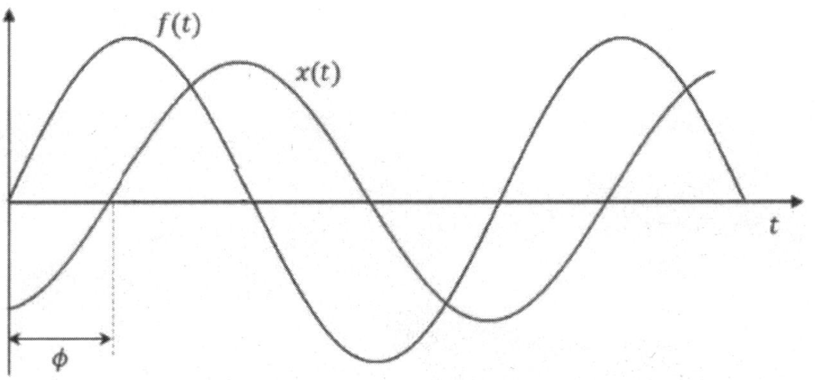


[그림 5-8] 주파수 응답특성

# 아날로그와 디지털

## 5.2.1 아날로그 신호

아날로그(Analog)는 길이, 각도 및 전류와 같이 외부적인 원인에 의해 연속적으로 변하는 물리량을 나타내는 것으로 자동차의 속도를 바늘의 각도로 표시해주는 속도계, 수은주의 길이로 온도를 나타내는 온도계, 상대적으로 패인 정도에 따라 바늘의 마찰로 녹음된 소리가 나오는 LP 음반이 아날로그의 대표적인 사례다. 우리가 자연에서 얻는 신호는 아날로그로 빛의 밝기, 소리의 높낮이나 크기, 바람의 세기 등이 있다.

디지털 방식은 정해진 규격의 신호만을 인식하고 대역폭이나 진폭을 가지는 입력신호는 처리할 수 없지만 아날로그는 규격을 초과하더라도 작동을 하기 때문에 CD 플레이어에서 인간의 가청 주파수인 20 kHz까지 샘플링하지 않고 22.1 kHz까지 오버 샘플링하는 것이 가능하다. 규격을 초과하는 갑자기 큰 소리가 들어와도 아날로그 장비는 견디지만 디지털은 바로 소리가 변하고 고장의 원인이 되며 보존성 면에서도 아날로그가 디지털보다 유리한 경우가 있다. 아날로그는 잡음 등 데이터에 일부 변형이 생겨도 기본적인 재생이 가능하지만 디지털은 인식이 불가능하여 측정할 수 없다.

아날로그 신호는 시간이 지남에 따라 변하는 연속적인 파형으로 분해 할 수 없는 사인파로 진폭, 주기, 주파수 및 위상을 사용한다. 진폭은 신호의 최대 높이를 말하며 주파수는 신호가 변하는 비율, 위상은 시간과 관련한 위치를 의미한다.

[그림 5-9] LP 음반

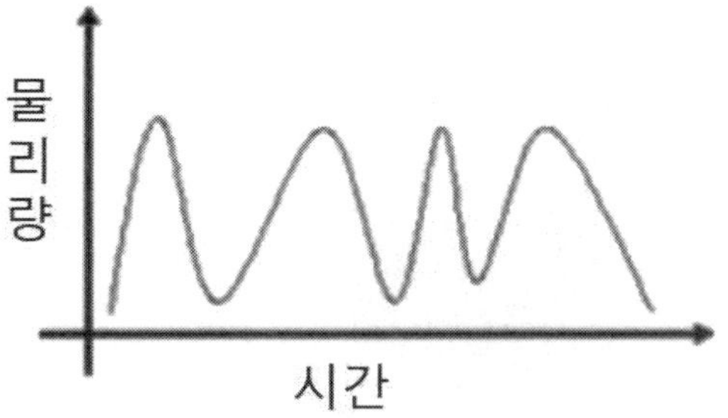


[그림 5-10] 아날로그

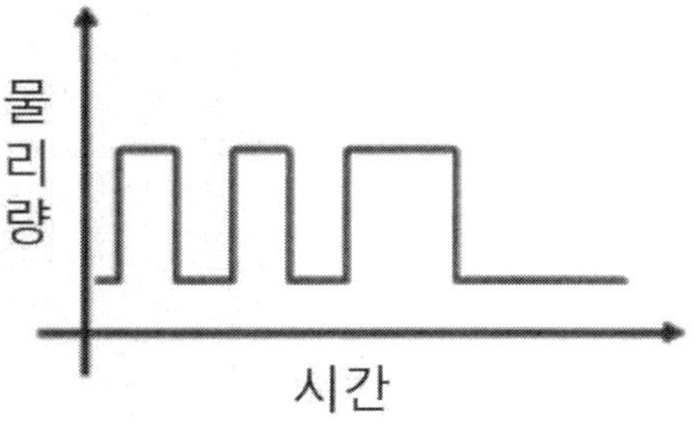


[그림 5-11] 디지털

### 5.2.2 디지털 신호

디지털(Digital)은 최소 단위를 갖는 이산적인 수치를 이용하여 처리하는 것으로 디지털 컴퓨터, 노트북이 자료를 디지털 방식으로 처리한다. 문서와 통계 자료뿐만 아니라 음성 자료, 영상 자료도 이산적인 값으로 처리한다. 디지털 자료는 복제, 삭제, 편집이 간편하며 복사물과 원본의 차이가 없고 음악이나 화상과 같은 아날로그 자료 샘플을 일정한 주기로 채집하여 디지털로 변환하는 과정을 샘플링이라 하고 초당 샘플링 회수는 아날로그 주파수보다 2배 더 높아야 앨리어싱 현상(계단 현상)이 일어나지 않는다.

디지털 신호는 자연에 존재하는 아날로그 신호를 변환해서 사용하며 아날로그 신호를 디지털 신호로 변환하려면 일정한 주기로 샘플을 추출하는 샘플링 값을 이산적인 값으로 근사시키는 양자화된 값을 비트 값으로 맵핑하는 과정인 부호화를 거쳐야 한다.

## 센서의 종류

### 5.3.1 화학센서

화학센서는 환경, 화학, 생체 시료에서 나오는 화학적 정보를 감지하여 측정량을 인식 가능한 신호로 변환하는 장치를 의미하며 화학량 및 화학적 신호를 측정 가능한 전기신호로 변환하여 검지하는 장치를 말한다. 화학센서는 화학반응에 관여하여 화학성분을 계측하여 제어, 환경오염 물질의 측정, 의료진단, 생명공학, 안전방재 등의 분야에 적용된다.

[그림 5-12] 화학센서

가스센서는 인간의 오감 중 후각에 해당되는 소자로서 공기 중의 가스성분과 오염가스를 검출하여 수치로 나타내는 것으로 가스의 성분을 측정하는 역할 외에 자동차용, 의료용, 국방용, 식품 품질관리, 로봇용, 안전관리용 등에 가스센서가 응용되고 있으며 가스센서는 기체와 물질 사이의 상호작용을 이용하는 것이다.

## 5.3.2 압력센서

압력센서는 유체나 기체의 압력을 전기신호로 변환하는 압력 변환기를 총칭하며 압력센서로 검출 가능한 물리량은 압력, 중량, 토크 등을 측정하는 것이다. 현재 가정에서부터 공업용으로 사용되고 있으며 소방시설의 압력유지장치, 급수장치, 냉동기 등이 있다. 아파트급수에 쓰이는 펌프는 압력을 일정하게 유지하고 저수조의 물의 양, 냉동기, 공기압축기, 화학공장 등에서 사용되고 있다.

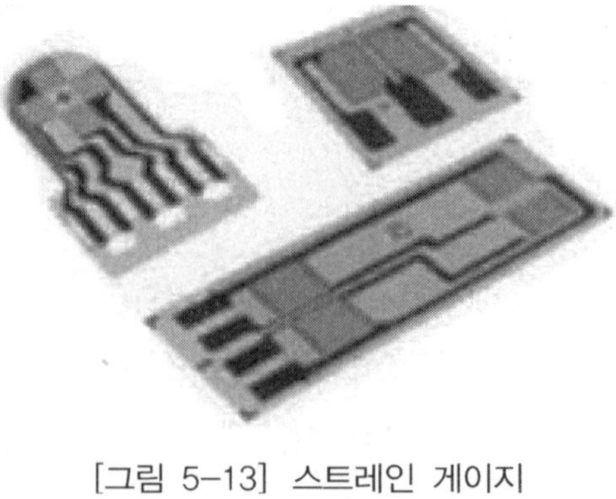

[그림 5-13] 스트레인 게이지

### 5.3.3 온도센서

센서의 금속이나 반도체의 저항이 온도에 따라 변하는 성질을 이용한 것으로 가전제품의 온도조절장치, 건물에 진입하는 사람의 체온을 측정하는 열화상장치 등에 이용되고 있다. 온도 변화를 센서가 감지하여 전기신호를 발생하는 것으로 접촉식과 비접촉식으로 나누어지며 접촉식은 실제 측정대상에 접촉시켜서 온도값을 측정하고 비접촉식은 물체로부터 방사되는 열을 측정하는 것이다. 온도센서는 온도가 높아지면 저항값이 감소하는 부저항온도계수의 특성이 있는 전자회로용 소자를 사용하며 열량의 미세한 온도변화에도 큰 저항 변화가 발생하기 때문에 온도 제어용 센서로 사용된다.

[그림 5-13] 온도센서

### 5.3.4 광센서

광센서는 인간이 눈으로 감지할 수 있는 가시광선 영역을 중심으로 X-선, 자외선 및 적외선과 같은 광신호를 감지하여 전기적인 신호를 검출하는 소자다. 주변에서 많이 사용하고 있는 LED는 광센서와 반대로 전기적인 신호에 의해 빛을 방출하는 소자이다.

빛에 의해 전기적인 신호인 광전류를 발생하는 소자를 광센서라고 하고 파장에 따라 적외선, 가시광선, 자외선, X-선으로 구분하며 파장을 가진 전자기파는 가시광선과 같이 직진성, 반사 및 굴절의 특성을 가지고 있다.

[그림 5-15] 조도센서

광센서의 기본적인 동작원리는 광전효과(Photoelectric effect : 금속 등의 물질이 한계 진동수보다 큰 진동수를 가진 전자기파를 흡수했을 때 전자를 내보내는 현상)를 나타내는 것이다. 광전효과는 입사하는 빛의 에너지에 의해 금속판에 있는 전자가 에너지를 받아 음극판에서 양극으로 이동하는 전도효과로 외부광전효과, 내부광전효과, 광이온화효과 등 세 가지로 세분화 할 수 있다. 외부광전효과는 고체 표면에 적외선에서 자외선 영역의 빛이 조사되면 외부에 자유전자를 방출하는 현상이며 내부광전효과는 광전도효과와 광기전력 효과로 구분되며 광전도효과는 절연체에 빛을 조사하면 가전도대에 있는 전자가 광에너지를 흡수하여 전도대로 자유롭게 움직일 수 있는 전자가 되어 전도도가 증가하는 것이다. 광기전력효과는 pn 다이오드의 반도체에 빛을 조사하면 pn 반도체에서 만들어진 전자와 정공이 접촉전위차 때문에 분리되어 pn의 양쪽으로 전류가 발생하는 현상이며 포토다이오드나 광전지에 응용된다. 광이온화효과는 알파선, 감마선 등과 같이 에너지가 높은 빛을 받으면 기체 분자의 원자가 전자를 방출하여 이온화되는 현상이다.

### 5.3.5 소리센서

소리센서는 음파의 진동을 전기신호로 변환시켜 소리를 감지하는 센서로 전자기 유도현상을 이용한 것으로 전류가 자기장 변화에 의해서 유도되는 것이다. 자석에는 N극과 S극으로 이루어져 있고 자석의 움직이는 경로에 코일이 있을 때 자석이 코일에 접근하면 코일 내부를 지나가게 되는 자기력선의 수에 변화가 일어나고 코일은 자기력선의 변화를 방해하는 방향으로 전류가 발생된다. 자석이 접근하거나 멀어지면 전류가

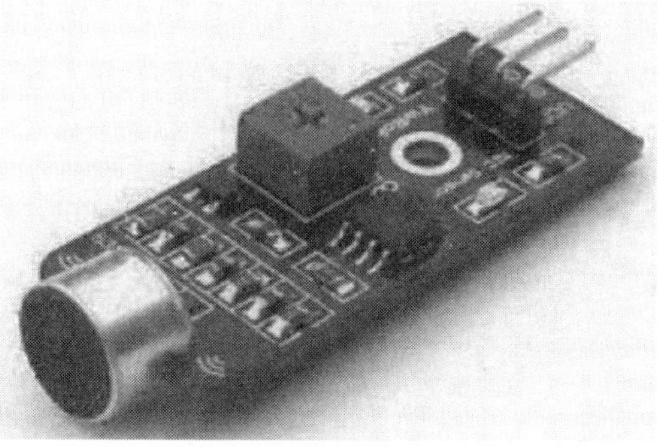

[그림 5-16] 소리센서

만들어지게 되는 현상을 전자기 유도라고 한다. 자석에 울림판을 장착하고 외부에서 울림판의 방향으로 소리가 발생하면 자석이 소리의 진동에 의해 진동이 전달되어 자석이 코일 근처에서 움직이게 되고 코일은 소리의 떨림에 따라서 전류가 만들어지는 것을 측정하는 것이 소리센서다.

### 5.3.6 전자기센서 (Electric field sensor)

전류가 흐르는 도선은 자기장을 만들고 자기장의 변화는 코일에 전류를 흐르게 하는 원리를 이용한 센서로 도난방지 시스템, 금속탐지기 등에 적용된다. 전기장 센서는 전기장 와이어에 사인파형의 전자기장 신호를 인가하면 전기장 와이어 주변에 전자기장이 형성된다.

[그림 5-17] 전자기센서

전기장 센서는 설치 형태에 따라 입체적인 감지영역을 형성하여 침입자가 진입하면 주장치에서 입력된 전기장 에너지를 모니터링하여 분석하고 전기장의 변화로 침입자를 인식하는 것이다.

사람은 수분으로 이루어져 있고 수분의 유전율은 공기보다 약 100배 이상 크기 때문에 사람이 감지영역으로 진입하면 수분이 전기장을 교란하고 교란 정도가 주장치에서 설정한 변화량을 넘어서게 되면 침입으로 인식하는 것이다. 전기장센서는 다양한 형태로 설치가 가능하기 때문에 펜스에 설치해서 사용하고 기둥을 이용하여 사용할 수 있으며 담장에 수평 및 수직으로 용도에 맞게 조합할 수 있다.

## 입력장치

### 5.4.1 초음파센서

초음파센서는 일정한 간격으로 높은 주파수의 펄스를 보내고 공기 중에 전파된 것이 반사되어 오는 시간을 측정하여 거리를 계산하는 것이다. 검출체의 거리는 시간을 측정하여 계산하는 것으로 초음파의 강도와는 관계가 없다, 초음파센서는 대기가 좋지 못한 환경이나 오염물질이 센서 표면에 증착되어도 기능상 문제가 없다.

[그림 5-18] 초음파센서

### 5.4.2 적외선센서

적외선센서는 일상생활에도 사용되는 센서로 자동문의 개폐 장치, 버스 출입문 등 사람이나 물체의 접근 및 통과 등을 검출하는데 사용된다. 원리는 한쪽에서 적외선을 발사하는 LED가 있고 다른쪽에서 적외선을 받는 포토트랜지스터가 있고 평상시에는 센서가 빛을 받아 On되어 있지만 물체가 침입하면 적외선이 차단되어 Off되어 물체의 유무를 감지하는 것으로 자체적으로 적외선을 복사하여 빛이 차단되면 변화를 검지하는 능동식과, 자체에는 발광기를 가지지 않고 외부로부터 받는 적외선의 변화를 받는 수동식이 있다.

적외선 감지장치를 구성할 때는 원하는 기능에 따라 다양한 방법으로 구성이 가능하다. 일반적으로 널리 쓰이는 리모컨의 경우 발광부에는 적외선 LED를 사용하고, 수광부에는 포토트랜지스터를 조합해서 사용한다.

[그림 5-19] 적외선 인체 감지센서

### 5.4.3 가속도센서

가속도센서는 물체의 가감속도나 충격량 등을 측정하는 센서의 총칭으로 물체의 운동 상태를 감지하는 것으로 스마트팩토리의 로봇이나 자동차나 기차, 선박 등의 운송수단에 사용된다.

가속도는 뉴턴의 제2운동법칙에 따라 물체의 움직임을 나타내는 것으로 정지해 있는 물체는 힘이 필요 없지만 물체의 위치가 이동하면 속도가 변하는 것이고 일정한 속도로 움직이는 물체는 힘의 변화가 없고, 위치와 속도가 시간에 따라 변하게 되면 물체에 힘이 작용하는 것이다. 속도는 위치를 일차미분하고 가속도는 속도를 일차미분하여 구

[그림 5-20] 3축 가속도센서

하는 것이 뉴턴의 제2운동법칙이다. 속도는 선속도와 각속도로 구분되는데 선속도는 일직선상으로 물체가 움직이는 것이고 각속도는 회전하는 속도를 나타내는 것이다.

속도 측정에 있어 변위는 매우 중요한 항목으로 속도 센서와 가속도센서는 물체의 움직임을 전기적인 신호로 출력하는 것으로 코일로 만든 전선 내부로 자석이 움직이면 페러데이의 법칙에 의해 코일에 유도전압이 발생하게 된다.

## 5.4.4 온도센서

온도는 원자 또는 분자가 갖고 있는 미세한 범위의 진동 운동에너지의 크기라고 정의하며 금속선이나 반도체의 저항값은 온도에 따라 변화하는 성질이 있다. 발생하는 저항이나 기전력을 측정하여 온도를 구하는 방법이 온도센서의 원리이다. 온도는 다양한 종류의 센서에 의하여 측정 가능하고 측정 대상과 접촉하여 온도 변화에 반응하는 접촉식과 측정 대상이 방출하는 애너지를 감지하는 비접촉 온도센서로 구분할 수 있다. 접촉식 온도센서는 특정 온도의 기전력을 감지하는 열전대(Thermocouples), 저항을 감지하는 써미스터 온도에 따라 상태가 변하는 온도 라벨, 액체 온도계, 바이메탈 온도센서 등이 있다. 비접촉 온도센서는 물리적 특성의 변화를 감지하여 온도를 측정하여 표시하는 것이다.

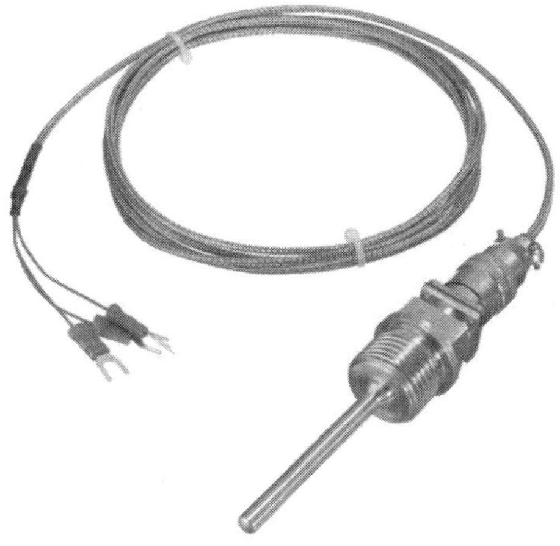

[그림 5-21] 온도센서

## 5.4.5 진동센서

진동 감지는 센서로 전달된 진동을 전기적 신호로 감지하는 원리로 유리가 파손될 때 전달되는 진동을 감지하는 유리감지기, 유리가 파손될 때 나오는 소리를 감지하는 음파감지기 등이 있다. 감지기들은 진동원에 따른 진동 주파수 및 크기에 따라 설계되지만 원리는 같다.

기계적 진동은 주기적으로 점검하고 소음이 증가할 때 실시하며 진동센서가 기계에 문제가 생겼다는 것을 알리면 진동에 대한 대처를 해야 된다. 공작기계가 치수의 정밀도를 유지하지 못하면 진동에 대하여 분석을 한다.

[그림 5-22] 진동센서

## 5.4.6 자기센서

자기센서는 자장의 크기 및 방향을 측정하기 위한 센서이며 전류와 자기장에 의해 모든 전도체 물질에 나타나는 것으로 전류가 흐르는 전기 전도체에 수직하게 자기장이 수직하게 걸리는 전압을 이용하는 것으로 홀 효과를 사용하여 자속 밀도를 측정하는 센서로 자속 밀도에 비례하는 전압을 출력한다.

자동차의 방향 지시등부터 시동까지 눈에는 보이지 않지만 자기센서들이 내장되어 있다. 또한 세탁기나 전자레인지와 같은 가전기기에서 문이 열리고 닫히는 것을 감지하는 용도로 사용되고 보청기는 휴대전화가 가까이 있는 것을 감지하고 통화 중 음성이 잘 들리도록 하며 엘리베이터의 층을 감지하는 경우에 사용된다.

[그림 5-23] 자기센서 〈출처 : XENSIV〉

## 5.4.7 기울기센서

기울기센서는 중력을 적용하여 물리적으로 전기적 신호를 처리하는 것으로 센서 안의 수은의 위치에 따라 High 또는 Low 신호를 출력한다. 센서에 기울기가 발생하면 수은이 떨어져 스위치가 열리고 센서가 정위치로 오면 스위치가 닫히는 것이다.

[그림 5-24] 기울기센서

## 5.4.8 조도센서 (Photo resistor)

조도센서는 주변의 밝기를 측정하는 것으로 빛을 받으면 내부에 움직이는 전자가 발생하여 전도율이 변하는 광전효과를 이용하는 것이다. 조도센서는 주의가 밝을수록 광자양이 많아져서 저항값이 작아지고 저항값이 감소하게 되면 전류가 많이 흐르게 된다. 또한 주위가 어두울수록 광자 양이 작아져서 저항값이 커지게 되고 전류가 적게 흐르는 것이다.

[그림 5-25] 조도센서 〈출처 : 대현테크놀로지〉

# 출력장치

## 5.5.1 DC 모터 (Direct current)

직류 모터는 고정자로 영구자석을 사용하고 회전자로 코일을 사용한 것으로 전기자에 흐르는 전류의 방향을 전환함으로써 자력의 반발 및 흡인력으로 회전력을 생성하는 것이다.

DC 모터는 다음과 같은 특징이 있다.

① 기동 토크가 크다.

② 인가전압에 대하여 회전특성이 직선적으로 비례한다.

③ 입력전류에 대하여 출력 토크가 직선적으로 비례하고 출력 효율이 좋다.

④ 가격이 저렴하다.

[그림 5-26] DC 모터

## 5.5.2 스텝 모터 (Step motor, Stepping motor)

스텝 모터 또는 스테핑 모터는 한 바퀴의 회전을 많은 수의 스텝들로 나눌 수 있는 직류 전기 모터로 피드백 장치가 없어도 정확하게 조절이 가능하다.

스텝 모터는 디지털 제어에 사용되는 모터로서 마이크로 컴퓨터의 보급에 따라 프린터나 플로터 등의 여러 분야에서 적용되며 특징은 펄스를 보내서 정확하게 회전하기 때문에 디지털 신호로 제어를 하는 것이다.

[그림 5-27] 스텝 모터

스테핑 모터의 장점은 다음과 같다.

① 피드백 기능이 불필요하며 제어가 간단하다.
② 모터의 회전각도와 입력펄스의 수가 비례한다.
③ 스텝당 각도오차가 적고 오차는 누적되지 않는다.
④ 기동정지의 응답성이 좋다.
⑤ 저속으로 동기운전이 가능하다.
⑥ 자기 유지력이 있어서 정지 위치를 유지할 수 있다.
⑦ 펄스신호를 조절하여 변속이 가능하다.

스테핑 모터의 단점은 다음과 같다.

① DC 모터와 같은 토크를 얻기 위해서는 크고 무겁다.
② 크기에 비해 토크가 적다.
③ 과부하 상태에서는 동기화가 되지 않을 수 있다.
④ 고속회전이 어렵다.
⑤ 저속회전에서 진동이 발생한다.
⑥ 소비전력이 크다.

### 5.5.3 스피커

전기음향신호를 음파로 변환하는 장치로 휴대용으로 만든 것이 헤드폰이다. 제품에 따라 스피커는 주변의 전파에 영향을 받기 때문에 스피커 주변에서 핸드폰과 같은 전

[그림 5-28] 스피커

파 기기를 사용하면 잡음이 들리는 것은 외부 자기장의 영향으로 스피커 내부의 전자 회로에 유도전류가 흐르기 때문이다. 스피커 내부 자석의 자기장이 다른 기기가 영향을 받는 것을 줄이기 위해 자기장을 차단하여 외부 기기에의 영향을 최소화 해야 한다.

## 5.5.4 펌프 (Pump)

펌프는 액체나 슬러리(진흙이 물을 섞어 있는 액체)의 위치를 이동하는데 쓰이는 장치로 낮은 압력에서 높은 압력으로 액체를 움직이며 기계적인 힘으로 물질을 밀어내거나 물리적인 압축력을 사용한다.

[그림 5-29] 전통 펌프

## 5.5.5 LED (Light.emitting diode)

발광 다이오드는 순방향으로 전압을 가했을 때 발광하는 반도체로 LED라고도 불린다. 발광 원리는 전계 발광 효과를 이용하고 있고 수명도 백열등보다 더 길다. 발광 다이오드의 색은 사용되는 재료에 따라서 자외선 영역에서 가시광선, 적외선 영역까지 발광하는 것을 제조할 수 있다.

흐르는 전류 값에 따라 빛의 세기가 결정되며 정격전류를 초과한 전류가 도통되면 수명이 짧아지거나 파손 될 수 있고 정전압으로 구동하면 소자의 격차나 소자 온도에 의한 순방향 강하 전압의 변동으로 전류의 흐름을 제어할 수 있다. 극성이 있어 에노드와 캐소드를 반대로 인가하면 발광하지 않고 역방향 내전압이 낮으며 파괴되기도 쉽다.

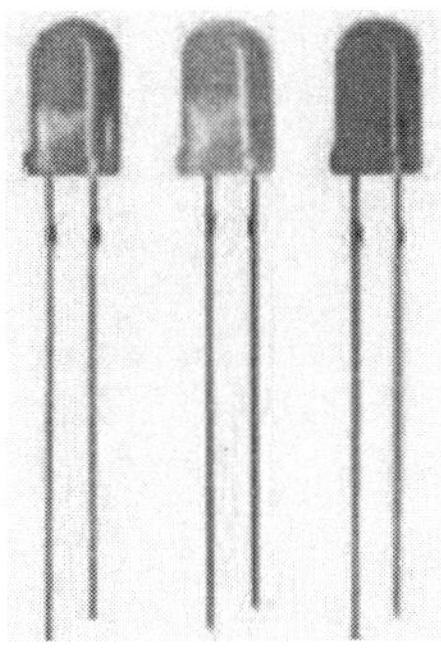

[그림 5-30] LED

## 5.5.6 릴레이 (Relay)

릴레이는 계전기라고도 하며 전기적으로는 스위치 역할을 하는 것으로 전류가 흐르면 전기의 자기 작용에 의해 계전기에 있는 코일이 여자되어 접점을 이동하는 장치로 자동으로 On, Off 할 수 있는 부품으로 도통된 전기를 스위칭할 수 있도록 신호 또는 펄스를 만들어 제어하는 것이다.

[그림 5-31] 릴레이

## 연습문제

**1.** 센서를 정의하시오.

**2.** 강의실의 온습도를 실시간으로 제어하기 위한 센서를 선택하고 제어방안을 순서대로 나타내시오.

**3.** 한강이 범람하고 있다. 유량을 측정하기 위한 센서를 선택하고 제어방안을 순서대로 나타내시오.

**4.** 서울 대기를 실시간으로 측정하기 위한 센서를 선택하고 제어방안을 순서대로 나타내시오.

CHAPTER 6

# 제어공학

제어 이론에 동적시스템 이루어지도록 하는 방법을 연구하는 분야로 수학적 방법들을 이용하여 제어를 해야 하는 대상을 모델링하거나 근사화 모델링을 수행하고, 입력에 대하여 정확한 출력이 되도록 하는 것이다.

## 시퀀스 제어

시퀀스 제어는 개루프 시스템(Open Loop System)이라고도 하며 미리 정해진 순서에 따라 진행해 나가는 제어로 연속적인 작업을 행하는 제어를 말한다. 예를 들어 스위치나 버튼을 이용하여 전기회로의 부하를 걸어 운전하고, 운전 상태나 고장상태를 알리는 제어를 말하는 것이다. 산업현장의 전기회로는 대부분 시퀀스제어이며 세탁기, 냉장고, 자동판매기도 시퀀스 제어이다.

개루프 시스템의 장점은 다음과 같다.

① 시스템을 설계하는데 있어 복잡하지 않다.

② 복잡하지 않아 제어계가 안정하다.

③ 제품의 단가를 낮출 수 있다.

개루프 시스템의 단점은 다음과 같다.

① 외부조건(외란)의 변화에 대처할 수 없다.

② 목표값과 오차가 발생할 수 있다.

시퀀스 제어의 표현은 전개접속도, 타이밍도표, 논리회로도, 순서도 및 블록선도를 이용하여 나타낸다.

### 6.1.1 전개접속도

시퀀스 제어에 대하여 가장 많이 표현하는 방법으로 시퀀스도라고도 하며 시퀀스제어를 사용한 전기장치 및 기구의 동작을 전개하여 표시하는 것이다. 시퀀스 제어기호를 사용하여 작성하고 주회로와 제어회로, 표시회로로 구성된다.

주회로는 전원을 부하에 공급하기 위한 회로이며, 제어회로는 주회로의 개폐 및 표시회로의 제어동작이 이루어지는 제어회로이다. 표시회로는 제어의 동작을 알아볼 수 있도록 표현하는 것으로 현장에서는 주회로와 표시회로가 작업장에 있고, 제어회로와 표시회로는 제어실에서 사용한다.

[그림 6-1]에서 주회로 KIV 1.0sq은 전선 굵기을 나타낸 것이며, CP01은 보조차단기(차단속도가 빠름), SMPS는 파워스플라인(AC를 DC로 바꾸는 컨버터)으로 220V를 24V로 바꿔주며, PE-SMPS는 접지(현장에서는 반드시 설치)해야 된다. 보조회로에서 X1은 릴레이, RL은 램프로 부하를 의미한다.

[그림 6-2]는 전개접속도에 따라 설치한 것이다. 그림에서 1번은 차단기 CP01, 2번은 SMPS로 AC를 DC로 변환해주는 컨버터로 정상상태에서는 초록색이며, 비정상상태에서는 꺼진다. 3번은 릴레이, 4번은 터미널 단자로 SMPS에서 직접연결해도 되나 확장성 확보를 위해 사용한 것이다. 5번은 부하로 램프, 6번은 입력부로 푸시버튼 스위치다.

1. 장치 및 제어에 필요한 안전장치(차단기)등 크기와 규격을 표기한 회로
2. 장치의 전원전압, 제어부에 사용 될 전압의 극성 표시.

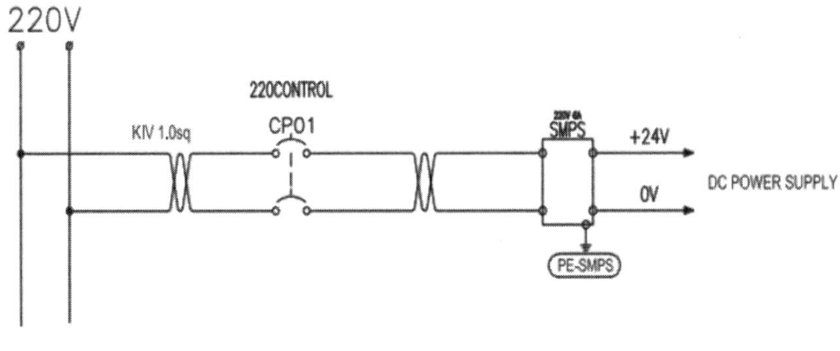

1. 전원 투입 후 PB1 버튼을 누르면 X1 여자되고 RL 점등한다.
2. RL 점등된 상태에서 PB2 누르면 RL 소등한다.

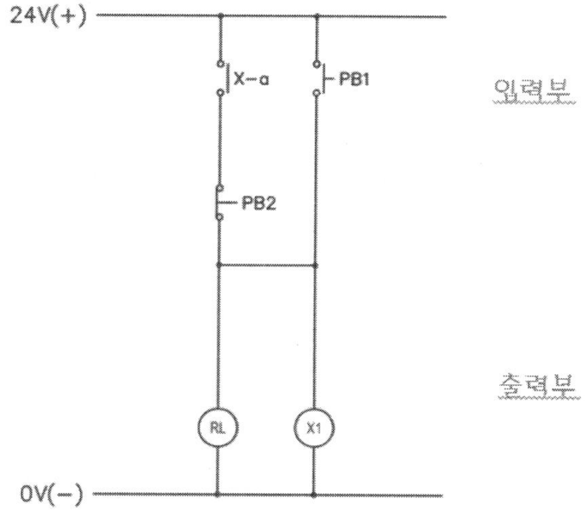


[그림 6-1] 전개접속도

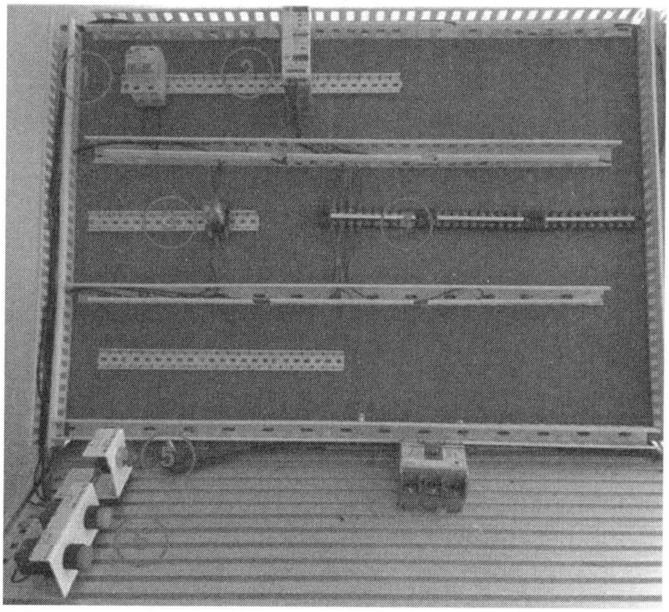

[그림 6-2] 전개접속도에 따른 설치

### 6.1.2 타이밍 도표

타이밍 도표는 복수의 작용을 시간으로 나타낸 것으로 신호와 타이밍의 관계를 비교하기 위해 복수 행으로 클락 신호를 나타내서 회로의 기초에서부터 집적회로검사, 디버깅에 사용한다.

[그림 6-3]은 JK 타이밍 다이어그램을 나타낸 것으로 제어계의 각 접점 및 제어장치의 시간적인 동작 상태를 그림으로 표현한 것으로 요소 간의 동작 상황을 비교할 수 있다.

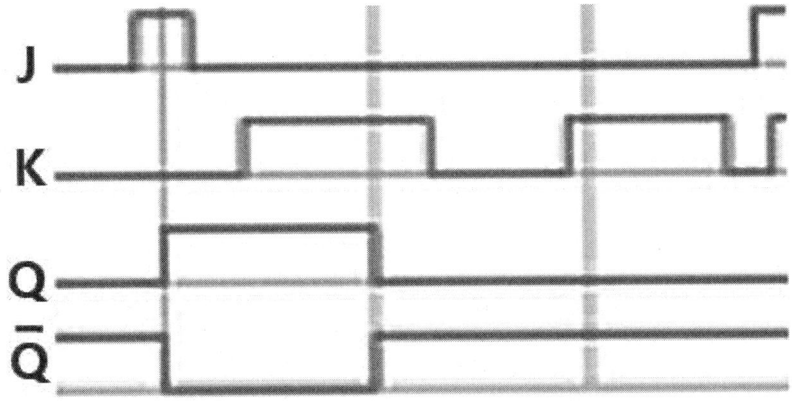


[그림 6-3] JK 타이밍 다이어그램

### 6.1.3 논리회로도

논리회로(Logic gate)는 불 대수를 물리적 장치에 구현한 것으로 하나 이상의 입력값에 대하여 논리 연산을 수행하여 출력값을 얻는 전자회로를 말한다. AND, OR, NOT의 기본 불 대수의 결합으로 복합적인 논리 기능을 수행한다. 불 대수는 1937년에 대학원생이던 클로드가 불 대수를 전자회로의 해석에 도입하여 디지털 논리회로이론을 적용하여 0과 1인 이진법의 해석을 하는 것이다.

전자회로의 구성 요소들을 이용하여 논리 게이트인 NAND, NOR, NOT 등을 이용해 동작을 구현하는 것으로 디지털 시대를 열었다. [그림 6-4]는 논리회로도를 나타낸 것으로 1, 0, 1이 입력되면 출력이 0이 되는 것으로 입력값에 따라 출력값에 변화를 줄 수 있다.

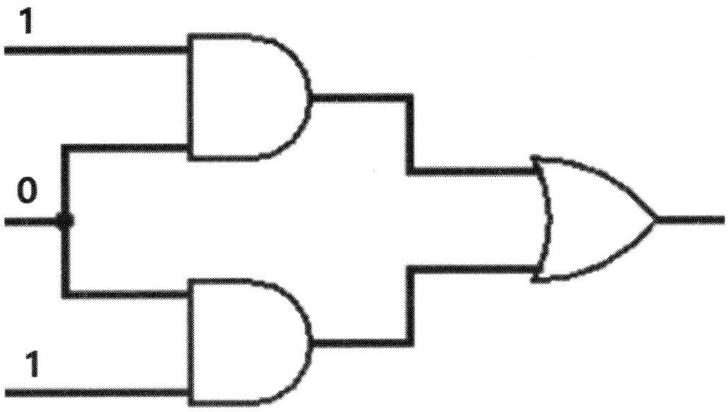


[그림 6-4] 논리회로도

### 6.1.4 순서도

순서도(Flowchart)는 워크플로 혹은 프로세스를 보여주는 다이어그램의 한 종류로 여러 모양의 박스와 화살표로 시스템이 구동되는 원리를 나타낸 것이다. 프로세스는

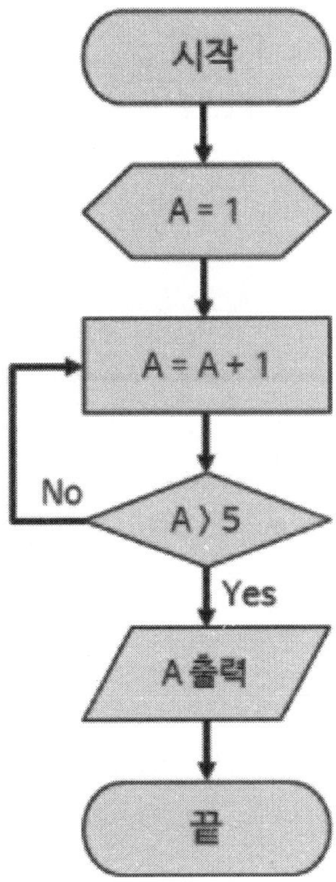


[그림 6-5] 순서도

작업의 흐름을 화살표로 나타낸다. 순서도는 작업이 진행하는 순서로 자료를 컴퓨터가 처리하는 과정과 진행을 중심으로 도식화 한 것이다. 순서도를 이용하면 작업 내용을 한 번에 검토가 가능하기 때문에 시스템을 나타낼 때 적용하고 있다. [그림 6-5]는 변수 A를 1부터 시작하여 1씩 증가시켜 6이 되면 출력하는 순서도를 나타낸 것이다.

### 6.1.5 블록선도

블록선도(Block diagram)는 제어를 위한 요소의 신호 전달을 블록으로 표시하고 신호의 흐름을 선으로 표시한 선도로 제어신호가 변하여 어떻게 전달되는가를 표시하는 것이다. 신호 전달방식 등을 블록과 화살표로 흐름도를 작성한 것을 블록선도라고 한다. 블록선도를 사용하면 시스템의 구성과 동작 및 특성을 쉽게 이해할 수 있는 장점이 있지만 전달 요소의 구성이나 에너지 작용을 알 수 없는 단점도 있다.

제어계는 안정성과 응답성을 파악하기 위해 구성요소를 블록으로 나타내고 신호의 흐름을 선으로 연결한 것이다.

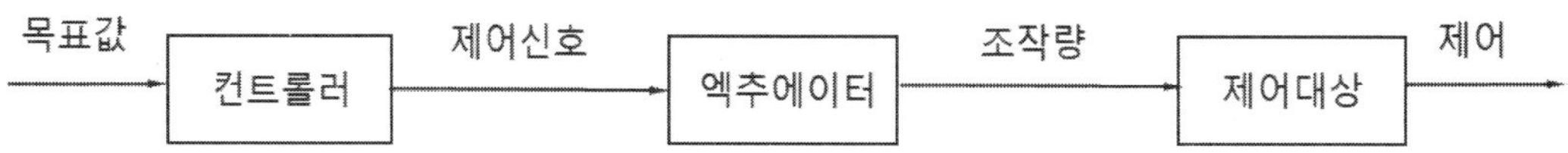


[그림 6-6] 블록선도

## 피드백 제어

피드백 제어는 되먹임 제어, 폐루프 제어(Closed loop)라고도 하며 조작의 결과를 측정하고 기대값과 출력값이 다를 때 조정하여 결과가 기대값이 되도록 제어하는 것이다. 예를 들면 에어컨을 이용하여 기대값을 정하면 출력값과 비교하여 설정한 온도로 유지하는 것으로 목적에 적합하도록 대상에 조작을 가하는 것으로 물리량을 목표값에 일치시키기 위해 제어량을 검출하고 목표값과 비교하여 오차가 발생할 때 대상에 조작을 가하는 것이다. 오차를 피드백하여 시스템에 영향을 주기 때문에 외란이 발생하여 제어량이 변해도 자동적으로 복원되는 형태로 불연속적이다.

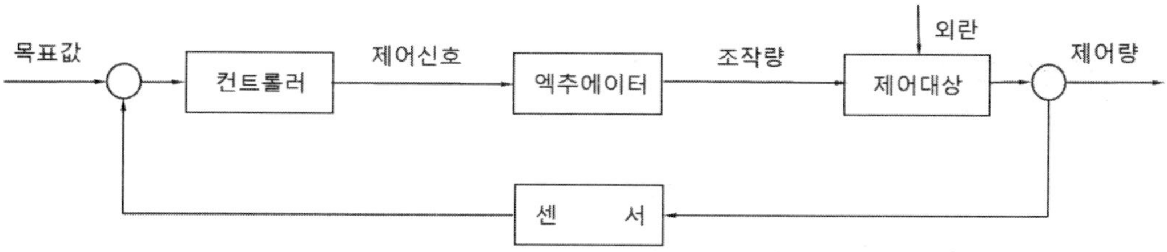


[그림 6-7] 폐루프 시스템

폐루프 시스템의 장점은 다음과 같다.

① 외부조건의 변화에 대처할 수 있다.

② 제어계의 특성을 향상시킬 수 있다.

③ 목표값에 정확히 도달할 수 있다.

폐루프 시스템의 단점은 다음과 같다.

① 복잡해지고 값이 비싸진다.

② 제어계 전체가 불안정해질 수 있다.

## 연습문제

1. 시퀀스 제어와 피드백 제어를 비교하시오.

2. 강의실의 온습도를 실시간으로 제어하기 위한 전개접속도를 작성하시오.

3. 서울 대기를 실시간으로 측정하기 위한 논리회로도를 작성하시오.

4. 강의실의 온습도를 실시간으로 제어하기 위한 순서도를 작성하시오.

5. 서울 대기를 실시간으로 측정하기 위한 블록선도를 작성하시오.

CHAPTER

# 7 액추에이터

액추에이터(Actuator)는 작동장치로 시스템을 움직이거나 제어하는데 쓰이는 기계장치로 전기, 유압 및 공기를 이용하는 구동장치를 말한다. 에너지원에 따라 전류, 작동유압, 공기압을 이용한다.

## 모터

모터는 라틴어의 움직인다(Moto)에서 파생된 단어로 원동기를 의미한다. 모터는 에너지를 공급받아 기계적인 움직임으로 변환하는 장치로 에너지는 전기, 열, 압력 등이 있다. 대한민국에서 모터는 전동기를 의미하지만 외국에서는 자동차를 모터 카(Motor car), 오토바이를 모터 사이클(Motor cycle)이라고 부르며 원동기로서의 의미를 가지고 있다.

### 7.1.1 스테핑 모터

스테핑 모터는 디지털 제어를 위한 것으로 마이크로 컴퓨터의 보급에 따라 프린터나 플로터 등의 분야에서 사용되고 있다. 스테핑 모터의 특징은 무엇보다도 디지털 신호인 펄스를 보내서 정확한 위치제어가 가능하지만 큰 힘이 필요한 제어에는 적용이 어렵고 피드백 신호가 필요할 때는 모터의 회전축에 엔코더나 가변저항을 연결하여 구동해야 된다.

스테핑 모터의 장점은 다음과 같다.

① 피드백 기능이 불필요하며 제어가 간단하다.

② 펄스입력으로 오픈 루프 제어도 가능하다.

③ 모터의 회전각도와 입력펄스의 수가 비례한다.

④ 스텝당의 각도오차가 적고, 누적되지 않는다.

⑤ 응답성이 좋다.

⑥ 저속 동기운전이 가능하다.

⑦ 도통 상태에서 자기 유지력이 있어서 브레이크 등을 사용하지 않고도 정지 위치를 유지할 수 있다.

⑧ 펄스신호에 비례한 회전속도가 얻어지며, 광범위한 변속이 가능하다.

스테핑 모터의 단점은 다음과 같다.

① 모터의 용량을 높이면 크고 무겁다.

② 크기에 비해 토크가 적다.

③ 과부하에서 동기가 되지 않을 수 있다.

④ 고속회전이 어렵다.

⑤ 저속회전에서 진동이 발생한다.

⑥ 소비전력이 크다.

스테핑 모터의 구조와 원리는 DC모터와는 달리 스테핑 모터의 내부에는 축을 중심으로 여러 개의 코일들이 전자석들의 조각들을 형성하고 있다. 스테핑 모터가 구동되는 원리는 축을 중심으로 전자석들이 시계방향이나 반시계 방향으로 순차적으로 자석이 될 때 모터의 축이 자력에 의해 자석 쪽으로 이동하여 회전하는 것이다. 스테핑 모

[그림 7-1] 스태핑 모터

터 외부의 전선들에 순차적으로 펄스를 인가시켜주면 특정각도로 이동하는 것이다. 스테핑 모터를 빠르게 구동하려면 펄스의 주파수를 빠르게 하면 되지만 주파수가 급속하게 빨라지면 모터축이 변화를 따라가지 못해서 정지하는 현상이 생길 수 있다. 스텝핑 모터가 정지하는 현상을 막기 위해 속도선도를 고려하여 천천히 속도를 올리고 내려야 한다.

## 7.1.2 AC 모터

교류전동기는 교류(AC)로 구동하는 전동기로 회전 자기장을 생성하기 위해 교류가 공급되는 코일의 고정자와 출력축에 회전자로 구성되어 있다. 교류전동기가 정상적인 회전 상태에 있을 때는 회전자 및 고정자의 자기장은 슬립현상이 발생하지 않고 자기력은 정격 속도에서 부하를 구동할 수 있는 토크가 생성된다.

[그림 7-2] AC 모터

## 7.1.3 DC 모터

DC 모터는 고정자로 영구자석을 사용하고 회전자가 코일로 되어 있어 전류의 방향이 전환될 때 자력의 반발력 및 흡인력으로 회전하는 것이다. 모형 자동차, 무선조정용 장난감 등 널리 사용되고 있는 모터이다. DC 모터는 직류를 기계적 작업으로 변환하는 장치로 플레밍 왼손 법칙으로 해석할 수 있다. 왼손의 엄지손가락, 가운데 손가락 및 검지손가락의 각도를 90°로 놓으면 엄지손가락은 도체에 작용하는 힘의 방향, 가운데손가락은 자기장의 방향, 검지손가락은 전류의 방향을 나타낸다.

[그림 7-3] DC 모터

DC 모터는 다음과 같은 특징이 있다.

① 기동 토크가 크다.

② 인가전압에 대하여 회전특성이 직선적으로 비례한다.

③ 입력전류에 대하여 출력 토크가 직선적으로 비례하며, 또한 출력 효율이 양호하다.

④ 가격이 저렴하다.

### 7.1.4 기어드 모터

기어드 모터는 회전축에 감속기구를 붙여 조합한 모터로 모터축에 감속장치(기어)를 부착하여 회전속도를 줄이고 회전력을 높인 것이다. 예를 들어 자동차의 기어가 저단

[그림 7-4] 기어드 모터

일 경우 힘은 좋으나 속도는 떨어지고, 고단일 경우 힘은 줄어드나 속도가 빨라지는 것이다. [그림 7-4]는 기어드 모터를 나타낸 것이다. 모터 축에 베벨기어를 연결하여 동력의 전달방향을 바꾼 것이다.

### 7.1.5 서보 모터

서보(Servo)란 시스템에서 기기를 시스템이 요구하는 특정 위치로 이동하거나, 선정한 속도나 토크로 가동할 때 에러를 피드백하여 정확하게 제어할 수 있는 구조를 가지고 있다. 서보 모터는 움직임을 지정하면 제어계측 회로에 의해 입력된 만큼만 정확하게 움직일 수 있는 모터다. 예를 들어 모터를 270° 움직이라는 명령을 입력하면 제어계측 회로를 이용해 모터가 정확하게 270°가 될 때까지 움직이고 멈추는 것이다. 기계의 운동 부하가 절삭력이나 윤활의 이유로 발생하면 서보 모터의 속도 역시 영향을 받고 자체 내의 피드백 장치가 없기 때문에 자동적으로 감응 및 조절될 수 없는 단점을 가지고 있다. 참고로 펄스 모터(Stepping motor)는 피드백 회로를 가지고 있지 않은 개방회로로 분류한다.

서보 모터는 입력된 전압을 기계적인 운동으로 바꿔서 회전각을 조절하는데 사용하는 전동기로 2상교류 서보모터 또는 직류 서보모터가 있으며, 소형으로 만들어진 것을 마이크로 모터라고 한다. 서보모터에는 회전수를 정확하게 카운트할 수 있는 엔코더와 피드백 기구가 구비되어 기계자체의 정밀도에 따른 오차를 잡아주는 역할을 한다.

서보 모터는 위치제어, 속도제어 및 토크제어 등에 사용되며 서보 모터를 이용하여

[그림 7-5] 서보 모터

위치제어나 속도제어용으로만 사용되며 토크제어는 값이 저렴한 토크용 모터를 사용하는 것이 효율적이다.

## 실린더

내연기관에서 피스톤 운동을 이용하여 공압이나 유압을 활용하여 물체를 밀어내거나 잡아당기는 역할을 하는 기구를 말한다.

### 7.2.1 공압

공압 실린더는 가압 가스의 에너지로 힘을 전달하는 장치로 가동식 피스톤과 흡기 및 배기 채널이 있는 원통형 챔버로 구성되어 있다. 공압 실린더를 작동시키기 위해서 공기와 같은 가스를 가압하여 힘을 전달한다. 단동 실린더는 대기 중에 존재하는 공기에 압력을 가해 피스톤을 구동하고 작동 후에는 스프링을 이용하여 원상복귀하도록 되어 있다.

[그림 7-6]은 공압 실린더를 나타낸 것이다. 그림에서 피스톤의 위치는 압축 공기를 실린더의 상단 또는 하단으로 라우팅하는 밸브에 의해 제어되고 실린더의 로드 끝 또는 상단에 압축 공기가 채워지면 피스톤이 아래쪽으로 이동하고 피스톤 아래의 공기가 배기관을 통해 배출되고, 베이스로 들어가는 가압 공기는 피스톤을 위로 움직이고 피스톤 위의 공기가 배출된다.

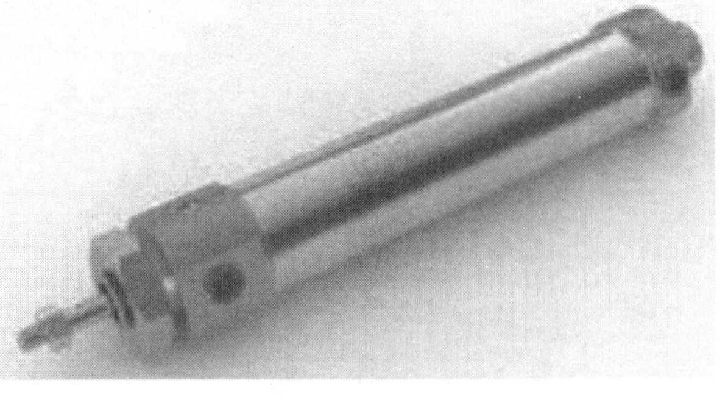

[그림 7-6] 공압실린더

### 7.2.2 유압

유압 실린더는 기름의 압력과 유량을 이용하여 왕복운동의 힘과 속도로 변환하는 액추에이터로 실린더의 힘은 압력에 비례한다. 낮은 압력의 유압원을 사용하여 큰 출력을 얻기 위해서는 유효 단면적을 크게 할 필요가 있지만 구동 속도가 늦어진다.

유압장치는 자동화의 브레이크 장치에서부터 중장비에 이르기까지 큰 힘이 필요한 곳에 광범위한 범위에서 사용되어지고 있다.

유압장치 장점은 다음과 같다.

① 작은 장치로 큰 힘을 얻을 수 있다.

② 과잉 하중으로부터 작업 장치를 쉽게 보호할 수 있다.

③ 손쉽고 정밀한 조정이 가능하다.

④ 부드러운 변속이 가능하다.

⑤ 진동 없이 구동된다.

⑥ 원하는 위치에 엑추에이터를 설치 후 구동력을 전달하기 위하여 파이프를 설치할 수 있다.

⑦ 유압장치는 고압으로 인해 안전한 구조로 되어 있다.

유압장치 단점은 다음과 같다.

① 오일누유의 가능성이 있다.

② 오일의 특성상 온도에 영향을 받는다.

[그림 7-7] 유압 실린더

③ 동력을 전달하는 속도가 파이프에 흐르는 유량의 최대 속도에 의하여 제한을 받는다.
④ 파이프 배관 작업이 전기 배선과 비교하여 어렵다.

## 바이메탈

바이메탈은 서로 다른 열팽창률을 가진 두 금속을 붙여서 만드는 것으로 원자나 분자를 혼합한 합금과는 달리 둘을 붙여서 만든 것이다. 금속의 열팽창 정도 차이로 철과 구리같이 열팽창 정도가 다른 금속 두 개를 붙여 만들어 온도에 대한 아날로그 센서로 사용한다.

바이메탈에 열이 가해지면 열팽창이 달라서 하나가 더 팽창하지만 서로 붙어 있어 신장 변형할 수 없기 때문에 열팽창 정도가 적은 금속 쪽으로 휘어지면서 전류가 차단되고 전기가 흐르지 않아 열이 적어지면 원 상태로 수축해 다시 전류가 이어지게 된다. 반대로 냉각되면 재료가 수축하여 열팽창 정도가 큰 금속 쪽으로 휘어진다.

바이메탈을 구성하는 두 금속판의 팽창계수 차이가 무척 크면 작은 온도 변화에도 휘어지고 분해될 수도 있다. 온도가 상승하면 회로를 단락하여 전류가 흐르지 않도록 하는 곳에 쓰인다. 바이메탈은 두 가지가 있는데 자동 복귀형은 발열부의 온도를 감지하여 설정 온도 이상 고온 발열시 전원이 차단되며 설정 온도 내에서 자동 복귀하며,

[그림 7-8] 바이메탈

수동 복귀형은 발열부의 온도를 감지하여 설정 온도 이상으로 올라가면 전원 차단되고 사용자가 직접 리셋하는 것이다.

전열기인 다리미, 전기밥솥, 토스터, 전기주전자, 온풍기 등의 가전제품이나 화재 경보기, 온도계에 사용되며 다리미를 쓸 때 작은 소리가 발생하는데 바이메탈 접점이 붙었다 떨어질 때 발생하는 소리다.

## 형상기억합금

형상기억합금(Shape-memory alloy)은 외력에 의해 형상이 변해도 가열에 의하여 변형 전의 모양으로 되돌아오는 성질을 가진 것으로 형상기억합금의 막대를 코일 모양으로 구부리고 열을 가하면 모양을 기억하고 있는 것처럼 복원된다. 또한 원래의 모양으로 복원될 때 변형에 소요된 외력의 5배의 힘이 발생된다. 형상기억 효과는 한번만 원래의 모양으로 돌아가는 것과 온도차에 의해서 반복적으로 효과를 나타내는 것이 있다.

형상기억 효과를 나타내는 합금은 티타늄과 니켈 합금이 대표적이며 동합금이 연구개발 중에 있다. 티타늄과 니켈 합금은 뛰어난 특성을 지니고 있지만 가격이 비싸고 가공성, 성형성, 용접성이 좋지 않다.

[그림 7-9] 형상기억합금

형상기억합금을 처음으로 실용화한 것은 아폴로11호의 안테나를 니켈과 티타늄의 합금으로 만들었고 기계부품, 의료기기, 측정기기 등 산업전반에 걸쳐 이용하기 위한 연구가 계속되었다. 형상기억합금은 파이프의 이음쇠, 자동으로 닫히는 온실 문, 인공심장의 인공근육, 보철기와 같이 광범위하게 적용되고 있다.

대한민국은 1974년부터 형상기억합금에 관한 연구를 시작하여 연구소와 대학에서 철을 이용한 새로운 형상기억합금의 제조 및 특성 방법을 연구하고 있다.

## 연습문제

1. 액추에이터를 설명하시오.
2. 스테핑 모터를 적용하는 사례를 조사하시오.
3. AC 모터를 적용하는 사례를 조사하시오.
4. DC 모터를 적용하는 사례를 조사하시오.
5. 서보 모터를 적용하는 사례를 조사하시오.
6. 공압 실린더를 모터를 적용하는 사례를 조사하시오.
7. 유압 실린더를 적용하는 사례를 조사하시오.
8. 바이메탈을 적용하는 사례를 조사하시오.

CHAPTER

# 8 로봇 (Robot)

로봇은 인간과 유사한 모습과 기능을 가진 기계 또는 컴퓨터 프로그램으로 작동할 수 있고 복잡한 작업을 수행하는 기계적 장치를 말하며 제조공장에서 조립, 용접, 단순 반복작업 등을 수행하는 자동화된 로봇을 산업용 로봇이라 하고 환경을 인식하고 스스로 판단하는 기능을 가진 로봇을 지능형 로봇이라 한다. 동력을 사용하는 로봇은 사람을 대신하거나 사람과 함께 일을 하는 경우 협동로봇이라고 한다. 로봇이란 용어는 체코슬로바키아의 극작가 카렐 차페크(Carel capek)가 1920년에 발표한 희곡에서 처음으로 사용되었으며 어원은 체코어로 노동을 의미하는 Robota이다.

[그림 8-1] 터미네이터

## 로봇의 진화

인간이 하던 일을 로봇이 대신하고 있고 제조현장에서 단순반복 작업이나 따분한 작업, 불쾌한 작업으로 소재를 넣고 빼는 작업, 용접, 도장 등에 적용하고 있다. 3D 작업은 로봇이 인간보다 일정한 정밀도와 정확도로 작업을 계속할 수 있으며 지칠 줄 모르기 때문에 제품의 품질을 일정하게 생산하고 휴식이 필요 없기 때문에 대량의 제품을 생산할 수 있다. 로봇은 위험한 작업에 방호복을 입지 않고 원자력 공장에서 방사성 물질을 취급하거나 유독 화학 물질을 취급할 수가 있으며 덥거나 추운 환경에서도 일할 수가 있고 인간의 생명이 위험에 노출될 수 있는 폭발물을 수색하거나 폭탄의 뇌관을 제거하는 일 및 우주 공간에서의 작업도 가능하다. 인공위성을 수리하거나 유지하는데 사용되고 탐사를 목적으로 먼 천체까지 비행하는 경우에도 로봇이 적용된다.

가정에도 로봇이 가사를 돕기 위해 사용되고 육체적인 장애가 있는 사람을 돌보는 일에도 이용되고 있다. 로봇 간호조무사는 장애자나 고령인 사람들이 생활하는 것을 도와주고 병원에 입원하지 않아도 된다.

[그림 8-2] 로봇의 진화

## 산업혁명과 로봇

1차 산업혁명 이전에는 인력과 가축의 힘을 이용하여 일을 수행했으며 이후는 제임스와트의 증기기관이 개발되어 24시간 물건 생산이 가능하게 되었다. 1차 산업이 발전한 계기는 제임스와트의 증기기관과 방직기계가 결합하여 옷감을 대량으로 생산하여 판매하면서 자본을 축적한 자본가들은 메카트로닉스 기술을 접목한 자동화가 필요하다는 것을 인식하는 계기가 되었다.

2차 산업혁명은 분업을 통한 공장단위의 자동화가 이루어진 것으로 헨리포드가 도축장에서 컨베이어를 이용하는 것을 보고 자동차에 접목하여 분업화가 이루어졌으며 마이카 시대가 시작되었다.

3차 산업혁명의 특징은 전자기술과 IT를 통한 자동화가 발전한 시기로 최초의 로봇 에릭(리차드, 러펠이 제작)이 탄생되었다. 에릭을 개발한 이유는 1928년 런던에서 개막 연설을 부탁했으나 부끄러움을 많이 타는지 거절하고 고민 끝에 대안으로 내놓은 것이 바로 에릭이다. 철갑으로 가슴을 만들었고 다리와 팔은 알루미늄으로 제작됐다. 눈에는 전구를 달았고 3만5,000 V의 전기가 흐르면서 이빨에서 강력한 스파크가 일어나 엄청난 반응을 받았고 생산현장에 로봇을 적용하여 제품을 대량으로 생산할 수 있는 시스템이 구축되었다.

4차 산업혁명시대에는 3차 산업시대에 적용한 로봇을 보다 효율적인 생산체계를 구축하였다. 과거에 공장에서 사람이 모니터링하고 관리를 했다면 오늘날은 핸드폰이나 집에서 컴퓨터로 기계 상태를 모니터링하는 것이다. 4차 산업을 대표하는 단어를 보면 빅데이터, 인공지능, 클라우드, 로봇이 있다. 기계장치를 보면 여러 종류의 센서와 모터 등을 사용하고 있다. 모터에 온도센서를 달아서 모터의 온도를 측정하면 이상 유무를 확인할 수 있다. 모터는 기계적으로 조립되어 있는데 장시간 작동하면 베어링이 마모되어 열이 발생하며 교체해야 된다. 따라서 인공지능을 이용하여 모터의 이상 유무를 정확하게 판별하여 교체를 통한 24시간 생산설비가 가능하고 센서를 통해서 들어오는 각종을 데이터를 관리하기 위해 빅데이터가 필요하며 많은 데이터를 사람이 판별하기 어렵기 때문에 인공지능이 필요한 것이다. 원격으로 데이터를 수집하기 위해서 클라우드가 적용되고 인공지능으로 부터 판별된 정보로부터 일을 하기 위해 로봇을 사용하고 있다.

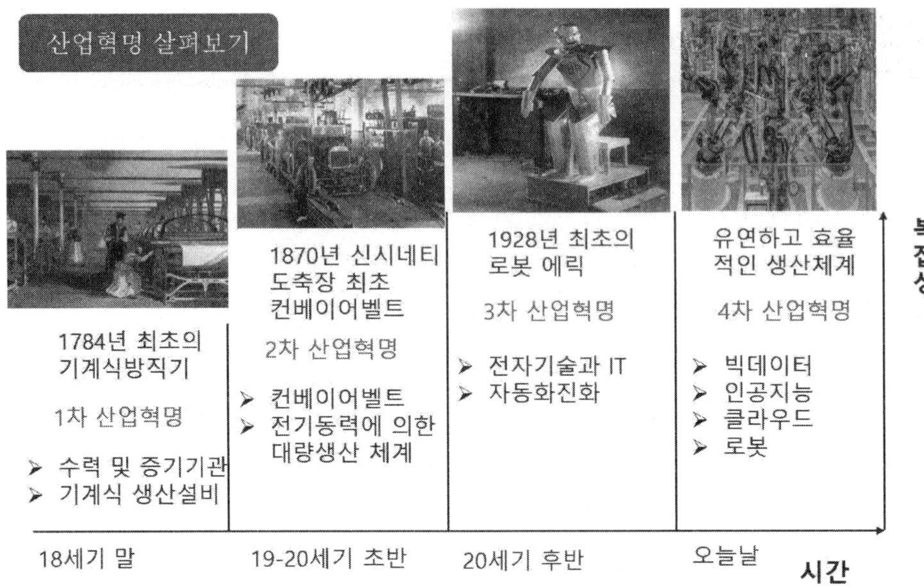


[그림 8-3] 산업혁명과 로봇

## 제조업용 로봇

제조용 로봇은 고정 또는 움직이는 것으로서 산업자동화 분야에 사용되며 자동 제어가 가능하고 프로그램 수정이 가능한 3축 이상의 다축을 가진 자동조정 장치로 (International federation of robotics, IFR) 정의하고 있으며 세계적으로 제조로봇의 적용 분야는 자동차 및 전기전자 분야가 대부분을 차지하고 있다. 제조용 로봇은 조립용 로봇과 가공용 로봇으로 구분되고 용도에 따라 적재용 로봇, 부품 핸들링 로봇, 공작물 착탈용 로봇, 용접용 로봇, 표면처리용 로봇, 조립·분해용 로봇, 가공용 로봇, 공정용 로봇, 시험 검사용 로봇 등으로 구분된다.

범용제품 대량생산을 위한 대형 제조 기업이 동남아 시장의 인건비 상승에 따른 생산비 증가, 공정자동화에 따른 인력감축 등에 따라 본국으로 회귀하는 현상이 발생하고 있고 제품수명주기와 제품 출시시기, 높은 소비자 기대수준에 부합하기 위해 제품의 기획, 설계, 생산, 유통, 판매 등 전 과정을 IT기술로 통합하여 최소비용과 시간으로 고객맞춤형 제품 생산을 위한 자동화 및 다품종 생산이 가능한 고객 맞춤형 유연생산체계로 변하고 있기에 로봇이 적용되고 있다.

[그림 8-4] 제조용 로봇

### 8.3.1 용접로봇

로봇 용접은 프로그래밍에 의해 자동적으로 작업을 진행하며 자동차 산업과 같은 높은 생산 단위와 관련된 스포트 용접 및 아크 용접에 적용되고 있다. 자동화 용접과정에는 인간이 프로그램을 수정하고 재료를 준비해야 된다.

로봇 용접의 장점은 다음과 같다.

① 로봇은 인간처럼 휴식 시간이 필요 없다. 로봇 용접은 더 빠른 속도로 오랜 시간 작업하여 인간보다 생산성이 높다.

② 밀폐된 공간에서 작업이 가능하다. 인간은 고온 및 용접 공정에서 발생하는 아크에 의한 작업 환경이 불안정하다.

③ 프로그래밍에 의해 구동하기 때문에 높은 반복성과 정확도가 향상된다.

④ 인건비를 줄일 수 있다.

로봇 용접의 단점은 다음과 같다.

① 로봇 용접기의 초기 투자비가 높다.

② 용접의 변경이 어렵다. 로봇 용접기에 수정이 필요한 경우 작업자는 작업을 중지하고 기계를 다시 프로그래밍 하는 시간이 발생한다.

③ 압력 용기, 탱크로리 및 선체와 같은 특정 장소에서 수행하기 어렵다.

[그림 8-5] 용접로봇

## 8.3.2 도장로봇

도장로봇은 다양한 부품을 단색으로 페인팅하는 작업, 자동화된 페인팅 라인, 챔버 또는 터널에서 별도의 공간에서 작업을 수행하고 있다. 로봇은 페인트 및 스프레이 기계를 사용하기 때문에 인체에 유해한 환경 및 작업 조건에 대한 사항이 변경되는 곳에 로봇을 적용한다. 생산 공정에 로봇을 이용하면 품질이 향상되고, 작업시간의 최소화, 효율성 향상 및 신뢰성을 높인다.

[그림 8-6] 도장로봇

## 8.3.3 조립로봇

SCARA(선택적 조립로봇) 로봇시장은 데이터를 관리하여 단순반복 작업을 수행하는 생산라인에 적용하고 있다. 생산라인에 조립로봇을 적용하기 위해서는 초기투자비가 들어가지만 장기적으로 경제성을 높이기 위해서 적용하고 있다. 조립로봇 도입이 증가하는 이유는 인간이 단순 반복적 직종의 노동을 기피하기 때문에 단순한 계측업무, 반복적인 기계 조작이나 조립 등 로봇을 이용한 자동화가 쉬운 곳에 로봇을 적용하고 있다.

[그림 8-7] 조립로봇 〈출처 : Enter 뉴스〉

## 8.3.4 지능형 이동로봇

지능형 이동로봇은 인간의 명령 및 감정을 이해하고 프로그래밍에 의해 인간에게 다양한 서비스를 제공하는 로봇을 말한다. 환경의 인식, 정보의 획득, 지능적 판단, 자율적인행동 등의 인공지능기술을 인간이 지원하고, 어려운 상황에서 인간을 대신하거나 특수한 작업을 수행하는 분야는 기계, 전자, 정보, IT 기술을 바탕으로 가사 지원, 교육, 엔터테인먼트 등의 서비스를 제공하는 인간 지향적인 로봇으로 정의할 수 있다.

지능형 이동로봇을 위한 비전 기술은 시각 시스템을 갖춘 로봇을 이용한 것으로 기술의 확산은 인력을 대체하고 현장의 안정성, 품질, 생산성 향상에 영향을 가져다 준다. 비전 기술이 접목된 고정형 로봇과 이동형 로봇이 있다. 고정형 로봇은 산업 현장에서 결함 검사, 농산물 검사 등과 같이 제한된 환경 조건에서 동작한다. 이동형 로봇은 작업환경이 수시로 변하기 때문에 다양한 비전 기술이 필요하다.

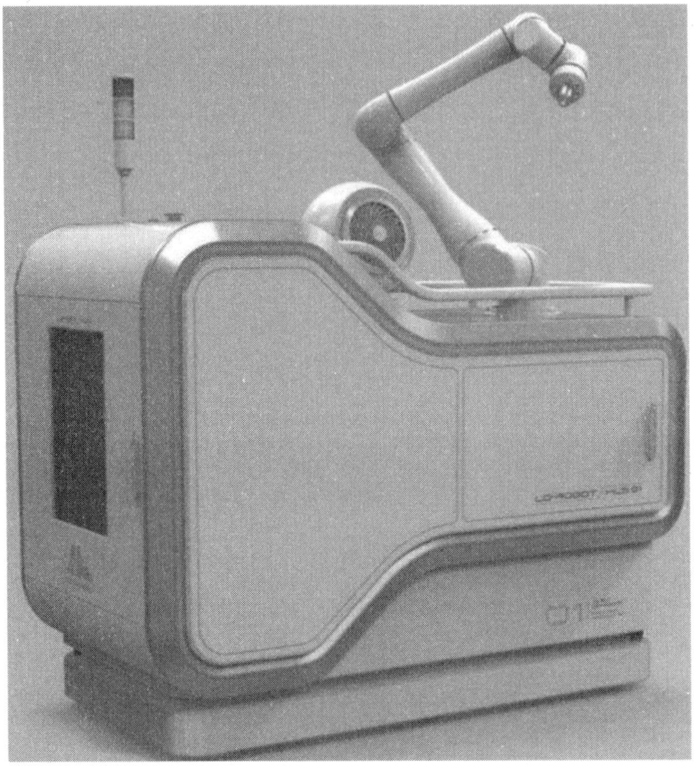

[그림 8-8] 지능형 이동로봇 〈출처 : 로봇신문〉

## 8.3.5 클린로봇

클린룸에 적용하는 클린로봇은 공중의 미립자, 대기 중의 온습도, 실내의 환경 등이 일정하게 유지되는 환경에서 전자, 정밀기기 제조, 생물 미립자 제어가 필요한 수술실 등에 적용되며 클린룸은 공기 부피당 입자의 수와 크기에 따라 분류된다. 설비 공장에서 발생하는 오염 물질은 사람과 작업형태, 시설과 장비에서 발생하며 인간의 육안으로는 보이지 않는 오염 물질을 제어하여 제조 공정 혹은 설비의 전체 공간까지 제어하는 것이다. 클린룸에 적용하기 위한 로봇은 작업 공간에서 오염물질을 발생시키지 않아야 되지 때문에 로봇에서 아주 작은 오염물질이나 먼지 입자가 발생하는 것을 방지하기 위해서 로봇을 밀봉하는 커버, 스테인리스 재질의 하드웨어, 로봇 내부에서 발생되는 입자가 새지 않게 하는 윤활제 등이 접목된다.

[그림 8-9] 클린룸

## 8.3.6 검사로봇

검사로봇은 품질의 안정화를 위해 인력을 이용하여 하루에 수많은 부품을 확인하면 눈의 피로와 더불어 검사한 부품에 대한 신뢰도가 저하되는 현상이 발생하지만 로봇을 이용하면 품질에 대한 신뢰성을 확보할 수 있다. 검사방법은 카메라, 적외선, 초음파 등을 이용하여 부품의 외관 및 내부에 대한 검사를 수행하고 있다.

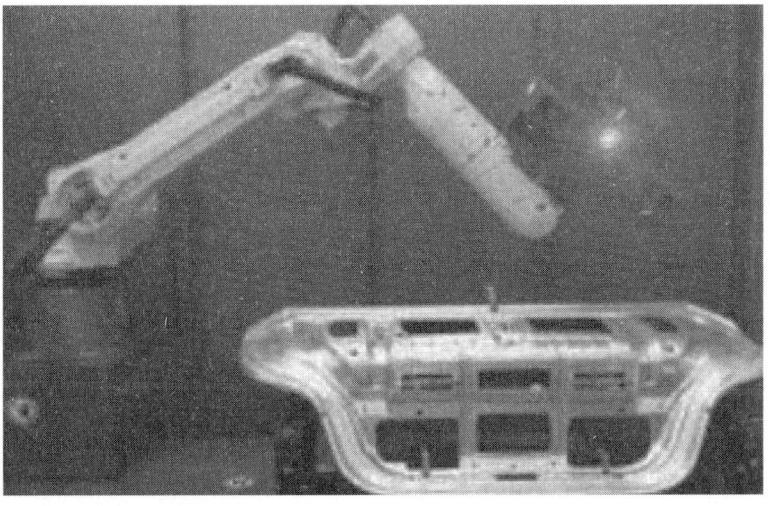

[그림 8-10] 초음파를 이용한 용접부 검사

### 8.3.7 파괴검사

파괴검사는 재료에 외력을 주어 파괴 될 때 까지 재료의 인성, 강도, 기계적 성질 등을 평가하는 검사 방법이다.

#### [1] 인장시험

인장시험의 목적은 공업용 재료의 기계적 성질을 알기 위한 기본적인 시험으로써 일정한 속도로 반대 방향으로 잡아당기는 힘에 대한 물질의 저항성을 측정하는 실험이다. 재료강도에 관한 기본적인 설계 정보를 얻기 위해 가장 널리 사용된다. 이를 통해 공업용 재료의 변형 과정과 응력의 변화를 조사하며 재료의 항복강도, 인장강도, 연신율, 단면수축률 등의 기계적인 특성과 탄성한계, 비례한계, 탄성계수의 물리적 특성을 구하는 것을 목적으로 한다. 인장시험의 특성은 기계 설계의 자료로 이용되며 생산된 제품의 품질관리와 화학 분석 및 현미경 조직 시험과 더불어 재료의 열처리 등의 검토, 미지의 재료에 대한 판정에 이용된다.

기계 및 구조물을 만들 때 사용되는 금속재료에 대해서는 한국 공업 규격 KS D 0801~0811에 규정되어 있다. 재료시험은 재료의 성질을 시험하게 되므로 그 재료의 일부에서 시험편을 채취하여 성질을 시험한다.

보통 환봉이나 판 등의 평행부를 갖는 시험편을 축방향으로 인장하중을 가해 하중과 변형을 측정한다. 이로부터 측정할 수 있는 값은 연성재료와 취성재료가 다르며, 연성재료에서는 인장강도, 항복점, 연신율 및 단면수축률이고 취성재료에서는 인장강도와 연신율이다. 인장시험에 의해 측정될 수 있는 재료의 기계적 성질로는 그 외에 비례한도, 탄성한도, 탄성계수, 파단력도 포함된다. 또 인장시험에 의해 구해지는 재료의 강도는 횡단면에 수직으로 작용하는 응력에 대한 시험편의 강도 값으로 노치나 그 외의 원인으로 분포가 일정하지 않은 응력을 받는 경우의 항복점이나 파단강도는 재료가 항복이나 파괴에 따른 역학적 조건과 인장시험의 결과를 고려하여 추정된다. 그리고 압축하중이나 반복하중에 의한 재료의 강도도 인장강도에 대한 비율로서 간주되는 예가 많다. 즉, 시험기를 사용하여 시험편을 서서히 인장하여 항복점, 항복강도, 인장강도, 연신율, 단면수축률 등을 측정하는데 목적이 있다.

재료에 외력이 작용하여 재료가 파괴되기 직전에 재료 단면의 단위면적에 대한 최대 저항력을 강도라고 한다. 강도란 인장력을 받을 때 견디는 능력이다. 재료에서 인장시험편을 깎아서 인장시험기에 고정하여 시험을 한다. 인장시험편을 시험기에 고정하여 천천히 인장하중을 가하면 재료의 항복점, 내력, 인장강도, 신장변형률의 성질을 측정한다. 또한 인장시험에서는 비례한도, 탄성한도, 탄성계수를 측정할 수 있으며 가한 하중과 신장의 관계를 나타내는 선도를 구할 수 있다.

인장하중에 의해서 생기는 응력을 인장응력이라고 하며 인장응력과 신장의 관계를 나타내는 응력변형률 선도는 재료의 성질을 알기 위해서 시행하는 시험 방법이다. 응력변형률 선도에서 최대점의 응력을 인장강도라고 한다. 인장시험은 항상 동일한 시험조건하에서 실시해야 측정결과의 신뢰성을 높일 수 있고 기계나 부품의 설계에 필요한 자료가 되기 때문에 기계분야에서 공업적 시험방법으로 사용되고 있다.

[그림 8-11]은 인장시험기를 나타낸 것이다. 양쪽의 나사선이 회전함으로 인하여 이송부가 상하로 움직이는 원리이다. 이송부가 위쪽 방향으로 이동하면 인장, 이송부가 아래쪽 방향으로 이동하면 압축이 된다. 이송부 위에 있는 하중 Cell에서 하중을 제어하고 컴퓨터로 신호를 보내게 된다.

[그림 8-12]는 인장시험에 사용하기 위하여 제작한 시험편을 보여주고 있다. 시험편의 제작은 시험의 신뢰도를 높이기 위해 반복 측정하여야 하며 시험편 제작에 많은 시간이 걸리는 문제를 가지고 있다.

인장시험편은 공업적인 검사로서 인장시험을 할 때는 KS규격의 시험편을 사용한다. 연구 실험용에는 특수한 형상의 시험편을 사용할 때도 있다. 예를 들어, 탄성률의 정밀측정에는 L/A(L : 표점거리, A : 단면적)가 큰 시험편을 사용한다. 연성재료는 국부적

[그림 8-11] 인장시험기

인 소성변형(국부수축)을 일으킨 후 파단되기 때문에 단면적이 일정한 시험편에서는 파단연신율은 L에 의해 변하고, L이 클수록 연신율은 작아진다. 그러나, L/A를 일정하게 하여 상사법칙을 적용하면 시험편에서는 일정한 파단연신율을 나타낸다.

[그림 8-13]은 인장시험 프로그램을 이용하여 인장시험에 의하여 응력변형률 곡선을 나타낸 것이다.

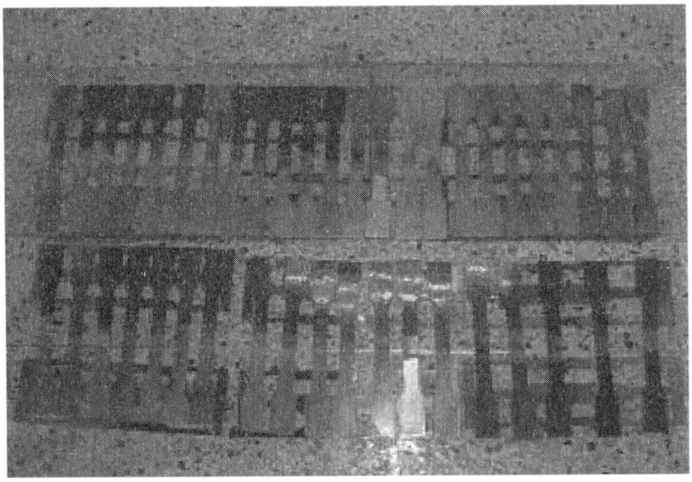

[그림 8-12] 인장시험편

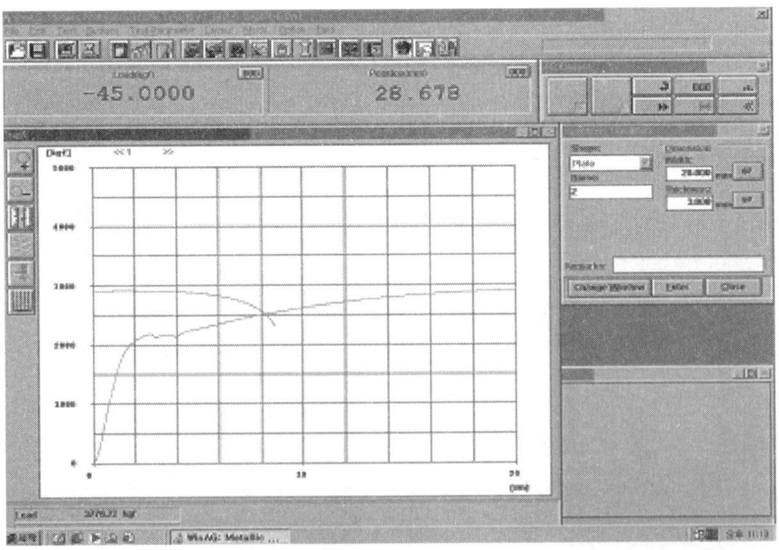


[그림 8-13] 인장시험 프로그램

[그림 8-14] 인장 시험편의 파괴

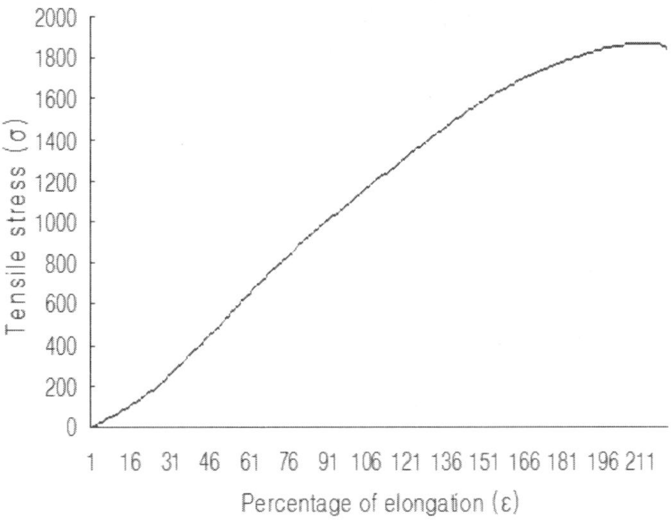


[그림 8-15] 시험편의 불량

[그림 8-14]는 인장시험을 하고 있는 모습이며, 인장하중의 증가에 의하여 시험편이 파단되는 모습이다. 즉, 인장하중에 대한 응력이 0이 되는 것을 의미한다.

[그림 8-15] 는 시험편의 불량에 의해 지수형 곡선으로 나타난 것이다. 하중에 의한 응력이 발생하지 않고 파괴되는 경우에 나타나는 것이다. [그림 8-16] 은 취성곡선을 나타낸 것이다. 그림에서 항복점은 2095.50 kgf, 항복점의 연율은 2.37 mm이었다.

또한 파괴에 도달할 때의 연율은 21.73 mm이었다. [그림 8-17]은 연성곡선을 나타낸 것이다. 항복점은 2140 kgf, 항복점의 연율은 1.32 mm이었다. 또한 파괴에 도달할 때의 연율은 20.04 mm이었다.

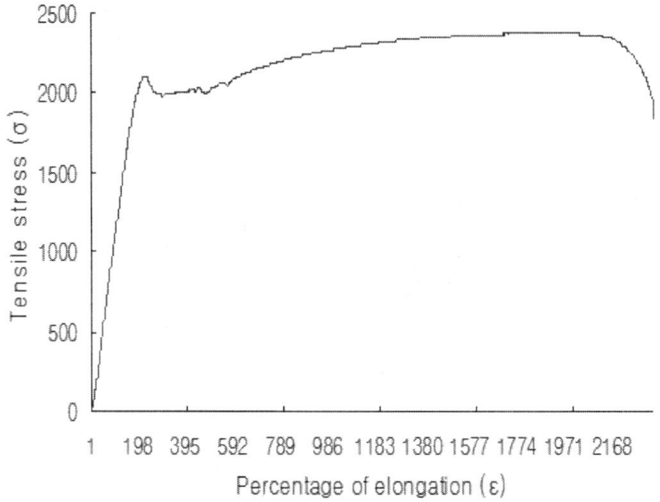


[그림 8-16] 취성곡선

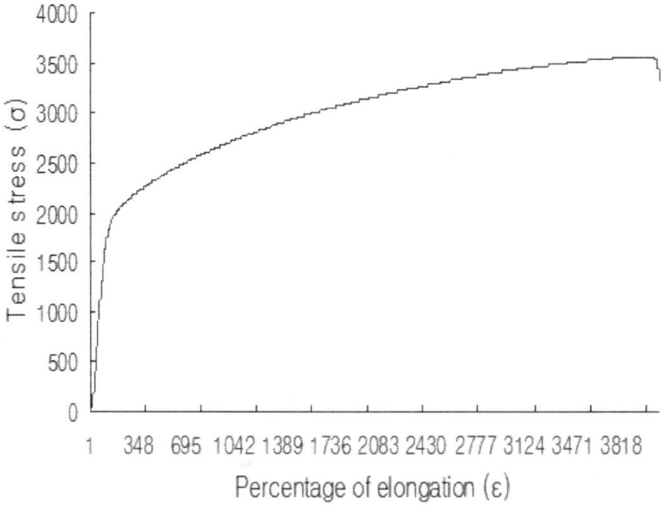


[그림 8-17] 연성곡선

[그림 8-18] 은 강의 인장시험에 있어서 응력변형률을 나타내는 대표적인 것이다. 그림에서 A는 단단한 물체에 하중이 가해질 때 나타나는 것으로 취성곡선이라고 하며, B는 부드러운 물체에 외력이 가해질 때 나타나는 것으로 연성곡선이라고 한다. 그림에서 E점은 탄성한계를 나타낸 것이다. 탄성한계는 하중이 없어지면 O점으로 복귀하는 것을 의미한다. P점은 비례한도를 의미하며, P점을 초과하는 하중이 작용하면 곡선이 비례적으로 나타나지 않는다. 점 $Y_1$에서 외력이 감소되어 점 $Y_2$로 이동하고 외력이 증가되지 않아도 점 $Y_3$에서 물체가 변형을 일으킨다. $Y_1$을 상항복점, $Y_2$을 하항복점이라고 한다.

그림에서 항복점(Yield point)은 $Y_1$ 부분으로 연율이 나타나는 지점을 의미한다. 이 점까지는 하중과 신장은 거의 직선적 관계에 있지만, 이 점을 넘으면 하중은 증가하지 않고 신장은 시작한다. 이때의 최대하중(kg)을 면적($mm^2$)으로 나눈 것을 항복점 또는 항복응력($kg/mm^2$)이라고 한다. 내력(Yield strength)은 스텐리스 강, 동, 황동과 같은 항복점이 나타나지 않는 경우의 재료에 대해서는 항복점에 대응하는 내력을 측정한다. 인장강도(Tensile strength)는 항복점을 지나 하중이 증가하여 파단에 이르는 최대하중(kg)을 변형전 시험편의 단면적($mm^2$)으로 나눈 값이다.

그림에서 P점은 비례한도(Limit of proportionality)를 나타낸 것이다. 비례한도는

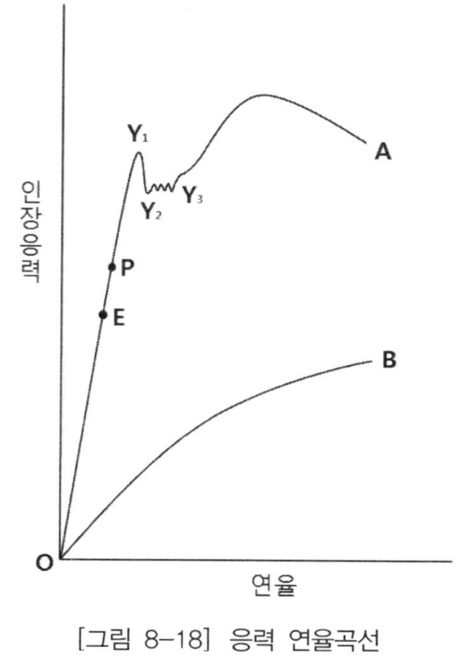


[그림 8-18] 응력 연율곡선

하중과 신장이 비례 관계를 유지하는 최대하중에 대한 응력을 말한다. E점은 탄성한도(Elastic limit)를 나타낸 것이다. 탄성한도는 하중을 완전히 제거했을 때에 재료가 영구변형을 남기지 않고 복귀할 수 있는 최대의 응력을 말한다. 그러나 측정 정밀도에 관계되기 때문에, 보통은 영구변형의 값을 0.01~0.03%, 0.001~0.003%로 결정한다.

신장(Percentage of elongation)은 인장시험편을 파단하고 시험편을 맞대어 표점 사이의 거리를 측정하여 원래의 표점 사이 거리에 대해서 구하는 것이며, 재료의 연성을 판단하는 것에 사용한다. 수축(Percentage of contraction of area)은 인장시험편이 파단 후에 최소 파단면적이 원래의 단면적에 대한 감소율이다. 탄성계수, 영 계수(Young's modulus)는 실험으로 작은 응력의 범위 내에 있어서 동일한 재료에 대해서 일정하며 재료의 물리적 값이다.

재료는 하중에 대하여 응력 및 변형이 발생한다. 응력은 외력에 대하여 물체가 나타내는 내부 저항을 단위면적에 대하여 나타낸 것으로 물체에 작용하는 외력에는 두 가지 종류가 있다. 하나는 표면력으로 정수압 또는 하나의 물체가 다른 물체로부터 받는 압력과 같이 물체의 표면에 작용하는 힘이고, 다른 하나는 중력이나 자력과 같이 물체 내에 작용하는 힘이다. 따라서 응력은 엄밀히 정의하면 식 (8.1)과 같다.

$$\sigma = \frac{P}{A_0} \tag{8.1}$$

여기서 $\sigma$는 응력, $P$는 하중에 대한 외력, $A_0$는 시험전 단면적을 의미한다.

변형은 물체에 외력이 작용하면 형상이 변화하게 되고 이 변형을 단위 길이로 나타낸 것이 변형률이다. 재료는 원자배열의 불규칙 혹은 결정결함을 함유하고 있으므로 완전한 탄성체는 아니지만, 작은 응력이 작용하면 거의 탄성적인 거동을 나타내고, 큰 응력이 작용한다면 소성변형이 일어나 마침내 파단에 이른다.

식 (8.2)는 시험편을 절단한 후 다시 접촉하여 표점거리를 측정한 값 $l$과 시험전의 표점거리 $l_0$와의 차이를 $l_0$로 나눈 값을 연신율이라고 한다.

$$\epsilon = \frac{l - l_0}{l_0} \times 100\ (\%) \tag{8.2}$$

식 (8.3)은 시험편 전단부의 단면적과 시험전의 시험편 단면적과의 차이를 시험편의 단면적으로 나눈 값을 단면수축률이라고 한다. 여기서 $A_0$는 시험전 시험편의 단면적

($mm^2$)이고 $A$는 시험 후의 단면적($mm^2$)이다.

$$\phi = \frac{A_0 - A}{A_0} \times 100\,(\%) \tag{8.3}$$

## [2] 압축시험

압축시험은 누르는 하중을 받는 재료의 거동을 알아보는 시험이다. 시험편을 누르면서 하중과 변형량을 기록하게 되고 이를 응력과 변형의 그래프로 나타내며 탄성한계(Elastic limit), 비례한도(Proportional limit), 항복점(Yield point), 항복강도(Yield strength) 그리고 어떤 재료에서는 압축강도(Compressive strength)를 구한다.

압축시험은 재료의 축방향에 대한 거동과 파괴의 한도를 측정하는 방법으로 소성유동에 대한 측정을 위해서 마찰이 없는 시험이 되어야 하며 연성파괴 한도의 측정은 마찰이 있을 때 압축으로 불거져 나온 요철의 형태와 그 중앙부에서의 응력과 변형 상태를 이용한다. 축방향의 압축시험은 취성재료나 연성이 낮은 재료의 탄성 및 압축 파괴 특성을 측정하는데 활용되고 있다.

압축강도 재하시험기의 가압면과 시험편의 중심축이 맞지 않으면 편심하중을 받기 때문에 정확한 압축강도에 대한 측정값을 얻을 수 없다. 가압면과 수직수평이 맞지 않아 편심하중을 받게 되는 시험편은 일반적으로 낮은 압축강도 값을 나타내며 시험편의 파괴단면의 형상도 정상적인 원추형 파단면을 보이지 않는다. 또한 시험편을 인장시험기에 정확하게 고정하는 것도 중요하지만 시험시 편심하중을 받지 않게 하기 위해서는 시험편에 요철이 생기지 않도록 해야 한다. 콘크리트의 압축강도에 영향을 끼치는 시험조건의 영향에 대한 연구 중에서 공시체 재하면의 평활도를 보면 원주형 시험편은 시험오차가 발생하는 대부분의 원인이 요철에 의한 불량에 의한 것이다. 가압면의 요철은 파괴강도에 영향을 준다. 가압면에 0.2 mm이상의 돌출부가 있으면 강도가 떨어진다.

[그림 8-19]는 압축시험에 의한 재료의 변형을 나타낸 것이다. 하중 $P$에 의하여 지름은 $d_1$에서 $d_4$로 늘어나며 높이는 $h_1$에서 $h_4$로 줄어든다. [그림 8-20]은 하중에 의하여 재료가 파괴되는 형태를 나타낸 것이다. 압축력에 의하여 시험편은 그림에서와 같이 $\theta$의 각도로 파괴된다. 압축시험은 인장시험의 공식과 동일하며 시험편의 길이 $h$와 단면 $d$의 비는 식 (8.4)와 같다.

$$h = (1.5 \sim 2.0)\,d \tag{8.4}$$

[그림 8-21]은 압축시험기를 나타낸 것이다.

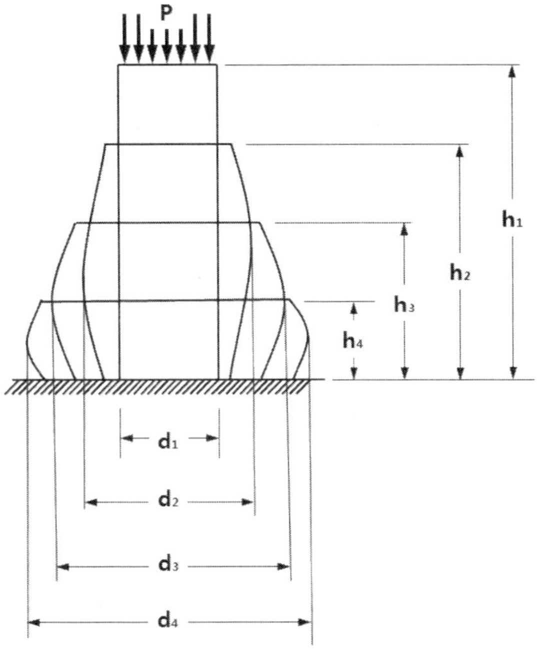


[그림 8-19] 압축시험에 의한 재료의 변형

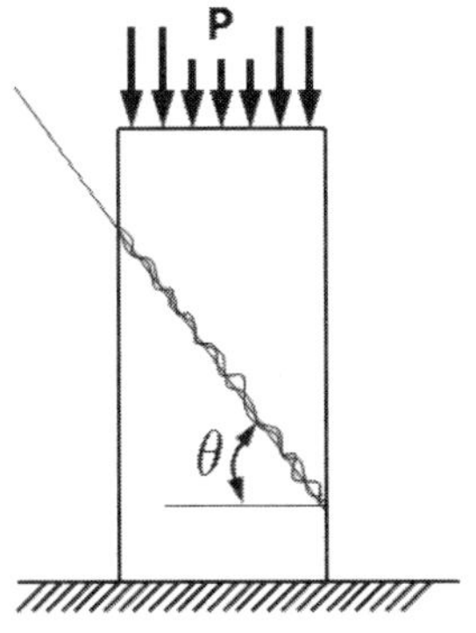


[그림 8-20] 압축력에 의한 재료의 파괴

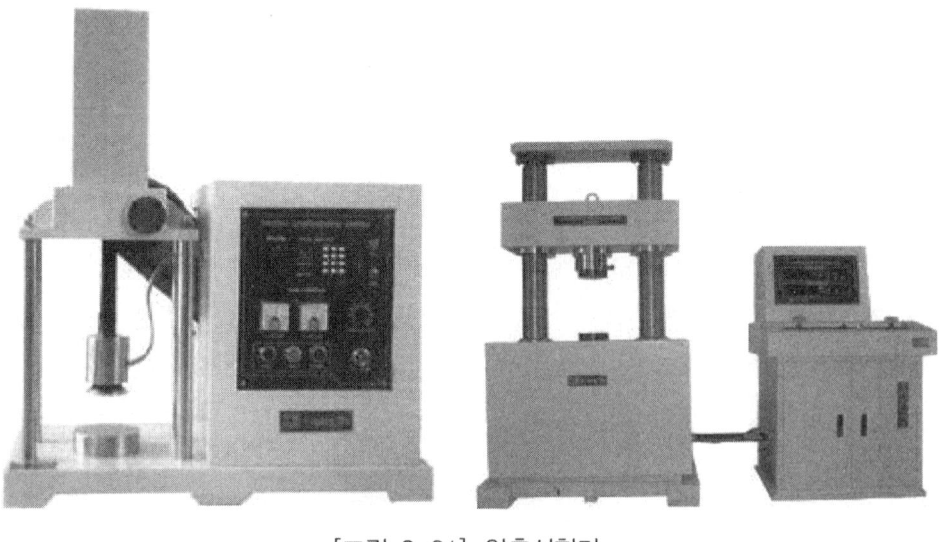

[그림 8-21] 압축시험기

## [3] 굽힘시험

굽힘시험은 시험편을 내측반경으로 규정된 굽힘 각도가 될 때까지 구부린 부분의 표면에 생기는 균열 등의 결함을 조사하는 것이다. 시험편을 굽히는 방법에 따라 가압 굽힘시험과 감기 굽힘시험이 있다. [그림 8-22]는 가압 굽힘시험법, [그림 8-23]은 감기 굽힘시험을 나타낸 것이다. 재료의 굽힘 강도는 변형성능, 결함의 유무 등을 조사하기 위해 실시하는 시험이다. 강재에서는 가공에 대한 적부, 결함의 유무 등을 알 수 있다. 콘크리트에서는 굽힘 하중시의 강도, 변형 등을 조사하며, 목재에서는 굽힘 강도, 휨에 관계되는 탄성계수를 구할 수 있다.

[그림 8-24]는 시험편을 굽힘시험 장치로 시험하기 위해 체결해 놓은 것이다. 굽힘시험에서 굽힘량과 하중의 관계는 전단을 고려하지 않는 경우 단순지지보의 중앙에 하중이 작용하는 것으로 해석이 가능하다. 식 (8.5)는 최대 집중하중을 구하는 방법이며 식 (8.6)은 각도를 구하는 방법이다.

$$\sigma_{\max} = \frac{PL^3}{48EI} \tag{8.5}$$

$$\theta = \frac{PL^2}{16EI} \tag{8.6}$$

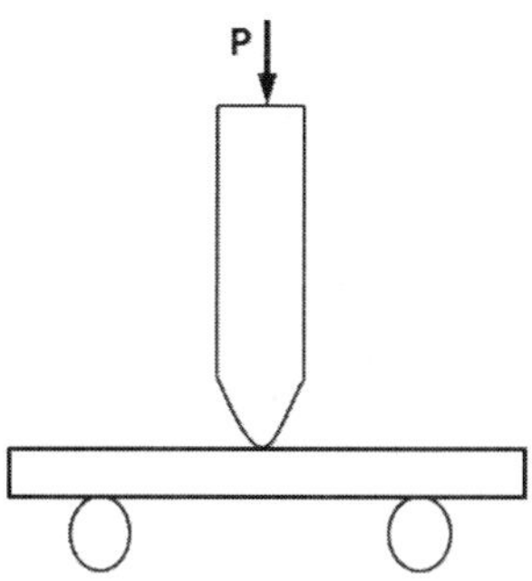


[그림 8-22] 가압 굽힘시험

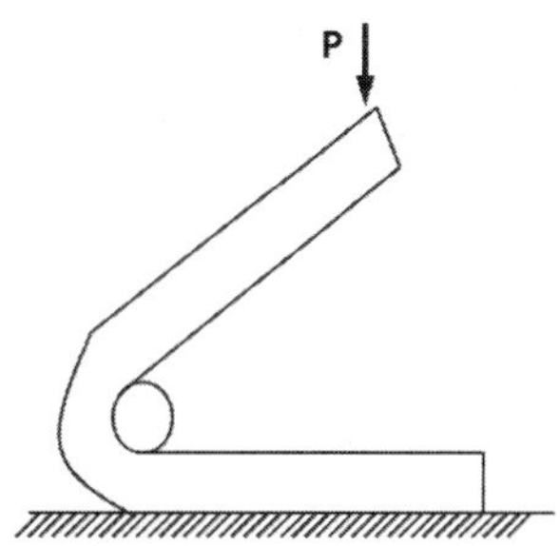


[그림 8-23] 감기 굽힘시험

[그림 8-24] 굽힘시험기

## [4] 비틀림 시험

비틀림 시험은 시험편에 비틀림 모멘트를 가하여 기계적 성질을 조사하고, 비틀림에 대한 저항력, 전단탄성계수, 전단항복응력, 전단강도, 강성률을 측정하는 것이다. 전단저항은 전단시험보다 더 정확하게 측정할 수 있다. [그림 8-25]는 비틀림 시험의 원리를 나타낸 것이다. $A'$는 감시창을 나타낸 것이며, 시험편은 원형단면 및 중공의 시험편도 사용된다. 전단 탄성계수를 구할 때 비틀림각을 정밀하게 측정하기 위하여 감시창을 통하여 감시하며 측정한다.

비틀림 시험은 비틀림 시험편의 한쪽을 고정하고 다른 한쪽에 비틀림 모멘트를 가하여 비틀림에 대한 저항력을 전단 저항력으로서 구하는 시험으로 비틀림 모멘트를 가했을 때 시험편의 변위는 비틀림각으로 나타난다. 비틀림 시험은 비틀림 하중을 받는 축, 드릴 공구와 같은 부품에 대하여 시험편을 제작하지 않고 실제 대상을 시험하기도 한

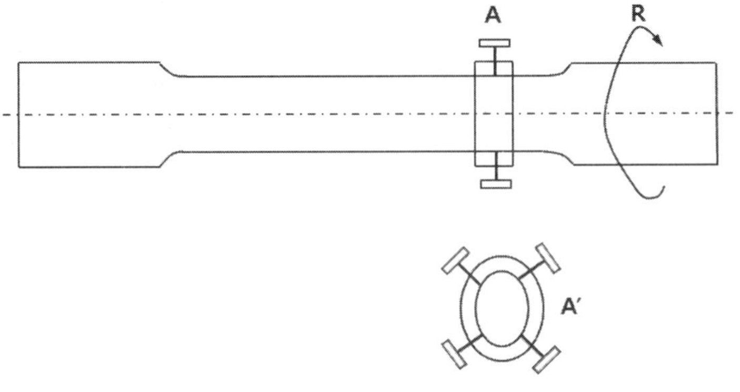


[그림 8-25] 비틀림 시험의 원리

다. 공구강과 같은 취성재료의 성능을 파악하기 위하여 시험하고 있으며, 재료의 단조 여부를 평가하기 위해 고온에서 비틀림 시험을 하기도 한다. 인장시험과 압축시험의 차이는 비틀림 파괴에 의한 단면적의 변화가 없다는 것이다. 따라서 연성재료의 가공 여부를 결정하는 부분에 있어서 적용이 되고 있다.

[그림 8-26]은 비틀림 시험기를 나타낸 것이다. 비틀림 시험 중 발생하는 특색은 다음과 같다.

① 항복점까지의 잔류변형은 탄성변형에 비하여 매우 적다.
② 항복점이 정확하게 나타난다.
③ 파괴까지의 전단변형이 크다.
④ 시험편은 축에 수직하는 단면으로 파괴된다.

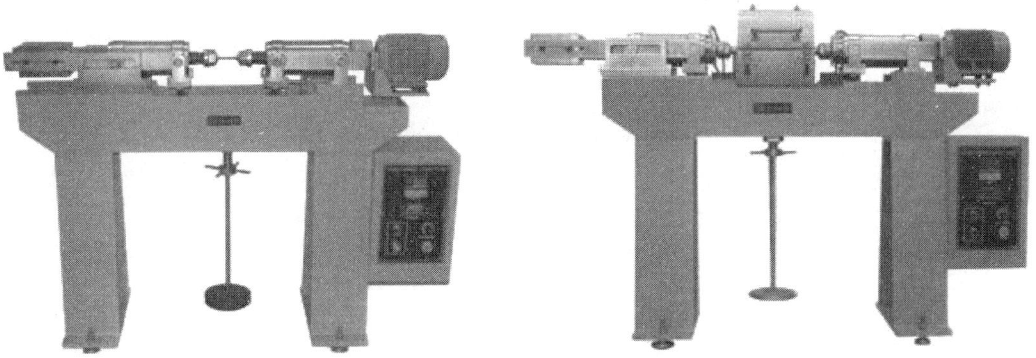

[그림 8-26] 비틀림 시험기

## [5] 전단시험

전단시험은 면에 평행으로 작용하는 저항을 측정하는 것이다. 전단시험을 통하여 전단강도를 구하고 인장강도로 변환할 수 있다. 봉 및 관을 전단하는 작업이나 일정한 형태의 금형을 사용하여 관이나 봉을 만드는 작업은 기계공작에서 많이 사용하고 있다. 또한 연결 부분의 핀은 전단력을 직접 받는 기계요소이다. 금속의 소성변형은 결정면상에서 미끄럼에 의해 이루어지기 때문에 전단력에 대한 재료의 저항성을 측정해야 한다.

[그림 8-27]은 전단파괴가 발생하는 형태를 나타낸 것이다. 전단파괴는 재료의 면적으로부터 전단응력을 계산할 수 있다. 여기서 $P$는 작용한 하중, $\gamma$는 전단 스트레인, $G$는 전단 탄성계수이다. [그림 8-27]의 (a), (b)의 전단응력은 식 (8.7), (c)의 전단응

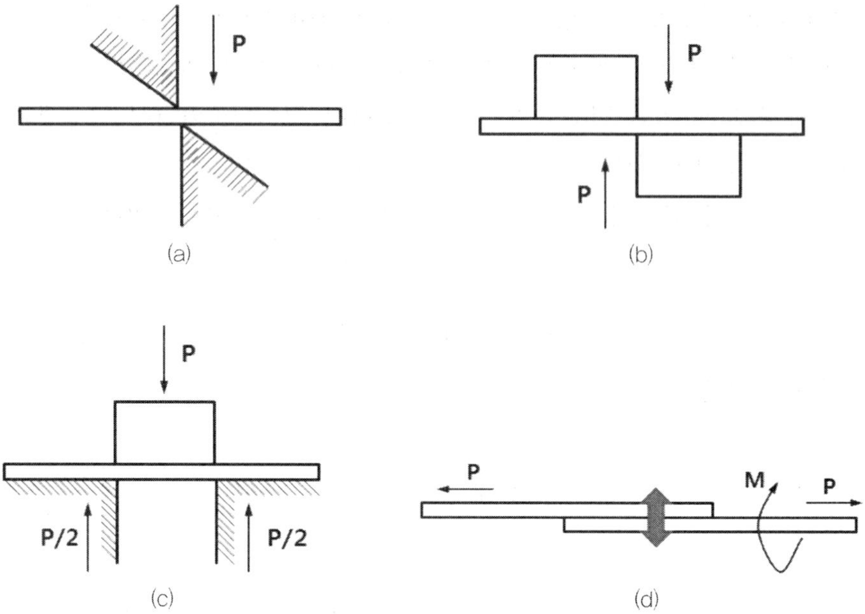


[그림 8-27] 전단하중의 작용형태

력은 식 (8.8), (d)의 전단응력은 식 (8.9)로 계산할 수 있다.

$$\gamma = \frac{P}{A} \tag{8.7}$$

$$\gamma = \frac{P}{2A} \tag{8.8}$$

$$\gamma = \frac{P}{\frac{\pi}{4}d^2} \tag{8.9}$$

[그림 8-27]에서 (c)는 작용하는 하중에 대하여 양쪽에서 반력이 작용하기 때문에 $P/2$이며, (d)는 환봉이기 때문에 $\frac{\pi}{4}d^2$이다.

[그림 8-28]은 전단시험기를 나타낸 것이다.

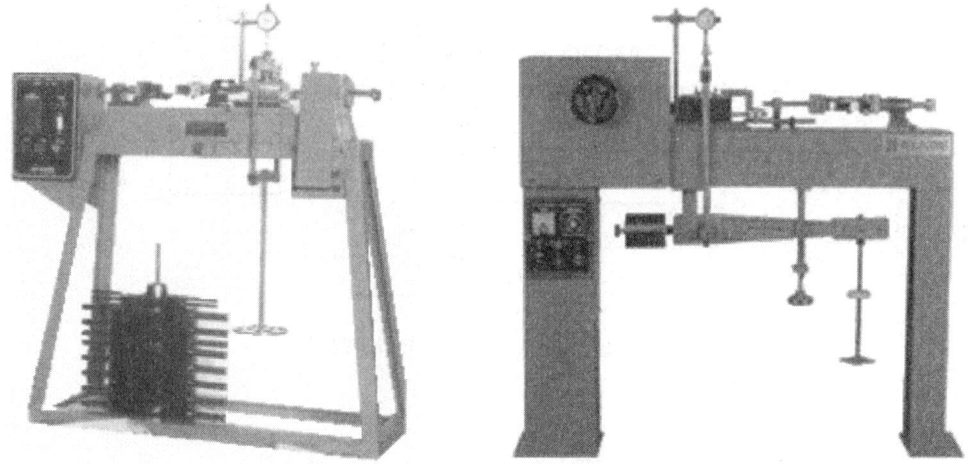

[그림 8-28] 전단시험기

## [6] 충격시험

충격시험은 고속으로 가해지는 부하에 대한 재료나 재품의 저항력을 시험하는 것이다. 충격시험은 고속으로 시험편에 충격 하중을 가하여 파괴될 때 측정하는 것이다. 일반적으로 충격시험에서는 재료를 파괴할 때 재료의 인성 및 취성을 시험한다. 인장시험에서는 연신 및 단면수축을 측정할 수 있지만 재료의 더 많은 정보를 알기 위해서는 충격시험이 시행된다. 외력이 가해지는 방법에 따라 충격굽힘시험, 충격비틀림시험, 충격인장시험, 충격압축시험 등이 있다.

산업현장에서 많이 사용되고 있는 것은 충격시험이다. 시험에는 샤르피 충격시험기 또는 아이조드 충격시험기가 사용된다. 충격시험 결과는 충격값으로 표시된다. 이 충격값은 단지 충격에 대한 저항력의 대소를 나타내는 것이며, 실제로 충격을 받는 기계

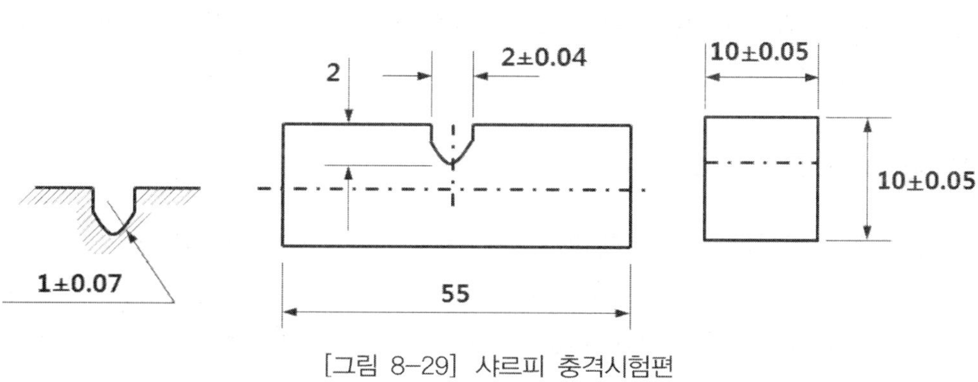


[그림 8-29] 샤르피 충격시험편

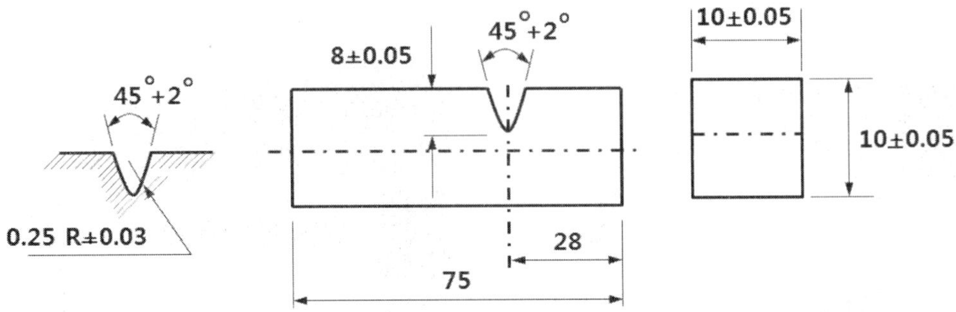


[그림 8-30] 아이조드 충격시험편

[그림 8-31] 아이조드 충격시험기

[그림 8-32] 샤르피 충격시험기

부분의 설계자료로 도움이 되는 것은 아니다. 금속재료의 충격시험에 관한 한국공업규격(KS)에는 샤르피 충격시험기(B 5522), 아이조드 충격시험기(B 5523), 금속재료 충격시험편(B 0809), 금속재료 충격시험방법(B 0810) 등이 있다.

[그림 8-29]는 샤르피 충격시험편, [그림 8-30]은 아이조드 충격시험편의 치수를 나타낸 것이다. 충격시험편은 노치라는 홈을 만들어 충격시험기가 홈에 충격을 가하도록 하고 있다. [그림 8-31]은 아이조드 충격시험기, [그림 8-32]는 샤르피 충격시험기를 나타낸 것이다. 우리나라는 샤르피 충격시험기를 많이 사용하고 있다.

### [7] 피로시험

피로는 금속 등의 재료가 응력이 변동됨에 따라 그 강도가 약해지는 현상이다. 철사를 구부렸다 폈다를 반복하면 절단되는데, 이는 피로파괴(Fatigue fracture)의 전형적인 예이다. 힘이 여러 차례 반복해서 동일 부위에 가해지면 내부에 피로가 누적되어 균열이 생기고, 어느 순간 파괴되는 것이다. 구조물, 부품 등에서 진동으로 인해 반복적으로 힘이 가해지는 부분에 사용되는 재료는 피로하중에 강한 것이어야 한다.

금속재료는 외력에 대하여 정적으로 작용하는 인장강도를 파악하여 재료의 사용여부를 결정하지만 고속으로 회전하거나 왕복하는 부품의 경우 하중의 변동이 발생하게 된다. 따라서 인장강도보다 외력이 장시간 걸쳐서 반복 작용하는 경우 진동에 대한 파괴가 중요하다. 진동이 수반되는 경우 파단강도는 작은 용력이 반복적으로 작용하였을 때 재료 전체 및 국부적으로 변형이 생기고 시간이 흐르면 변형이 성장하는 현상을 피로라고 하며 한도 이상이 진행되어 파괴될 때 피로파괴라고 한다. 피로하중은 최대응력의 폭으로 나타낼 수 있다. 상한값과 하한값의 응력범위에 있어서 파괴까지의 반복횟수가 중요한 변수가 된다. 최대응력 및 응력 변동 범위가 한계값보다 작은 값이면 많은 횟수의 반복이 있어도 파괴되지 않기 때문에 현장에서 무한 반복되는 진동이 발생해도 사용이 가능하다.

재료의 파괴에 도달하는 한계에 해당하는 응력범위 및 응력 진폭을 내구 응력범위 및 내구한도의 진폭이라고 한다. 최대 응력은 내구한도 및 피로한도라고 한다. 피로시험의 목적은 현장에서 발생하는 조건에 대한 피로한도를 결정하여 재료를 기계부품이나 구조물 등에 적용하고 예상치 못한 파괴를 미리 방지하여 부품의 수명이나 교체시기를 예측해서 안전 및 물적 피해를 대처하기 위하여 하는 시험이다.

[그림 8-33]은 피로 크랙의 성장 속도와 응력확대계수를 나타낸 것이다. 피로 크랙은 일반적으로 3단계로 표시한다. 1단계는 비성장 피로 크랙 전파구역으로 응력에 대한 변형이 발생하며 2단계는 직선적인 크랙 성장이 비례적으로 나타난다. 3단계에서는

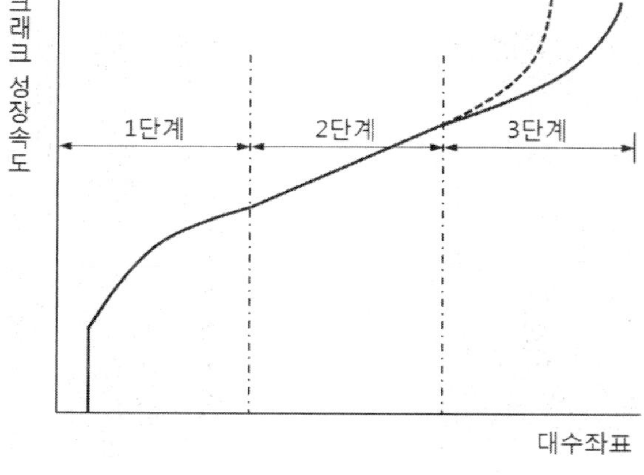


[그림 8-33] 피로크랙 성장속도와 응력 확대계수

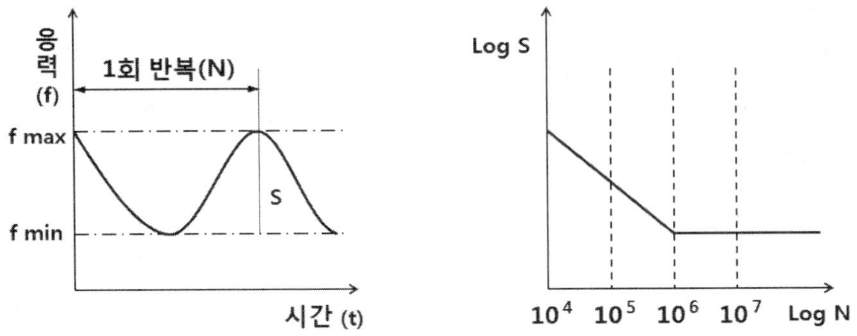


[그림 8-34] S-N 곡선

크랙 전파속도가 급격히 성장하여 불안정하게 되는 것을 의미한다. 그림에서 파괴는 1단계와 같은 형태의 실선으로 나타나지 않고 점선처럼 급격히 상승하여 파괴되는 것이다.

[그림 8-34]는 S-N 곡선을 나타낸 것이다. 피로시험에 의한 결과값을 해석하기 위해서 S-N 곡선이 적용이 되고 있다. S-N 곡선은 재료에 반복적으로 가해지는 응력의 반복 횟수와 진폭의 관계를 나타낸 것이다. 상한응력과 하한응력의 크기가 같고 방향이 반대일 때 최대응력은 응력범위의 1/2이 된다. 이것을 양진응력이라고 한다. 양진응력의 반복횟수가 아무리 많더라고 피로파괴를 일으키지 않는 최대응력을 재료의 내구한도 및 피로한도라고 한다. 재료가 파괴되기까지의 반복횟수는 최대응력 및 응력진폭 범위에 따라 차이가 나타난다. 작용한 응력 S와 반복횟수 N의 관계를 표시한 것이다. S-N 곡선에서 수평부분의 응력을 피로한도 및 내구한도라고 하며, 경사부의 반

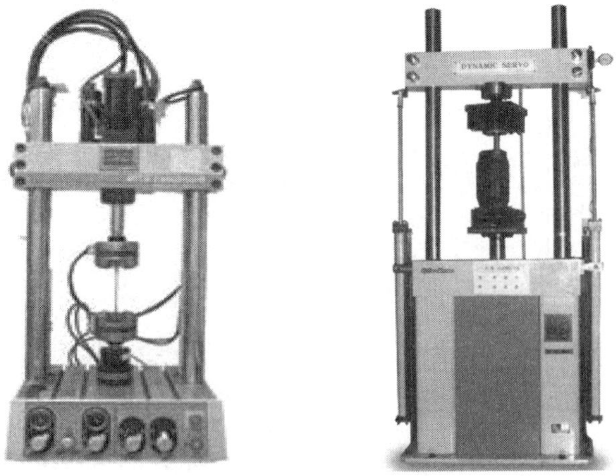

[그림 8-35] 피로시험기

복수에 따른 응력을 반복수 N에 대한 시간강도라고 한다. 피로강도란 피로한도 및 시간강도를 의미한다. [그림 8-35]는 피로시험기를 나타낸 것이다.

피로강도에 영향을 주는 인자는 다음과 같다.

① 노치효과는 기계부품의 노치 또는 비금속 혼합물의 영향에 의해 재료 자체의 결함에 의해 나타난다. 노치부에 응력이 집중되어 국부적인 변형이 발생하며, 인장강도가 높은 재료는 피로성능이 떨어져서 재료를 사용한 효과가 없다.

② 치수효과는 평활재료, 노치재료 및 시험편의 치수가 변하면 피로강도가 변하는 현상이다. 재료의 지름이 크면 피로한도를 줄일 수 있다.

③ 표면효과는 재료가 파괴될 때 표면에서 시작하기 때문에 피로강도는 대단히 민감하며 표면이 거친 경우는 피로한도가 떨어진다.

④ 온도영향은 상온 이하의 저온에서 피로한도는 온도의 저하와 함께 상승한다. 사용환경의 온도를 높이면 해결할 수 있다.

⑤ 부식효과는 재료가 부식되었을 때 피로한도가 감소한다.

### [8] 경도시험

경도시험은 기계적 성질을 결정하는 중요한 것으로 인장시험과 같이 많이 사용되고 있는 시험이며, 측정이 간단하고 사용환경에 적용이 높다. 경도시험 방법은 압입경도시험, 반발 경도시험, 펜듈럼 경도시험, 긋기 경도시험이 사용되고 있다.

압입경도시험은 정적하중의 볼, 원추, 피라미드 모양의 다이아몬드 콘을 압입체에 작용한다. 하중은 경도 시험기 및 하중 장치를 통하여 경도값을 나타낸다. 경도시험을 통하여 압입체가 만든 면적, 표면적, 깊이, 체적 등이 측정되며 지시된 하중 및 측정된 압입자국으로부터 경도값이 계산된다. 압입경도는 브르넬 경도계, 로크웰 경도계, 비커스 경도계, 마이어 경도계가 사용된다.

압입체가 강철볼일 때 다음과 같은 문제점을 나타낼 수 있다.

① 압입변형에서 압흔 주변은 변형에 따른 응력이 생기며 응력분포나 탄성에 의한 복원은 입자의 형상에 따라 다르게 나타난다.

② 압흔 주변도 경화하므로 경도는 정확하지 않다.

③ 부하시간에 관계하기 때문에 변형이 완료될 때까지 시간이 많이 걸린다.

④ 면이 거칠면 측정기가 정확하지 않다.

⑤ 압자가 강일 때 압자의 변형도 문제가 된다.

### (1) 브르넬 경도계(Brinell hardness tester)

1900년에 브르넬(J. A. Brinell)이 개발하였다. 브르넬 경도는 경도값이 비커스 경도계에 비하여 정확도가 떨어지는 단점이 있지만 경도 값을 빠르게 측정 가능하다는 장점을 가지고 있다. 브르넬 경도 $H_B$는 지름 $D$인 담금질한 강철볼을 시험편에 압입하여 압인된 자국의 표면적 $A(\mathrm{mm}^2)$에 대한 단위면적당 응력으로 나타낸 것이다. 규정된 지름 $D(\mathrm{mm})$의 강철볼을 일정한 하중 $P(\mathrm{kg})$으로 시험편 표면에 압입하고 하중을 제거한 후에 볼 자국 지름을 $d(\mathrm{mm})$, 깊이를 $h$로 할 때 표면적으로 하중을 나눈 값이 브르넬 경도 $H_B(\mathrm{kgf/mm}^2)$이다. 브르넬 경도는 식 (8.9), (8.10)으로 구할 수 있다.

$$H_B = \frac{P}{A} = \frac{P}{\pi D h} \tag{8.9}$$

$$H_B = \frac{2P}{\pi D\left(D - \sqrt{D^2 - d^2}\right)} \tag{8.10}$$

자국의 지름 $d$는 브르넬 경도계에 부속되어 있는 계측 확대경으로 읽고, 경도값은 실험에 의해 결정된 환산표를 사용하여 경도를 구한다. [그림 8-36]은 브르넬 경도계의 기본 설명도를 나타낸 것이다.

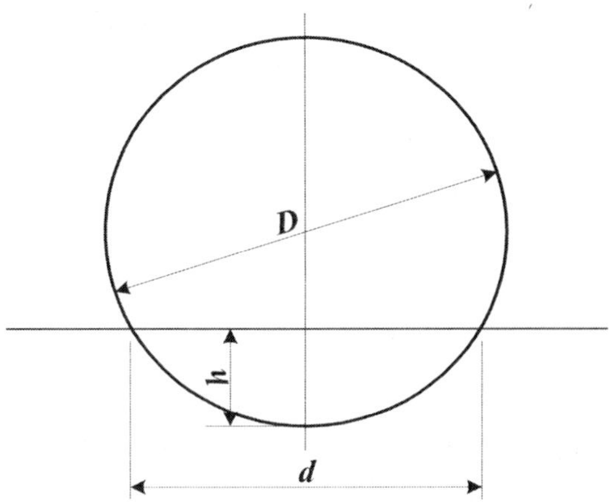


[그림 8-36] 브르넬 경도의 기본 설명도

[그림 8-36]에서 볼의 지름이 일정할 때 하중의 증가와 자국은 상사법칙의 관계가 성립한다. 따라서 식 (8.11)은 강철볼을 이용하여 하중이 작용한 시간을 20초로 했을 경우이며 식 (8.12)는 동 합금의 볼을 이용하여 하중작용시간이 30초일 때이다. 식 (8.13)은 연한 금속볼을 이용하여 하중작용시간이 30초일 때 적용하는 방법이다.

$$k = \frac{P}{D^2} = 30 \tag{8.11}$$

$$k = \frac{P}{D^2} = 10 \tag{8.12}$$

$$k = \frac{P}{D^2} = 5 \tag{8.13}$$

[그림 8-37]은 브르넬 경도계를 나타낸 것이다. 하중의 작용시간은 15~30 초이며 시험편의 무게는 압입구멍 지름의 10배 이상이 요구된다. 압입구멍 지름부의 주변이 올라오는 금속은 가공변형으로 경화가 적게 나타난다. 압입구멍 지름부의 주변이 내려가는 금속은 가공변형으로 경화가 크다.

기계구조용 탄소강의 인장강도는 풀림 처리한 재료에서 브르넬 경도값과의 관계가 $\sigma = 0.23H_B$로 나타나며 경화 및 담금질 후 뜨임한 재료에 대해서는 $\sigma = 0.21H_B$로 계산한다.

[그림 8-37] 브르넬 경도계

### (2) 로크웰 경도계(Rockwell hardness tester)

로크웰 경도는 시험편의 표면적 지름 1/16인치(1.59 mm)의 담금질된 볼을 압입하는 경우와 꼭지각 120°의 다이아몬드 콘을 사용하는 두 가지 방법이 가장 널리 사용된다. [그림 8-38]은 로크웰 경도계를 나타낸 것이다.

연한 재료의 경도시험에는 담금질된 볼을 사용하며 경도가 높은 재료는 다이아몬드 콘을 사용한다. 담금질된 볼은 기준하중 10 kg을 작용시킨 후 100 kg의 하중을 가하여 기준하중으로 결정하며 이때 자국의 깊이를 경도값으로 나타낸다.

$$H_{RB} = 130 - 500\,h \tag{8.14}$$

$$H_{RC} = 1000 - 500\,h \tag{8.15}$$

담금질된 볼을 사용한 경우 경도 값은 식 (8.14)로 계산하며, 다이아몬드 콘을 사용한 경우는 식 (8.15)로 계산한다. 여기서 $h$는 압입 깊이의 차를 의미한다.

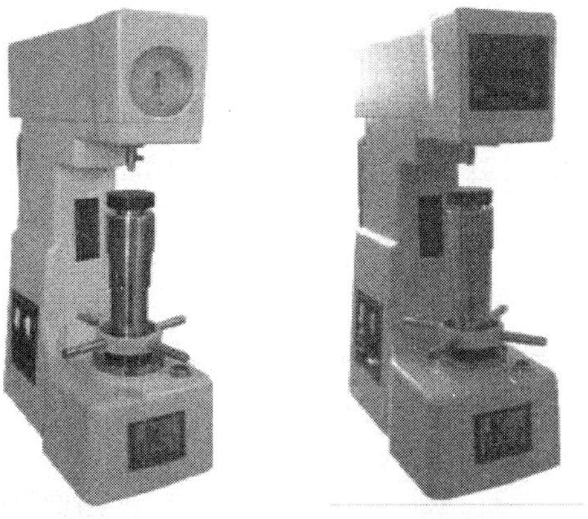

[그림 8-38] 로크웰 경도계

### (3) 비커스 경도계(Vicker's hardness tester)

비커스 경도는 압입체로서 대면각 136°의 다이아몬드 피라미드를 사용한다. 비커스 경도계는 브르넬 경도계에 비하여 재료의 연마로 인한 경도값 측정이 오래 걸리는 단점을 가지고 있지만 경도값의 신뢰도가 높은 장점을 가지고 있다.

[그림 8-39]는 비커스 경도계를 이용하여 경도를 측정할 때 재료의 압흔을 나타낸 것이다. 시험편에 작용하는 하중 $P$(kg)을 136° 자국의 표면적 $A(\mathrm{mm}^2)$으로 나눈 값이 경도값이다. 따라서 경도값은 식 (8.16)로 구할 수 있다. 대면각 $\theta = 136°$이기 때

문에 경도 값은 식 (8.17)로 구할 수 있다.

$$H_V = \frac{2P\sin\left(\frac{\theta}{2}\right)}{d^2} \tag{8.16}$$

$$H_V = 1.854\frac{P}{d^2} \quad (\text{kgf/mm}^2) \tag{8.17}$$

비커스 경도계는 다른 시험기보다 압흔 자국이 매우 적어서 표면 연마가 중요하기 때문에 측정하는데 시간이 많이 걸린다. [그림 8-40]은 비커스 경도계를 나타낸 것이다.

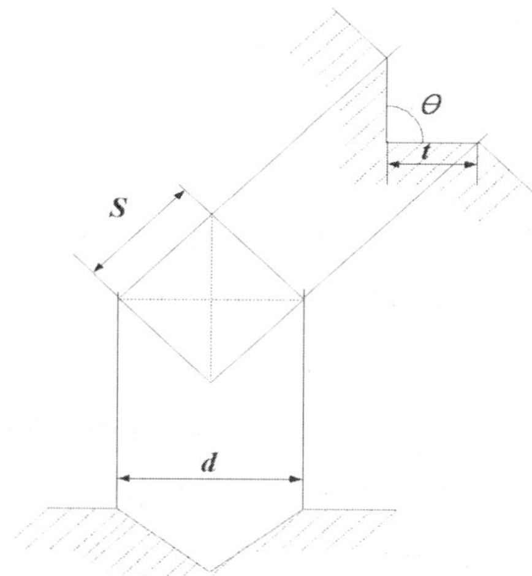


[그림 8-39] 피라미드 흔적

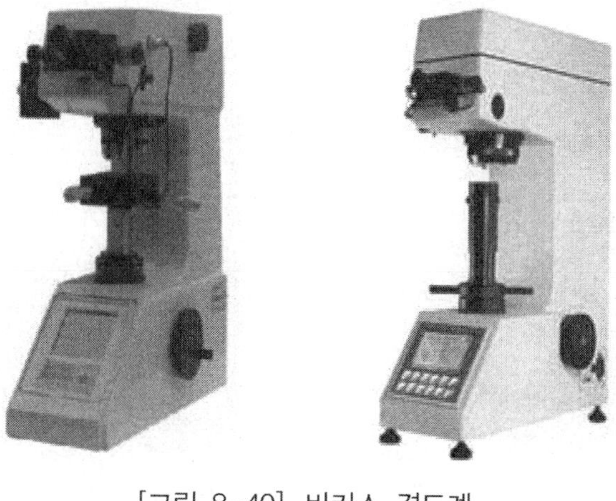

[그림 8-40] 비커스 경도계

### (4) 반발시험(Rebound test)

쇼어 경도(Shore hardness tester)는 다이아몬드를 선단에 고정시킨 낙하체의 일정한 높이 $h_0$에서 시험편 위에 낙하시켜 반발하여 올라간 높이 $h$를 측정하는 것이다. 초기 높이와 반발 높이의 차이는 타격부분의 소성변형에 소요된 에너지의 대소에 의해 결정되며 이 방법에서 모순이 되는 것은 탄성변형을 나타내는 비금속재료의 경도가 높게 나타나는 것이다. 고무는 탄성변형을 가지며 압자의 압입과 동시에 접촉 면적이 넓어지기 때문에 압흔의 크기나 반발력을 비교하면 고무는 강보다 경도가 높다는 결과가 나온다. 쇼어 경도계는 시험체에 가하는 손상이 적기 때문에 경도시험 후 열처리에 따른 조직변화를 판단하는 경우에 사용이 가능하다. 쇼어 경도계를 이용하여 경도값을 측정하면 식 (8.18)로 구할 수 있다.

$$H_S = \frac{10,000}{65} \times \frac{h}{h_0} \tag{8.18}$$

쇼어 경도값은 담금질된 고탄소강을 시험편으로 할 때 $h_0 = 10$in에 대해 $h = 6.5$ in로 되기 때문에 시험편의 경도 $H_S$를 100으로 하고 $h$를 100등분하여 눈금 하나가 $0.065\text{in} = 1.651\text{mm}$이다.

시험할 때 낙하체의 통로인 유리관을 연직으로 하고 시험하는 것이 특히 중요하다. 만약 경사가 발생하면 낙하체가 유리관 사이에 마찰이 생겨 정확한 경도를 나타내지 못한다. 반복 시험할 경우 시험 위치를 바꿔서 측정하여야 하며 같은 장소를 측정하면 경도값이 크게 나타난다. 경도가 높은 재료는 반발 높이가 크고 경도가 낮은 재료는 반발 높이가 적기 때문에 눈금을 읽기가 어려운 단점을 가지고 있다. [그림 8-41]은 쇼

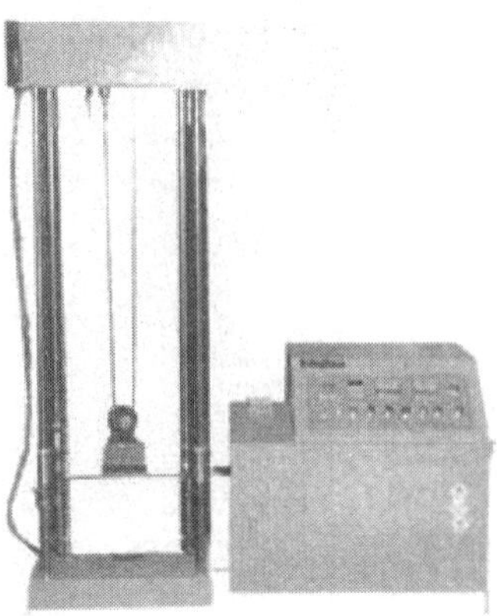

[그림 8-41] 쇼어 경도계

어 경도계를 나타낸 것이다.

[표 8-1]은 브르넬 경도, 쇼어 경도, 로크웰 경도 및 비커스 경도값을 상호 비교한 것을 나타낸 것이다.

[표 8-1] 경도값의 상호비교 〈출처 : Metal handbook〉

| 브르넬 경도 | | 쇼어 경도 | 로크웰 경도 | | 비커스 경도 |
|---|---|---|---|---|---|
| 볼의 지름 10 mm<br>하 중 3000 kg | | | 강철볼 | 다이아몬드콘 | |
| 자국지름 | 경도수 | 경도수 | 하중 100 kg | 하중 150 kg | 경도수 |
| 2.25 | 745 | 91 | – | 65.3 | 840 |
| 2.30 | 712 | 87 | – | 63.3 | 780 |
| 2.35 | 682 | 84 | – | 61.7 | 737 |
| 2.40 | 653 | 81 | – | 60.0 | 697 |
| 2.45 | 627 | 79 | – | 58.7 | 667 |
| 2.50 | 601 | 77 | – | 57.3 | 640 |
| 2.55 | 578 | 75 | – | 56.0 | 615 |
| 2.60 | 555 | 73 | – | 54.7 | 591 |
| 2.65 | 534 | 71 | – | 53.5 | 569 |
| 2.70 | 514 | 70 | – | 52.1 | 547 |
| 2.75 | 495 | 68 | – | 51.0 | 528 |
| 2.80 | 477 | 66 | – | 50.3 | 516 |
| 2.85 | 460 | 65 | – | 48.8 | 495 |
| 2.90 | 444 | 63 | – | 47.2 | 474 |
| 2.95 | 429 | 61 | – | 45.7 | 455 |
| 3.00 | 415 | 59 | – | 44.5 | 440 |
| 3.05 | 401 | 58 | – | 43.1 | 425 |
| 3.10 | 388 | 56 | – | 41.8 | 410 |
| 3.15 | 375 | 54 | – | 40.4 | 396 |
| 3.20 | 363 | 52 | – | 38.1 | 383 |
| 3.25 | 352 | 51 | 110.0 | 37.9 | 372 |
| 3.30 | 341 | 50 | 109.0 | 36.6 | 360 |
| 3.35 | 331 | 48 | 108.5 | 35.5 | 350 |
| 3.40 | 321 | 47 | 108.0 | 34.3 | 339 |
| 3.45 | 311 | 46 | 107.5 | 33.1 | 328 |
| 3.50 | 302 | 45 | 107.0 | 32.1 | 319 |
| 3.55 | 293 | 43 | 106.0 | 30.9 | 309 |
| 3.60 | 285 | 42 | 105.5 | 29.9 | 301 |

| 브르넬 경도 | | 쇼어 경도 | 로크웰 경도 | | 비커스 경도 |
|---|---|---|---|---|---|
| 볼의 지름 10 mm<br>하 중 3000 kg | | | 강철볼 | 다이아몬드콘 | |
| 자국지름 | 경도수 | 경도수 | 하중 100 kg | 하중 150 kg | 경도수 |
| 3.65 | 277 | 41 | 104.5 | 28.8 | 292 |
| 3.70 | 269 | 40 | 104.0 | 27.6 | 284 |
| 3.75 | 262 | 39 | 103.0 | 26.6 | 276 |
| 3.80 | 255 | 38 | 102.0 | 25.4 | 269 |
| 3.85 | 248 | 37 | 101.0 | 22.8 | 261 |
| 3.90 | 241 | 36 | 100.0 | 21.7 | 253 |
| 3.95 | 235 | 35 | 99.0 | 20.5 | 247 |
| 4.00 | 229 | 34 | 98.2 | 18.8 | 241 |
| 4.05 | 223 | – | 97.3 | 17.5 | 234 |
| 4.10 | 217 | 33 | 96.4 | 16.0 | 228 |
| 4.15 | 212 | – | 95.5 | 15.2 | 222 |
| 4.20 | 207 | 32 | 94.6 | 13.8 | 218 |
| 4.25 | 201 | 31 | 93.8 | 12.7 | 212 |
| 4.30 | 197 | 30 | 92.8 | 11.5 | 207 |
| 4.35 | 192 | 29 | 91.9 | 10.0 | 202 |
| 4.40 | 187 | – | 90.7 | 9.0 | 196 |
| 4.45 | 183 | 28 | 90.0 | 8.0 | 192 |
| 4.50 | 179 | 27 | 89.0 | 6.4 | 188 |
| 4.55 | 174 | – | 87.8 | 5.4 | 182 |
| 4.60 | 170 | 26 | 86.8 | 4.4 | 178 |
| 4.65 | 167 | – | 86.0 | 3.3 | 175 |
| 4.70 | 163 | 25 | 85.0 | – | 171 |
| 4.75 | 159 | – | 83.8 | 0.9 | 167 |
| 4.80 | 156 | – | 82.9 | – | 163 |
| 4.85 | 152 | – | 81.7 | – | 159 |
| 4.90 | 149 | 23 | 80.8 | – | 156 |
| 4.95 | 146 | – | 79.8 | – | 153 |
| 5.00 | 143 | 22 | 78.7 | – | 150 |
| 5.05 | 140 | – | 77.6 | – | 147 |
| 5.10 | 137 | 21 | 76.4 | – | 143 |
| 5.15 | 134 | – | 75.2 | – | 140 |
| 5.20 | 131 | – | 74.0 | – | 137 |
| 5.25 | 128 | – | 72.8 | – | 135 |
| 5.30 | 126 | 20 | 72.0 | – | 132 |
| 5.35 | 123 | – | 70.1 | – | 129 |

| 브르넬 경도 | | 쇼어 경도 | 로크웰 경도 | | 비커스 경도 |
|---|---|---|---|---|---|
| 볼의 지름 10 mm<br>하 중 3000 kg | | | 강철볼 | 다이아몬드콘 | |
| 자국지름 | 경도수 | 경도수 | 하중 100 kg | 하중 150 kg | 경도수 |
| 5.40 | 121 | 19 | 69.8 | – | 127 |
| 5.45 | 118 | – | 68.5 | – | 124 |
| 5.50 | 116 | 18 | 67.6 | – | 122 |
| 5.55 | 114 | – | 66.8 | – | 120 |
| 5.60 | 111 | 15 | 65.7 | – | 117 |
| 5.65 | 109 | – | – | – | 115 |

### (5) 펜듈럼 시험(Pendulum test)

펜듈럼 시험은 보석, 강철볼(Steel ball)을 펜듈럼에 장착하여 시험편에 진동을 주어 측정하는 방법이며, 처음 진동의 진폭 또는 10회의 진동에 대한 시간으로 경도를 측정한다. 진동시간도 경도값에 영향을 준다. $H_B$ 550 이하는 강철볼을 사용하며 550~1000까지는 다이아몬드를 사용한다.

### (6) 긋기시험(Scratch test)

독일의 광물학자 모스가 고안하였다. 경도가 다른 광물 10종류를 선택하여, 제일 굳기가 낮은 것을 1도로 하고, 10도까지 분류해서 만든 것을 이용하여 대상의 굳기를 측정하였다. 그 10종의 광물을 모스 굳기라고 한다. 선정된 광물은 1도가 활석(滑石), 2도가 석고(石膏), 3도가 방해석(方解石), 4도가 형석(螢石), 5도가 인회석(燐灰石), 6도가 정장석(正長石), 7도가 석영(石英), 8도가 황옥(黃玉), 9도가 강옥(鋼玉), 10도가 다이아몬드이다.

긋기시험은 다이아몬드나 굳은 재질로 시험편을 '긋기'하여 흔적을 만든어 경도를 측정하는 것이다. 다이아몬드 하중을 긋기 흔적의 폭으로 나눈 값으로 경도를 측정한다. [표 8-2]는 광물의 굳기를 측정하는 10종류의 광물을 나타낸 것이다. [표 8-2]의 광물의 뾰족한 끝을 사용하여 시험편의 평면을 긁는다. 그리고 다른 광물로 긁어본다. A로 B에게 흠을 내고, B로 A에 흠을 내지 못하면 A는 B보다 굳기가 크므로, 다음 경도계의 광물로 바꾸어 시험해 본다. 이같이 시험을 해서 양쪽이 다같이 흠이 나면 같은 경도가 된다. 또 경도수는 단순히 순서를 나타냈을 뿐 2도가 1도의 2배가 되는 것은 아니다.

[표 8-2] 광물의 굳기를 측정하는 10종류의 광물

| 1 | 2 | 3 | 4 | 5 | 6 | 7 | 8 | 9 | 10 |
|---|---|---|---|---|---|---|---|---|---|
| 활석 | 석고 | 방해석 | 형석 | 인회석 | 정장석 | 석영 | 황옥석 | 강옥석 | 다이아몬드 |

## [9] 크리프 시험

시험편을 일정한 온도로 유지하고 하중을 가하여 시간과 함께 변화하는 변형을 측정하는 시험을 말한다. 크리프 시험을 통하여 크리프 곡선 및 크리프 강도를 구한다. 응력의 종류에 따라서 인장 크리프 시험, 압축 크리프 시험으로 분류한다.

재료에 대한 실험은 상온에서 시행한다. 그러나 상온에서 실험한 결과는 고온에서 다른 변화가 나타나게 된다. 고온에 대한 기계적 성질 중에서 특히 중요한 것은 연율 및 고온에서의 크리프 현상이다. [그림 8-42]는 각종 금속의 고온강도와 온도의 관계를 나타낸 것이다. 고온강도는 상온에서 측정한 강도와의 차이를 나타낸다. 그림에서 A는 동을 나타낸 것이며 동은 600℃에서 풀림현상이 나타난다. B는 500℃에서 풀림현상이 나타나는 황동을 나타낸 것이다. C는 연강을 나타낸 것이며 연강은 900℃에서 풀림현상이 나타난다. D는 700℃에서 풀림현상이 나타나는 경강을 나타낸 것이다.

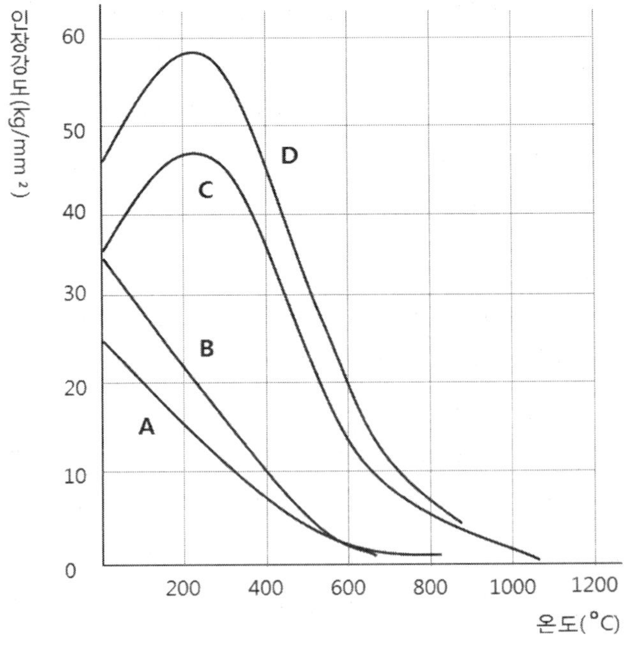


[그림 8-42] 고온강도와 온도와의 관계

금속재료 및 고분자 재료는 재료의 융점의 40% 이상이 되면 시간이 경과함에 따라 소성변형이 일어난다. 이때 재료에 주어진 하중이 일정하게 유지되면 그 응력의 항복강도와는 관계없이 재료는 일정 구간에 걸쳐 소성변형이 일어나게 된다. 이러한 상황에서의 소성변형을 크리프라고 하며, 크리프 값은 고온에서 사용되는 재료의 선택에서 가장 중요한 요소이다. 따라서 크리프 시험을 통하여 제품이 사용될 환경에서의 재료의 변형을 예측하여 제품의 수명을 해석할 수 있다.

### [10] 마모시험

재료시험의 하나로 재료가 마모에 견디는 것은 다른 기계적 성질과는 달리, 접촉하는 상대재료 및 조합조건에 따라 달라진다. 접촉하는 재료의 조합이나, 시험면의 습도 등의 주위 환경여건, 접촉면의 미끄럼 운동 조건 등에 따라서 마모 특성이 변한다. 또한 마모현상은 요철 중에 돌출부가 마모되거나, 마모로 생긴 단단한 가루에 의해 다시 다른 부분이 마모되며, 냉간가공에 의해 경화된 표면이나 피로한 부분이 파괴되어 떨어지거나, 접촉면의 용착이나 용융에 의해서 흠이 생겨 소모되는 등 여러 경우가 있다. 더욱이 접촉면의 미끄럼 속도나 접촉압력에 의해서도 발생하는 현상이 다르기 때문에 재료의 마모성을 단일 시험방법에 의해서 간단히 결정할 수 없다. 따라서 마모시험은 사용목적에 적합한 조건하에서 실시하는 것이 필요하다.

마모조건과 마모시험은 금속재료의 사용상태와 운동에 의해 다음과 같이 분류할 수 있다.

① 미끄럼 마모 : 윤활유를 사용하는 경우 축과 베어링이 있으며 윤활유를 사용하지 않는 경우는 타이어와 브레이크가 있다.
② 회전마모 : 윤활유를 사용할 경우 롤러와 베어링이 있으며 윤활유를 사용하지 않는 경우는 타이어와 레일이 있다.
③ 응착마모 : 물체의 표면은 미세한 요철의 연속으로 접촉하는 경우 한쪽 면이 떨어져 나가면서 발생한다.
④ 긁힘마모 : 마찰면 중 딱딱한 쪽의 거칠기가 크면 그 돌기가 부드러운쪽 면을 긁는 경우에 해당된다. 또는 모래와 같이 경도가 높은 제3의 물질이 섞여 있는 경우에 발생한다.
⑤ 부식마모 : 마찰면에 부식작용이 가해지면 부식된 표면이 떨어져 나가는 현상이다.
⑥ 피로마모 : 굴림접촉의 경우 회전에 의한 하중의 반복에 따라 재료의 접촉부가 피

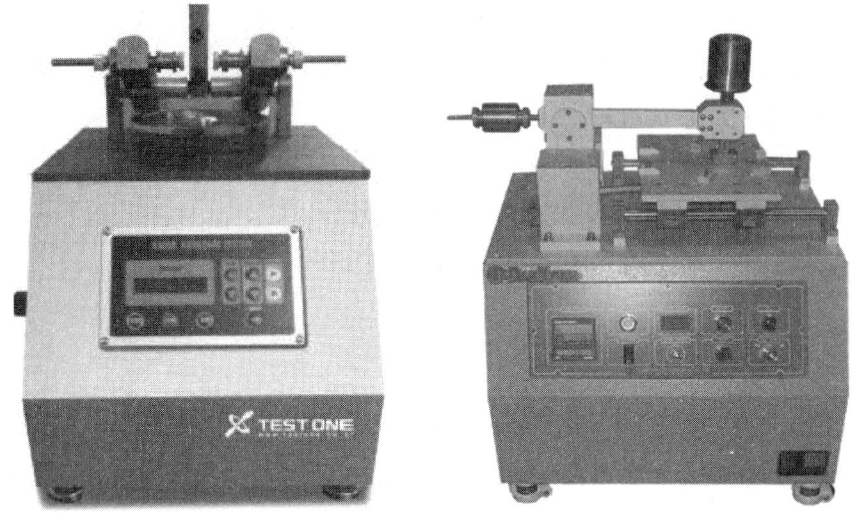

[그림 8-43] 마모시험기

로를 받아 표면이 파괴되는 현상이다.

현실에 입각한 시험을 하기 위해서는 미세한 양의 마모가 일어나는 상태에서 해야 하며 장시간 시험을 하지 않으면 정확한 측정을 할 수 없다. 단시간에 마모시험을 하기 위해 시험 환경을 악조건으로 하여 측정된 값을 실제 사용환경에 적용하는 것은 정확성이 저하된다. 마모시험에는 전용시험기가 사용된다. [그림 8-43]은 마모시험기를 나타낸 것이다.

## 8.3.8 비파괴검사

일반적으로 재료의 정확한 기계적 성질을 측정하거나 기계적 성질을 확신하지 못할 때는 시험편 또는 제품을 파괴하여 시험한다. 비파괴시험에서는 제품을 파괴하지 않고 측정하는 방법이다. 최초의 비파괴시험은 X선 투과법이 사용되었으나 이후에 자분결함 검사법, 초단파 검사법이 사용되었다. 최근에는 비파괴적 방법으로 와류 탐상법, 음향 검사법, 침투 탐상법 등 여러 가지 방법들이 사용되고 있다.

### [1] 방사선 탐상시험

방사선 탐상시험(Radiographic test)은 RT라고도 하며 방사선을 결함의 탐상에 적용한다. 방사선이란 전자선을 금속에 충돌시켜 발생시킨 X선 방사성 물질에서 방출된

$\alpha$입자, $\beta$입자, $\gamma$선 및 원자로에서 우라늄 235가 핵분열했을 때 방출되는 중성자속을 말한다.

[그림 8-44]는 X선 촬영방식을 나타낸 것이다. X선 장치에서 X선 빔을 조사하면 투과도계를 거쳐 용접부의 결함 여부가 필름에 나타나는 것이다. 강구조물 용접부의 결함 검출에 대표적으로 적용하고 있는 비파괴 검사법인 방사선 투과법은 고전적인 검사법으로써 X선 또는 감마선을 물체에 투과하여 물체 내부의 이미지를 얻어내는 방법이다.

[그림 8-45]는 X선 및 $\gamma$선의 사진이 결함여부에 따라 다른 값을 보이는 것을 나타낸 것이다. X선을 사용하는 비파괴시험은 공업용 X선 발생기에 의해 생성되는 X방사선이 조사 부위의 두께 및 원자번호에 비례하여 흡수된다는 원리에 근거한다. 따라서 이 방법에 의해 결함이 있는 물체를 조사하는 경우 결함 부위에서의 X선 흡수는 결함부 바로 옆의 손상되지 않은 부위와 비교하면 다른 양상을 보인다. 물체를 통과한 X선은 필름이나 형광 스크린에 기록되고 결함부의 위치에서 이미지는 어둡게 나타난다. 필름에 기록된 X선의 이미지는 영구적 기록으로 남게 되며 결함의 크기와 형태를 나타낸다.

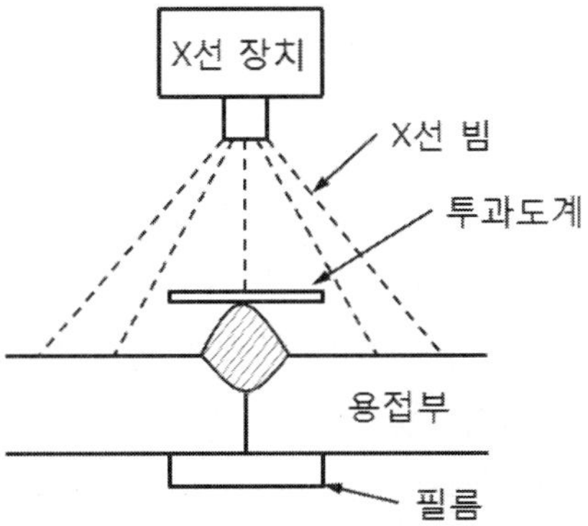


[그림 8-44] X선 촬영방식

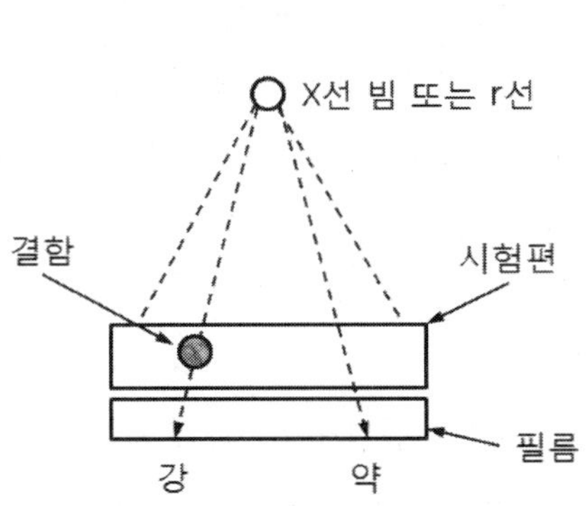


[그림 8-45] X선 및 $\gamma$선의 사진

방사선 투과법으로 용접 또는 주조(Casting)의 슬래그가 침입(Slag Inclusion)이나 간극과 같은 결함은 비교적 쉽게 찾아낼 수 있다. 균열과 같은 2차원 결함도 탐지할 수 있으나 결함이 X선의 축에 거의 평행한 방향일 경우에만 가능하다. X선에 수직한 균열 또는 2차원 결함은 X선 흡수를 크게 변화시키지 않으므로 탐지되지 않는다. 방사선 투과법의 가장 큰 장점은 내부결함의 크기 및 형태 등 결함의 성질을 판단하기가 쉽고, 이미지로 얻은 결과가 양호하며 결과를 영구적으로 보관 가능하다는 것이다.

방사선 투과법의 단점으로는 결함부위의 공간적인 정보를 얻을 수 없다는 것이다. 현재 결함부위의 공간적인 정보를 알기 위해서는 여러 각도에서 촬영한 결과를 분석하는 방법이 널리 활용되고 있다. 앞에서 언급한 것과 같이 단점으로는 결함의 깊이를 추정하기 어렵고 방향성이 좋지 않은 2차원 결함을 검출하기 어렵다는 것이다. 또한 방사선을 투과하는 장비는 인체에 유해한 방사선을 방출하기 때문에, 전문가 이외에는 사용이 제한되고 있다. 방사선 투과기의 크기로 인하여 경우에 따라서는 현장에서는 사용이 어려울 수도 있으며, 탐색속도가 느리고, 탐색비용이 고가이다.

따라서 방사선 투과법을 효과적으로 적용하기 위해서는 육안점검 및 다른 비파괴 시험법을 조합적으로 적용하는 방안이 필요하다.

### [2] 초음파 탐상시험

초음파 탐상법(Ultrasonic flaw test)은 UT라고도 하며 초단파 검사법이라고도 한다. 초음파 탐상법은 내부결함을 검출하기 위해서 물체 내에서 발생하는 소리의 파동특성을 이용한다. 기계진동 형태의 고주파 음파를 시험할 부분으로 주사하면 재료를 통과하는 음파는 결함부 또는 경계면에 부딪치게 된다. 그러면 음향진동은 반사가 되고 반사된 신호를 분석하면 결함 또는 경계면의 위치와 형태를 파악할 수 있게 된다. 초음파 탐상법은 강부재의 두께, 균열의 위치, 용접결함 및 공극의 위치 조사에 적용된다.

표준 측정 장비는 음파생성기, 수신 장치와 초기파 및 반사파가 나타내는 화면 등으로 구성된다. 화상 표시장치는 결함부의 위치 및 결함의 성질을 측정할 수 있고, 기구의 감지부를 조사할 부분으로 이동하여 결함의 크기를 측정할 수 있다. 조사 민감도는 음향 진동수, 탐지부의 설계, 기계의 조작, 반사 신호의 전기적 처리기술과 같은 시험변수에 영향을 받는다.

초음파 탐상법의 장점은 휴대성, 민감성이 높고 균열의 위치 또는 결함의 공간적인 정보를 얻을 수 있고, 방사선 투과법에 비하여 안전하고 경제적인 비파괴 검사법이다.

최근에는 현장 측정 자료를 컴퓨터 처리와 보고서 작업에 적당한 형식으로 저장할 수 있는 디지털 장비가 보급되어 있다. 단점으로는 초음파 탐상을 통하여 표면결함에 대한 측정에는 효과가 없다.

초음파 탐상을 하기 위해서는 피검사체에서의 초음파 모드변환, 속도, 감쇄 등과 같은 기본적인 초음파 특성을 파악하고 있어야 한다. 초음파가 각도를 가지고 입사하면 초음파의 모드변환이 일어나며, 초음파의 모드변환에 따라 초음파의 속도 및 감쇄도 변하게 된다. 이 특성은 초음파 탐상을 하는 경우 탐촉자 선정 및 표준 시험편 선정 등에 영향을 준다.

음파의 특성을 이용하는 검사법이 여러 분야에서 사용되고 있다. 귀로 들을 수 없는 고주파 및 레이더의 개발 등 과학의 발달에 따라 여러 분야에서 이용이 가능하게 되었다.

초음파 음향에 의한 검사는 다음의 세 가지 방법으로 시도되고 있다.

- 공진법

  발진장치의 파장을 순차로 변화시켜 공진이 생기는 파장을 구한다. 결함이 있으면 결함까지의 거리에 공진이 생기기 때문에 결함의 위치를 측정할 수 있다. 이 방법은 결함의 깊이 측정에 일반적으로 사용되며 결함이 축방향으로 발생했을 때 적합하다.

- 투과법

  검사할 물체의 한쪽면의 발진장치에서 연속적으로 초음파를 보내고 반대쪽의 수진장치에서 신호를 받을 때 결함에 의한 초음파의 도착에 변화가 발생한다. 이 차이를 이용하여 결함의 위치와 크기를 판정한다. 투과법은 재료의 두께가 50 mm 정도까지 적용이 가능하다.

- 반사법

  검사할 물체에 조파기를 접촉시키고 짧은 시간에 초음파를 보내어 결함부에서 반사되는 신호를 받아 그 사이의 시간지연으로서 결함까지의 거리를 측정하는 방법이다.

최근에 와서는 반사법이 초음파 탐상검사에 많이 이용되고 있다. 반사법은 1차 세계대전 기간 중 잠수함을 발견하기 위해 시작한 방법으로, 전파에 의해 해저 통신을 할 수 있는 레이더가 발명되었고, 레이더 기술과 초음파 탐상과의 결합으로 초음파 탐상법이 개발되었다. 비파괴검사의 최종적인 목적은 재료 또는 부품 등의 사용 중 파괴 여부를 판단하기 위해 결함의 유무, 결함의 크기 및 형태를 파악하는데 있고 초음파 탐상검사도 결함의 검출에 사용된다.

초음파 탐상검사가 적용되는 분야는 철, 비철류의 소재로부터 선박, 교량, 압력용기 등의 제품 및 항공기, 자동차, 철도차량의 부품, 기계류의 부품 등에 이르기까지 많은 분야의 제품들이 검사의 대상이 되며, 탐상 가능한 결함으로는 균열, 게재물 등의 소재의 불연속으로부터 가공 중 피로 균열과 같은 사용 중 불연속 결함검출에 적용되고 있다. 또한 초음파 탐상을 이용한 재료의 두께측정에도 사용되어 화학, 정유처리시설의 보수검사 등에 적용되고 있다. 초음파 탐상검사에서는 적절한 검사를 수행하기 위하여 기술자의 자격인정, 교육훈련 및 충분한 경력을 갖추고 있어야 한다. 초음파 탐상검사는 다른 비파괴검사와 비교하여 상기의 조건이 갖추어지지 않으면 중대한 판독 오류를 범할 수 있는 가능성이 높다. 판독 오류의 가능성을 최소한으로 줄이고 고속으로 초정밀의 초음파 탐상 기법을 구현하기 위하여 컴퓨터가 사용되기 시작하였고 C-SCAN은 그러한 목적에 의하여 고안된 초음파 탐상을 컴퓨터를 이용하여 무인자동화 시킨 첨단 검사 장치이다. 컴퓨터를 이용한 자동검사는 다음과 같은 장점이 있다.

① 초음파기기를 사용하기 위한 전문 인력보유가 필요하지 않다.
② 반복되는 패턴분석에 의한 판단 오류를 방지할 수 있다.
③ 무한 반복되는 초음파 파형에 변화경향을 시각적으로 나타낼 수 있다.
④ 전수검사가 요구되는 초정밀 생산라인에 24시간 적용이 가능하다.
⑤ 검사결과를 생산 공정라인으로 피드백(Feed back)시켜 무인자동화가 가능하다.
⑥ 사람이 접근하기 어려운 고공, 고열, 고압 등의 설비현장에 투입이 가능하다.

초음파 탐상시험의 탐촉자는 초음파의 입사방향에 따라서 수직 탐촉자와 사각 탐촉자가 있다. 탐촉자의 형식은 발진자와 수진자가 분리되어 있는 것과 일체로 되어 있는 형식이 있는데 주로 일체형 탐촉자를 사용한다. 강부재 조사에 사용하는 탐촉자의 주파수 범위는 2~10 MHz이며, 사각탐촉자의 경사각은 45~70° 범위를 사용한다.

측정원리는 소리가 입자의 진동이고 일정한 주파수의 범위를 가지며, 귀로 들을 수 있는 진동수는 가청주파수대 20~20,000회/초이다. 가청주파수대 이상의 진동수를 갖는 음파를 초음파라 하고 보통 500 kHz~20 MHz가 초음파 탐상에 실용화 되고 있다. 따라서 파장이 가청음보다 아주 짧기 때문에 빛의 직진성과 같은 성질이 있고, 작은 결함으로부터 나타나는 반사도 크게 보기 쉬운 성질이 있다. 초음파는 빛보다 파장이 길지만 일반적 전파보다는 파장이 짧다. 전파는 금속 내부에 전해지지 않지만 초음파는

X선보다도 물질 내부에 전달이 쉽고, 가청음은 종이 등의 진동판을 전자의 힘으로 움직여 발생시키지만 초음파의 발생은 압전이라 하는 물리현상을 가진 재료를 사용하고 있다. 재료 중에 하나가 수정판이며 수정판에 전압을 가하면 전압의 +, −에 따라 두께 방향으로 신축적으로 두께의 변동이 일어난다. 반대로 수정판을 일정한 주파수로 기계적 진동을 가하면 신축되어 전극 간에 전압이 발생한다. 이러한 효과를 압전효과라고 한다. 압전효과는 기계적 에너지를 전기적 에너지로 변형시키고, 전기적 에너지를 기계적 에너지로 변형시키는 현상이다. 초음파 탐상시험은 탐촉자가 검사대상물에 음파의 에너지를 주사하고 시험편은 반응하여 음파를 반사하는 것이다. 초음파 탐상기의 측정원리는 탐촉자에서 발진된 초음파가 피시험체 내부에 있는 경계층에 반사되어 들어오는데 소요되는 시간(t)과 강재의 초음파 전달속도(V)를 이용하여 탐촉자로부터 경계층까지의 거리(S)를 식 (8.19)로 추정하는 것이다.

$$S = \frac{1}{2} Vt \tag{8.19}$$

강재에서 초음파 전달속도는 초음파의 모드에 따라서 크게 두 가지로 구분할 수 있다. 탐촉자에서 발진하는 초음파는 파의 진행방향과 재료의 재질과 진동방향이 같은 것이고, 초음파는 강재의 종류에 따라서 다르지만 약 5,900 m/s의 속도로 전달된다. 수직 탐촉자를 사용하는 경우에 종파의 전달속도를 적용한다. 종파로 발진한 초음파가 강재 표면에 직각이 아닌 경사각으로 입사하게 되면 초음파가 횡파로 전달된다. 횡파의 전달속도는 강재의 경우 약 3,200 m/s이다.

초음파 탐상법은 육안으로 측정이 불가능한 강부재의 두께를 측정할 수 있다. 측정하고자 하는 강재의 두께보다 약 3~5배 정도 크게 측정범위를 설정한다. 화면에 표시된 여러 개의 신호 중에서 초기신호는 탐촉자에서 발진된 초음파가 입사면에 반사된 신호로 제외하고 초기신호 이후에 나타난 신호들이 초음파가 입사 후 반사면에서 반사되어 수신된 신호이다. 초기신호 이후에 나타난 첫 번째 반사 신호에 해당하는 초음파 전달속도 또는 전달거리를 사용하여 강재의 두께를 측정할 수 있다. 측정하고자 하는 강부재의 두께, 용접이음의 종류, 입사각 등을 고려하여 초음파시험기의 초기값을 설정하고 교정을 실시한다. [그림 8-46]은 초음파 시험기를 나타낸 것이다.

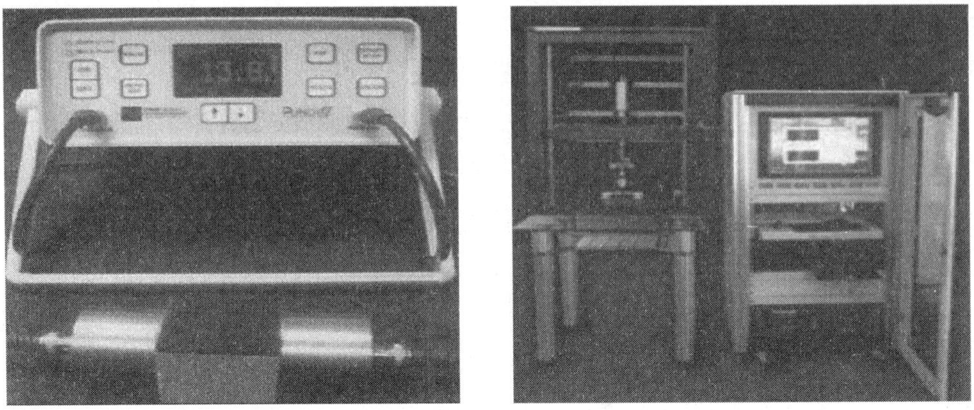

[그림 8-46] 초음파 시험기

### [3] 자분 탐상시험

자분 탐상법(Magnetic dust test)은 MT라고도 하며 염료침투시험과 같이 물체의 표면이나 표면 부근의 결함검출에 적용된다. 자분 탐상법의 원리는 물체 표면에 있는 불연속면으로 인한 자기장의 변화를 결함검출에 이용하는 기술이다. 검사법은 비교적 복잡한 형상을 갖는 강구조물을 조사할 수 있으며, 작은 결함 및 균열의 검출이 가능하고 경제적인 비파괴 검사법이다. 단점으로는 자기장을 형성하기 위하여 고압의 전류가 필요하며, 물체 표면 아래에 있는 작은 결함은 검출하기 어렵다는 것이다. 자분 탐상법에 의한 결함 검출방법은 다음과 같다.

① 조사할 물체의 표면을 자분이 자유롭게 움직일 수 있도록 청소한다. 조사할 물체 표면에 자기장을 발생시키고 미세한 분말 상태의 자분을 뿌리거나 불어낸다.

② 균열을 탐지하기 위해서는 균열이 자기장에 대해 거의 횡방향으로 정렬되어 있어야 한다. 이러한 이유로 자기장을 예상되는 결함형성 방향에 수직방향으로 정렬시켜야 한다.

③ 시험부의 표면에 위치시킨 2개의 전류 전달 구리 탐촉기를 사용하여 국부적으로 자성화시킨다. 막대는 각 접촉점에 원형 자장을 형성하고, 이들 사이에 전류가 흐를 때 자기장에 수직한 표면결함을 자분을 사용하여 탐지한다. 구리 탐촉기를 조사할 구조물 또는 일부분으로 이동시키면 어느 방향에서도 결함을 발견할 수 있다.

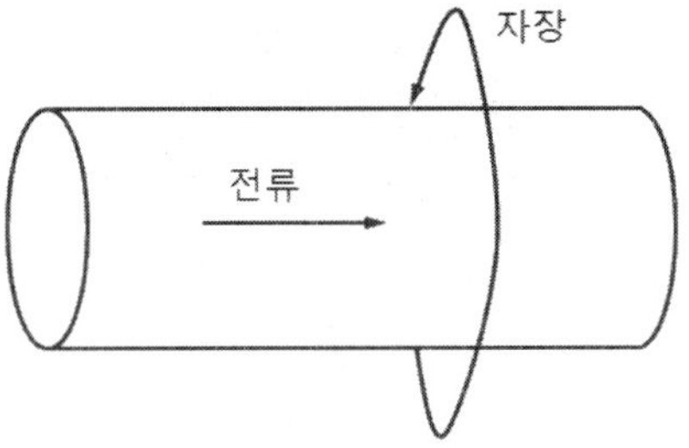


[그림 8-47] 자분 탐상시험의 원리

[그림 8-47]은 자분 탐상시험의 원리를 나타낸 것이다. 전류가 흐르게 되면 시험편 주위로 자장이 형성되는 것이다. 강자성체로 된 시험편의 양쪽 끝에 전류로 생긴 자장에 의해 강자성체는 자화되며 양단부 사이에 화살표 방향으로 자속이 발생한다. 이 자속의 흐름은 결함에 의해 흐름을 방해하면 [그림 8-48]처럼 자속밀도가 높아진다. 투설자속이 생기면 결함부에 N·S극이 발생하고 이것으로 자장이 생긴다. 이 자장에 미세한 분말로 된 자분은 자화되어 자석이 되고 자극이 발생한다. 자분은 자극으로 끌려 들어가면서 흡착되고 적층되어 자분모양이 형성된다. 따라서 가장 중요한 것은 자화의 문제이다.

자분 탐상법의 장점은 휴대성과 숙련이 필요 없고, 미세균열도 발견할 수 있다는 것이다. 물론 적용할 수 있는 재료 및 발견할 수 있는 결함의 형태는 한정된다. 또한 국부적으로 적용하는 경우 조사 부분에 자성 상태를 남긴다는 추가적인 제약사항이 있는데 일반적인 강구조물에서는 문제가 되지 않는다. [그림 8-48]은 자분 형성 원리를 나타낸 것이다. 재질 내부의 균일이 자력선 통로에 놓이게 되면 균열부의 양변에 미세철분이 집중된다. 자분 탐상시험은 철분의 집중으로 내부결함의 크기를 판단하기도 한다. 이 방법은 주로 자성재료인 Fe, Ni 및 그 합금 등에 사용된다. 결함이 있을 때 자속선에 방향의 변화가 생기고, 결함 상태가 확실하지 않을 때에는 자속방향을 바꾸어 검사하는 것이 유리하다. 미세철분은 착색하여 여러 가지 색으로 할 수 있고 시험물의 색을 고려하여 조절한다. 그러나 용접과 같은 후속작업에 방해가 될 수도 있기 때문에 상당한 시간과 비용을 통하여 검사부위의 탈자작업을 하는 것이 필요하다.

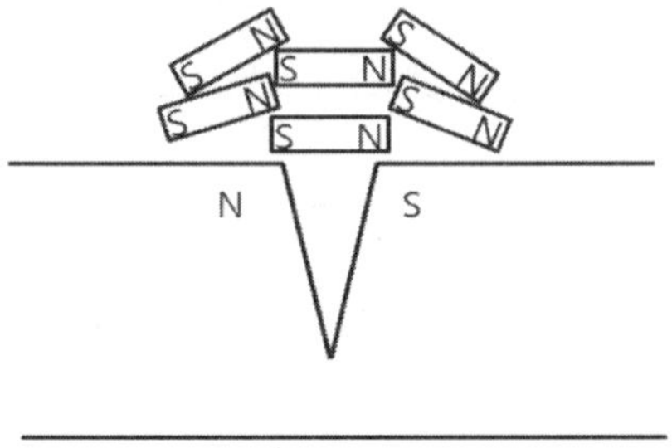


[그림 8-48] 자분 형성원리

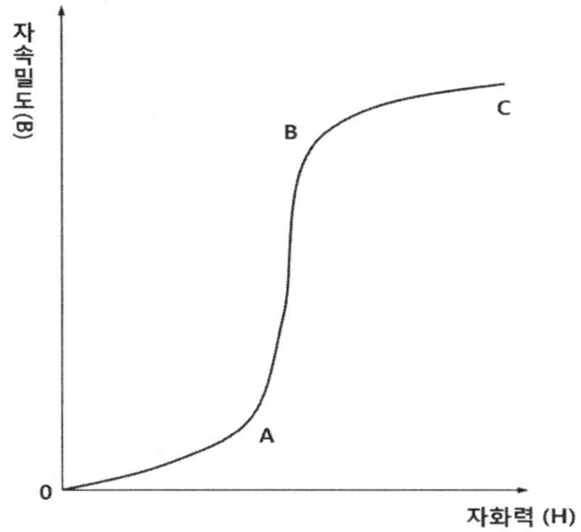


[그림 8-49] 자화곡선

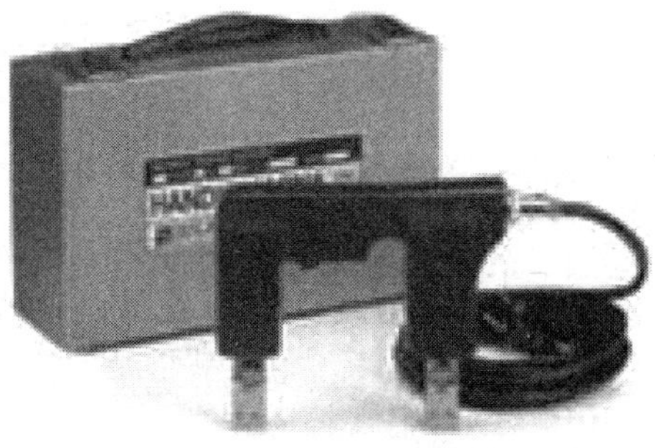

[그림 8-50] 자분 탐상시험기

[그림 8-49]는 자화곡선을 나타낸 것이다. 자속밀도를 B라고 하고 자화력을 H라고 하면 철편은 0A구간에서 자속밀도에 비하여 자화력이 증가하지만 AB구간에서는 자속밀도의 증가량에 비하여 자화력이 크게 변하지 않는다. BC구간은 철편이 포화상태가 되어 자화력의 증가량이 변화가 없게 된다. 반대로 철편이 자화된 상태에서 자화력을 없애기 위하여 자속밀도를 줄이면 처음에는 자화력이 크게 줄어들지만 자화력을 0으로 만들기 위해서는 시간이 걸리는 것을 알 수 있다. [그림 8-50]은 자분 탐상시험기를 나타낸 것이다.

## [4] 와류 탐상시험

와상 전류법(Eddy current flaw detecting test)은 ET라고도 하며 원리가 자분 탐상법과 유사하고, 정밀한 자기장의 변화를 감지할 수 있는 센서의 개발과 함께 비교적 최근에 실용화된 비파괴 검사법이다. 와류 탐상시험법은 조사하고자 하는 물체에 자기장이 아닌 전기장을 교란시켜 결함을 검출하는 것이 자분 탐상법과 다른 점이다. 도체에 교류가 통하는 코일을 접근할 때 결함이 존재하면 코일에 유기되는 전압 및 전류가 변하는 것을 이용하여 시험에서 얻은 신호는 와전류의 분포, 강도, 전자장의 분포와의 관계를 적용하여 결함을 검출하는 방법이다. 이 방법에는 교류를 전달하는 코일이 전도체 주위에 와상전류(Eddy current)를 발생시킨다. 전도체 와상전류는 여자(Exciting) 또는 독립 탐지 코일에서 전도체 및 여자 코일의 성질, 전류의 주파수 및 크기, 전도체의 불연속성 유무에 따라 달라지는 임피던스를 발생시킨다. 따라서 이 방법은 조사하려는 물체의 표면에 코일을 장치하며, 결함은 계측장치가 읽어들이는 변화를 통해 조사하며, 조사결과는 일반적으로 도표화한다. [그림 8-51]은 와류 탐상장치의 구성 및 원리를 나타낸 것이다. 그림에서와 같이 장치에 교류가 흐르는 시험코일을 시험편에 접근시키면 금속에 와전류가 발생하여 시험코일과 와전류와의 상호작용을 통해 값이 입력된다. 따라서 시험코일의 변화 값을 전기신호로 변환시켜 검출하고 시험에 방해되는 잡음을 제거하여 결함신호만을 얻을 수 있다.

와류 탐상시험법의 결과는 물체의 기하학적 형상에 영향을 받기 때문에 간단한 형상에 대해서만 조사할 수 있다는 것이 단점이다. 복잡한 형상은 임피던스값 자체를 변화시키기 때문에 적용이 제한될 뿐만 아니라 자분 탐상법처럼 도체만을 조사대상으로 할 수 있고, 페인트와 같은 도장 처리에 둔감하다는 단점이 있다. 그러나 물체표면으로부터 깊은 곳에 존재하고 있는 결함을 검출할 수 있으며, 진동수를 조절하여 표면조사를 할 수도 있다. 결함의 크기도 조사 지역의 결과로부터 측정될 수 있다. [그림 8-52]는 와류 탐상시험기를 나타낸 것이다.

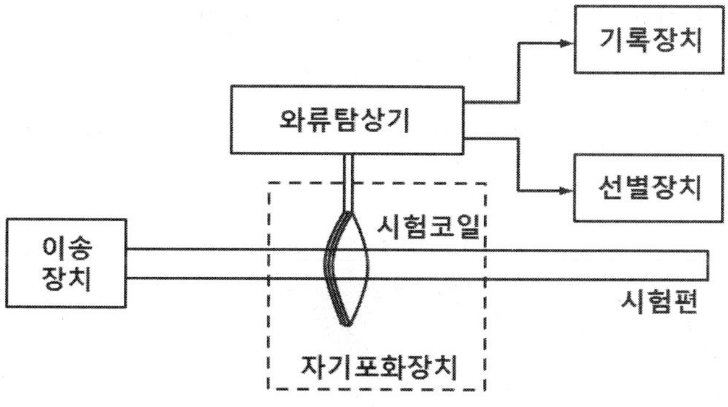


[그림 8-51] 와류 탐상장치의 구성 및 원리

[그림 8-52] 와류 탐상시험기

## [5] 침투 탐상시험

침투 탐상시험(Penetrant detectiong test)은 PT라고도 하며 철강과 비철을 포함한 모든 재료 및 비금속재료의 표면에 크랙이 있을 때 시험재를 침투액 속에 넣고 꺼내어 결항을 육안으로 시험하는 방법이다. 침투액에 형광물질을 첨가하여 결함을 정확하게 검출할 수 있어 형광시험법이라고도 한다. 원리가 비교적 간단하면서도 표면의 균열, 결함, 불연속 등의 검출에 효과적인 비파괴 검사법이다. 침투 탐상법은 적용범위가 넓고, 경제적이며 전문적인 기술이 필요 없는 시험법이다. 단점은 물체표면에 있는 결함 또는 불연속면의 검출 이외의 결함이 내부에 있을 때 측정이 불가능하다는 것이다. [그림 8-53]은 침투 탐상시험의 원리를 나타낸 것이다.

침투 탐상법에 의한 표면결함 검출방법의 원리와 검사법은 다음과 같다.

① 침투액이 결함부위에 잘 스며들 수 있도록 조사할 물체 표면을 기계적 또는 화학적인 제거제를 사용하여 기름, 수분 및 오염물질을 청소한다.
② 분무기를 사용하여 침투액을 조사 위치에 분사하고 침투액이 모세관 현상 또는 표면 습윤 현상에 의해 결함부에 침투되도록 한다.
③ 시간이 경과한 후 침투액을 닦아내고 현상제를 물체표면에 분사한다. 침투액을

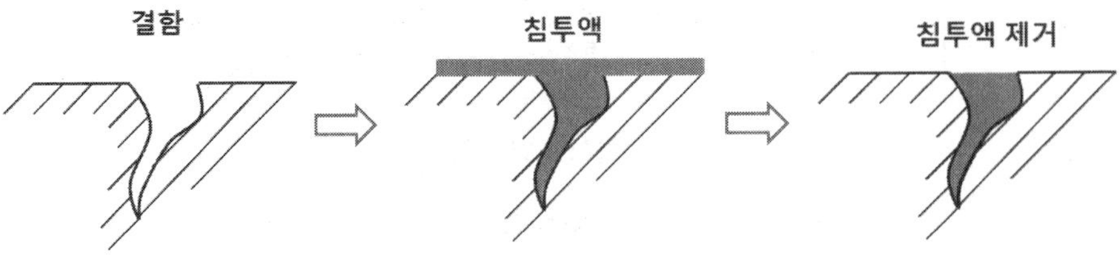


[그림 8-53] 침투 탐상시험의 원리

[그림 8-54] 염색침투 탐상제

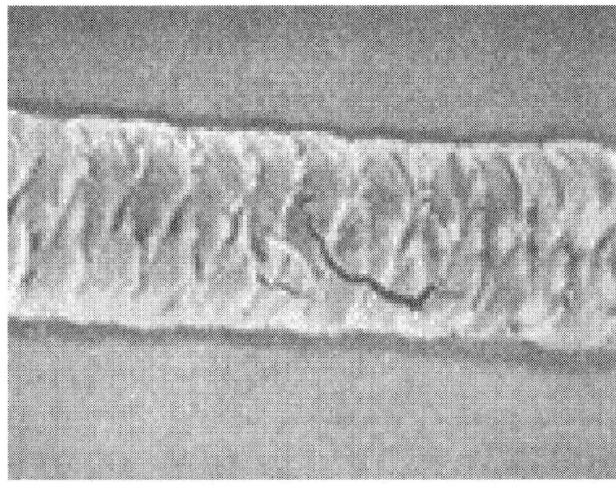

[그림 8-55] 용접부의 결함

제거하는 방법으로는 유화제법, 용제법 등을 적용한다.

④ 물체표면이 건조되면 결함이 있는 부위에 스며든 침투액과 현상제의 반응으로 인한 발광으로 결함부위를 육안으로 확인한다.

침투 탐상시험은 육안시험으로 결함의 모양이 크게 나타나야 하고 미세한 결함에 대해서도 침투액이 결함 속에 완전히 침투되도록 해야 하며 동시에 주변과 구별되기 쉬운 색, 눈으로 판별하기 쉽게 배경과 구별이 잘 되는 침투액을 선택해야 한다. 최근에는 염색침투 탐상제가 많이 쓰이고 있다. 이 방법은 특수한 장치가 필요 없고 옥내 및 옥외에서 사용할 수 있어 미숙련자도 사용이 가능하며, 보통 육안으로 잘 보이지 않는 미세한 결함도 침투된 염색에 의해 나타난다.

철, 비철, 자성, 비자성체 등 금속은 물론 도기, 유리, 합성수지의 비금속재료에도 적용이 가능하다. 적용분야는 항공기의 프로펠러 및 엔진부품, 화학분야의 밸브장치, 차량의 차축, 고압용기, 조선, 피스톤, 엔진부품, 내연기관의 부품에도 적용되고 있다. [그림 8-54]는 염색침투 탐상제를 나타낸 것이며, [그림 8-55]는 용접부의 결함을 나타낸 것이다.

## [6] 음향 탐상시험

음향 탐사법(Acoustic emission test)은 AE라고도 한다. 물체의 균열 또는 국부적인 파단으로부터 방출되는 응력파(Stress wave emission)를 센서로 검출하는 기법으로서 다른 비파괴검사법이 신호를 발생시키고 그 응답을 분석하는 것과 다르게 피동적으로 신호를 수신하여 결함을 검출하는 비파괴 검사법이다. 음향 탐사법은 실시간으로 결함의 진원지와 결함의 상태를 알 수 있으며, 국부적인 결함의 검출 이외에 전체 구조물의 상태를 모니터링할 수 있는 장점이 있다.

음향 탐사법은 안정화된 결함은 측정할 수 없다는 단점이 있다. 즉 진행이 멈춘 균열 등은 검출할 수 없고, 센서의 감도에 따라 결함의 검출결과가 달라지며 음향방출이 구조물의 구조를 따라 전달될 때 결함의 정확한 위치를 찾기가 어렵다. 이러한 경우 초음파 탐상법과 같은 국부적인 결함 검출법을 병행하여야 한다.

음향 탐상시험은 센서에 감지되는 파동은 고체 내부에서 방출되는 것으로 결함의 생성 및 성장하는 균열의 경우 진행을 포착할 수 있다. 구조물이 파괴되기 전 내부에서 국부적인 구역이 발생하는데 전체적으로 외력이 재료의 탄성한계보다 낮아도 균열선단부에서는 응력집중에 의한 소성변형이 진행된다. 따라서 다른 비파괴검사와 비교하면 다음과 같은 차이점이 있다.

① 기계 및 구조물이 응력을 받고 있는 상태에서의 결함 발생 및 성장을 알 수 있다.
② 압력용기 및 배관의 수명기간을 최대화 할 수 있다.
③ 설치 후 접근이 어려운 위치의 결함 탐지가 가능하기 때문에 신속하고 경제적으로 해결할 수 있다.

[그림 8-56]은 압력용기의 음향 방출시험을 하는 것이다. 용기의 결함이나 손상을 탐지하는데, 재료 및 용접부에서 발생하는 원인은 다음과 같다.

① 균열의 발생과 성장에 의해서 발생한다.
② 부식이나 국부적인 항복에 의한 균열발생을 포함한 부식의 영향에 의해서 발생한다.

[그림 8-56] 압력용기의 음향 방출시험

③ 항복이나 결정 내 슬립을 포함한 금속학적 변화에 의해서 발생한다.
④ 취성에 의해 발생한다.
⑤ 용접에서의 불완전 용해, 용접부의 용입 부족, 기공, 불순물의 혼입으로 발생한다.

## 비제조업용 로봇

산업현장의 생산라인에 적용되지 않는 분야도 로봇이 접목되고 있다. 생활 지원을 위한 로봇 국제 안전 규격 ISO/DIS13482가 재정되어 비제조업 관련 로봇의 접목이 활발하게 진행 중이며 규격 표준화에 의해 안전성과 유용성이 인정되어 기존의 의료기구와 마찬가지로 보험이 적용되면 사용자가 도입하는 부담이 줄어들어 급속한 발전을 이룰 것이다.

### 8.4.1 농업용 로봇

농업 분야는 하나의 응용분야로써 4차 산업혁명과 더불어 더욱 발전할 것으로 예측되고 있다. 인공지능을 접목한 로봇이 사람 대신 농사를 짓고, 무인 항공기 및 무인자율주행차를 통해 농작물을 운송하고 로봇들은 서로 통신망으로 연결되어 정보를 공유하면서 작업을 진행한다. 로봇은 농업 인구의 고령화에 따른 노동력 및 생산성 저하 문제를 해결하고 인구 증가에 따른 식량 부족 문제를 해결해 줄 수 있을 것으로 기대되고 있다. 미래의 식량 부족, 고령화로 인한 노동력 부족, 작업시간 및 농장 유지비 절

[그림 8-57] 포도수확용 로봇

감 등을 위해 첨단기술과 접목하여 자동화 및 로봇에 많은 연구와 투자가 진행되고 있다. ICT 융합기술의 식물공장, 사물인터넷 기반 스마트 농장은 세계적으로 확대되고 있으며 스마트 농장이 서로 연결되어 생육 환경에 대한 정보를 주고받고 있다. 로봇은 농작물의 파종부터 수확, 가공, 저장, 유통까지의 전 과정에 접목하여 자동화 기술들이 개발되고 있다.

### 8.4.2 광업용 로봇

국제전기전자공학회(IEEE)가 운영하는 인터넷 매체인 IEEE 스펙트럼은 캐나다 광산업체인 노틸러스 미네럴스(Nautilus minerals)가 파푸아뉴기니 지역의 얕은 바다에서 해저 광물을 채굴하는 로봇을 투입해 광물을 채취하고 있다. 해저 채굴 로봇의 배치와 운영방법에 대하여 노틸러스 미네럴스는 파푸아뉴기니 해역 1600 m 해저에서 금, 은, 구리 등 광물을 채굴하기 위해 해저에 채굴 전용 로봇을 투입하고 있다.

[그림 8-58] 두더지 로봇 〈출처 : 서울경제〉

### 8.4.3 건설업용 로봇

로봇을 활용한 건설 자동화는 공공 인프라, 상업용 및 주거용 건물, 원자력발전소 등 다양한 분야에서 인력 투입을 최소화하거나 완전히 대체하는 것을 의미한다. 로봇 공학은 그동안 자동차, 가전제품, 가사지원 로봇 등 제조업에서 폭넓게 적용되어 왔으나 건설 분야의 로봇 접목에 대한 수요가 증가하여 건설 산업에 로봇이 적용되고 있다. 선진국들은 고령화로 인한 건설 인력 부족이 발생하고 있어 로봇 및 로봇을 이용한 건설 자동화가 노동력 부족 및 안전성 문제를 해결하기 위한 대안으로 부상하고 있다. 숙련

[그림 8-59] 건설로봇

공 대신 건설로봇을 이용하여 철거 및 고소 작업과 같은 고위험 작업에 도입하여 노동력 부족을 해소하고 안전성을 확보할 수 있다.

### 8.4.4 극한작업용 로봇

2011년 동일본 대지진의 현장에 재난구조로봇을 이용했다. 지진은 원전이 가진 방사능의 위험성으로 인해 인간이 하기 힘든 극한작업에 로봇과 같은 무인 작업용 로봇을 이용하여 원격으로 조정하면서 원하는 방향에서 영상을 찍어 내부 상황을 인간이 파악할 수 있도록 하였다. 후쿠시마 원자력발전소에 투입된 로봇 팩봇은 무한궤도로

[그림 8-60] 극한작업용 로봇

움직이면서 카메라로 방사능으로부터 오염된 원전 내부 영상을 보내고 파지할 수 있는 로봇팔로 약 14kg의 물건을 들 수 있다. 팩봇은 개발당시 전쟁터에서 폭발물 탐지, 제거를 위해 만들었으며 9.11 테러 현장에서 인명 구조를 하였다.

최근에 진화하는 재난구조로봇의 모습은 휴머노이드형으로 원자력발전소와 같은 위험한 사고현장에서 사람 대신 들어가는 로봇의 모습이 인간과 비슷해야 유리하다고 생각하여 인간처럼 두발로 걷는 로봇이 건물 잔해를 비집고 다니며 조난자를 찾고, 위험물을 제거하는 임무를 수행하기 위해 개발되었다.

### 8.4.5 복지로봇

복지로봇은 저출산, 고령화와 인구감소라는 사회적 배경에 따라 필요한 로봇으로 간호 분야에서부터 일상 생활의 서비스 분야에 이르기까지 다양한 로봇에 대한 연구가 추진되고 있다. 보급이 일반화된 산업용 로봇에 비해 복지로봇 분야는 환경이 변하고 대상체가 다르고 형상도 변하기 쉬워 보급이 어렵다. 선진국의 중요한 과제 중의 하나는 대상물이나 환경의 변화와 개체차에 적응하면서 작업하는 것이 가능한 지능로봇의 일환으로서 복지로봇을 개발해야 하는 것이다.

[그림 8-61] **복지로봇** 〈출처 : 고령친화산업지원센터〉

### 8.4.6 서비스 로봇

로봇은 바이러스도 전파하지 않아 안전하면서도 신속하고 정확하게 명령을 수행해 일상에서 활용이 많다. 서비스에서 사용되고 있는 것으로 사내 우편물 배송에 KT는 광화문 사옥에서 근무하고 있는 사내 임직원을 대상으로 AI 로봇 우편배송 서비스를 도입해 운영하고 있다. 로봇을 적용하기 전에는 배송 도착 알림 메일을 받고 직원이 지원센터에 방문해 물품을 수령하는 구조였지만 서비스 로봇을 적용하여 방문 필요 없이 자리에서 우편물 수령하는 것이다. 우편 지원센터 직원이 우편물을 로봇에 적재해 수령대상 직원이 근무하는 사무실을 입력하면 로봇이 자율주행으로 엘리베이터에 탑승해 우편물 배송 목적지로 이동하여 배송 회전율을 높이고 손쉽게 우편물을 수령하였다.

전염병에 대처하기 위해 이용객 접촉이 높은 호텔은 비대면 서비스가 필요하기 때문에 SK텔레콤은 대구 인터불고 호텔에 AI 서빙로봇 서빙고를 개발하였다. 서빙고는 호텔 정문에서 고객에게 환영 인사로 맞이하고 식당과 로비를 주행하면서 주문한 음식을 전달하면서 마스코트 같은 역할도 한다.

[그림 8-62] 서빙로봇 〈출처 : 데일리임팩트〉

## 8.4.7 전투로봇

군사용으로 개발된 로봇은 인간을 대신하거나 보조하며 군사작전을 수행하는 지능형 로봇이다. 전투로봇은 기온차가 큰 야외환경이나 폭탄이 터지는 가혹한 환경에서 작동하기 위해 부품내구성과 신뢰성이 필요하고 험준한 지형에서 이동해기 위한 자율이동 기술이 요구된다. 군사용 로봇은 직접 전투에 참가하는 전투용로봇과 지뢰제거작업과 같은 지뢰제거로봇, 물품의 수송을 맡는 자율주행로봇, 감시경계임무를 수행하는 감시경계로봇 등이 있다.

미국을 중심으로 개발을 시작하여 지금은 세계 각국에서 개발하고 미국이 아프가니스탄을 공격할 때 아이로봇사의 팩봇 등 로봇들을 실전에 투입해 정찰, 관측, 사진촬영 등의 임무에 사용하였다.

[그림 8-63] 전투로봇

## 연습문제

1. 로봇의 3원칙에 대하여 조사하시오.
2. 산업혁명과 로봇의 관계를 조사하시오.
3. 용접로봇 적용 사례를 조사하시오.
4. 도장로봇 적용 사례를 조사하시오.
5. 조립로봇 적용 사례를 조사하시오.
6. 검사로봇 적용 사례를 조사하시오.
7. 파괴시험과 비파괴시험을 비교하시오.
8. 앞으로의 로봇 발전 방향에 대하여 조사하시오.

CHAPTER

# 9 인공지능

인공지능은 인간의 경험과 지식을 바탕으로 문제를 해결하는 능력으로 시각 및 음성 인식의 지각 능력과 자연 언어 이해 능력 및 자율적으로 움직이는 능력 등을 컴퓨터나 전자 기술로 실현하는 것을 목적으로 하는 기술 영역을 말한다. 인공지능의 궁극적인 목표는 사람처럼 생각하고 행동까지 할 수 있는 기계를 개발하는 것이다. 〈출처 : 네이버 지식백과〉

인공지능은 지능을 가지고 있는 인간의 생각, 학습, 자신을 개발하는 행동 등을 컴퓨터가 할 수 있도록 하는 방법을 개발하고 연구하는 것으로 컴퓨터가 인간의 지능적인 행동을 모방할 수 있도록 하는 것이다. 인공지능은 컴퓨터를 이용하여 과학적으로 다른 분야와 연결하는 것으로 현대에는 정보기술의 여러 분야에서 인공지능적 요소를 도

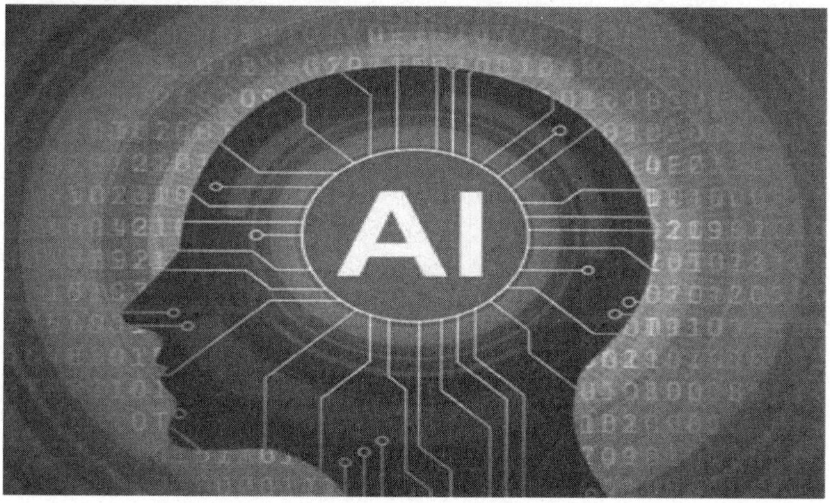


[그림 9-1] 인공지능

입하여 문제를 해결하는데 적용하기 위하여 여러 분야에 적용되고 있다. 인공지능을 적용하는 분야를 나타내면 다음과 같다.

① 자연언어처리(Natural language processing) 분야는 자동 번역을 수행하는 인공지능을 개발하였으며 사람이 컴퓨터와 대화를 통해 정보를 교환하여 인공지능의 지식을 확장할 수 있도록 하고 있다.

② 전문가시스템(Expert system) 분야에서는 인공지능이 탑재된 컴퓨터가 인간이 하는 전문적인 작업들(의사의 진단 및 수술, 광물의 매장량 시뮬레이션, 구조물의 강도해석, 배상 보험료의 판정 등)을 대신할 수 있도록 하고 있다.

③ 인공지능이 카메라를 통해 획득한 영상을 보고 대상체를 분석하고, 사람의 목소리를 인식하여 문장으로 변환하는 작업을 수행하고 있다. 영상처리 및 음성 인식은 문자 인식 및 로봇 공학분야에서 이용하고 있다.

④ 이론증명(Theorem proving)은 수학 분야의 알려진 공식에 대하여 논리적으로 추론하여 증명하는 분야에 인공지능 적용은 필수적인 기술이다.

⑤ 신경회로망(Neural net)은 데이터가 광범위하여 처리 속도의 문제로 사용되지 못하다가 컴퓨터의 발전과 더불어 20세기에 인공지능에 대한 대표적인 알고리즘으로 적용되고 있다. 신경회로망은 고양이의 뇌세포를 관찰하여 개발한 것으로 인간의 두뇌를 모방하여 수많은 데이터 처리를 네트워크로 구성된 신경망 구조를 적용하는 것이다.

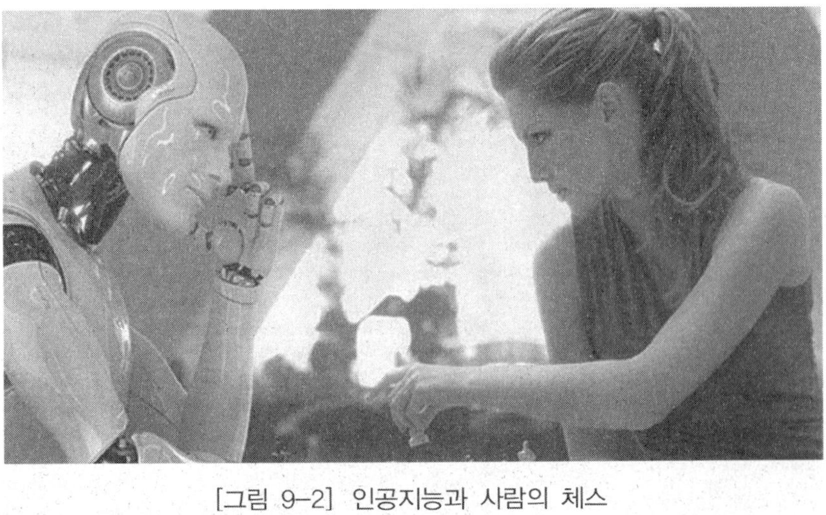

[그림 9-2] 인공지능과 사람의 체스

[그림 9-3] 인공지능과 이세돌의 바둑

인공지능과 관련하여 알파고(AlphaGo)와 이세돌 기사의 대국은 바둑계를 나락으로 떨어뜨리는 계기가 되었다. 알파고를 통해 인공지능이 세계적으로 관심을 갖는 분야로 대두되어 인공지능과 관련된 홍보에 적용되었으며 교육에 대한 인식의 변화가 일어났다. 인간의 지능을 가지고 있는 기계를 만들겠다는 생각은 인간이 계산 방법을 발전시키면서 시작되었다. 인공지능의 역사는 1930~1940년대부터 생각하는 기계에 대한 본격적으로 연구되기 시작했다. 1956년에는 처음으로 인공지능(AI, Artificial intelligence)이라는 용어가 등장했다. 그러나 지능 프로그램을 만드는 것이 어려워 1970년대까지 침체기를 겪으면서 영국의 AI연구소는 해체되고, 미국의 연구재단은 AI 연구 지원을 중단하였다. 1980년대에 컴퓨터의 발전과 더불어 신경회로망 이론에 인공지능을 접목하면서 발전하기 시작했다. 신경회로망 이론은 인간의 사고를 두뇌 작용의 산물로 보고 뇌 구조를 분석하고 처리하는 메커니즘을 적용하여 생각하고 판단하는 기계를 만들 수 있다는 이론에서 시작되었다. 그러나 이론을 적용하기에는 빅데이터를 처리할 방법이 없어서 침체기를 맞았다가 1990년대 인터넷의 발전으로 검색 엔진 등을 통해 방대한 데이터를 수집할 수 있게 되어 다시 부활하였다. 신경회로망은 기계학습을 가능하게 하여 수많은 데이터를 분석하고 인공지능이 자기 학습을 통해 진화할 수 있게 되었다.

1990년대 IBM의 슈퍼컴퓨터 딥블루(Deep blue)가 체스 세계챔피언 게리 카스파로프(Gary kasparov)를 이겨서 주목을 받았다. 그리고 2011년 IBM의 왓슨(Watson)이 미국의 텔레비전 방송 프로그램인 제퍼디(Jeopardy) 퀴즈쇼에서 참가자들을 누르고

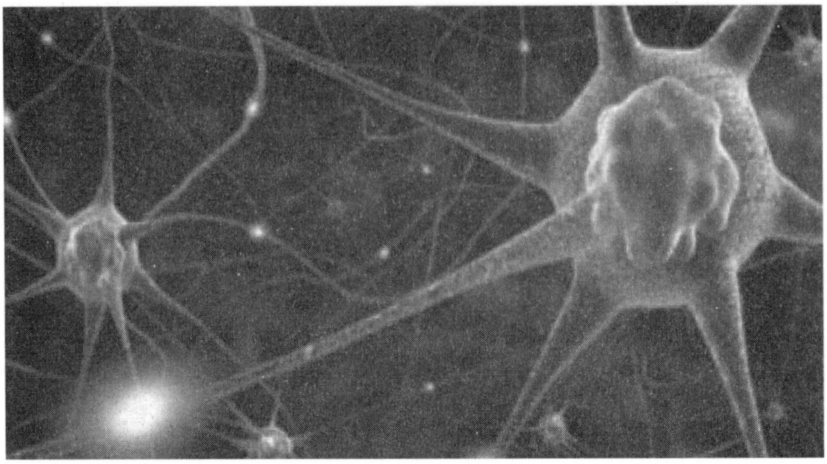

[그림 9-4] 신경조직

우승하여 컴퓨터가 인간을 이겼다는 사실에 놀랐고, 이에 따라 IBM 등이 주도하는 인공지능 개발에 대한 관심이 증가하였다. 기존의 컴퓨터는 인간의 연산 능력을 능가하는 것만으로 사회에 미치는 영향이 주었다. 메카트로닉스를 적용한 프로그래머가 작성한 프로그램을 통해서만 가능했지만 컴퓨터가 프로그래머의 관여 없이 스스로 학습을 통해 인공지능 능력을 만들어 낸 것이다. 지능은 인간만이 가진 고유한 능력으로 생각되었고 동물도 낮은 지능을 가지고 있다. 인간이 가지고 있는 지능을 컴퓨터가 자기 학습을 통해 스스로 학습하는 것을 기계학습(Machine learning)이라고 한다. 기계학습은 기계가 수학적 최적화 및 통계분석 기법을 기반으로 사람의 도움 없이도 데이터를 이용하여 신호와 패턴을 학습하고, 학습을 통해 일어날 일을 예측하며 의사결정을 내리는 알고리즘을 만드는 일을 수행한다. 기계학습 방법의 인공지능 연구는 2012년 구글이 기계 학습 분야인 딥러닝 알고리즘을 이용해 컴퓨터가 1,000만개의 유튜브 동영상 속에서 고양이 이미지를 74.8%의 정확도로 식별하도록 하는 프로젝트를 수행하여 전환점을 맞았다. 딥러닝은 신경망 네트워크 개념을 적용하였으며 컴퓨터의 발전과 빅데이터 처리에 대한 결과에 의해 구현이 가능하였다.

기계학습은 데이터나 학습 알고리즘을 사용하여 지식을 추출하고 이를 기반으로 유사한 사건의 결과를 예측하는 것이다. 예를 들면 출퇴근 시간대에 발생하는 교통량을 예측하거나 홈페이지를 방문하는 고객의 경험을 예측할 때 적용할 수 있다. 기계학습은 자체 학습 알고리즘을 사용하며 시간에 따라 경험을 축적하여 데이터베이스하면서 성능이 향상되는 것이다.

[그림 9-5] 기계학습

## 글로벌 기업의 AI

기계에게 이미지와 소리를 인식하는 방법을 가르치는 학습 기법이 영상인식, 음성인식, 번역 등 다양하게 적용되면서 글로벌 기업은 인공지능을 미래의 최대 성장 동력으로 보고 있다. 구글, IBM, 마이크로소프트, 애플, 페이스북, 바이두, 알리바바, 삼성, 현대 등이 인공지능을 적용하여 의료기술 향상, 유전자 분석, 신약 개발, 금융거래 등으로 빠르게 확대되고 있다.

구글은 2001년 이후 AI 관련 기업을 인수 합병하며 인공지능 분야를 선도하고 있다. 2014년에는 영국 AI 기업 딥마인드테크놀로지(Deep mind technologies)를 인수하였다. 딥마인드는 이세돌과의 바둑 대결에서 승리해 인공지능의 우수성을 증명하는 알파고를 개발하였다. 구글은 2009년부터 자율주행차 개발을 추진하는데 있어서 AI 기술을 적용하고 있다. 구글은 스마트폰 이용자를 위해 이메일을 읽고 이용자를 파악하며 원하는 것을 알아서 검색하고 결과를 이용자가 원하는 상황까지 감안해서 알려주는 사이버 도우미를 개발하는 목표를 세우고 비서기능을 할 수 있도록 구글 어시스턴트(Assistant), 사물인터넷(IoT) 허브, 구글 홈, AI 모바일 메신저 앱 알로(Allo) 등 인공지능을 활용하고 있다.

IBM은 딥블루와 왓슨을 개발하였으며 구글과 함께 인공지능 분야를 선도하고 있다. IBM은 산업 전반에 접목해 인공지능 생태계를 구축하고 있으며 왓슨의 데이터 검색

능력과 자연언어 이용 능력을 이용하여 프로그래머가 다양한 인공지능 서비스를 개발하도록 하는 것이다. IBM은 왓슨을 의료 분야에 적용하여 암 환자 치료에 있어서 암 환자의 데이터와 각종 의료 데이터를 동원해 암 발견과 최적의 치료를 할 수 있으며 전공의와 비교하여 우수한 결과를 획득하고 있다. 최근에는 왓슨이 IoT 기술을 적용하여 자율주행 셔틀버스의 차량 외부에 센서를 설치하여 데이터를 수집하고 이를 활용하여 AI가 주행하였다. 또한 승객과 대화를 통해 사람이 목적지를 말하면 최적의 경로를 파악하여 자동으로 주행하도록 하여 인공지능을 실생활에 적용하고 있다.

마이크로소프트는 코타나(Cortana)를 디지털 개인 비서로 적용하기 위해 자연언어 인식과 기계학습 기능을 갖추고 검색 엔진 빙(Bing)의 빅데이터를 활용해 정보 검색을 넘어 이용자가 원하는 것을 해결하도록 하였다. 마이크로소프트는 모든 기계가 인공지능 기반으로 진화하며 인간의 언어를 이해하는 컴퓨터 시대가 되어 대화가 인간과 사물의 커뮤니케이션이 된다고 판단하고 있다. 애플은 음성인식 정보검색 서비스인 시리(Siri)의 생태계를 확대하기 위해 외부의 앱과 연동해 서비스 확장성을 추진하고 있으며 아이폰과 아이패드 등에서만 작동되던 시리를 PC와 노트북 PC 운영체제(OS)에도 적용하고 있다. 페이스북은 뒤늦게 2013년에 AI 연구소를 설립하고 채팅 플랫폼인 챗봇(Chatbot)을 10억 이용자가 사용할 수 있도록 AI 기반 프로그램을 개발하였다. 중국은 거대한 시장과 막대한 자본력을 바탕으로 AI 산업에 적용하기 위해 구글의 인공지능과 관련된 비즈니스 모델을 따라 하고 있다. 바이두는 구글의 인공지능 분야를 이끌었던 앤드루 응을 영입해 인공지능 연구소의 책임자로 임명하고 인간의 개입 없이 자기학습을 할 수 있는 지능을 개발하도록 하였다.

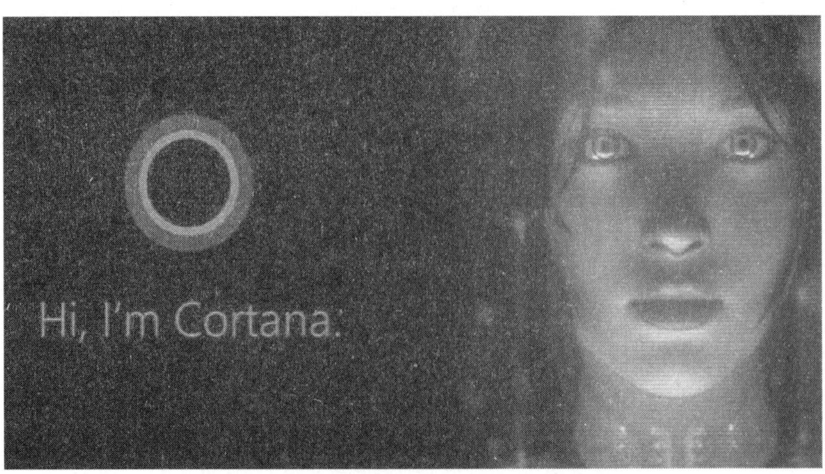


[그림 9-6] 마이크로소프트사의 코타나

글로벌 기업들은 인공지능에 대한 기술을 선도하기 위해 인공지능과 관련된 소프트웨어를 오픈 소스로 공개하여 프로그램 개발자를 확보하고 인공지능의 진화를 추진하고 있다. MS는 AI 코타나와 스카이프(Skype) 번역 음성 인식 기술 등을 오픈하였으며 구글은 텐서플로(Tensorflow)의 소스를 오픈하였다. 페이스북도 AI 기술을 위한 오픈소스 하드웨어인 빅서(Big sur)를 개발하였다. 빅서는 머신러닝 데이터를 학습할 때 사용되는 서버로 데이터 처리 속도를 높였으며, 중국의 바이두도 개발한 인공지능 소프트웨어인 컴퓨터가 사람의 말을 인식하기 위해 필요한 머신러닝기술에 적용한 프로그램을 오픈 소스로 공개하였다.

## 인공지능의 확산

인공지능과 관련하여 대기업 뿐만 아니라 스타트업 기업들도 인공지능을 접목하여 콘텐츠와 쇼핑 등 서비스 이용자들의 취향을 읽어서 상품을 추천하거나 글이나 자료 작성, 자율주행에 이르기까지 인공지능이 널리 활용되기 시작했다. 미국의 유력 일간지 워싱턴포스트는 2016년 리우데자네이루 올림픽 보도에 헬리오그래프(Heliograf)라는 인공지능 로봇이 기사를 작성하였으며 알파고의 성공도 스타트업인 딥마인드가 인간의 창의성을 적용해 경우의 수를 다루는 바둑에 적용하여 인공지능의 수준을 높였다. 바둑분야에 세계 최고가 된 알파고는 바둑 게임용 인공지능으로 경우의 수에 대한

[그림 9-7] 인공지능을 접목한 로봇

빅데이터를 기계가 스스로 학습하고 승리하는 방법을 터득하는 과정과 반복 학습을 통해 지식을 강화하는 과정 등이 핵심 기술로 신경회로망의 핵심 기술이 많은 분야에 적용되어 활용되고 있다.

인공지능을 적용하여 금융 업무를 수행하는 챗봇도 AI 기술을 이용하여 인간과 같이 대화하는 방식이 프로그램 되어 있는 것이다. 처음에 개발된 챗봇은 단순한 패턴을 매칭하는 방식을 이용하여 저장된 키워드만 인식해 입력된 응답을 출력했으나 현재는 자연스러운 언어로 질문이나 명령을 하면 맥락을 파악해 응답하고 대화 내용을 데이터베이스화하여 자기학습을 통해 정확도를 높였다. 또한 빅데이터에 해당하는 금융거래 정보, 경제 지표 등과 같은 전문 정보를 알아서 학습하고 학습된 지식을 스스로 강화해 사람을 대신한 투자자문 인공지능으로 구현되고 있다.

인공지능은 사물인터넷과 연결되면 전혀 다른 서비스를 형성할 수 있기 때문에 활용 가능성은 엄청난 성장 잠재력을 가지고 있다. 예를 들면 다양한 헬스케어 기기들이 왓슨과 같은 지능형 의료 플랫폼에 연결되면 단순한 건강 정보의 수집이나 모니터링을 넘어서 질병의 진단과 처방에 이르는 의료 서비스를 구현할 수 있다. 현재 AI는 서비

[그림 9-8] Iot

스 영역에 접목되고 있고 AI를 활용한 대규모 사업이 실현되기 위해 많은 연구가 필요한 실정이다. 인공지능은 많은 오류를 내포하고 있으며 테슬라 전기자동차의 자율주행 기능이 트레일러를 인지하지 못해 운전자가 사망한 경우도 있다. 인공지능은 신뢰도가 뒷받침되지 못하면 산업계 전반으로 확산하는데 문제가 발생할 수 있으며 구글이 추진 중인 자율주행차도 신뢰성 문제를 극복하지 못해 일반도로에 진입하지 못하고 있다. 앞으로 인공지능이 발전하여 신뢰성을 확보한다면 산업 전반에 걸쳐 적용될 것이다.

인공지능의 개발과 발전은 미국이 앞서 있지만 중국이 추격하고 있는 상황으로 중국은 인터넷에 이어서 인공지능을 국가 목표로 설정하고 인간과 장치의 상호작용, 빅데이터 분석 및 예측, 자율자동차, 군사용 로봇, 민간용 로봇 등을 개발하는 차이나 브레인(China brain) 프로젝트를 수행하였다. 인공지능은 인간의 소통 방식을 변화시키고 문화 자체가 변하고 있으며 산업 전반에 걸쳐 인공지능이 연결되어 산업의 지형을 바꿀 것이다. 인공지능은 인간의 일자리를 대신하여 사회문제가 발생할 것으로 생각되고 있으나 AI는 인터넷이나 스마트폰의 전파력을 뛰어넘을 것으로 판단된다.

## 기계학습, 딥러닝

인간의 뇌(Human brain)는 뉴런(Neuron)이라는 수많은 신경세포로 이루어져 있으며, 신경은 시냅스(Synapse)라고 불리는 연결부위를 통해 수백에서 수천 개의 다른 신경들과 연결되어 있다. 뉴런은 수상돌기(Dendrite)를 통해 연결된 신경으로부터 전기적, 화학적 신호들을 세포체(Cell body)에서 중합(重合)한다. 중합한 값이 임계치(Threshold)가 한계치보다 커지면 뉴런은 활성화되어 인접한 뉴런에 출력을 전달한다. 뉴런의 정보교환은 병렬적으로 수행되며 정보교환 기능은 학습에 의하여 향상되는 것이다. 인공지능은 기술적 구조에서 볼 때 최고 높은 상위개념으로 인간의 뇌와 신경망을 모방해 컴퓨터나 로봇들이 인간처럼 사고하고 행동하도록 할 것이다.

사람은 사진을 보고 개와 고양이를 구분할 수 있지만 컴퓨터는 구분하지 못하기 때문에 기계학습을 통해 구분하도록 하는 것이다. 수많은 데이터를 컴퓨터에 입력하고 분류하기 위해 저장된 데이터를 활용하여 유사한 사진이 입력되면 컴퓨터가 분류하여 찾는 것이다. 데이터를 분류하기 위해 선행연구로 기계학습 알고리즘이 개발되었으며 의사결정나무나 서포트벡터머신(Support vector machine, SVM) 및 인공신경망이

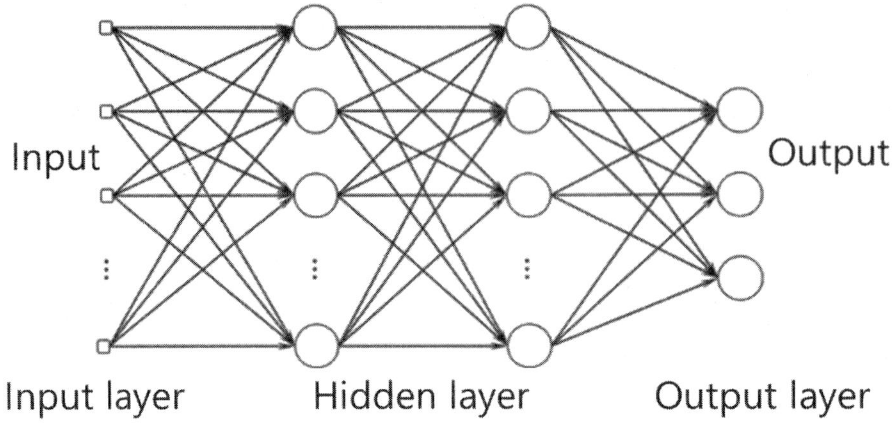


[그림 9-9] 신경회로망

적용되고 있다. 의사결정나무는 의사결정 규칙(Decision rule)을 나뭇가지처럼 도표화하여 분류와 예측을 수행하는 분석방법이며 서포트벡터머신은 패턴인식과 자료 분석을 위한 지도학습(Supervised learning)의 모델이며 분류와 회귀분석을 위해 사용된다.

인공 신경망은 계층 수에 따라 단층 신경망과 다층 신경망으로 구분한다. 다층 신경망은 입력층, 은닉층과 출력층으로 구성되고 입력층(Input layer)은 외부의 자료들을 받아들이는 층으로 입력층의 뉴런 수는 입력되는 변수의 수와 동일하다. 은닉층은 입력층과 출력층 사이에서 입력층으로부터 신호를 받아 대상에 대한 정보를 축출하여 출력층으로 전달하고 출력층(Output layer)은 은닉층으로부터 신호를 받아 외부로 출력한다. 뉴런 간의 입력신호는 0에서 1 사이의 값을 갖는 각각의 연결강도와 곱해진 후 합산되며 이 합이 뉴런의 임계치보다 크면 뉴런이 활성화되어 활성화 함수를 통하여 출력값으로 나타난다.

딥러닝(Deep learning, DL)은 인공신경망을 이용하여 데이터를 군집화하거나 분류하는데 사용하는 기술이다. 기계학습과 인지과정에서 인공신경망은 생물학의 신경망에서 영감을 얻은 통계학적 학습 알고리즘이다. 인공신경망은 시냅스(Synapse)의 결합으로 네트워크를 형성한 인공적인 신경이 학습을 통해 시냅스의 결합 세기를 변화시켜 문제해결 능력을 가지는 모델이다. 인공신경망을 이용하는 딥러닝의 핵심은 분류를 통해 예측하는 것으로 많은 데이터 속에서 패턴을 발견해 인간이 사물을 구분하는 것처럼 컴퓨터가 데이터를 분류하는 것으로 분별방식은 두 가지가 있다. 지도자(감독자)의 신호(모범 답안) 입력에 의해서 문제에 최적화되어가는 지도 학습과 지도자의 신호가 불필요한 비지도 학습방법이 있다. 기존의 기계학습 알고리즘은 대부분 지도학습에 의해 수행되며 지도학습방식은 컴퓨터에 먼저 정보를 가르치는 방법이다. 예를 들면 고양이 사진을 입력하고 고양이라고 학습시키는 방식으로 컴퓨터는 미리 학습된 결과를 바탕으로 고양이 사진을 구분하는 것이다. 비지도 학습은 고양이라는 지도 과정 없이 컴퓨터가 스스로 학습하는 것으로 컴퓨터의 높은 연산능력이 요구된다. 구글은 현재 비지도 학습방식으로 유튜브에 등록된 동영상 중 고양이 동영상을 식별하는 딥러닝기술을 개발하였다. 정확하고 명확한 해답이 있는 경우에는 지도학습을 적용하는 것이 유리하다. 입력으로부터 값을 계산하는 뉴런시스템은 상호연결되어 패턴인식과 같은 기계학습을 수행할 수 있다. 데이터로부터 학습하는 다른 기계학습과 같이 신경망은 일반적으로 규칙기반 프로그래밍으로 풀기 어려운 컴퓨터 비전(Vision) 또는 음성인식과 같은 다양한 범위의 문제를 해결하고 있다.

딥러닝 학습을 위해서는 많은 데이터를 이용하여 학습하기 때문에 학습데이터를 반복하여 학습시키는 데에는 많은 시간이 소요되어 컴퓨터의 중앙처리장치(Central processing unit, CPU)가 중요하다. CPU는 과거에 비해서 빠른 처리를 할 수 있고 빠른 학습을 위해 그래픽카드에 사용되는 그래픽 처리장치(Graphics processing unit, GPU)를 이용하여 딥러닝의 성능을 향상시켜야 된다. PC에 꽂을 수 있는 GPU는 3,000개 이상의 처리 코어를 가지고 있어서 병렬적으로 딥러닝에 사용되는 수치계산에 적용되고 있다. 이미지 인식부터 음성인식 등 다양한 머신러닝 작업을 수행할 때는 GPU나 CPU의 성능이 중요하다. 구글은 인공지능 서비스를 훈련할 때 GPU 기반

[그림 9-10] 인공지능과 딥러닝의 관계

스마트 기기를 활용하고 있다. 구글은 2015년 일본 동경의 더매직인더머신(The magic in the machine) 행사에서 자체 개발한 머신러닝 기술을 오픈소스로 공개하고 외부에서도 무료로 쓸 수 있도록 했다. 따라서 개발자들은 무료로 쓰는 것은 물론 프로젝트에 참여해 수정할 수 있도록 하여 스마트기기의 CPU에 접목 할 수 있도록 하였다. 페이스북은 음성인식 서비스를 할 때 GPU를 활용하지만 얼굴인식 기능을 구현할 때 스마트기기의 CPU를 이용하도록 하여 머신러닝과 딥러닝에서 고객의 경험데이터가 중요하기 때문에 15억 명의 풍부한 결과 및 다양한 포스팅의 데이터를 확보하고 있다. 페이스북은 2015년 오픈소스의 딥러닝(Deep learning) 모듈을 다른 경쟁사들보다 제일 먼저 공개했다. 오픈소스의 개발환경은 계산, 머신러닝, 컴퓨터 비전을 다룰 때 딥러닝과 신경회로망을 적용하도록 하였다. 공개한 오픈소스 모듈은 대용량 자연언어 처리 어플리케이션에 사용되며 산재되어 있는 정보를 처리하기 위해 네트워크 모듈이 적용된다.

## 스마트 인간

정보통신기술(ICT)이 의학 및 생명공학 등의 분야와 접목되면서 인간의 신체적 한계뿐만아니라 정신적인 한계까지 뛰어넘은 미래 인간에 대하여 연구가 진행되고 있다. 과학자나 미래학자들을 중심으로 포스트 휴먼(Post-human)에 대한 많은 연구가 이루어져 왔으며 최근들어 로봇 산업, 바이오테크놀로지, 인공지능에 대한 관심이 높아지면서 각광 받고 있다.

포스트 휴먼이란 인간과 기계의 융합으로 미래의 인간상으로 정보통신기술, 인지과학, 나노기술, 바이오공학의 발달로 인간과 기계가 융합되어 인간과 기계의 경계가 사라지는 것을 의미한다. 포스트 휴먼은 트랜스 휴먼(Trans-human), 인공지능(Artificial intelligence), 인공생명(Artificial life), 사이보그(Cyborg) 등 다양한 용어와 개념으로 불리우고 있으나 공통된 특성은 인간의 한계를 넘기 위한 것이다. 과거부터 촉발되었던 1, 2, 3차 산업혁명은 인간의 신체적 능력을 대체하는 방향으로 생산체제나 제조업의 변화를 가져왔다. 하지만 현재 진행되고 있는 변화의 물결은 단순히 자본주의 체제나 물질적인 것이 아니라 인간의 두뇌에 대한 것으로 미국 매사추세츠공과대학(MIT) 슬론경영대학원교수인 에릭 브린욜프슨(Erik Brynjofsson)은 우리 사회

[그림 9-11] 스마트인간

는 과거 산업혁명의 규모를 넘어서는 변화가 진행되고 있다고 주장하며 제2의 기계 시대로 인공지능의 출현과 디지털 네트워크가 구현된다고 하였다. 미래학자 레이 커즈와일(Ray kurzweil)은 혁신 기술의 진보로 생물학적으로 인간의 한계를 초월하는 인공지능이 나타내게 될 것이라고 했다. 앞으로 컴퓨터의 지능이 인간을 능가하고, 2040년대에는 인간의 뇌를 업로드(Up load)하는 것이 가능할 것이라고 주장하였다. 미래에는

[그림 9-12] 영화 〈매트릭스〉의 장면

[그림 9-13] 영화 〈루시〉의 장면

기술 변화의 속도가 급속히 상승하여 인간의 생활이 되돌릴 수 없을 정도의 변화가 될 것이라고 하였다.

인공지능 관련 연구는 인간의 뇌를 닮은 인공지능과 인공지능을 가진 로봇을 개발하는 것으로 인공지능 로봇에 대한 연구는 영화에서나 가능하다고 생각되었지만 급속한 과학기술의 발전과 더불어 허구가 아닌 가까운 미래에 실현될 것이다. 인간의 한계를 극복하려는 연구로 인간 지능 수준을 넘어 인간 정신을 복제하여 영원히 살 수 있게 하는 홀로그램 인간 프로젝트가 진행 중이며 성공한다면 영원히 죽지 않을 수 있을 것이다.

홀로그램 인간은 인간의 정신을 복제하여 복제된 두뇌를 살아있는 생명체가 아닌 가상 신체에 옮기는 것이다. 러시아의 미디어 재벌인 드미트리 이츠코프(Dmitry itskov)가 생명 연장을 위한 연구자들의 네트워크를 형성하여 홀로그램 인간을 창조하려는 소위 아바타 프로젝트(Avatar project)를 추진하여 2045 이니셔티브(2045 Initiative)라는 비영리단체를 설립했다.

아바타 프로젝트는 사람의 두뇌 속 데이터를 로봇에 전송하는 실험을 하고 두뇌 복제와 인공두뇌기술 개발 단계를 거쳐 홀로그램 형태로 가상 신체를 2045년까지 완성하겠다는 계획이다. 이 계획대로라면 육체적으로 기능이 끝난 사람의 정신과 기억 등을 가상의 신체로 옮겨 생명 연장의 꿈을 실현하는 것이다. 인류의 진화 과정은 인간 신체의 불완전한 생물학적 한계를 극복하기 위해 진화되었다. 최근에는 인공장기를 신체에 이식하여 생명을 증가시키고 냉동인간, 나노의학 등에 대한 연구가 진행되고 있

[그림 9-14] 영화 속 홀로그램

다. 생명 연장에 대한 연구는 인간 신체에 국한되지 않고 기술의 혁신을 통해 인간의 지각, 감각 및 정신적 영역으로 확장되고 있다. 특히 인간과 기계에 대한 인터페이스, 유전공학기술의 발전 및 인공지능의 발전으로 더욱 가속화 되어 인간이 의식, 기억력, 감정 등을 컴퓨터에 옮기는 기술이 적용될 것이다. 뇌 과학자들은 뇌의 각 부분을 분석해 기능과 작동 방식, 패턴을 지도로 작성하여 뇌 스캔과 분석을 통해 신경망을 파악할 수 있고 실제 인간의 뇌도 인공신경망으로 대체할 수 있다고 하였다. 홀로그램 인간 프로젝트에는 뇌 신경, 로봇, 인공장기와 시스템 분야 전문가들이 참여하고 있지만 홀로그램 인간 같은 생명체가 개발되기 까지는 해결해야 할 과제가 많다.

특히 인간의 뇌 지도, 인공지능 환경의 컴퓨터 개발, 실제 생명체와 동일한 자율 조정 기능 개발 등이 필요하다. 과학자와 신학자들이 제기하고 있는 인간의 진화에 대한 대표적인 학설은 자연발생설 또는 진화론이다. 자연발생설은 생명체가 지구에서 자연발생적으로 탄생되었다는 것이고, 창조론(Creationism)은 신이 인간, 지구 나아가 우주를 창조하였다는 것이다. 미래 인간상에 대한 연구를 보면 진화론과 창조론에 덧붙여 새로운 인간을 창조하는 주체가 인간이 될 수도 있을 것이다. 인공지능에 의해 인간의 지능을 복제하거나 지능을 넘어서 인간을 대체할 수 있을 정도의 지능을 가진 강한 인공지능(Strong artificial intelligence)의 개발이 인류의 종말을 초래할 수 있다고 경고한다. 약한 인공지능(Weak artificial intelligence) 수준의 진화는 인간이 풀기 어려운 문제를 해결해 주는 것이 가능할 것이다.

강한 인공지능과 약한 인공지능은 기술을 이용하는 인간 자신이 어떻게 사용하는가에 따라 달라지기 때문에 컴퓨터공학, 철학계, 사회과학계에서도 논쟁이 되고 있다. 철

[그림 9-15] 강한 인공지능

[그림 9-16] 약한 인공지능

학자 데카르트는 인간이 동물과 기계와의 차이점으로 자유의지, 의식 및 문화 등을 가지고 있다고 생각했다.

기계의 지능은 인공지능이 의식을 가질 수 있는 것으로 귀결된다. 인간은 의식을 인공지능이 본질적으로 의식을 가질 수 없다는 심리철학자도 있지만 인간의 의식은 이원론적으로 보는 것에 반대하기도 한다. 신경과 관련된 분야의 과학자들에 의해 발명된 인공신경망은 입력과 출력이라는 규칙에 의해 컴퓨터와는 다르게 학습의 능력을 발휘하고 있다. 또한 중앙처리장치(CPU)의 성능이 발전하여 고성능 CPU가 개발된다면 기계 스스로 프로그램을 개발하는 인공지능이 출현할 것이다.

## 연습문제

**1.** 인공지능의 목표에 대하여 설명하시오.

**2.** 전문가 시스템(Expert system)에 대하여 설명하시오.

**3.** 신경회로망(Neural net)에 대하여 설명하시오.

**4.** 인공지능을 자율주행자동차에 적용하는 방식을 조사하시오.

**5.** 인공지능을 군사용 로봇에 적용한 형태를 조사하시오.

**6.** 기계학습에 대하여 설명하시오.

**7.** 딥러닝에 대하여 설명하시오.

CHAPTER

# 10 빅데이터

빅데이터(Big data)는 데이터베이스 관리도구의 능력을 넘어서 대량의 데이터 처리 및 데이터베이스 형태가 아닌 비정형의 데이터로부터 필요한 정보를 추출하고 결과를 분석하는 것이다. 데이터베이스 등 기존의 데이터 처리 응용 소프트웨어(Data-processing application software)로는 수집, 저장, 분석, 처리하기 어려운 방대한 양의 데이터를 처리하는 것을 말한다. 다양한 종류의 대규모 데이터에 대한 생성, 수집, 분석 및 표현을 특징으로 하는 빅데이터 기술의 발전은 다변화된 현대 사회를 정확하게 예측하여 효율적으로 적용할 수 있다. 개인화된 현대 사회에 맞춤형 정보를 제공, 관리 및 분석이 가능하여 과거에는 컴퓨터의 성능이 부족하여 불가능한 기술을 실현하는 것이다.

현재 빅데이터는 정치, 사회, 경제, 문화 및 과학 기술 등 전 영역에 걸쳐서 사회와 인류에게 가치 있는 정보를 제공할 수 있기 때문에 중요하게 생각되고 있지만 단점으로 사생활 침해와 보안이 문제다. 빅데이터는 수많은 정보의 집합으로 수집, 분석할 때 사람들의 사적인 정보까지 수집하여 관리할 수도 있기 때문에 데이터가 유출되면 정보가 유출되는 것이다. 세계 경제 포럼은 2012년 떠오르는 10대 기술 중 첫 번째를 빅데이터 기술로 선정했고 우리나라 지식경제부 R&D 전략기획단은 IT 10대 핵심기술 가운데 하나로 빅데이터를 선정하였다. 〈출처 : 워싱턴 포스트〉

빅데이터의 속도는 대용량의 데이터를 빠르게 처리하고 분석하며 융복합 환경에서 디지털데이터를 고속으로 생산하고 실시간으로 저장, 수집 및 분석하는 것이다. 다양성은 여러 종류의 데이터를 종류에 따라 분류하는 것이다. 특징은 데이터의 양(Volume), 데이터 생성 속도(Velocity), 형태의 다양성(Variety)을 의미하며 가치(Value)나 복잡성(Complexity)을 더하기도 하며 다양하고 방대한 규모의 데이터는 미

[그림 10-1] 빅데이터 〈출처 : 인더스트리 뉴스〉

래 경쟁력의 우위를 확보하기 위해서 중요하다. 빅데이터를 분석해서 활용할 수 있는 정보를 찾아내는 방법은 과거보다 데이터의 양과 질적인 면에서 발전하였다. 빅데이터는 1차 산업혁명 시기의 증기기관처럼 혁신과 경쟁력 강화, 생산성 향상을 위한 중요한 원천이다. 빅데이터는 여러 분야의 데이터를 포함하는 것으로 사진, 오디오, 비디오, 소셜미디어 등과 같은 비정형 데이터에도 적용된다.

## 빅데이터의 특성

빅데이터는 데이터의 양, 데이터 입출력의 속도, 데이터의 다양성이라는 3개의 특성으로 구분하였다. 대상을 측정하고 경향을 예측하는 일을 위해 고밀도의 데이터에 통계학을 접목하여 법칙을 추론하여 결과 및 행동을 예측한다.

빅데이터의 세 가지 특성은 다음과 같다.

① 정확성(Veracity) : 빅데이터는 방대한 데이터를 분석하여 패턴을 추출하고 분석하여 수집한 데이터에 대하여 신뢰성 및 분석할 필요가 있는지에 대한 정확성이 있어야 된다.

② 가변성(Variability) : 최근 소셜미디어의 확산으로 자신의 의견을 자유롭게 게시

하지만 의도와는 달리 자신의 생각을 글로 표현하면 오해를 불러올 수 있기 때문에 가변성이 대두되고 있다.

③ 시각화(Visualization) : 빅데이터는 정형 및 비정형 데이터를 수집하여 복잡한 분석을 실행한 후 정보를 가공하는 과정에서 사용대상자의 이해정도를 맞추지 못하면 정보의 가공에 들어가는 시간적, 경제적 손실이 발생할 수 있다.

## 빅데이터의 분석기술

빅데이터를 분석하는 프로세스는 병렬 처리 형태로 분할 점령(Divide and conquer)이라고 하며 데이터를 독립된 형태로 분리하고 병렬적으로 처리하는 것이다. 빅데이터의 데이터 처리는 문제를 여러 개의 연산으로 분리하고 취합하여 종합적인 결과로 만드는 것으로 대용량의 데이터를 처리하는 것이다. 대부분의 빅데이터 분석 기술과 방법들은 기존 통계학과 전산학에서 사용되던 기계 학습, 자연 언어 처리, 패턴 인식 등이 해당되며 소셜 미디어 등 비정형 데이터가 증가하고 있다. 소프트웨어와 기술이 발전하면서 아날로그 시스템은 사용범위가 줄어들고 있고 디지털로 생성, 수집되는 데이터를 디지털화하여 관리하고 있다. 또한 소셜 미디어 플랫폼, 스마트폰 기술, 디지털로 연결된 사물인터넷(IoT) 기기의 발전으로 빅데이터 시대가 되었다.

빅데이터는 패턴을 분석하여 대상의 행동과 요구를 추측이 아닌 예측을 하여 효과적인 결과를 얻는 방법으로 유연하고 포괄적이며 신뢰성이 높은 기반에서 분석 및 실행하기 위해 최적화하여 데이터를 수집, 분석 및 사용할 수 있어야 한다.

## 빅데이터의 융합

빅데이터의 가치는 데이터를 분석하고 이해할 수 있는 정도를 향상하기 위해 인공지능, 머신러닝, 데이터베이스 기술을 활용하여 빅데이터의 시각화와 분석으로 실시간 제어가 가능해야 한다. 빅데이터 관리를 위해서는 방대한 양의 데이터에서 서로 다른 복잡한 정보를 처리하고 분석할 능력을 갖추기 위해 AI와 접목하여 빅데이터를 정리하고 분석해야 한다. AI는 빅데이터에 포함된 데이터 범위에 따라 분석을 하고 빅데이터의 신뢰성을 확보하기 위해 AI를 이용하여 학습한다.

머신러닝은 유입되는 데이터를 정의하며 데이터 내에서 패턴을 식별하는 것으로 데이터에 대한 분석을 위해 시스템의 학습, 진화 및 적응을 위해 빅데이터가 기반이 되어야 한다.

## 연습문제

1. 빅데이터에 대하여 설명하시오.
2. 빅데이터의 적용 사례를 조사하시오.
3. 빅데이터의 특성에 대하여 조사하시오.
4. 빅데이터의 융합에 대하여 설명하시오.
5. 빅데이터를 융합한 사례를 조사하시오.

CHAPTER

# 11 클라우드

미국의 컴퓨터 학자인 존 매카시는 컴퓨팅 환경은 공공 시설을 쓰는 것과도 같을 것이라고 제시하였다. 클라우드 컴퓨팅(Cloud computing)은 사용자가 인위적으로 관리하지 않아도 데이터와 컴퓨터 시스템 리소스를 제공하는 것으로 정보를 자신의 컴퓨터가 아닌 클라우드에 연결된 다른 컴퓨터로 처리하는 기술을 의미한다. 구성 가능한 컴퓨팅(컴퓨터 네트워크, 데이터베이스, 서버, 스토리지, 애플리케이션, 서비스, 인텔리전스)에 대해 어디서나 접근할 수 있고 주문형 접근을 할 수 있는 것이다. 클라우드 컴퓨팅과 스토리지(저장소)들은 사용자가 다른 위치의 데이터 센터에 데이터를 저장, 가공 등 다양한 기능을 할 수 있다.

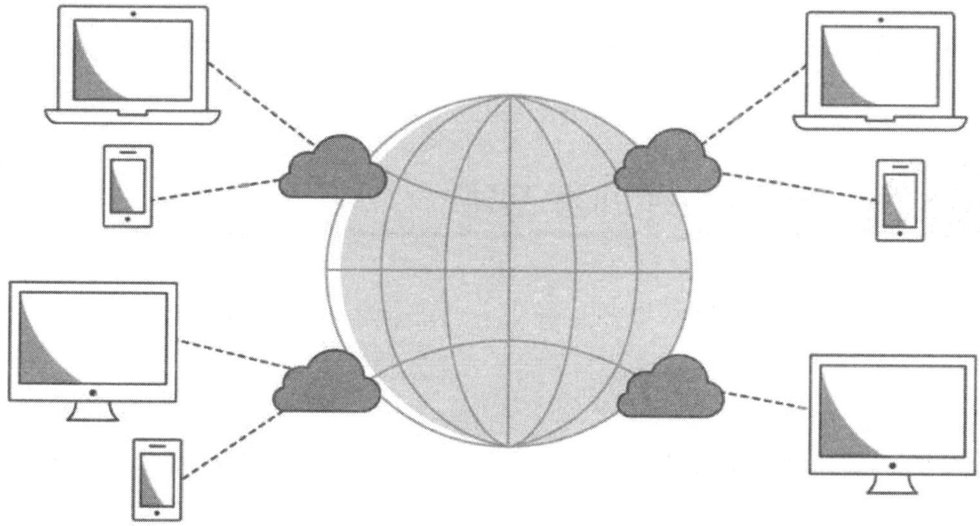

[그림 11-1] 클라우드 〈출처 : Cloudflare〉

클라우드 컴퓨팅을 통해 서버 구축 및 컴퓨터 인프라스트럭처에 시간과 비용을 줄일 수 있다. 클라우드 컴퓨팅을 통해 사용하는 프로그램의 기동 및 실행 속도를 빠르게 하여 사용하는 불편함을 개선한다.

2010년경에 고용량 네트워크, 저비용 컴퓨터 및 스토리지 장치를 이용할 수 있게 되었을 뿐 아니라 하드웨어의 가상화, 서비스 지향 아키텍처가 채택되어 클라우드 컴퓨팅 시대가 되었으며 기업들의 수요가 증가하고 있다.

## 클라우드의 특성

클라우드 컴퓨팅의 특성은 개인이 가진 단말기를 통해서는 입출력 작업을 하고 정보 분석, 처리, 저장, 관리 등의 작업은 클라우드라고하는 다른 컴퓨터를 통해서 이루어지는 것이다.

클라우드의 주요 특징은 다음과 같다.

① 인프라스트럭처 자원의 보충, 추가, 확장에 대하여 유연성을 가지고 있다.

② 클라우드 사용으로 비용 절감이 가능하다. 공개된 공용 서버를 사용하여 비용 절감이 가능하다.

③ 클라우드 컴퓨팅 사용으로 조직 내부의 IT 실력차이가 발생하지 않는다.

④ 인터넷을 통해 접속하기 때문에 위치에 대한 제약이 없다.

⑤ 클라우드 컴퓨팅의 유지보수가 쉽다.

## 클라우드의 사용 모델

클라우드를 사용하기 위한 방법은 특정한 인원만 사용하는 폐쇄형과 누구나 사용할 수 있는 공개형이 있으며 폐쇄형과 공개형의 혼합형이 있다.

### 11.2.1 폐쇄형 클라우드

폐쇄형 클라우드(Private cloud)는 다른 분야의 사람들이 접속하지 못하도록 하고 하나의 단체만이 사용할 수 있도록 운영되는 클라우드로 근무지 내외부에서 접속하는 것이다. 폐쇄형 클라우드는 하나의 단체만 사용하는 비즈니스 환경을 갖추고 사용하는 단체의 결정사항에 만족할 수 있도록 하여 적용했을 때 비즈니스는 향상되지만 내부적인 보안 문제가 발생할 수 있다. 자체적으로 운영되는 데이터 센터를 두고, 하드웨어의 성능 및 제어에 대한 할당을 결정하고 일정기간에 따라 주기적으로 갱신하여 성능을 개선하는데 비용이 발생하여 사용자는 구매와 관리를 해야 한다.

### 11.2.2 공개형 클라우드

공개형 클라우드(Public cloud)는 누구나 접속할 수 있도록 네트워크를 열어놓고 일반적으로 사용자가 무료로 접속하는 것이다. 성능면에서는 공개형과 폐쇄형 클라우드 아키텍처(컴퓨터 시스템의 하드웨어 구조로 컴퓨터 시스템을 구성하고 있는 하드웨어 장치인 CPU, 레지스터, 기억 장치, 입출력 장치 등과 같은 컴퓨터 구성 요소들에 대해 설계하는 방법) 간 차이는 없다. 예를 들면 네이버 클라우드 플랫폼, 아마존 웹 서비스, 마이크로소프트, 구글과 같은 공개형 클라우드 서비스는 자체적인 데이터 센터를 보유하여 운영하고 있으며 접근은 인터넷을 이용한다.

### 11.2.3 혼합형 클라우드

혼합형 클라우드(Hybrid cloud)는 폐쇄형 클라우드와 공개형 클라우드의 조합으로 양쪽이 가지고 있는 장점을 활용하고자 하는 것으로 보안문제 및 유료화를 통해 사용자들의 인프라를 구축하는 것이다.

## 연습문제

1. 클라우드에 대하여 설명하시오.
2. 클라우드의 형태를 조사하시오.
3. 클라우드 적용 사례를 조사하시오.

CHAPTER

# 12 가상증강현실

가상증강현실(Augmented reality, AR)은 실제로 존재하는 환경에 가상의 사물이나 정보를 합성하여 같은 공간에 존재하는 것처럼 컴퓨터 그래픽을 이용하는 것이다. 가상현실은 가상의 공간과 사물만을 대상으로 하고 있고 증강현실은 현실 세계에 가상의 사물을 합성하여 현실 세계에서 경험하기 힘든 사항을 만드는 것이다. 가상현실과 다르게 현실(Reality)에서 발생할 수 있는 사항을 대상으로 증강(Augmented)시키고 가상의 대상을 결합시켜 현실성을 높이는 것이다. 가상환경과 현실의 실제 모습을 병합한 물리적 공간을 컴퓨터로 만들어 게임에만 적용하는 것이 아니라 현실 환경에서 발생할 수 있는 사항을 만들어 대처하는 디스플레이 기술이다.

유비쿼터스 컴퓨팅(장소와 시간에 구애를 받지 않고 기기를 통해서 컴퓨팅할 수 있

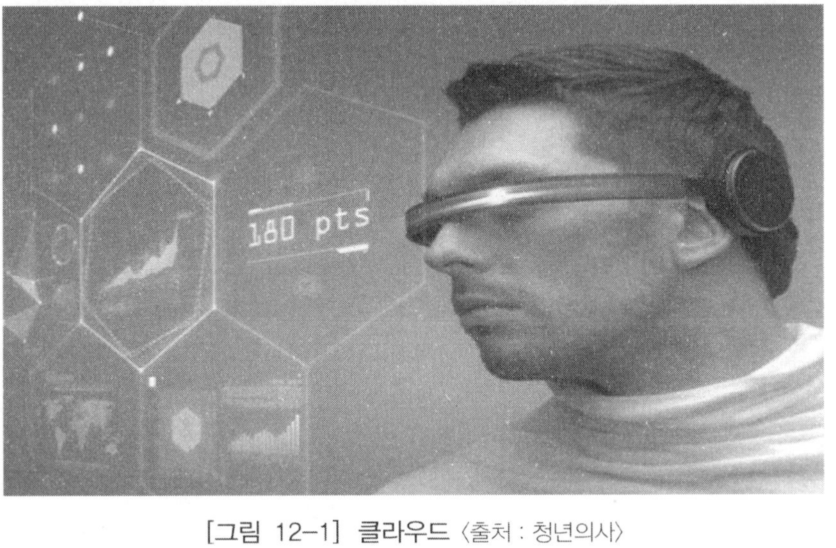


[그림 12-1] 클라우드 〈출처 : 청년의사〉

는 것) 환경에서는 증강현실을 통해 일상적인 사물과 장소가 정보처리와 정보교환을 하며 사용자의 생활환경, 제품과 사물을 원하는 위치에 배치할 수 있다.

# 가상현실과 증강현실

## 12.1.1 가상현실 (Virtual reality, VR)

가상현실은 현실에서 존재하지 않는 환경에 대한 정보를 디스플레이 및 렌더링 장비를 이용하여 사용자가 현실처럼 느끼게 하는 것으로 2차원, 3차원 기반에서 사용자가 현실적인 감각을 느끼지만 존재하지 않는 다른 공간 안에 있는 것이다. 가상현실은 실제 상황과 비슷하지만 실제가 아닌 인공 환경을 말하며 시뮬레이터의 시뮬레이션을 통해 비행 연습을 할 때 가상의 공간을 구현하는 것을 넘어서 사용자의 오감에 직간접적으로 영향을 주어 실제와 비슷한 공간적, 시간적인 체험을 하는 것이다. 가상현실은 현실과 가상의 구별이 가능하다. 가상현실은 물리학적인 관점에서 현실을 100% 완벽하게 재현하는 것은 불가능하고, 시뮬레이션은 가능하다.

[그림 12-2] 플라이트 시뮬레이터

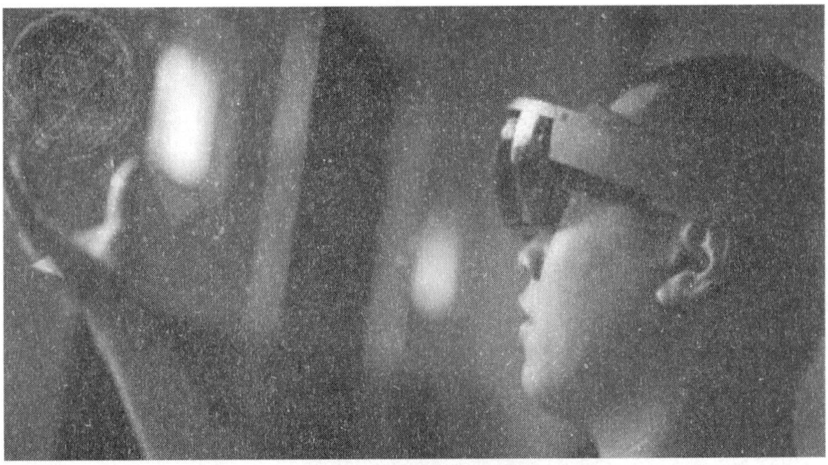

[그림 12-3] 가상현실

## 12.1.2 증강현실 (Augmented reality, AR)

증강현실은 사용자가 현재 보고 있는 환경에 가상 정보를 부가하여 가상현실이 현실과 접목되는 것으로 사용자에게 가상의 정보 객체가 현실에 적용되는 것이다.

가상현실은 컴퓨터 안에 또다른 현실을 구축하는 것이지만, 증강현실은 현실 세계를 보완하는 것이다. 가상현실은 조작되고 창작된 공간이라면 증강현실은 사용자가 눈으로 보는 현실세계에 가상 물체를 겹쳐 보여주는 기술이다. 과거에는 현실에 가상의 물체가 있으면 증강현실로 생각했지만 최근에는 증강현실이 정보를 덧붙여주는 것으로 축소되었다.

[그림 12-4] 증강현실

영화 〈마이너리티리포트〉에 나오는 컴퓨터 인터페이스나 〈아이언맨〉에서 조준 장면 및 비행경로 설정 장면이 증강현실이다.

[그림 12-5] SF 영화 속 증강현실 〈출처 : 마이너리티리포트〉

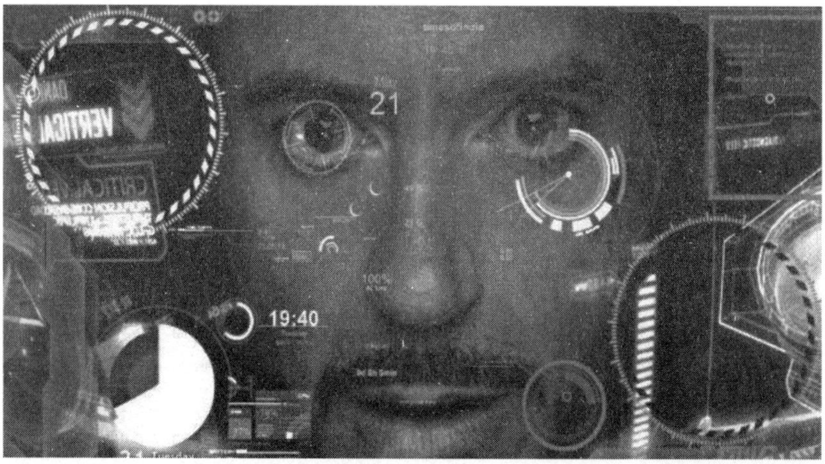


[그림 12-6] SF 영화 속 증강현실 〈출처 : 아이언 맨〉

첨단기술 중 증강현실은 군사 분야의 항공기 조종사가 볼 수 있도록 장착되는 HUD(Head up display)가 있으며 근래에는 아예 신형 조종사 헬멧에 적용하고 있다.

[그림 12-7] HUD

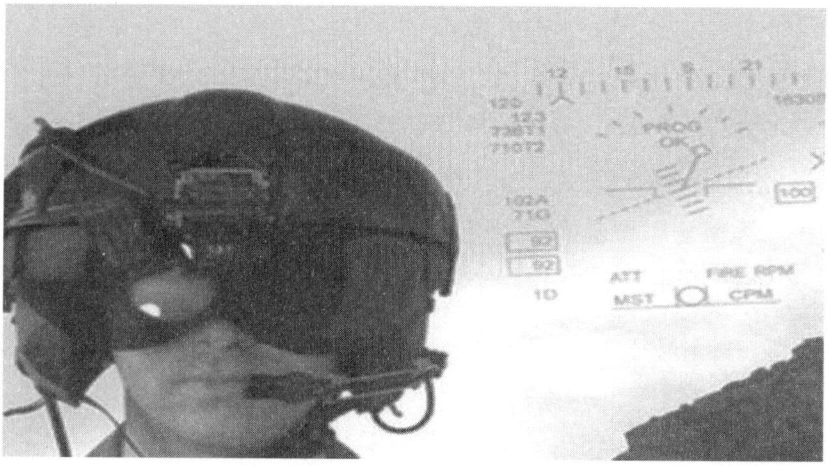

[그림 12-8] 조종사 헬멧

## 가상증강산업의 발전 방향

가상증강산업은 게임, 영화, 공연을 중심으로 발전하던 가상현실 및 증강현실 시장이 5G(4세대 이동통신의 다음 기술로 대한민국에서 세계 최초로 선보인 기술)와 결합하여 일상에서 쉽게 접할 수 있는 기술로 자리잡고 있다. 이용자에게 경험을 제공해주는 가상현실과 증강현실은 혼합현실기술과 결합하여 확장현실로 글로벌 ICT 기업들이 주도권을 확보하기 위해 경쟁하고 있다.

[그림 12-9] 5G 〈출처 : 전자신문〉

애플과 마이크로소프트 등 글로벌 기업은 증강현실 콘텐츠 제작 도구인 kit2를 이용한 홀로렌즈를 공개하면서 증강현실(AR), 가상현실(VR)을 넘어 혼합현실기술(MR)과 확장현실(XR)시대를 준비하고 있다. 또한 증강현실 및 가상현실은 전자상거래, 제조업과 결합하여 산업을 융합하고 있다. AR, VR은 생활과 밀접한 관계를 맺고 있으며 차세대 플랫폼으로 시장을 선점하기 위해 기기를 오랜시간 착용해도 불편하지 않도록 가벼운 안경 형태로 휴대가 가능하고 착용하고 움직일 때 제약이 없도록 배터리도 개발되어야 한다.

## 연습문제

1. 가상증강현실에 대하여 설명하시오.
2. 가상현실과 증강현실을 비교하시오.
3. 가상현실의 적용 사례를 조사하시오.
4. 증강현실의 적용 사례를 조사하시오.
5. 가상증강현실의 발전 방향을 조사하시오.

CHAPTER

# 13 자율주행차

자율주행자동차는 운전자나 승객의 조작 없이 자동차 스스로 운행이 가능한 자동차를 말한다. 자율주행의 개념은 벤츠가 제안하였고 장애 요소가 없는 주행장에서 중앙선이나 차선을 넘지 않도록 하였지만 컴퓨터의 성능 향상 및 메카트로닉스의 알고리즘을 적용하여 장애물에 대한 자율주행이 적용되고 있다.

대한민국도 2000년대 초반 교통연구원이 경기도 고양시와 파주시의 자유로에서 자율주행 기술을 적용하였다. 현재의 자율주행 시스템처럼 임의의 경로로 주행하는 것은 아니고 자유로 내에서 정해진 진출입로를 오가는 정도로 2대의 컴퓨터를 활용하였다. 1대는 교통 환경에 대한 정보 수집 및 판단하고 1대는 주행 중인 차량의 정보를 분석하여 주행을 제어하도록 하였다. 2010년대에 딥러닝(다층 인공신경망 기법)을 이용한 자율주행 연구가 급속하게 발전하고 있으며 2040년경에 전 세계 차량의 75%가 자율주행 자동차일 것으로 전망된다.

[그림 13-1] 자율주행차

## 자율주행차 적용에 따른 변화

자율주행차가 적용되면 교통사고의 95%를 차지하는 운전자 부주의에 의한 교통사고와 보복운전을 줄일 수 있을 것이다. 자율주행차가 운전자를 완전히 대체하게 된다면 교통정체의 감소를 가져올 수 있다. 또한 교통경찰과 자동차 보험이 없어질 것이라는 전망도 나온다. 웨이모 개발진은 수동운전 기능이 없는 차량 개발이 가능하다고 하고 있지만 차량에 탑승한 사람이 목숨을 기계에 맡기고 두려움을 느끼기보다 수동운전차를 선택할 가능성도 있다. 특히 태풍이나 지진과 같은 재난 상황과 범인을 추격하는 경찰차, 도로가 아닌 곳에서의 운전, 모터스포츠 등 인간과 같이 판단할 수 있는 인공 지능이 나오지 않는다면 수동운전을 선호할 것이다. 자율주행차를 상용화할 때는 사고에 대비하여 상황에 따라서 수동운전을 할 수 있도록 운전면허를 가진 사람이 운전석에 탑승하도록 법제화할 가능성이 있기 때문에 안정성이 입증되어야 된다.

## 개발현황

자율주행차는 일본의 쓰쿠바 기계공학 연구실에서 일반 도로가 아닌 곳에서 주행을 한 후 다른 나라들도 자율주행차의 개발에 뛰어들었다. 대한민국은 1993년의 대전 엑스포에서 처음으로 주율주행차를 선보였는데 세계 최초로 자율주행차로 서울시내의 청계천에서 63빌딩까지의 17km의 거리를 인간의 조작 없이 운행하였으며 1995년에는 서울에서 부산까지 경부고속도로를 수동변속기 차량으로 주행했다. 2010년대에 자율주행차에 대한 관심이 증가하면서 벤츠, 아우디, 현대, 포드, GM 등의 많은 자동차 기업뿐만 아니라 웨이모, 엔비디아 같은 IT 기업들이 개발 중이다.

### 13.2.1 현대자동차

현대자동차는 프리미엄 브랜드인 제네시스 차량에 크루즈 컨트롤(Cruise control)을 적용하여 일정 속도를 유지하면서 앞차와의 간격을 유지하는 기술을 적용하였으며 차선을 인지하여 중앙으로 주행하는 기술 등을 개발하여 운전보조 기능을 적용하고 있다. 고속도로 주행 지원 시스템 HDA(Highway driving assist)는 고속도로에서 앞차

[그림 13-2] 현대자동차 자율주행차

와의 간격과 차선을 인식해 차량 스스로 현재 주행 상태를 유지하고 보완하는 시스템이 내비게이션과 연동되어 차량이 고속도로에 진입했다고 판단되면 앞차와의 차간 거리 유지와 속도를 제어하여 진행 방향에 따라 핸들을 조향하고 차체를 차선 중앙에 유지하는 것이다.

아이오닉에 개발한 자율주행 시스템을 적용하여 4km를 운전자 개입 없이 자율주행하였고 일회성 시연이 아니라 기자들을 태우고 실제 도로를 주행했다. 또한 2018년 넥쏘를 서울에서 평창까지 고속도로에서 100~110km/h로 완전자율주행을 수행했다. 현대자동차는 미국 자율주행 기업 오로라(Aurora)와 협업해서 자율주행차를 스마트시티에 상용화할 계획이다. 2019년 9월 30일에는 NASA출신의 부사장을 영입하여 자율주행 자동차와 자율 비행기 시장에 뛰어들었다. 현대자동차는 수직이착륙이 가능한 자율 비행기를 UAM(Urban air mobility)이라고 명명하였다.

## 13.2.2 제너럴모터스

제너럴모터스는 2016년에 출시한 2세대에 처음으로 레이저 펄스를 쏘고 반사되어 돌아오는 시간을 측정하여 반사체의 위치좌표를 측정하는 고밀도 라이다(LIDAR, Light detection and ranging)를 이용하여 지도를 적용하고 능동주사 레이더, 센서 모듈 등을 이용하였다.

[그림 13-3] 라이다 〈출처 : 벨로다인〉

[그림 13-4] 제너럴모터스 자율주행차 〈출처 : 조선비즈〉

GM은 슈퍼크루즈 기능을 지속적으로 업데이트하여 도심지 주행이 가능하도록 하고 디트로이트와 실리콘밸리 지역에서 쉐보레의 볼트에 장착하여 무인택시 운용 계획을 가지고 있지만 변색 및 훼손된 도로 표지판, 신호등의 위치, 운전을 방해하는 운전자 및 불법 주정차 등의 문제를 해결해야 한다.

2020년 차선 변경 기능이 포함된 슈퍼크루즈 2.0을 출시하였고, 슈퍼크루즈 2.0에 적용된 자동 차선변경 기능의 경우 측면과 후방에서 진행하는 차량과 전방의 장애물 등을 감지하여 정밀한 차선변경을 실시하며, 주행중인 차량을 추월하는 기능도 접목하였다. 기능은 다른 차량 운전자의 운전형태, 도로상황 등을 감안하여 스스로 학습하며, 다른 차량의 공격적 운행에 대해 승객과 운전자에 대한 보호기능도 학습한다.

GM은 높은 정밀센서 모듈과 라이다를 이용하여 하드웨어적 자율주행을 구현하려고 하고 있으며 미국 정부가 최대주주로 영향력을 주기 때문에 검증되지 않은 기술이나 윤리적으로 문제가 되는 기술은 회피하고 있다.

출시 초기에는 하드웨어를 구성하는 부품들의 생산이 느리고 원가가 높게 책정되지만 적용차종이 많아지고 기술적 완성도가 높아지면 적용 속도가 빠르게 진행되고 부품의 대량 발주로 생산원가를 낮출 수 있다.

### 13.2.3 폭스바겐

초창기부터 자율주행에 연구를 진행하던 엔비디아와 같이 연구를 진행하여 자율주행 장치를 내장하고 독일 코켄하임 서킷에서 자동차가 스스로 최적의 루트를 찾아 레이서가 주행하는 것처럼 최대 시속 240km/h를 기록했다.

[그림 13-5] **제너럴모터스 자율주행차** 〈출처 : Global auto news〉

### 13.2.4 테슬라

테슬라는 딥러닝을 통해서 학습하도록 하여 사람이 운전하는 것보다 사고확률이 낮은 것을 강조하며 2020년 완전자율주행 기능의 베타 버전을 출시하여 2021년 자율주행 기능을 탑재한 차량을 120만대 이상으로 가장 많이 판매하였다.

웨이모 등이 라이다를 이용한 하드웨어적인 자율주행을 했다면 테슬라는 수집한 데이터에 뉴럴 네트워크를 이용한 시각 인식 기술을 사용하여 인간이 볼 수 있다면 자율주행 자동차도 볼 수 있게 전방을 탐지하는 1개의 레이더 센서와 12개의 초음파센서,

[그림 13-6] 테슬라 자율주행차 〈출처 : Auto news〉

거리에 따른 전방 카메라 3대, 후방 1개, 전방우측, 전방좌측, 후방우측, 후방좌측에 1개씩 총 8개의 카메라를 장착하였다. 라이가 고가라는 점, 초당 5~15회 회전해야 하는 기계적 특성으로 인한 취약한 내구성, 비가 오는 환경적인 영향 및 간섭에 대처하기 위해 자율주행차 개발업체들은 라이다를 최소로 하거나 제외하고 개발하는 경향이 증가하고 있다.

테슬라는 2015년부터 모든 차량에 어댑티브 크루즈 컨트롤, 차선 변경 기능, 자동 평행 주차 등의 자율주행 기술인 오토파일럿을 적용하고 있다. 처음 자율주행 중 일어난 사망 사고가 보도되면서 사고들이 연이어 보도되었지만 미국 도로교통 안전국은 기능에 대한 조사를 시행하고 기술적 문제가 없으며 기술이 충돌률을 줄였다고 하였다.

현재 가장 많은 자율주행차를 판매하고 있는 테슬라는 네트워크로 연결하여 실제 운행에 대한 데이터베이스를 가지고 있고 기업의 연구소나 트랙에서 주행 테스트 결과를 고속도로의 자율주행에 적용하고 있지만 도로 상황은 수시로 변하고 이륜차, 보행자, 과속 방지턱, 신호등, 교차로, 지하차도 등 시내 주행은 고속도로 보다 많은 문제를 가지고 있다.

### 13.2.5 르노, 닛산, 미쓰비시

프랑스 르노와 일본 닛산, 미쓰비시가 상호출자 형태로 결합하여 전략적 제휴 관계를 맺고 르노는 닛산의 주식을 44.4% 소유하고 닛산은 르노 주식의 15%를 소유하고 있다. 프랑스 법에 따르면 40% 이상의 순환 출자 기업의 경우 의결권이 없기 때문에

[그림 13-7] 테슬라 자율주행차 〈출처 : Global auto news〉

르노가 보유한 닛산 지분은 의결권이 있지만 닛산이 보유한 르노의 지분에는 의결권이 없기 때문에 닛산에는 르노의 임원이 투입되지만 르노는 닛산 출신이 거의 없다.

2018년 카를로스 곤 회장이 특별배임횡령 혐의로 도쿄 지검 특수부에 의해 구속되고 르노, 닛산, 미쓰비시 3사 공동 협의체의 협의 결과 지분 구조는 유지하고 회장직을 르노가 하지만 닛산과 미쓰비시 회장직을 겸직하지 않고 이사직의 비율은 르노 2 닛산 1 미쓰비시 1로 조정되어 일본과 프랑스가 동등한 영향력을 갖고 있다.

## 13.2.6 웨이모

웨이모는 2020년 10월 운전석에 사람이 탑승하지 않은 완전 무인 자율주행차 운행을 최초로 수행하였지만 원격으로 사람이 모니터링하였다. 크라이슬러의 미니밴 퍼시피카를 개조하여 고객 수백 명을 대상으로 완전 무인 자율주행 자동차 서비스 얼리 라이더 프로그램을 시작했다.

2010년경부터 자율주행 차량이 운행하는 모습을 메스컴을 통해 홍보하여 사람들은 웨이모가 자율주행을 완성했지만, 안정성을 높이고 장비 단가를 낮추기 위해 판매를 미루고 있다고 생각했다. 하지만 웨이모는 2021년 무인 택시 시범 운행 결과 오작동이 발생하여 교통체증과 사고 가능성이 증가하였다고 밝혔다. 고 있다고 하였다. 웨이모의 택시가 승객을 태우고 이동하던 중 공사 구간에서 멈춰서고 차문이 잠겨 승객은 직원이 와서 차를 수동으로 운전할 때까지 도로 위에 갇혀 있었다.

[그림 13-8] 웨이모 자율주행차 〈출처 : Global auto news〉

## 13.2.7 인텔

인텔은 라이다 기반 자율주행에서 벗어나 카메라 비젼 기반의 자율주행에 대하여 연구하여 테슬라가 카메라 비젼을 적용하는데 영향을 주었으며 2020년 데모 영상을 보면 테슬라 오토파일럿에 비슷한 성능을 보였다. 인텔은 딥러닝 기반의 비전 자율주행 개발과 관련하여 빅데이터 수집이 어려워 자동차 회사와 연계를 하지 않으면 자율주행차 개발이 어려워 폭스바겐, BMW, 닛산에 시스템 공급 계약을 맺고 데이터를 축적하고 있다.

[그림 13-9] 인텔 자율주행차 〈출처 : 이투데이〉

완성차 업계는 부품 가공 업체에게 주도권을 확보하고 보안상의 이유로 경쟁사와 시스템을 공유하지 않기 때문에 직접 완성차를 생산하거나 완성차 업체에 독점 공급을 하지 않으면 경쟁에서 힘들 것이다.

### 13.2.8 엔비디아

엔비디아는 그래픽 업체로 자동차와 관련된 것은 테슬라 초기에 운전과 길 안내 등 필요한 정보를 뜻하는 인포메이션(Information)과 오락거리와 인간친화적인 기능을 말하는 엔터테인먼트(Entertainment)의 통합시스템인 인포테인먼트(Infotainment) 시스템을 개발하였으며 현재는 아우디가 사용하고 있다. 자율주행을 위한 인공지능에 엔비디아가 개발한 시스템을 적용시키는 것을 목표로 테슬라, 아우디, 벤츠와 협력하고 있다.

[그림 13-10] 엔비디아 자율주행차 〈출처 : 이투데이〉

### 13.2.9 애플

애플(Apple)은 공식적으로 자율주행 전기자동차인 애플카를 개발하고 있다고 발표한 적은 없지만 2015년 프로젝트에 테슬라 출신의 엔지니어들이 애플로 이직한 사실이 알려지며 개발 중이라는 것이 알려졌다.

[그림 13-11] 애플 자율주행차 〈출처 : 한국경제〉

2016년 남아프리카 공화국 출신 미국 기업인 일론 머스크는 테슬라의 경쟁사는 구글이 아닌 애플이고 구글과는 직접적으로 경쟁하지 않지만 구글이 판매하는 소프트웨어를 구매하는 자동차 회사들과 경쟁하게 될 것이라고 하였다. 2021년 애플카의 소식이 유출되기 시작하자 테슬라의 CEO인 일론 머스크는 애플에 대하여 견제를 하고 있다.

## 연습문제

1. 자율주행자의 특성에 대하여 설명하시오.

2. 자율주행자의 발전 방향을 제시하시오.

3. 자율주행자의 문제점을 조사하시오.

4. 자율주행자를 적용하고 있는 사례를 조사하시오.

# CHAPTER 14 스마트시티

스마트시티(Smart city)는 스마트 도시라고도 하며 다양한 유형의 전자 데이터 수집 센서를 사용하여 자산과 자원을 효율적으로 관리하는데 필요한 정보를 제공하는 도시를 의미하며 시민, 장치로부터 정보를 수집하여 교통 및 운송 시스템, 발전소, 급수 네트워크, 폐기물 관리, 법 집행, 정보 시스템, 학교, 도서관, 병원 및 기타 커뮤니티 서비스를 모니터링하거나 관리하고 분석하는 것이다.

스마트시티의 개념은 도시 운영 및 서비스의 효율성을 최적화하고 시민들과의 연결을 위해 네트워크에 연결된 다양한 물리적 장치를 말한다. 도시에 정보통신(ICT)과 거대정보(빅데이터) 등 신기술을 접목해 각종 도시문제를 해결하고 지속가능한 도시를 만들기 위한 도시모델을 만드는 것으로 혁신기술을 도시 기반과 결합하여 실현하고 융

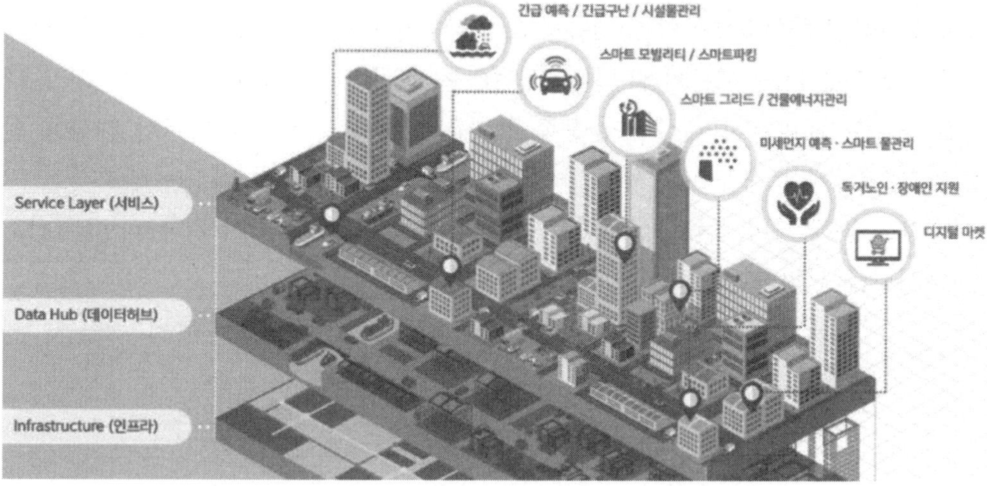


[그림 14-1] 스마트시티 〈출처 : 정보통신 신문〉

복합할 수 있는 공간이란 의미의 도시플랫폼으로 활용된다.

스마트시티는 메카트로닉스를 접목하여 교통, 에너지, 환경 등의 파급효과가 큰 미래 신성장동력으로 역할이 기대되고 거대정보(빅데이터), 인공지능(AI) 등 지능형 인프라와 자율차, 드론 등 혁신기술을 실현하기 위해 정보통신(ICT) 기술을 활용하여 도시문제를 해결하고 삶의 질을 높이는 정책이다. 4차 산업혁명에 맞춰 정보통신기술을 도시에 접목해 새로운 성장동력으로 스마트시티가 빠르게 확산되고 있고 세계 각국은 낮은 성장 추세, 첨단 정보통신의 발전, 늘어가는 도시개발 수요를 바탕으로 경쟁적으로 스마트시티 사업에 나서고 있어 빠른 성장이 예상된다.

## 도시플랫폼

클라우드(인터넷을 통해 액세스할 수 있는 서버와 서버에서 작동하는 소프트웨어와 데이터베이스를 의미)기반 서비스, 사물인터넷(각종 사물에 센서와 통신 기능을 내장하여 인터넷에 연결하는 기술로 무선 통신을 통해 각종 사물을 연결), 실제 사용자 인터페이스, 스마트 폰 사용 및 스마트미터, 센서 및 RFID 네트워크, 인터넷과 같은 분산환경에서 웹 문서, 각종 파일, 서비스 등에 대한 정보와 자원 사이의 관계 및 의미정보(Semanteme)를 컴퓨터가 처리하는 시맨틱 웹(Semantic web)은 정확한 커뮤니케이션을 촉진하는 새로운 인터넷 기술, 집단 행동 및 공동 문제 해결에 대한 새로운 방식을 제시하였다. 도시플랫폼은 온라인으로 연결된 센서의 데이터를 관리하기 위해 센서를 등록 및 연결하여 데이터를 제공하고 개발자가 데이터베이스에 연결하여 해당 데이터를 기반으로 자체 애플리케이션을 구축하는 온라인 데이터베이스이다. 전자 카드(스마트카드)는 스마트시티 상황의 공통 플랫폼으로 카드 소유자가 여러 계정을 설정하지 않고 정부에서 제공하는 서비스 범위에 로그인할 수 있게 해주는 암호화된 고유한 식별자를 통해 서비스를 향상시키고 공통의 관심사를 결정하기 위해 시민과 신호에 관한 데이터를 관리하는 것이다.

# 스마트시티 적용

## 14.2.1 영국

영국 런던은 교통 관리 시스템에 적용하여 데이터를 컴퓨터에 피드백하여 교차로의 신호등 제어를 최적화하였다. 컴퓨터는 시내 전역의 신호등을 조정하여 전체 교통량을 개선하는 역할을 맡고 있고 건물, 인프라, 교통, 네트워크 및 유틸리티를 연결하는 20,000개의 센서가 오염, 소음, 교통 및 주차 수준을 관리한다.

[그림 14-2] 영국 스마트시티

## 14.2.2 네덜란드

네덜란드 암스테르담의 가로등은 보행자에 따라 조명을 밝기를 조절할 수 있도록 하였다. 암스테르담은 지역 주민, 정부 및 기업이 공동으로 개발한 무선장치를 통해 상호 연결된 플랫폼에서 실행되어 도시의 실시간 의사 결정 능력을 향상하여 교통량을 줄이고 에너지를 절약하며 공공 안전을 개선하였다. 주민들의 삶의 질을 향상시키기 위해 암스테르담 스마트 시티 챌린지를 매년 운영하며 개발 어플리케이션인 모비파크는 소유자가 주차 공간을 유료로 타인에게 임대할 수 있게 하였으며 프로그램에서 생성된 데이터는 암스테르담의 주차 수요 및 교통 흐름을 결정을 위해 활용하고 있다. 에너지 소비를 줄이기 위해 인센티브가 제공되는 스마트 에너지 미터기가 주택에 제공되어 가

[그림 14-3] 네덜란드 스마트시티

로등의 밝기를 제어할 수 있는 가로등과 실시간으로 교통량을 모니터링하는 스마트 교통량 관리 및 운행 시간에 대한 정보를 관리하고 있다.

## 14.2.3 스페인

스페인 바르셀로나는 스마트시티의 데이터를 분석하여 버스에 대한 네트워크를 구현했다. 바르셀로나는 City OS 전략으로 공원의 관개 시스템에 적용하여 조경수에 필요한 물의 양에 대한 데이터를 전달하고 교차로에 적용하여 원활한 교통 흐름을 위해 데이터를 분석하여 버스 네트워크를 구축하였다.

[그림 14-4] 스페인 스마트시티 〈출처 : 한국교통연구원〉

## 14.2.4 대한민국

국토교통부와 과학기술정보통신부는 혁신성장 8대 핵심선도 사업으로 2018년부터 스마트시티 혁신성장 동력프로젝트로 스마트시티 모델을 개발하여 도시에 적용 하겠다는 목표를 수립하고 실증도시로 대구광역시와 경기도 시흥시를 선정하여 데이터센터를 구축하고 데이터를 통합 관리하여 정보로 재생산하는 스마트시티 모델을 만들고 있다.

대구광역시는 도시문제 해결형 실증도시로 도시 문제 해결과 시민중심의 서비스 혁신을 위해 교통, 안전, 도시행정 분야의 서비스를 위해 SK텔레콤, 한국교통연구원, 한국토지주택공사 등이 참여했다. 경기도 시흥시는 비즈니스 창출형 실증도시로 환경, 에너지, 생활복지 분야의 서비스를 개발하고 데이터를 기반으로 민간이 자체적으로 비즈니스를 창출하고 신산업이 발전할 수 있도록 생태계를 조성하는 것을 목적으로 하고 있고 KT, 한국전력공사, 차세대융합기술연구원 등이 참여했다.

[그림 14-5] 시흥시 스마트시티 〈출처 : 시흥타임즈〉

## 연습문제

**1.** 스마트시티에 대하여 설명하시오.

**2.** 스마트시티 적용 사례에 대하여 조사하시오.

**3.** 스마트시티 발전 방향에 대하여 조사하시오.

CHAPTER 15

# 경량소재

기계의 역할이 증가하면서 기계를 구성하는 소재의 중요성이 증가하고 있다. 기계를 구성하고 있는 부품은 기능 및 내구성에 적합한 재료의 형상으로 가공하고 기계적인 성질을 갖고 있어야 한다.

기계를 이루는 최소단위는 물질이며, 물질을 기계에 이용하면 소재로서 취급한다. 물질의 성질을 측정하거나 하중 및 열에 의하여 소재에 변화가 발생하면 측정하여 소재의 성질로 나타낸다. 기계에서 소재는 설계 및 제작을 위한 소성가공과 밀접한 관련이 있다.

소재는 금속 및 비금속으로 분류하며 화학적 조성에 따라 성질에 변화가 발생한다. 화학적 성질이 같아도 기계적 가공방법에 따라 기계적 성질 및 물리적 성질에 변화가 발생한다. 소재의 조직 및 재질이 같아도 하중의 작용방식, 물체의 형상, 환경조건에 따라서 변화가 발생한다.

소재의 조직 및 재질이 동일해도 하중의 작용방식에 따라 소재가 받는 반력은 차이가 발생하며 물체의 형상에 따라 동일한 하중에서 견디는 강도의 차이가 생긴다. 또한 소재를 사용하는 온도, 습도 등 환경조건에 따라 소재의 기계적 성질에 영향이 발생한다. 기계를 구성하는 물질은 금속소재가 주를 이루고 있지만 유압기계에서는 유체, 내연기관에서는 연료, 에어스프링에서는 공기가 기계와 관련이 있다.

기계소재는 기계에 사용되는 모든 소재를 총칭하며 금속의 경우 단일원소로 결정을 형성하는 순금속을 의미한다. 순금속을 만드는 원소가 금속원소이다. 합금을 만들기 위해서는 다른 원소를 첨가하여 모재의 기계적, 물리적, 화학적 성질의 변화가 있는 경우 합금이라고 한다.

순금속 및 합금의 공통성질은 다음과 같다.

① 강도가 크다.
② 순금속일 경우 가공변형이 쉽다.
③ 비중이 크다.
④ 광택이 있다.
⑤ 열 및 전기의 전도체이다.
⑥ 상온에서 고체이며 결정을 형성한다.

소재는 크게 금속과 비금속으로 분류하며 금속은 철과 비철로 크게 구분한다. 소재는 금속조직, 합금, 제조야금, 용해, 주조, 가공, 분말야금, 부식, 표면처리, 산화 등이 포함된다. 비금속 소재는 합성수지, 복합소재, 세라믹, 탄소소재, 기초용소재, 내화소재, 보온소재, 연삭소재, 패킹소재, 가죽소재, 윤활유, 절삭유, 도료소재 등 종류가 많고 다양한 재질, 온도, 화학성분의 조성에 따라 변한다.

스켈레톤의 윤성빈 선수가 평창올림픽대회에서 금메달을 따면서 미래형 자동차를 닮은 썰매 제작에 대한 관심이 높아졌고 각종 첨단기술이 접목되고 있다. 이러한 썰매 제작의 핵심은 경량소재에 있다.

무게가 무거울수록 가속도가 증가하는 썰매를 경량소재로 가볍게 만드는 이유는 썰매가 최대한 가벼워야 밀기가 수월해 가속도가 붙고 선수의 근력을 더 늘릴 수 있어 경쟁력이 높아지기 때문이다. 경량소재에 대한 관심은 동계스포츠로 인해 증가했으나 모든 산업에 적용이 가능하여 연구 개발되고 있다. 특히 자동차산업에서 마그네슘, 알루미늄 등의 가벼운 소재들이 철을 대체해 자동차 경량화를 이끌고 있고, 항공, 선박,

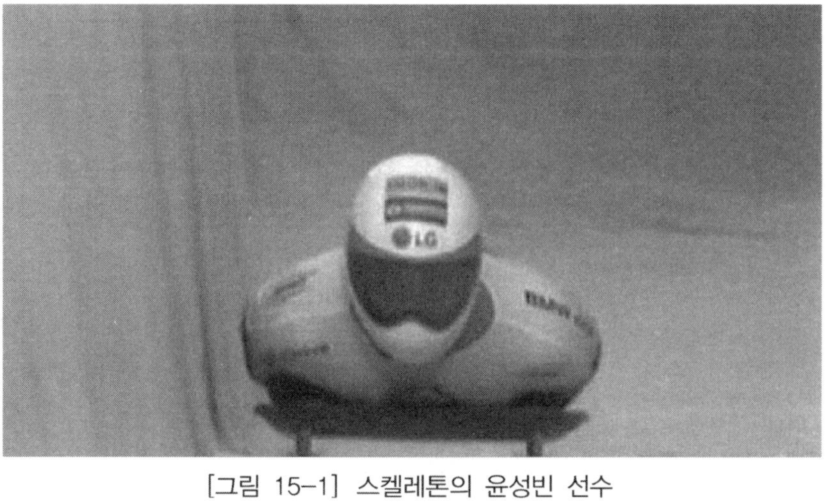


[그림 15-1] 스켈레톤의 윤성빈 선수

[그림 15-2] 수송분야

철도 등 수송관련 분야에서도 적용 중이다.

산업전반에 걸쳐 경량화는 연비와 환경 규제 강화로 이슈가 되고 있다. 기계의 중량을 줄이면 연료 소모가 줄고 이산화탄소와 유해물질 배출이 줄어들고 기계 구동에서 가속, 조향, 제동 성능이 향상되고 부품의 수명이 증가된다. 따라서 기계의 중량을 줄이고 부품의 증설과 안전성을 확보하기 위해서는 경량소재를 적용해야 된다. 경량화 소재는 철과 비교하여 비중이 낮은 알루미늄, 마그네슘과 초고장력 강판, 고강도 복합 소재 등이 있지만 고가인 편이다.

## 소재 선택의 인자

[표 15-1]은 많이 사용되고 있는 원소의 물리적 성질을 나타낸 것이다. 항공기의 경우 가벼워야 하기 때문에 비중이 낮은 알루미늄과 마그네슘이 사용되고 있다.

소재를 사용하고자 할 때 중요한 성질에는 다음과 같은 것이 있다.

① 기계적 성질 : 강도, 경도, 충격, 피로, 마모, 열적 변화

② 물리적 성질 : 비중, 열전도도, 비열, 용해온도, 열팽창 계수, 전기전도도, 자성

③ 화학적 성질 : 내열성, 부식, 침식

④ 제작상 성질 : 주조성, 소성, 탄성, 용접성, 절삭성

소재의 기계적, 물리적, 화학적 성질이 우수해도 제작상 성질이 좋지 않으면 소재로서 사용할 수 없다.

[표 15-1] 금속원소의 물리적 성질 〈출처 : Metal handbook〉

| 원소 기호 | 금 속 명 | 원자 번호 | 비 중 | 용 융 점 | 비 열 |
|---|---|---|---|---|---|
| Ag | 은 | 47 | 10.49 | 960.5 | 0.06 |
| Al | 알 루 미 늄 | 13 | 2.70 | 660.2 | 0.23 |
| Au | 금 | 79 | 19.32 | 1063.0 | 0.13 |
| B | 붕 소 | 5 | 2.30 | 2300 | 0.31 |
| C | 탄 소 | 6 | 2.22 | 3700 | 0.17 |
| Ca | 칼 슘 | 20 | 1.55 | 850 | 0.44 |
| Cu | 구 리 | 29 | 8.96 | 1083.0 | 0.09 |
| Fe | 철 | 26 | 7.87 | 1530 | 0.12 |
| Ge | 게 르 마 늄 | 32 | 5.36 | 958 | 0.07 |
| Hg | 수 은 | 80 | 13.55 | −38.89 | 0.03 |
| K | 칼 륨 | 19 | 0.86 | 63 | 0.18 |
| Li | 리 튬 | 3 | 0.53 | 186 | 0.09 |
| Mg | 마 그 네 슘 | 12 | 1.74 | 650 | 0.25 |
| Mn | 망 간 | 25 | 7.40 | 1245 | 0.12 |
| Mo | 몰 리 브 덴 | 42 | 10.22 | 2625 | 0.06 |
| Na | 나 트 륨 | 11 | 0.97 | 97.9 | 0.29 |
| Ni | 니 켈 | 28 | 8.85 | 1455 | 0.21 |
| P | 인 | 15 | 1.82 | 44.1 | 0.18 |
| Pb | 납 | 82 | 11.34 | 327.43 | 0.03 |
| Pt | 백 금 | 78 | 21.43 | 1773.5 | 0.03 |
| S | 황 | 16 | 2.07 | 119.0 | 0.18 |
| Si | 실 리 콘 | 14 | 2.33 | 1414 | 0.16 |
| Sn | 주 석 | 50 | 7.29 | 231.84 | 0.55 |
| Ti | 티 탄 | 22 | 4.54 | 1800 | 0.11 |
| U | 우 라 늄 | 92 | 18.70 | 1133 | 0.03 |
| W | 텅 스 텐 | 74 | 19.26 | 3410 | 0.03 |
| Zn | 아 연 | 30 | 7.13 | 419.46 | 0.09 |

# 철강재료

## 15.2.1 철과 강의 분류

주기율표 8족 4주기에 속하는 철족원소로 원소기호 Fe, 원자량 55.845 g/mol, 녹는점 1538℃, 끓는점 2862℃, 밀도 7.874 g/cm$^3$이다. 철은 순금속의 상태로 산출되지 않고 다른 원소와 결합된 상태로 발견되고 인체에는 약 4.5 g(약 0.004%)의 철이 들어 있다.

철은 옛날부터 알려져 있는 원소로, 이집트, 아시리아 등의 유적 등에서도 발견되고 있다. 주철의 제조는 16세기경에 시작되었고, 순철의 제조는 근대에 와서 시작되었으며, 전해철은 20세기에 들어와서 실용화되었다. 철은 지각에 약 5% 정도 함유되어 있으며, 원소 중에서는 산소(O), 규소(Si), 알루미늄(Al) 다음으로 많이 존재한다. 천연합금인 니켈-철은 육지의 퇴적물과 운석에서 산출되고, 운석은 철과 규산 광물의 함량에 따라 철질운석, 함철석, 석질운석으로 분류하며 중요한 철광석으로는 적철석, 자철석, 갈철석, 황철석 등이 있다.

순수한 철은 백색의 광택을 지닌 금속이다. 전성, 연성이 풍부하고 용융된 철을 1538℃에서 결정화하면 체심입방체구조의 델타($\delta$)철이 된다. 1394℃로 냉각하면 면심입방구조의 자성이 없는 감마철(Austenite)이 된다. 910℃ 이하에서 다시 체심입방체구조가 되면서 알파($\alpha$)철(Ferrite)로 전환되고 770℃를 지나면 자성을 띠게 된다. 상온에서 강한 자성을 띤 알파철 동소체로 존재한다. 상온에서는 공기 중에서 부식되지 않고 습기에 부식된다. 염소, 황, 인 등과 격렬히 반응하지만 질소와는 직접 반응하지 않고, 탄소 및 규소와는 화합물을 생성하며, 탄소는 강철의 성질을 좌우하기 때문에 매우 중요하다. 묽은 무기산에는 수소를 발생하면서 녹지만, 진한 질산에는 부동태를 만들며 녹지 않는다. 인체에는 약 4.5 g(약 0.004%)의 철이 들어 있다. 이 중에서 약 65%는 헤모글로빈 조직에 있어 폐에서 신체 각 부위로 산소분자를 운반하는 역할을 하고, 육류, 달걀, 당근, 과일, 전맥분, 엽채류에는 성인이 하루에 평균적으로 섭취해야 하는 10~20 mg의 철이 들어 있다. 철이 부족하게 되면 빈혈 등의 증상이 나타나게 된다.

보통 적철석, 자철석, 갈철석, 능철석 등을 원료로 사용하여, 열을 가해 분리시켜 산화철로 만들고 융제로 석회석, 환원제로 코크스를 가하여 고로 중에서 열풍을 보내고,

[그림 15-3] 철근

코크스를 연소시킴과 동시에 광석을 환원시켜 철로 만들고 용융시켜 선철을 제조한다. 선철, 강철스크랩 등으로부터 순철을 만들기 위해 전극으로 철염 수용액 중에서 전해 정련하는 방법 등이 사용되고 있다.

철은 값이 비교적 저렴하고 성형이 쉬우며, 다른 금속과 합금이 잘 되기 때문에 생활에 사용되는 금속 중 사용량이 가장 많다. 건축물의 골재, 기계, 선박, 각종 용구, 자동차의 몸체와 엔진에 사용되는 등 산업전반과 생활용품에 널리 사용되고 있다.

철과 강은 일상생활에서 사용하여 왔기 때문에 밀접한 관계를 가지고 있다. 비철금속과 비교하여 강도가 크고 열처리에 의해 기계적 성질이 개선되는 특성을 가지고 있어 공업적으로 가장 많이 사용되는 재료이다. 철강의 생산량에 따라서 물질문명의 발달 정도를 결정하는 파라미터로 사용되고 있다. 철과 강은 철광석으로부터 직간접으로 생산되나 광석 중의 원소 또는 제조 중에 흡수된 각종의 원소들이 함유되어 있다. 대표적으로 함유된 원소는 탄소(C), 규소(Si), 망간(Mn), 인(P), 황(S) 등이 있으며, 철 또는 강 중에 함유되어 철과 강의 성질에 영향을 준다. 특히 탄소(C)의 함유량에 따라 기계적 성질이 현저하게 변하기 때문에 철과 강으로 분류한다.

[표 15-2] 철과 강의 분류기준

| 구 분 | 순 철 | 강 | 주 철 |
|---|---|---|---|
| 제조법 | 전기분해 | 제강로 | 용선로(Cupola) |
| 탄소(C) 함유량 | 0.01% 이하 | 0.01~1.7% | 1.7~6.67 |
| 열처리 | 담금질 효과를 받지 않는다. | 담금질 효과를 받는다. | 경도가 높아서 담금질하면 취성파괴가 일어난다. |
| 가공 및 용접 | 연성이 있다. | 소성 및 절삭가공이 되고 용접이 가능하다. | 절삭가공은 가능하지만 용접이 되지 않는다. |
| 기계적 성질 | 연성이 크다. | 강도, 경도가 크다. | 연율이 작고 취성이 크다. |

## 15.2.2 순철

철과 탄소의 합금조성과 온도의 관계에서 탄소의 조성에 따라 나타나는 합금의 변태점을 연결하여 만든 선도를 평형상태도라 한다. 탄소가 2.11% 이하인 강철은 탄소가 유지되지 않고 시멘타이트($Fe_3C$) 형태로 결정을 형성하는 철의 이원계 합금이며 철중에 함유되어 있는 탄소는 모두 시멘타이트 형태로 존재한다. 평형상태도를 이해하기 위해서는 순철에 대하여 이해를 해야 철과 탄소와의 상태를 이해할 수 있다. 순철은 탄소의 함유량이 0~0.025% 정도이므로 연하고 전연성이 풍부하며, 재료로는 쓰이지 않으나 항장력이 낮고 투자율이 높기 때문에 변압기, 발전기용 전기재료 및 합금을 만들어서 사용된다.

순철의 변태는 다음과 같다.

① 순절의 변태점에는 동소변태 $A_2$(768℃), $A_3$(910℃)이고, 자기 변태 $A_4$(1400℃)점이 있다.

② 순철에는 $\alpha$철, $\beta$철, $\delta$철의 3개 동소체가 있으며 910℃ 이하에서는 철로 체심입방격자, 910~1400℃에서는 $r$철로 안정한 면심입방격자로 되며, 1400℃ 이상에서는 체심입방격자이다.

③ 강은 강자성체이나 가열하면 자성이 점점 약해져서 768℃ 부근에서는 급격히 상자성체가 되는데 이러한 변태를 자기변태($A_2$)라 하고, 앞에서 말한 격자 변화를 동소변태($A_3$, $A_4$)라 한다. 또한 변태가 일어나는 온도를 변태점이라 하다.

④ 동소변태는 원자배열의 변화가 생겨야 하는 시간이 필요하다.

⑤ 자기변태는 원자배열의 변화가 없으므로 가열, 냉각시 온도변화가 없다.

[그림 15-4] 순철

순철의 성질은 다음과 같다.

① 순철의 종류로는 암코철, 전해철, 카보닐철 등이 있으며 카보닐철이 가장 순수하다.
② 항자력이 낮고 투자율이 높아 전기재료인 변압기, 발전기용 박판에 사용된다.
③ 단접성 및 용접성이 양호하나 유동성 및 열처리성이 나쁘다.
④ 상온에서 전연성 풍부하며 항복점, 인장강도가 낮고 연신율, 단면수축률, 충격값 및 인성은 높다.
⑤ 순철의 물리적 성질은 비중은 7.87, 용융점은 1,538℃, 열전도율은 0.18, 인장강도는 18 ~25 $N/\mathrm{mm}^2$, 브르넬경도는 60~70 $N/\mathrm{mm}^2$이다.

## 15.2.3 탄소강

탄소강의 성질은 함유된 원소 성분과 가공 및 열처리 상태에 따라 달라지며 다른 원소들의 함유에 따른 영향을 받지만 탄소의 영향이 가장 크다. 탄소강의 온도에 따라 성질의 변화가 있으며 인, 황, 수소 등의 유해원소에 의해 취성 및 편석 등의 결함이 발생할 수 있기 때문에 열처리 과정에서 불순물의 혼입을 방지해야 된다.

탄소강의 표준상태의 성질 중 물리적, 화학적 성질은 다음과 같다.

① 탄소량의 증가하면 비열, 전기저항, 보자력이 증가하고 비중, 선팽창계수, 열전도율, 내식성이 감소한다.
② 강의 내부응력이 존재하게 되면 부식이 촉진되어 냉간가공한 상태에서 풀림상태

[그림 15-5] 탄소강

의 것보다 부식 진행이 빠르다.

③ 탄소강에 동을 0.15~0.25%의 동을 첨가하면 대기 중에서 내식성이 개선된다.

④ 탄소강은 알칼리성에는 부식되지 않는다.

⑤ 시멘타이드는 페라이트보다 내식성이 우수하나 페라이트와 공존하면 페라이트의 부식을 촉진시킨다.

탄소강의 기계적 성질은 탄소함유량에 따른 변화는 탄소 함유량이 증가함에 따라 인장강도와 항복점 및 브르넬 경도는 증가하고 연신율, 단면수축률은 감소하는 것이다.

온도에 따른 성질변화는 다음과 같다.

① 청열취성(Blue shortness) : 200~300℃에서 상온일 때보다 인성이 저하하는 특성으로 탄소강 중의 인이 철과 결합하여 인화철($Fe_3P$)을 만들어 입자를 조대화시킨다. 편석으로 되어 연신율을 감소시키고 충격치가 낮아져 취성의 원인이 된다.

② 적열취성(Red shortness) : 황을 함유한 강이 950℃에서 인성이 저하되는 특성이며 황은 결정립계에 석출되어 취약하고 용융온도가 낮기 때문에 고온 가공성이 저하된다.

③ 상온취성(Cold shortness) : 탄소강은 온도가 상온 이하로 내려가면 강도와 경도는 증가하지만 충격값은 감소한다. 인을 포함한 탄소강은 결정입계에 편석되어 충격강도가 저하되고 냉간 가공 중 편석부위로 파괴된다.

[그림 15-6] 강의 취성

탄소강은 포함된 함유 원소에 의하여 영향을 받는다. 탄소강이라고 하면 불순물이 포함되지 않는 C와 Fe의 합금이 아니고 Si, Mn, P, S, Cu, $O_2$, $N_2$, $H_2$ 등이 함유된다. 일부는 필요상 첨가하는 것도 있지만 불순물로 혼합되는 경우도 있다.

탄소강에 함유된 원소의 영향은 다음과 같다.

① 규소(Si) : 선철 중에 존재하는 것이고 탈산제의 일부로 잔존하는 것이 철중에 남아 페라이트 중에 고용되어 강의 인장강도, 탄성한계, 경도를 증가시킨다. 또한 연율 및 충격값은 감소시키고 결정이 조대화되어 취성이 발생하기 때문에 단접성이 좋지 않다.

② 망간(Mn) : 망간은 선철 중에 존재하는 것으로 탈산제의 사용으로 강에 혼합되어 존재한다. 페라이트 중에 고용되나 일부는 황과 결합하여 결정의 성장을 방지하고 표면소성이 가능하다. C량이 적은 강에 망간을 첨가하면 연율 및 단면수축률은 감소하지 않고 인장강도, 항복점, 충격값 등을 증가시킨다.

③ 인(P) : 보통강철 중에 0.06% 이하로 제한하며 인이 많으면 결정경계에 석출된다. 인이 적으면 강 중에 고용되고 경도 및 강도가 증가하고 연율은 감소한다.

④ 황(S) : 황은 용강 중에 먼저 응고하여 용융금속 위로 부상하기 때문에 제거하나 일부는 강 중에 남아 압연, 단조를 불량하게 한다.

⑤ 동(Cu) : 강중에 함유되어 있는 동은 0.3% 이하로 하며 동의 양이 많으면 용융점이 낮고 경도를 증가시킨다. 부식저항을 증가시키나 압연균열의 원인이 된다.

⑥ 산소($O_2$) : 산소가 강철 중에 존재하면 적열취성의 원인이 된다. 제강 중에 대기

중의 산소 및 수분이 분해되어 침투하게 된다. 산소의 침입을 방지하기 위하여 밀폐 진공하여 탄소강을 제작하고 있다.

⑦ 질소($N_2$) : 상온에서 0.015% 용해되지 않기 때문에 질소에 의한 해는 크지 않지만 흡수되는 양이 많으면 경도 및 강도가 증가되는 경향이 탄소와 비슷하다.

⑧ 수소($H_2$) : 백점, 크랙을 발생시켜 내부균열을 일으키고 파괴의 원인이 된다. 용접시에는 비드에 균열을 만들어서 파괴의 원인이 된다. 수소를 함유하면 취성이 있고 산이나 알카리에 약하게 된다.

### 15.2.4 특수강

내열합금이나 영구자석 합금처럼 탄소를 불순물 취급하는 것은 본래는 강이 아니지만, 이들도 철이 바탕일 때에는 특수강에 포함시키는 경우도 있다. 현재 쓰이는 특수강은 탄소 이외에 첨가한 합금원소의 이름을 앞에 붙여서 니켈강, 크로뮴강 등이라고 하지만 용도에 따라 크게 나누면 구조용, 내식내열용, 공구용과 기타의 특수 용도용으로 분류된다.

#### 1) 구조용 특수강

합금원소의 양은 $\alpha$철에 용해될 정도이며, 약간 여분의 것은 탄화물을 만들어 철의 탄화물 시멘타이트와 공존한다. 철에 있는 $\alpha$의 변태가 합금원소가 들어감으로써 일어나기 어렵게 되어 경화가 잘 되며 담금질, 뜨임의 처리에 의하여 보통강보다 강도 및 점성이 크다. 이런 것들이 구조용으로 쓰인다. 주가 되는 것은 5% 이하의 니켈을 첨가

[그림 15-7] 특수강

한 니켈강, 2% 이하의 크로뮴을 첨가해서 내마모성을 갖게 한 크로뮴강, 양쪽 특색을 모두 살리기 위해 니켈과 크로뮴을 배합하여 니켈에 의해 $\alpha$철의 바탕을 강화하고 크로뮴에 의해 탄화물을 강화시킨 니켈 크로뮴강, 크로뮴강에 0.5% 이하의 몰리브데넘을 첨가해서 자동차·기계부품에 적합하게 개량한 크로뮴과 몰리브데넘강에 니켈도 첨가해서 더욱 개량한 니켈-크로뮴-몰리브데넘강, 크로뮴강에 0.1~0.2%의 바나듐을 첨가해서 개량한 크로뮴-바나듐강, 전혀 다른 계통으로 망간을 첨가하여 철이 고온에서 안정된 실온까지 안정하게 하여 내마모성이 좋은 것을 이용해서 철도 레일의 포인트, 철도차량의 휠 등에 쓰이는 망간(10~14% 망간) 등이 있다. 극소량의 붕소를 강에 첨가하면 변태가 효과적으로 저지되어 값비싼 합금원소를 첨가하지 않아도 경화가 잘된다는 것이 1940년대 후반 미국에서 발견되어 붕소강 또는 붕소합강철이라 하고 있다. 첨가하는 붕소의 양은 0.002% 정도이나 담금질성에 대한 효과는 니켈의 2%, 크로뮴의 0.5%, 몰리브데넘의 0.35%, 망간의 0.3%와 비슷하다.

용도별, 특성별로 세분해 보면 다음과 같다.

① 저합금고장력강(주로 용접용)

② 표면경화강, 침탄강, 질화강, 고주파 또는 화염담금질강

③ 강인강(조질강, 주로 기계구조용)

④ 스프링강(판스프링, 코일스프링, 기타 각종 스프링강)

⑤ 베어링강

⑥ 쾌삭강(기계절삭이 용이하여 자동선반에 걸어 다량생산에 적당한 것)

⑦ 초강인강(항공기처럼 강도·중량이 중요한 요소가 되는 기계부품에 사용되는 강)

등이 있다. 보통의 강인강은 담금질 후 550~6,500℃로 뜨임해서 인장강도 90~120 $kg/mm^2$ 정도에 사용되고, 초강인강은 저온으로 뜨임하여 160~240 $kg/mm^2$ 정도의 고항장력을 가지면서도 인성을 가진 강이다. 저합금계 초강인강(니켈-크로뮴-몰리브데넘강), 열간공구강계 초강인강, 마레이징강, 석출경화형 스테인리스강 등이 있다.

### 2) 내식내열용 특수강

1913년 브레얼리가 크로뮴을 첨가해서 강의 큰 결점이었던 녹이 스는 성질을 개선하여, 각종 스테인리스강이 만들어졌다. 13% 크로뮴의 13크로뮴 스테인리스강과, 크로뮴 18%, 니켈 8%를 주성분으로 하는 18-8스테인리스강이 있다. 13크로뮴스테인리스강은 $\alpha$철로서 강자성이 있고, 18-8스테인리스강은 자성이 없다. 내식재료에서 출발해서 제트엔진이 발달됨에 따라 내열재료로서 크로뮴의 양을 많게 한 페라이트계의

내열합금과, 니켈, 크로뮴의 양을 함께 증가시키고, 필요에 따라 몰리브데넘을 첨가해서 오스테나이트를 강화한 계통의 내열합금이 있다. 페라이트계에는 27크로뮴, 오스테나이트계에는 25-20(25% 크로뮴, 20% 니켈)이나 16-25-61(6% 크로뮴, 25% 니켈, 6% 몰리브데넘)이 있다. 내식강(스테인리스강), 내열강, 내열초합금(Super-alloy)으로 분류된다.

### 3) 공구용 특수강

텅스텐을 첨가해서 강의 담금질로 얻어지는 경도의 주요 원인인 마텐자이트의 조직을 안정하게 한 텅스텐강이 사용되며 용도에 따라 텅스텐의 양을 가감해서 사용한다. 고속으로 절삭해도 발열로 인한 담금질 경도가 상실되지 않는 공구용 강재로서 텅스텐 18%, 크로뮴 4%, 바나듐 1%를 표준성분으로 하는 고속도강이 20세기 초에 만들어져서 널리 쓰인다. 공구용 탄소강, 특수공구강(저합금강), 고속도강, 다이강, 단조용형강 등으로 구분된다.

### 4) 기타 특수용도용 특수강

고크로뮴, 니켈에 다시 코발트를 첨가한 리프랙탈로이 등의 내열합금, 변압기의 철심판에 사용되는 규소강(강이라고 하지만 탄소는 불순물로 취급되고, 규소를 4% 이하로 첨가한 $\alpha$철을 사용한다)과 각종의 영구자석 합금이 포함된다. 영구자석용으로 강도 쓰였으나, 최근의 강력자석 합금에서는 탄소를 불순물로 취급하고, 합금원소인 니켈, 알루미늄, 코발트, 티타늄 등에 의한 석출경화를 이용한다. 또한 열팽창계수가 극히 작은 합금 앰버(철-니겔합금)도 있다.

조직에 따라서 분류하면 다음과 같다.

① 페라이트강(철) : A1, A3 등의 변태점을 갖지 않으며, 실온에서나 고온에서도 기질(基質)의 원자배열이 체심입방격자인 것이다.

② 펄라이트, 마텐자이트강 : A1, A3 변태점을 가지며, 기질의 원자배열은 상온에서 체심입방격자가 되고, 탄화물 입자가 이 사이에 분산되어 있는 것이다.

③ 오스테나이트강 : A1, A3 등의 변태점이 없으며, 실온에서나 고온에서도 기질의 원자배열이 면심입방격자인 것이다.

탄소강에 다른 원소를 첨가하여 특수한 성질을 띠게 한 것, 첨가 원소로서는 Ni, Mn, W, Cr, Mo, Co, V, Al 등이 있다. 표 14.3 강의 분류를 나타낸 것이다. 사용하는 목적에 맞게 강을 선택하면 된다.

## 15.2.5 강의 표면경화

표면경화법(Surface hardening)은 표면을 경화시켜 내마모성, 강도, 경도를 높이거나 내식성을 높이는 것을 말한다. 물리적 방법과 화학적 방법이 있으며, 물리적 방법은 철강의 표면만을 소입 경화시키는 것으로, 화염 소입과 고주파 소입이 대표적이다. 화학적 방법은 철강의 표면 조성을 바꾸어 경화시키는 것으로 침탄, 질화법 등이 대표적인 것이다. 철강 이외에는 알루미늄에 대해 경질 알루마이트법이 있다. 소재를 변화시키는 방법 이외의 표면경화법으로는 도금, 용사 외에 스패터링, 이온 플레이팅 등의 물리적 증착법이나 기상도금 등의 화학적 증착법에 의한 경질 피막에서의 피복법이 있다. 철강의 표면을 경화시키는 열처리 방법이며, 물리적 표면경화법과 화학적 표면경화법의 두 가지로 크게 나눌 수 있다. 물리적 표면경화법은 단순히 철강의 표면에만 담금질 경화시키는 방법이며, 불꽃 담금질, 고주파 담금질은 그 대표적인 예이다. 화학적 표면경화법은 철강 표면의 화학 조성을 바꾸어 이를 담금질 경화시키는 방법이다. 화학적 표면경화법의 대표적인 것은 침탄, 질화, 청화법 등이 있다. 넓은 뜻의 표면 경화법으로는 도금법(㉾ 경질 크롬 도금), 용착법(㉾ 표면경화), 가공 경화법(㉾ 쇼트 피닝) 등이 있다.

기계의 축, 기어 캠 등의 부품은 강도, 인성뿐만 아니라 접촉부의 내마멸성이 있어야 한다. 따라서 표면의 내마멸성을 향상시키기 위하여 표면은 경화시키고, 내부는 충격에 견딜 수 있도록 인성을 부여하는 열처리를 표면경화법(Surface hardening)이라 한다. 담금질, 뜨임의 소재는 고탄소강을 사용하므로 경도는 증가하지만 인성이 문제가 되므로 표면 경화용 소재는 저탄소강을 사용하여 경화처리변형과 균열을 감소시킨다.

### [1] 물리적 표면경화법

화학적 표면경화법과는 달리 강의 표면에 화학 조성을 변화시키지 않고, 열처리 등을 통해 표면 조직만을 변화시키는 방법으로 화염경화법, 고주파 정화법, 쇼트피닝법, 하드페이싱 등이 있다.

#### (1) 화염경화법(Flame hardening)

산소-아세틸렌 가스불꽃을 이용하여 강표면을 급속 가열한 후 담금질 온도에 이르렀을 때 냉각수로 급랭시켜 표면층만을 경화시키는 열처리 방법이다. 부품의 크기와

[그림 15-8] 화염경화법

형상의 제약이 적으며, 국부 열처리가 가능하고, 설비비가 저렴하다. 담금질 변형이 적으나 가열온도 조절이 어려운 단점이 있다.

처리방법은 다음과 같다.

① 소재 및 가열 : 소재는 0.4~0.6%의 탄소가 함유된 강이 좋으며, 산소-아세틸렌의 혼합비는 1 : 1의 중성불꽃이 가장 좋다. 토치 불꽃수와 이동속도에 따라 재료 내부의 열전달 깊이가 다르며, 경화층 깊이도 다르게 된다.

② 냉각 방법 : 냉각수조(Cooling tank)에 담그는 방법은 담금질 온도가 높아지기 쉬우며, 담금질 균열이 발생하기 쉽다. 분사장치에 의한 냉각은 일반적으로 많이 이용되는 방법이며 순환되는 물속에 소재를 넣고 가열하는 방법은 선반 베트 등의 열처리법으로 담금질 균열 가능성이 낮은 특징이 있다. 후처리 후 인성의 개선과 잔류 응력 제거를 위한 템퍼링 처리한다.

### (2) 고주파 경화법(Induction hardening)

소재에 장치된 코일 속으로 고주파 전류를 흐르게 하면 소재 표면에는 맴돌이 전류(Eddy current)가 유도되며, 이로 인해 발생한 고주파 유도열이 소재 표면을 급속 가열시키고, 가열된 소재를 급랭시키면 소재 표면이 담금질되어 경화되는 경화법이다. 급속 가열에 의해 가열시간이 짧아 산화 및 변형이 적으며, 열효율이 높고 대량생산이 가능하다. 유지비가 적게 들고, 균일가열 및 온조 제어가 용이한 특징을 가진다. 하지만 시설비가 고가이고, 부품의 형상과 소재가 제한적이다. 고주파 경화법에서는 주파수가 클수록 유도 전류가 표면 주위에만 집중되어 흐르는 현상이 발생하는데 이를 표피효과라 한다. 주파수가 클수록 경화 깊이는 얇아지고, 주파수가 작으면 경화 깊이는 깊어진다.

[그림 15-9] 고주파경화법

### (3) 쇼트피닝(Shot peening)법

소재 표면에 강이나 주철 소재의 작은입자 0.5~1.0 mm를 고속으로 분사시켜 가공 경화에 의해 표면의 경도를 높이는 방법이다. 피로 한도가 현저히 증가되는 특징을 가진다.

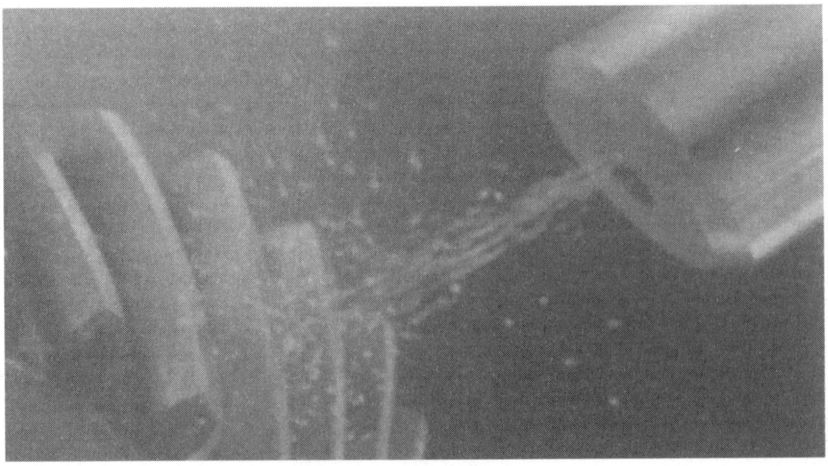

[그림 15-10] 쇼트피닝

### (4) 하드 페이싱(Hard facing)

소재의 표면에 스텔라이트나 경합금을 용접 또는 압접으로 융착시켜 표면에 경화층을 형성하난 방법이다.

[그림 15-11] 하드 페이싱

## [2] 화학적 표면경화법

물리적 표면경화법과 달리 강의 표면층에 여러 가치 원소들을 확산 침투시켜서 표면 조성의 변화에 의한 경화층을 얻는 방법으로 침탄법, 청화법, 질화법 등이 있다.

### (1) 침탄법

탄소의 함유량이 0.2% 이하의 저탄소강의 표면에 탄소를 침투시켜 고탄소강으로 만든 후 이것을 열처리하여 경화시키는 방법을 침탄이라 한다. 침탄처리를 할 때 내부는 저탄소강으로 담금질 경화가 일어나지 않지만, 외부는 고탄소강 조직으로 인하여 표면 경화된다. 침탄 시에는 전용 침탄로를 많이 사용하고 있으며, 침탄과 동시에 경화를 일으키는 열처리를 병행하고 침탄법에는 고체침탄법, 액체침탄법, 가스침탄법 등이 있다.

#### 1) 고체침탄법(Solid carburizing)

철재의 침탄상자에 고체침탄제와 침탄촉진제를 넣고, 밀폐한 후 가열 유지하여 저탄소강 표면에 침탄층을 얻는 방법이다. 침탄제는 목탄, 코스코 등을 사용하고, 침탄촉진제로는 탄산바륨($BaCo_3$)을 사용한다. 가열온도는 900~950℃에서 4~5시간 유지한

[그림 15–12] 고체 침탄법

다. 침탄 깊이는 0.5~2.0 mm 정도이고, 침탄층의 탄소량은 0.85~0.9%이다.

침탄시 유의사항은 다음과 같다.

① 침탄 온도가 높으면 침탄 속도가 빠르나, 950℃ 이상이면 오스테나이트 결정립이 조대화된다.

② 침탄 깊이가 너무 깊으면 비용이 많이 들고, 인성에 불리하다

③ 침탄제의 입도가 작으면 열의 통과에 불리하여 침탄 시간의 증가한다.

④ 강재에 크롬(Cr)이 함유되면 탄소의 확산이 느려 과잉 침탄이 발생한다.

⑤ 균일 침탄 및 침탄층의 조절에 신경을 써야 한다.

⑥ 탄산나트륨이 너무 많으면, 강 표면에 용착되어 침탄이 어렵다.

국부적 침탄 방지 대책은 다음과 같다.

① 탄소강에 동도금을 한다.

② 가공여유를 두어 침탄 후 절삭 가공하여 침탄부를 깍아낸다.

③ 진흙을 바르고, 석면 및 강판으로 두른다.

### 2) 액체침탄법(liguid carburizing)

침탄질화법(Carbonitriding), 시안화법(Cyaniding) 또는 청화법이라고도 하며, 침탄제와 촉진제를 동제 상자에 넣고, 용해하여 강재를 염욕 중에 침지시켜, 탄소와 질소를 침투시키는 방법이다. 침탄제로는 시안화나트륨(NaCN), 시안화칼륨(NaCl) 등을 사용하고, 침탄 촉진제로는 탄산칼륨($K_2CO_3$), 탄산나트륨($Na_2CO_3$), 염화칼륨(KCl),

염화나트륨(NaCl) 등을 사용한다. 가열온도는 600~900℃로 하고, 가열시간은 약 30분이다. 이때 700℃ 이하는 질화라 하고, 800℃ 이상은 침탄이라 한다. 침탄 깊이는 0.1~0.5 mm로 처리온도에 비례하며, 침탄층의 탄소량은 0.7~1.0% 정도이다.

액체침탄법의 특징은 다음과 같다.

① 장점 : 가열이 균일하고 제품의 변형이 적다. 그리고 온도조절이 용이하여 시간이 절약된다. 산화방지 효과가 있어 계기류 등의 참탄에 이용된다.

② 단점 : 침탄제의 가격이 비싸며, 침탄층이 얇고 유독가스가 발생한다.

국부적 침탄 방지 대책은 다음과 같다.

① 산화 알루미늄($Al_2O_3$), 산화 규소($SiO_2$) 등을 바른다.

② 니켈, 크롬 등의 전기도금을 한다.

③ 용융 알루미늄을 도포한다.

### 3) 가스침탄법(Gas cabyrizing)

가스침탄법은 주로 작은 부품의 침탄에 이용되는 것으로 메탄가스나 프로판가스, 아세틸렌 가스등 탄산수고계 가스를 로에 넣어 니켈을 촉매로 하여 침탄가스로 변성 후, 오스테나이트화된 금속의 표면을 접촉시켜 활성탄소가 침입하도록 하여 침탄을 일으킨다. 침탄제로는 일산화탄소와 메탄을 사용하고, 가열온도는 900~950℃ 정도로 한다.

고온 침탄의 장점은 다음과 같다.

① 침탄시간이 단축된다.

② 확산구배가 급하지 않다.

③ 깊은 침탄층을 얻을 때 효과적이다.

가스 침탄의 특징은 다음과 같다.

① 균일한 침탄층을 얻을 수 있다.

② 작업이 간편하고, 열효율이 높다.

③ 연속 침탄에 의해 다량 침탄이 가능하다.

## (2) 질화법(Nitriding)

질화법은 다른 표면 경화법과는 달리 변태점 이하의 상당히 낮은 온도에서 처리된다. 500~600℃의 온도에서 처리하기 때문에 변형이 적은 표면 경화법으로 널리 이용된다. 높은 경도를 얻기 위해 크롬, 몰리브덴 등의 원소를 함유하는 강이 필수이므로

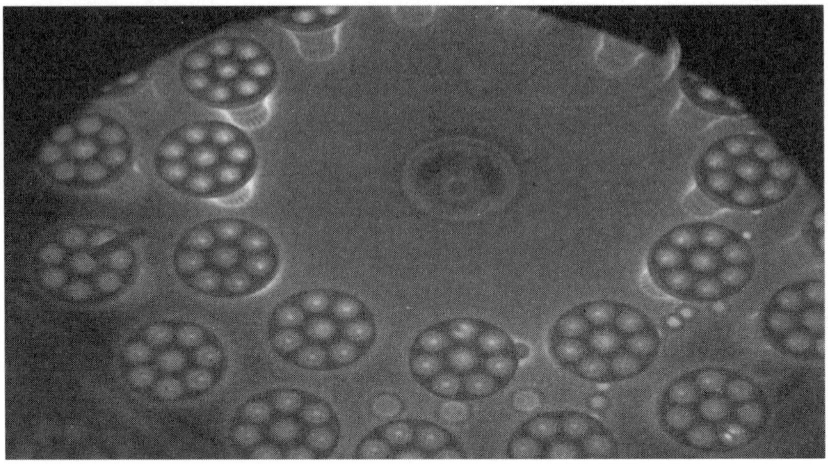

[그림 15-13] 질화법

처리 강에 많은 제한이 따르며, 제품은 0.1~0.2 mm 정도의 연마가공을 한다.

#### 1) 가스질화(Gas nitridng)법

질소는 강에 잘 용해되지 않지만, 500℃ 정도로 50~100시간 암모니아 가스를 가열하면 발생기 질소가 철 등과 반응하여 질화물을 만들면서 강으로 침투된다. 질화층의 두께는 보통 0.4~0.9 mm 정도로 은회색의 단단한 경화면을 가진다.

#### 2) 액체질화법

가스질화법은 처리시간이 길고, 제한된 질화용 강만 처리가 가능하므로 이러한 단점을 개선하기 위해 시안화나트륨(NaCN), 시안화칼륨(KCN) 등을 주성분으로 한 염욕로에서 500~600℃로 5~15시간 가열하여 질화층을 얻는다. 이를 액체 질화법이라 한다.

#### 3) 이온질화법

이온질화법의 특징은 작업환경이 좋고, 질화속도가 빠르며, 별도의 가열장치가 필요치 않다. 가스비율을 변화시켜 질화층의 조성을 제어할 수 있으며, 가스질화로서 처리가 곤란한 강에도 적용이 가능하다. 하지만 복잡한 형상의 부품은 균일한 질화가 어렵고, 처리부품의 온도측정과 급속냉각이 어려운 단점이 있다.

### [3] 탄화물 피복법

강의 표면에 초경 탄화물을 침투확산 및 부착시키는 방법으로 높은 경도의 표면층을 형성하여 내마모성과 내열성을 갖는다. 탄화물 피복법은 처리온도가 높기 때문에 변형이 발생할 수 있지만 높은 경도를 얻을 수 있기 때문에 다이, 펀치, 롤러(Roll) 등과 같은 내마모성이 요구되는 금형 재료 및 코팅 초경공구 등에 이용된다.

탄화물 피복법의 처리방법은 용융염 중에 침지하는 액체법, 분말중에 가열하는 분말법, 가스반응 및 이온 등을 이용하는 증착법 등이 있다.

### (1) 침지법

침지법의 처리공정은 처리품의 세정, 예열, 침지 처리, 열처리, 세정의 순으로 진행된다. 이 방법의 특징은 균일하고, 양호한 표면층이 형성되며, 초경합금보다 높은 경도와 내마모성을 얻는다. 그리고 염욕의 교체로 탄화물 종류를 쉽게 선택할 수 있고, 탄화물 층의 박리 또는 균열발생이 없다는 장점이 있다. 고온처리 및 퀜칭경화에 의한 변형발생 가능성이 있으므로 유의해야 한다.

### (2) 분말법

분말법은 소결에 의해 이루어지며, 미세한 텅스텐입자 속에 강을 넣고, 환원성 분위기나 중성분위기 중에 가열 후 서랭한다. 처리입자는 텅스텐 외에 티타늄, 몰리브덴, 크롬 등의 원소가 동일한 크기의 입자이어야 하고, 다이, 펀치, 롤러 등의 표면처리에 이용되며, 수명이 15~30배 정도 향상된다.

### (3) 증착법

증착법은 가스반응 및 이온 등을 이용하여 탄화물, 질화물 등의 코팅층을 얻을 수 있는 피복 방법으로서 물리적 증착법(P.V.D)과 화학적 증착법(C.V.D)을 갖는다.

[그림 15-14] 탄화물 피복법을 이용한 절단 소재

가스반응 및 이온 등을 이용하여 탄화물, 질화물 등을 기판(Substrate)에 피복하여 간단한 방법으로 표면 경화층을 얻을 수 있는 것으로 가스반응을 이용한 C.V.D와 진공 중에서 증착하거나 이온을 이용하는 P.V.D로 구분할 수 있고, 공구 등의 코팅에 이용된다.

### 1) 화학적 증착법(C.V.D Chemical vapor deposition)

화학적 증착법은 가스도금, 증기도금 등으로 불리며, 가스 반응을 이용하여 탄화물, 질화물 등을 기판에 피복한다. 증착하려는 물질의 휘발성 염을 기화실에서 가열 기화한 후 이것을 수소, 질소, 아르곤 등과 혼합하여 도금실에 보내고, 균일하게 고온으로 가열된 모재표면과 접촉 반응시켜 피복물질을 석출한다. 코팅온도 및 처리강의 종류에 다라 다르지만 2~4시간 내에 5~15 $\mu$의 코팅층이 형성된다.

화학적 증착법의 장점은 다음과 같다.

① 석출층의 종류가 많아 금속 산화물, 질화물, 산화물 등을 피복할 수 있다.
② 균일한 코팅층을 얻을 수 있다.
③ 석출속도가 빠르고 두꺼운 피복이 된다.
④ 밀착성이 좋고, 핀홀이 적다.
⑤ P.V.D에 비해 장치가 간단하고, 복잡한 형상의 소재도 피복이 가능하다.

화학적 증착법의 단점은 다음과 같다.

① 소재를 1000℃ 이상의 고온으로 가열 처리하여 소재가 제한되고, 변형 발생이 있다.
② 큰 도금면적을 얻을 수 있다.

### 2) 물리적 증착법(P.V.D, Physical vapor depositiong)

① 이온 플레이팅(Ion plating) : 진공용기 내에서 금속을 증발시키고, 모재에 음극을 걸어 주어 방전이 발생되면 증발된 원자는 이온화되며, 가스이온과 함께 가속되어 모재에 입사하여 피복시키는 방법이다. 피막의 밀착성이 매우 우수하고, 치밀하며, 코팅온도가 낮으므로 열에 의한 영향이 적다. 그리고 여러 종류의 화합물 피막을 얻을 수 있으며, 구멍의 내면 등의 피복은 곤란하다.
② 스퍼터링(spputtering) : 높은 에너지를 갖는 입자가 소재에 충돌하면 이곳으로부터 원자가 튀어나오는 현상을 스퍼터링이라 한다. 진공의 아르곤 분위기에서 전압을 걸면 아르곤의 양이온이 소재에 충돌하고, 이온충격에 의해 튀어나온 원

자가 양극인 모재 기판에 붙어 박막이 형성된다.

③ 진공증착 : 진공 중에서 금속을 가열 증발시켜 기판에 부착시키는 방법으로 광학 부품, 전자부품에 응용되고 있으나 표면경화를 목적으로는 사용하지 않는다.

### [5] 금속용사법

금속용사법은 용융상태의 금속이나 세라믹을 용사건(Spray gun)을 이용하여 모재 표면에 연속적으로 분사시켜서 피막을 적층시키는 방법이다. 용사되는 재료는 탄소강, 스테인레스강, 동합금, 세라믹, 초경합금 등 광범위하며, 금속의 특성에 따라 내마모성, 내식성, 내열성 등의 요구조건에 부합하는 금속 층을 만든다.

#### (1) 분말용사법(Poder spraying)

피복될 금속의 분말을 고온의 화염에서 혼합하여 용사한다. 보통 산소-아세틸렌 토치를 이용하고, 혼합실에서 부압을 이용한 분말제의 흡입으로 혼합되어 화염과 함께 용융된 상태로 표면에 분사 부착된다. 분말 용사법은 화염의 압력을 이용하므로 압축공기가 불필요하며, 합금분말 등 모든 금속의 용사가 가능하다.

#### (2) 가스 용선식 용사법(Gas wire type spraying)

금속 와이어를 산소 아세틸렌 등의 고온 가스로 용융하여 용사하는 방법으로 분말식과 유사하다. 화염의 내부로 금속 와이어가 공급되면 가스 불꽃에 의해 용해되며, 압축공기에 의해 분무상태의 용융금속이 표면에 용사 부착된다. 일반적으로 동 및 알루미

[그림 15-15] 용사법

늄, 동합금 및 알루미늄 합금 등 저융점의 금속이 와이어로 사용된다. 모재에 요철이 있어도 평탄하게 부착할 수 있으며, 용사피막은 다공질이다.

#### (3) 플라즈마 용사법(Plasma spraying)

고온의 플라즈마 가스를 이용한 것으로 분말용사법과 같은 원리이다. 사용가스는 아르곤과 수소가 이용되며, 가스가 분말의 용사를 운반하여 플라즈마화한다. 분사압력이 상당히 커 부착성이 좋으며, 고용융 금속 등 모든 금속의 적용이 가능하다. 그리고 모재의 가열온도가 300℃ 이하이므로 열영향이 적으며, 초경 피막처리에 이용할 수 있다. 윤활성과 내마모성이 우수하다.

### [6] 설퍼라이징

설퍼라이징은 퀜칭, 템퍼링한 금형 등의 표면에 황(S)을 확산시켜 윤활성과 피로강도를 향상시켜 내마모성을 얻는 처리법이다. 이것은 중성 및 환원성의 염욕 중에 유화염을 첨가한 분위기 중에서 생성된 유황을 철강재의 표면에서 내부까지 확산시키는 것이다. 염욕조건은 혼합염의 용융온도는 설퍼라이징 온도보다 낮아야 하며, 고속도강은 550~570℃의 템퍼링 온도 부근에서 처리한다. 그리고 특수 공구강은 150℃에서 처리한다.

설퍼라이징의 특징은 다음과 같다.

① 표면조도가 좋아진다.

② 마찰계수가 적고, 내마모성을 향상시킨다.

③ 질소도 함께 확산되어 질화 효과도 동시에 얻을 수 있다.

## 비철

### 15.3.1 동 및 동합금

동은 주기율표 11족 4주기의 구리족 원소에 속하는 전이금속으로 원소기호는 Cu, 원자량 63.546 g/mol, 녹는점 1084.62℃, 끓는점 2562℃, 밀도 8.94 g/cm$^3$이다. 붉은색의 광택이 나는 금속으로 비교적 무른 금속으로 가공하기 쉬우며 전성과 연성이

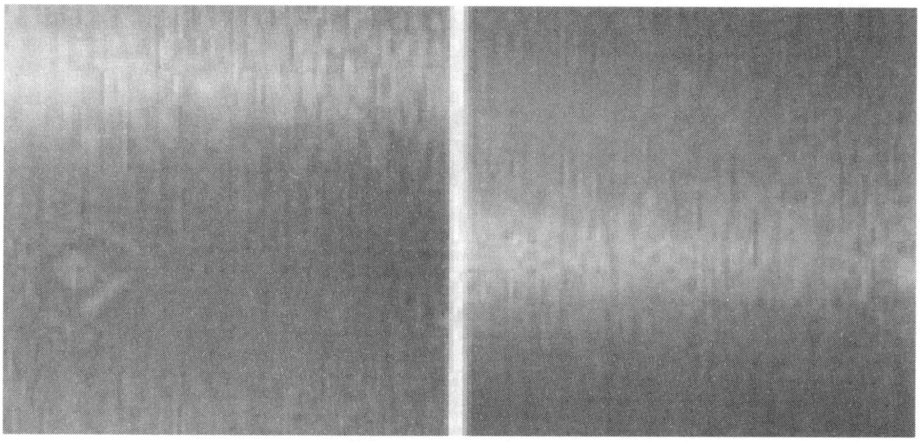

[그림 15-16] 청동과 황동

풍부하고 은(Ag) 다음으로 열과 전기의 전도율이 높아 실생활에 널리 이용된다. 동은 천연상태의 자연구리로서 채취하기도 하며 광석에서 추출하는 제련도 간단하여 금속 중 가장 먼저 이용되었다. 고대 유적에서 구리가 발굴되고 석기시대 다음으로 동을 사용한 시대가 나타난 후 주석과의 합금인 청동이 만들어져 청동기시대를 이루었다. 중세에는 전쟁에 필요한 무기 등을 제작하는 데 이용하였고 산업혁명 시기에는 각종 기계의 발달로 기계용 재료로 널리 사용되었다. 19세기 말 전기가 산업적으로 이용되면서 주로 전선을 비롯한 전기재료로 쓰였으며 20세기에 들어와서 채광, 제련, 가공기술이 발달함에 따라 산업계에서 중요한 위치를 차지하고 있다.

구리는 적색 광택을 가진 금속으로 전성, 연성 및 가공성이 뛰어날 뿐만 아니라 합금의 경우 강도를 가지고 있다. 가열하면 어두운 빛깔의 산화제이구리(CuO)가 되고, 1000℃ 이상으로 가열하면 적자색인 산화제일구리가 된다. 황, 염소, 인과 혼합하여 합금을 만든다.

순수한 건조공기 중에서는 산화하지 않지만 대기 중에서는 습기로 인해서 부식되고 염기성탄산구리 $CuCO_3$, $Cu(OH)_2$로 이루어지는 녹청색을 띤다. 염분 및 이산화탄소를 함유하지 않는 순수한 물에는 녹지 않으나, 염분이 있는 물에는 녹는다. 공기를 차단하고 구리에 묽은 황산 및 끓여도 반응하지 않으나, 공기 중에서는 노화된다. 진한 황산에는 아황산가스을 발생하며 녹는다.

동의 제조법은 자연계에 천연 상태로 산출되기도 하지만 주로 휘동석, 황동석 등과 같은 광물을 제련하여 얻은 불순물이 포함된 구리를 전기 분해로 정제시켜 순수한 구리를 얻는다.

동의 물리적 성질은 적갈색을 띠는 금속으로 회색이나 은색 이외의 색을 띠는 세 가지 금속 중의 하나인데, 나머지 두 가지는 오스뮴(Os : 푸른색)과 금(Au : 노란색)이다. 연성과 전성이 크며, 순수한 금속 중에서는 은(Ag) 다음으로 열과 전기를 잘 통한다. 녹는점은 1084.62℃이고, 끓는점은 2562℃이며, 20℃에서의 밀도는 8.94 $g/cm^3$이다. 결정은 면심입방구조를 가지며, 반자기성으로 자석에 자화되지 않는다.

구리 원자의 화학적 성질은 29개의 전자를 갖고 있고, 순수한 물과는 반응하지 않으나, 염분이 있는 물에는 녹는다. 실온의 건조한 공기 중에서는 산화되지 않으나, 가열하면 산화된다. 습한 공기 중에서는 습기와 $CO_2$의 작용으로 천천히 푸른색 녹이 발생되며, 녹은 조직이 치밀하여 내부를 보호하기 때문에 부식은 더 이상 진행되지 않는다. 구리는 황화 수소($H_2S$), 황, 황화물, 할로겐 원소 등과 반응하나, 산화제가 없으면 비산화성 산과는 반응하지 않는다. 또한 온도가 높은 진한 황산($H_2SO_4$)에는 녹고, 질산($HNO_3$)의 경우에는 묽은 질산과 진한 질산 모두에 녹는다. 산소가 녹아 들어간 염산(HCl), 암모니아($NH_3$) 용액에도 녹는다. 동의 용도는 동 자체뿐만 아니라 황동, 청동, 알루미늄청동, 베릴륨구리 등 합금으로서의 용도로 쓰이며, 전선을 비롯하여 동제품에 많이 쓰인다. 전선은 전해구리를 용해하여 틀에 넣어 굳힌 봉동을 써서 각종 전선으로 가공한다. 동제품은 전해구리와 기타 합금용 금속 및 동합금 등을 배합 용해한 다음 원하는 성분으로 조정하여 주입한 동괴를 원료로 하여 판, 봉, 관 및 선 등으로 가공한다. 동판은 열전도성과 내식성을 활용하여 일반 용기, 동제품을 만드는데 사용된다. 동제품은 주석 2~10%를 섞은 청동이 사용된다.

### 15.3.2 알루미늄 및 알루미늄 합금

주기율표 13족 3주기에 속하는 금속 원소로 원소기호는 Al, 원자량은 26.981 g/mol, 녹는점은 660.32℃, 끓는점 2519℃, 밀도는 2.7 $g/cm^3$이다. 은백색의 가볍고 연성이 있는 금속으로 지구의 지각을 이루는 구성 원소 중 하나이다. 가볍고 내구성이 큰 특성을 이용해 원자재 및 재료로 많이 사용된다. 표 15.2는 알루미늄의 특성 및 상태를 나타낸 것이다.

알루미늄은 산화성 때문에 다른 금속에 비해 늦게 분리되었다. 고대에는 산화알루미늄 등의 산화물 형태로 알려져 있다가 전기분해를 하는 정제기술이 개발되면서 18세기에 처음으로 사용되었다. 1825년 덴마크의 한스에 의해 발견되었으며 알루미늄(Al)은 라틴어인 alumen에서 유래하였다.

알루미늄은 산소, 실리콘과 함께 지구의 지각을 이루는 주 구성 원소 중 하나이며, 지구상에 다량으로 존재하는 금속이며, 광석으로는 장석, 운모, 빙정석, 반토(유황을 함유한 토양), 도토(질그릇을 만드는 토양) 등이 있으며 산화물로는 루비, 사파이어, 강옥 등 보석도 있다. 알루미늄은 은백색의 늘어나는 성질을 가지고 있는 금속으로 전성, 연성이 커서 박판이나 철사로 만들 수 있다. 성질은 순도에 따라 다르며 전기의 양도체이며 비저항은 구리의 약 1.6배이며, 비중이 낮은 경금속이다. 공기 중에 방치하면 산화물의 박막을 생성하여 광택을 잃지만 내부까지 침식되지는 않는다. 공기 중에서 녹는점 가까이 가열하면 흰 빛을 내며 연소하여 산화알루미늄이 된다. 이때 높은 온도가 되므로 분말을 써서 금속의 야금이나 테르밋 용접에 이용한다. 질소, 황, 탄소 등과 직접 화합하여 질소화물, 황화물 및 탄화물이 되며, 할로겐과도 반응하여 염화물, 브롬화물을 만든다. 산에 녹아 염을 만들지만 진한 질산에는 잘 침식되지 않고 알칼리에 녹아 수소를 발생한다.

알루미늄의 제조법은 산화알루미늄이 함유된 보크사이트를 사용하며, 정제된 산화알루미늄은 전기분해 되어 순수한 알루미늄으로 정제된다. 알루미늄의 물리적 성질은 은색 금속으로, 연성과 전성이 커서 가는 선이나 얇은 박판으로 가공하며, 녹는점은 660.32℃이고 끓는점은 2,519℃이다. 밀도는 2.70 g/cm$^3$로 철의 약 1/3에 불과하나 강도는 비슷하며, 자성은 갖고 있지 않다. 전기 전도도와 열전도도는 은(Ag), 동(Cu), 금(Au)보다 못하지만 전기 도체이다. 결정은 대부분의 금속과 마찬가지로, 면심입방 구조를 갖는다.

알루미늄은 빛의 반사체이며, 자외선 및 원적외선 영역에서는 다른 금속을 사용한

[그림 15-17] 알루미늄 합금

것보다 반사율이 좋다. 고운 분말 상태에서도 반사율이 거의 그대로 유지되어 은색 페인트 성분으로 사용된다. 금속 알루미늄 조각. 알루미늄은 은색 금속으로, 연성과 전성이 커서 선이나 얇은 박판으로 가공하여 사용되고 있다. 알루미늄의 화학적 성질은 원자가 13개의 전자를 갖고 있고, 전기 음성도는 1.61로 전류가 흐르는 금속이다. 알루미늄은 반응성이 큰 금속으로 가열하면 대부분의 비금속 원소들과 화합물을 만든다. 산소와도 반응하기 때문에 산화물에서 산소를 축출하여 금속을 얻는 테르밋 공정(Thermit process)에서 환원제로 사용된다. 이와 같은 반응성에도 불구하고, 알루미늄을 가구나 건축물에 많이 사용하는 이유는 알루미늄이 공기에 노출되면 산화물 피막이 형성되어 산화되지 않도록 보호하기 때문이다. 알루미늄 산화물은 흰색으로 표면이 녹슨 알루미늄을 주위에서 쉽게 발견할 수 있다. 순수한 알루미늄은 뜨거운 물과도 반응하며, 분말상태에서 물에 노출되면 점화된다.

알루미늄의 용도는 지구에 존재하는 원소 질량의 8.2%나 차지하는 알루미늄의 풍부함과 알루미늄의 순수 정제 가능으로 인해 알루미늄의 사용은 급증하게 되었다. 전성과 연성이 뛰어나고 전기 전도성이 좋아 고압 전선의 재료로 쓰인다. 산소와 쉽게 반응하지만 산화알루미늄 형성 후 피막이 산소 접촉 차단제 역할을 하기 때문에 부식이 발생하지 않아서 창틀의 재료와 같은 광택이 오래 지속될 수 있는 부분에 사용되며, 가볍고 부식이 되지 않아 알루미늄 캔을 제조하는 곳에 사용된다. 또한 열전도성이 커서 주방 용기 등의 재료로 쓰인다. 가볍지만 강도가 약한 알루미늄의 단점을 보완하기 위해 강도를 강화시켜 두랄루민 합금을 만들어 사용한다. 알루미늄 호일을 만드는데 사용되며 가볍고 내구성이 큰 특성을 이용해 항공기, 선박, 차량의 주요 재료로 활용범위가 넓다.

### 15.3.3 마그네슘 및 마그네슘 합금

주기율표 2족에 속하는 알칼리금속으로서 원소기호 Mg, 원자번호 12, 원자량 24.3050 g/mol, 녹는점 650℃, 끓는점 1,100℃, 비중 1.741이다. 마그네슘은 자연상태에서는 단일원소로 존재하지 않고 규산이나 황산이나 탄산들과 함께 결합한 염의 형태로 많이 존재한다. 마그네슘은 화학 반응성이 큰 금속으로, 대부분의 비금속 원소는 물론 물, 암모니아, 산, 알코올, 할로겐 화합물 등과 반응하며, 공기에 노출되면 투과성이 적은 산화물 보호피막을 만든다. 따라서 괴상에서는 반응하지 않지만 용융 상태, 가루, 막판 상태에서는 반응한다. 대기 중에서 발화되면 산화마그네슘(MgO)과 질

[그림 15-18] 마그네슘 합금

화마그네슘($Mg_3N_2$)을 생성하면서 격렬한 화학반응이 일어나며 불꽃 온도는 3100℃이며, 자외선을 포함하는 밝은 흰빛이 발생한다.

습한 상태에서는 할로겐 원소에 의해서도 발화되며, 수소($H_2$)와는 570℃, 200기압에서 $MgH_2$를 만든다. 이산화탄소($CO_2$)와도 반응하여 MgO와 탄소를 생성한다. 이 때문에 마그네슘이 점화되면 물이나 이산화탄소를 사용하지 않고 모래를 덮어 공기를 차단해야 한다. 마그네슘은 쉽게 불이 붙는 성질을 가지고 있어, 점화기(Fire starter)로 사용된다. 공기 중에서 발화하면 자외선을 포함하는 밝은 흰빛이 나오는 마그네슘의 성질은 불꽃놀이에도 이용된다. 마그네슘 화합물은 산업적 및 의학적으로 사용되고 있으며, 많이 사용되는 것이 산화마그네슘(MgO)이다. MgO는 마그네사이트($MgCO_3$)를 높은 온도로 가열하여 분해하거나, 바닷물에서 얻는다. 바닷물에서 소금을 얻고 남은 액체 또는 정제되지 않은 천일염을 저장할 때 얻어지는 간수에 $MgCl_2$이 15~18% 들어있기 때문에 $Ca(OH)_2$를 첨가하여 $Mg(OH)_2$의 침전을 얻고, 가열하면 산화마그네슘을 채취할 수 있다.

항공기를 가볍게 하여 연료를 절약하고 배기가스를 줄이는 것이 중요시됨에 따라, 마그네슘 합금의 이용이 늘어나고 있다. MgO는 마그네시아(Magnesia)라고도 불린다. 물에 분산시킨 것이 마그네시아유제이며, 제산제와 변비약으로 사용된다. MgO를 산으로 처리해서 얻는 마그네슘염들도 여러 가지 용도로 사용된다. 황산마그네슘($MgSO_4$)은 목욕제, 완화제, 방부제, 비료 등으로 사용되며, 아황산마그네슘($MgSO_3$)은 제지공업에서 순수한 펄프를 얻는데, 헥사플루우오르규산마그네슘($MgSiF_6$)은 섬유의 방충처리에 사용된다. $MgCl_2$은 전기분해법으로 Mg을 생산하는데 이용되며, MgO을 비롯한 식품 보조제로, 두부와 콩 우유 제조에서 간수를 대체하는 응집제 및 의약품 등으로 사용되고 있다. 마그네슘 화합물들은 $Mg(OH)_2$와 $MgCO_3$를 제외하고 물에 녹으며 쓴 맛이 난다.

마그네슘은 전기분해 또는 화학적 환원 방법을 이용하여 대량 생산된다. 전기분해에서는 주로 흑연을 양극으로, 철을 음극으로 사용하여 용융된 염화마그네슘($MgCl_2$)를 전기분해시켜 마그네슘을 얻는다. 화학적 환원 방법에서는 $CaCO_3$에 열을 가해 얻은 산화물을 페로실리콘(FeSi)으로 환원하여 마그네슘을 얻는다. 이렇게 구한 마그네슘을 진공 증류시켜 고순도의 마그네슘을 얻는다. 2011년 세계 마그네슘 생산량은 알루미늄 생산량의 수십 분의 1에 불과하며 100만 톤에 미치지 못하였는데 이 중 80%가 중국에서 생산된다. 우리나라에서는 2011년 6월에 강원도 옥계 지역에 화학적 환원 방법을 사용하는 마그네슘 제련 공장이 착공되었다.

금속 마그네슘은 철과 알루미늄 다음으로 많이 쓰이는 금속이다. 순수한 마그네슘의 사용보다 알루미늄(Al), 아연(Zn), 망간(Mn) 등과 합금을 만들어 사용한다. 마그네슘 합금은 보통 Mg을 90% 이상 포함하는데, 밀도가 플라스틱의 밀도와 비슷한 1.76~1.87 g/cm$^3$로, 알루미늄을 주성분으로 한 합금의 밀도 2.56~2.80 g/cm$^3$보다 낮지만 강도는 비슷하다. 강철과 비슷한 강도를 가지면서 무게는 1/4에 불과하다. 합금에 첨가되는 금속의 종류와 양에 따라 가볍고 기계적, 열적, 내식성이 우수한 여러 가지 합금을 만들 수 있다.

마그네슘 합금은 가볍고 기계적, 전기적, 열적 성질이 우수하며, 전자파를 차단하는 성질이 있고, 가공성이 좋아 노트북 컴퓨터, 휴대용 전화, 카메라 등 각종 휴대용 전자제품에 많이 사용된다. 그리고 주방 기구 등 여러 가정용품에도 마그네슘 합금의 사용이 늘어나고 있고 알루미늄 음료수 캔도 마그네슘 합금이며, 아연과의 합금은 금형 재료로 이용된다.

### 15.3.4 니켈 및 니켈 합금

주기율표 10족 4주기 철족에 속하는 전이금속원소로 원소기호 Ni, 원자번호 28, 원자량 58.70 g/mol , 녹는점 1455℃, 끓는점 2732℃, 밀도는 8.9 g/cm$^3$이다. 은백색의 강한 광택이 있는 금속이며, 공기 중에서 변하지 않고 산화 반응을 일으키지 않아 도금이나 합금 등을 통해 동전을 만드는 재료로 사용된다.

니켈은 고대에서부터 사용되었으나 1751년 스웨덴의 광물학자 A.F. 크론스테트가 니콜라이트(niccolite, 홍비니켈석)에서 발견하였다. 지각에는 구리와 같은 매장량을 나타내며, 바닷물 속에 존재하는 양은 5 g/ℓ, 운철에도 8% 정도 함유되어 있다. 주요 광물로는 니콜라이트(NiAs)를 비롯하여 휘니켈석(NiS), 황비니켈석(NiAsS) 등이 있다. 니켈 산출량의 40% 이상은 캐나다에서 채취되며, 러시아, 아프리카의 짐바브웨에서 산출된다. 한국에서는 전라북도 남원의 산내광산과 경상북도 성주군 금성광산에서 생산된다.

니켈은 은백색의 광택을 지닌 금속으로 전성 및 연성이 풍부하고 연마가공도 가능하며, 자성을 지니고 있다. 전기전도도는 구리의 14.9%이며, 공기 및 습기에 대해 철보다 산화되지 않으며 알칼리에도 침식되지 않는다. 질산에는 녹지만 진한 질산에는 철과 마찬가지로 부동 상태로 되어 침식되지 않는다. 염소 및 브롬 등과는 격렬하게 반응한다. 니켈의 물리적 성질은 은백색을 띠며, 다른 금속과 같이 광택이 나며 연성과 전성이 있어 쉽게 가공될 수 있다. 철 및 코발트와 같은 강자성을 띠고, 면심입방구조를 갖고 있으며, 전기 전도도는 구리의 약 1/5이다.

니켈의 화학적 성질은 비교적 반응성이 작은 금속 원소이다. 괴상으로는 실온에서 물이나 산소와 반응하지 않고, 산에도 잘 녹지 않으나, 질산($HNO_3$)에는 녹는다. 가성소다(NaOH) 수용액과도 반응하지 않아 NaOH 생산 장치의 제조에 사용된다. 가열하면 반응성이 커지서 공기 중의 산소와 반응하여 산화물(NiO) 피막을 만들며 수증기와도 반응하여 NiO가 되면서 수소 기체를 발생시킨다. 니켈을 함유한 광석에 열을 가하여 순도 75%의 니켈을 추출한 다음 제련과정을 통해 순도를 높인다. 제련법으로는 건

[그림 15-19] 니켈 합금

식법인 올퍼드법과 일산화탄소를 이용하는 몬드법 및 전해정제법 등이 있다.

니켈의 가장 큰 용도는 특수강에 첨가하는 것으로 페로니켈이 사용된다. 니켈도금은 아름다운 광택과 내식성을 지니고 있어 각종 도금 중에서도 가장 중요한 위치를 차지하고 있다. 전기통신기 재료로서도 널리 쓰이는데 박판 및 선의 형태로 진공관 재료로 사용되며 합금으로서 자성재료 및 전열재료로 사용된다. 합금의 형태로 화폐를 만드는데 쓰이며 수소 반응에서 촉매로 사용된다.

### 15.3.5 티탄 및 티탄 합금

티탄은 티타늄이라고도 불리는데, 원소 이름은 1795년에 클라프로트가 그리스 신화에 등장하는 거대하고 강력한 신의 종족인 타이탄(Titans)에서 유래되었다. 티탄은 지각 무게의 0.63%를 차지하는 9번째 풍부한 원소로, 금홍석(Rutile : 화학성분 $TiO_2$)과 티타늄철석(Ilmenite : 화학성분 $FeTiO_3$)이 주요 광석인데, 이들은 지구 암석권과 지각에 널리 분포되어 있다. 티탄은 대부분의 화성암에 들어있고, 흙에도 0.5~1.5% 포함되어 있다. 순수한 금속 티탄은 1910년에야 처음 얻어졌으며 상업적 생산은 1940년에야 이루어졌다. 티탄은 지각에 많이 분포되어 있고, 단단하고 부식에 잘 견디는 금속으로 항공기 제작에 많이 사용되며, 금속 자체 및 다른 금속들과 합금을 만들어 다양한 용도로 사용된다. 이산화 티탄은 흰색 안료로 치약에서 페인트까지 아주 광범위하게 사용되며, 태양 빛을 이용하여 물이나 오염 물질을 분해시키는 광촉매와 햇빛차단제로 사용된다.

티탄(Titanium)은 원자번호 22번의 원소로, 원소기호는 Ti이다. 주기율표에서는 4족에 속하는 은색 전이금속이며, 분말은 진한 갈색이다. 경도가 및 녹는점이 높으며, 내부식성이 큰 금속이다. 같은 강도로 강철보다 43%나 가볍고, 합금은 알루미늄 합금에 비해 2배나 강하다. 티탄의 활용은 냉전시대인 1950~1960년대에 구소련에서 항공기와 잠수함의 엔진 및 부품 재료로 사용하였고, 미국도 이를 전략 물자로 간주하여 생산을 장려하고 비축하였다. 현재 금속 티탄의 60%는 항공 산업 사용된다. 티탄의 물리적 성질은 흰색 금속 광택을 띠며, 가볍고(밀도, 4.506g/cm$^3$) 강한 금속이면서 연성을 가지고 있고, 기계적 성질은 불순물에 의해 크게 영향을 받는다. 인장강도는 강철 합금과 비슷하지만 43% 가볍고, 알루미늄 합금보다는 2배나 강하고 60% 무겁다. 녹는점이 1,668℃로 높고, 조밀육방격자구조를 가지고 있다.

티탄의 화학적 성질은 열역학적으로는 아주 반응성이 큰 금속이지만 물이나 공기와

[그림 15-20] 티탄 합금

아주 느리게 반응하는데 산화물 보호 피막을 만들기 때문이다. 고온으로 가열하면 산소, 질소, 수소를 포함한 거의 대부분의 비금속 원소들과 반응하며, 공기 중에서는 1200℃, 순수한 산소에서는 610℃에서 $TiO_2$가 되고, 질소 기체에서는 800℃에서 질화티탄이 된다. 파쇄한 Ti은 자연 발화될 수 있기 때문에 금속 Ti를 가공할 때 부스러기들이 생기지 않도록 해야 한다.

금속 자체의 반응성에도 불구하고 Ti 강괴는 백금(Pt) 정도의 내부식성이 크고 치밀하며 단단하여 금속에 강하게 부착되는 산화물 피막이 만들어지기 때문이다. 실온에서는 묽은 황산($H_2SO_4$), 염산(HCl), 염소($Cl_2$)기체, 알칼리 수용액 등과 반응하지 않으며, 바닷물에서도 부식되지 않는다. 높은 온도에서는 진한 산이나 할로겐과 반응하지만 알칼리 수용액과는 반응하지 않는다.

금속 티탄은 복잡하고 연속 공정이 아닌 처리 공정으로 생산되며 마그네슘을 사용하므로 다른 금속에 비해 비싸고, 또 가공도 어려워 상업적 사용이 제한을 받아왔다. 그러나 밀도가 강철의 약 57%로 가볍고, 기계적 강도가 좋으며, 다른 금속에 소량을 넣어 합금을 만들어도 강도가 좋고 내식성의 금속 재료를 얻을 수 있기 때문에 사용이 늘고 있다. 1950년대에 가스 터빈의 엔진 제작에 처음 사용된 이후 이제는 항공기 제작을 비롯한 항공우주, 해양, 군수산업, 의료산업 등에서 점차 많이 사용되고 있다. 티탄은 바닷물에서도 부식되지 않기 때문에 선박의 추진축 등 선박 부품, 해수 담수화 장치의 열교환기, 수족관의 난방 및 냉방기, 낚시 도구, 잠수용 칼, 해양 감시 장치의 부품 등에 사용되며, 잠수함 재료로도 사용된다. 또한 화학 약품에 잘 부식되지 않아 반응기, 화학물질 이동파이프와 용기 등 화학공업과 제지공업에서 사용되는 장치와 설비를 만드는데 사용되며, 산이나 염소를 사용하는 산업에 사용된다. 생체 적합성이 탁월한 것으로 여겨져 인공관절, 치과 임플란트, 인공심장박동 조절기, 안경테 등에도 사용된다. 이외에도 휴대폰과 시계의 케이스, 장신구, 골프 클럽 등 운동 기구, 자동차 부품 등에도 티탄이 사용된다.

질화티탄(TiN)은 사파이어나 카보런덤(Carborundum)과 비슷한 경도를 갖는 황금색 물질이다. 드릴 비트(Drill bit)등 공구, 시계 케이스, 안경테 등 내마모성을 필요로 하는 물품에 코팅되어 사용되며, 또한 생체 안전성이 높아 여러 생체 이식 장치에 전극으로도 사용된다.

### 15.3.6 납 및 납 합금

주기율표 14족 6주기에 속하는 탄소족원소로 원소기호 Pb, 원자번호 82, 원자량 207.2 g/mol, 녹는점 327.5℃, 끓는점 1749℃, 밀도 11.34 g/cm$^3$이다. 천연 방사성 동위원소의 붕괴생성물 중 최종의 산물이며 실온에서 청백색의 광택을 내는 연성이 크다.

납은 BC 1500년경부터 사용하였다. 연금술자들은 납이 가장 오래된 원소이며, 토성과 관련 있는 것으로 믿었기에 그들은 납을 금으로 바꾸는데 많은 시간을 허비하기도 했다. 납은 연금술적 상징을 갖는 원소들 중에 하나이다. 방연석(PbS), 백연석($PbCO_3$), 홍연석(PbCrO4), 황산연석($PbSO_4$) 등의 광물로서 채취되거나 금, 은, 구리, 아연 등과 함께 복잡한 광물로서 채취된다. 지각 속의 평균 함유량은 제36위이며 해수 속의 함유량은 1 $\mu$g/L이다. 절단면은 금속광택을 가지며 공기 중에서 부식되어

[그림 15-21] 납 주석 합금

탁한 빛을 띤다. 할로겐, 황, 등과 직접 반응하며 묽은 산에는 일반적으로 잘 침식되지 않지만 질산과 같이 산화력이 있는 산에는 녹는다. 뜨거운 진한 황산에 용해되면 황산납이 되나 알칼리에는 침식되지 않는다. 공기 중에 산소에 반응하여 표면에 생성된 산화 납(PbO)의 얇은 층에 의해 금속 납의 내부는 더 이상 산화되지 않으나, 600~800℃로 가열하면 산화된다.

납의 주원료는 방연석이지만, 곳에 따라서는 섬아연석과 공존해 있는 것을 선별하여 가는 선으로 납을 만들고, 이것을 원료로 하여 불순물이 포함되어 있는 납을 얻는다. 불순물이 포함되어 있는 납은 건식법과 전기분해법으로 정제해서 순수한 납을 얻는다.

납은 재료로서 녹는점이 낮고 연성이 커서 가공하기가 쉽다. 또한 마찰계수가 작고 내식성도 뛰어나기 때문에 연판, 연관 등에 널리 사용된다. 이밖에 합금재료로서 활자합금, 이융합금(합금을 만들기 위운 금속), 베어링합금, 땜납 등으로 사용되며, 축전지의 전극으로 사용된다. 납은 밀도가 커서 방사선을 차폐하는 작용이 커서 방사선 방호재로 사용된다. 그러나 납은 가용성 납 등 체내에서 녹아 납이온을 생성하는 것은 인체에 해롭다.

## 15.3.7 아연 및 아연 합금

주기율표 12족 4주기에 속하는 아연족 원소로 원소기호는 Zn, 원자량은 65.38 g/mol, 녹는점 419.5℃, 끓는점 907℃, 밀도 7.14 g/cm$^3$이다. 청백색의 금속으로 생물체 내에서 양이온으로 존재하며 생물의 물질대사에 반드시 필요한 무기물질이다.

17세기에 인도에서 처음으로 아연이 만들어졌으며 중국을 거쳐 유럽에 전해졌다. 1746년 독일의 화학자 안드레아스 마그라프에 의해서 발견되었으며 아연(Zinc)이란 이름은 독일어 Zinke에서 유래하였다. 지각에서 24번째로 풍부한 원소로 널리 분포한다. 청색이 도는 은백색 금속으로 상온에서는 취성이 생기기 쉽다. 하지만 100~150℃에서는 전성, 연성이 증가하여 철사나 박판으로 만들 수 있고, 210℃ 이상에서는 취성이 발생한다. 상온에서 공기 중에 수분의 함유량이 많으면 물과 이산화탄소의 작용으로 표면만 산화되어 염기성 탄산아연으로 변하고, 회백색 피막이 생기며 내부가 보호된다. 대기 중에서 내식성은 순도가 높을수록 좋고, 공기 속에서 고온으로 가열하면 녹색을 띤 백색광을 내면서 점화되어 산화물(ZnO)이 된다.

아연광석에는 불순물로 다른 금속의 황화물이 함유되어 있고, 아연 함유량은 보통 4~10%이며, 혼합물의 위쪽에 떠오르는 점을 이용하여 선별하고 아연함유량을 60%

[그림 15-22] 아연

정도로 높인 다음 광석을 융해점 이하에서 가열하여 건식법 또는 습식법으로 제련하여 아연을 만든다. 아연은 함석으로 가장 많이 사용되며 얇은 철판에 아연 박막을 씌운 것으로 표면에 주석을 씌운 양철에 비해서 화학적 내성이 좋다. 아연과 구리의 합금을 황동이라고 하며 다이캐스팅합금, 베어링합금, 양은 등의 합금재료로 사용된다. 순수한 금속은 건전지, 지붕 등으로 사용된다.

아연의 물리적 성질은 푸른색 광택이 도는 은백색 금속이나, 아연 제품과 아연 도금 제품은 표면에 산화물 피막을 만들어 광택이 없다. 아연 금속은 육방밀집구조를 하고 있고, 녹는점(419.53℃)과 끓는점(907℃)이 낮고, 전이금속 중에서는 녹는점이 수은(Hg, 녹는점 -38.9℃)과 카드뮴(Cd, 녹는점 320.8℃) 다음으로 낮다. 융해열과 증발열도 작고, 단단하고 부서지기 쉬우나, 100~150℃에서는 전성과 연성이 증가한다. 그러나 210℃ 이상에서는 취성이 생기며, 외력에 의해 파괴될 수 있다.

아연 원자는 30개의 전자를 갖고, 아연 표면은 대기 중의 수분을 흡수하여 광택을 잃고, 변색된 표면은 공기 중의 $CO_2$와 반응하여 염기성 탄산아연 막을 만드는데 이 막은 내부의 아연이 더 이상 반응하는 것을 막는 역할을 한다. 아연은 공기 중에서 태우면 밝은 청록색 불꽃을 내면서 타서 ZnO가 되며, 황, 인, 할로겐 등과도 가열하면 반응한다.

아연은 철보다 반응성이 크고 철에 아연 도금을 하면, 아연이 부식되기 전까지는 철이 산화되어 부식되는 것을 막을 수 있는데 방청 작용은 아연이 긁혀 철이 노출된 경우에도 유지된다. 아연은 표면이 부식되면 염기성 탄산아연 보호피막이 형성되어 내부까지 잘 부식되지 않기 때문에 철의 부식을 막을 수 있다. 철의 아연 도금은 전기화학적인 방법, 철을 용융 아연에 담그는 방법, 용융 아연을 철에 용사처리 하는 방법, 아연 분말이 들어있는 페인트를 도장하는 방법 등 여러 가지 방법이 있다. 아연을 입힌 철은 철조망, 가드레일, 현수교, 함석지붕, 열교환기 및 자동차 구조물 등에 널리 사용된다.

강철에 아연 도금을 한 것이 함석이며 지붕, 홈통 등의 건축 재료로 쓰이거나, 양동이 등 생활 용구의 제작에 사용된다. 함석과 비슷한 용도로 양철이 사용되는데, 이는 강철에 주석(Sn) 도금을 한 것이다. 양철은 함석보다 외관이 좋고 산에 강하여 통조림통으로 많이 사용된다. 내부식성은 함석이 양철보다 우수하고, 아연 가격이 주석 가격의 1/10 정도여서 산업용 철의 내부식 도금은 주로 아연으로 한다. 생산량 중 두 번째로 많이 쓰이는 곳은 황동을 비롯한 아연합금의 제조이다. 황동은 아연(20~50%)과 구리의 합금이며, 금관 악기, 파이프 오르간, 장식품, 선박과 기계부품, 통신기기, 물 제어 밸브 등으로 많이 사용된다. 아연 합금들이 다이캐스팅 합금(금속 주형에 재료를 가압하여 넣고 식혀서 형상을 만드는 데 사용되는 합금)으로 사용되는데, 아연에 소량의 알루미늄, 구리, 마그네슘 등을 첨가한 합금으로 조성에 따라 여러 종류로 구분되며, 베어링, 자동차 부품, 지퍼, 배관 이음쇠, 수도꼭지 등의 용도로 사용된다. 아연 합금은 주화에도 사용되며 우리나라의 5원 및 50원 주화도 아연 합금으로 주조되며, 미국의 1센트 주화는 아연에 동을 피복하여 제작한 것이다.

아연 화합물인 아세트산 아연($Zn(CH_3CO_2)_2$)은 목재 보존제, 염색제, 에틸렌 생산, 동물사료 첨가제, 도자기유약 등으로 사용된다. 비소산 아연($Zn_3(AsO_4)_2$)은 목재 보존제와 살충제, 인화아연($Zn_3P_2$)은 쥐약, 붕산아연($ZnB_4O_7$)은 섬유의 난연 처리와 곰팡이 성장 억제제, 플루로화규산아연($ZnSiF_6$)은 방충 처리제와 콘크리트 경화제, 황산아연($ZnSO_4$)은 동물사료 첨가제, 목제 보존제로 사용되며, 디티오카르밤산아연(Zinc dithiocarbamate)은 농약으로, 피리티온 아연(Zinc pyrithione)은 곤충이 붙는 것을 방지하는 페인트와 비듬방지용 샴푸에 사용된다.

### 15.3.8 주석 및 주석 합금

주기율표 14족 5주기에 속하는 탄소족 원소로 원소기호는 Sn, 원자량 118.7 g/mol, 녹는점 231.93℃, 끓는점 2602℃이고 원소 중 동위원소가 가장 많다. 전성, 연성과 내식성이 크고 녹는점 낮아 용융이 쉽기 때문에 주조성이 좋아 사용되는 전이

후금속이다.

주석은 B.C.3500~3200년에 사용하였고, 청동기시대에는 구리와의 합금인 청동이 사용되었으며 오늘날까지도 중요한 합금의 재료로 널리 이용되고 있다. Sn은 Tin을 의미하는 라틴어 Stannum에서 유래하였으며, Stannum은 처음에는 은과 납의 합금을 의미했으나 4세기경부터 주석을 지칭하게 되었다.

광석은 주석광석($SnO_2$)이며 이 광석에서 주석을 채취 하였다. 세륨, 바나듐, 지르코늄 등의 희토류 원소보다 존재량이 적으며, 지각의 평균 함유량은 26위이다. 주석은 온도에 따라 은백색 광택을 띠며 매우 부드러운 금속성의 $\beta$형으로 고온형인 백색주석과, 회색을 띠는 비금속성의 $\alpha$형으로 저온형인 회색주석으로 분류된다. 순수한 주석의 전이 온도는 13.2℃이나 실제 주석 제품에는 미량의 Bi, Sb, Pb 등이 포함되어 -30℃에서 장시간 방치하면 $\beta$형 주석이 $\alpha$형 주석이 되어 주석의 부식이 빠르게 진행된다. 화학적 성질로서 주석은 양쪽성 물질로 분류되어 강한 산이나 강한 염기에 모두 작용하며 중성의 용액에서는 반응하기 않는다. 대부분의 주석 화합물은 독성이 있으므로 취급 시 주의해야 한다. 주석광석을 코크스, 규석, 형석 등과 혼합하고, 용광로, 반사로 속에서 용융시켜 분리시킨다. 이때 생기는 것은 주석을 35~40%, 철 60~65%를 비롯하여 불순물이 함유하는 합금인데, 이것을 다시 코크스와 규사를 섞어 전기로 속에서 가열하면 주석이 생긴다. 주석은 건식법 및 전해법으로 제련한다.

주석은 공기와 접촉해도 부식되지 않으며 쉽게 용융되기 때문에 주조성이 좋아서 철, 철강, 동 등의 표면 도금에 사용된다. 세계 주석 소비량의 약 40%는 도금으로 이용되고, 철의 부식을 방지하기 위하여 표면에 주석을 도금한 것을 양철이라고 한다. 철

[그림 15-23] 주석 합금

의 표면에 아연을 도금한 것을 함석이라 하는데 피막에 흠집이 나면 아연이 철보다 먼저 산화되어 철의 부식을 막는다. 주석은 청동이나 아말감의 재료 및 전기제품, 라디오 부품 등에 이용되며, 식료품의 공업장치, 가정용 식기 재료로서도 사용되고, 유기주석 화합물은 진균제나 살충제의 주성분으로 사용된다. 전자 공업이나 통신 기기에 도금 후 납땜, 베어 링합금, 활자 합금 등의 합금에도 사용된다.

## 형상기억합금

가공된 어떤 물체가 망가지거나 변형되어도 끓는 물 등으로 열을 가하면 원래의 형상으로 되돌아가는 합금을 말한다. 1960년대에 미국의 W.뷸러가 형상기억 반응을 나타내는 합금(니켈+티타늄 : 니티놀)을 발견, 연구가 진행되었고, 열에 의한 탄성이 일어나는 마르텐사이트 변태를 나타내는 합금은 예외 없이 형상기억 특성을 나타냈다. 니켈 티타늄 합금, 구리 아연 알루미늄 합금이 실용화되었고, 전투기, 인공위성의 안테나, 의료용으로 사용된다.

형상기억 합금은 인공 장기와 정형외과용 접골판 같은 의료기기, 방화문과 화재경보기 등의 온도 디바이스, 안테나 등의 우주개발 기기, 전자기기 등에 적용되고, 최근에는 형상기억합금을 이용한 내의가 발매되어 화제가 되고 있다. 문제는 가격인데, 1 kg 당 약 230만 원이어서 은 가격의 약 6배나 된다.

한국에서는 1983년 한국과학기술원(KAIST)의 재료실험팀이 니켈과 티타늄을 1 : 1

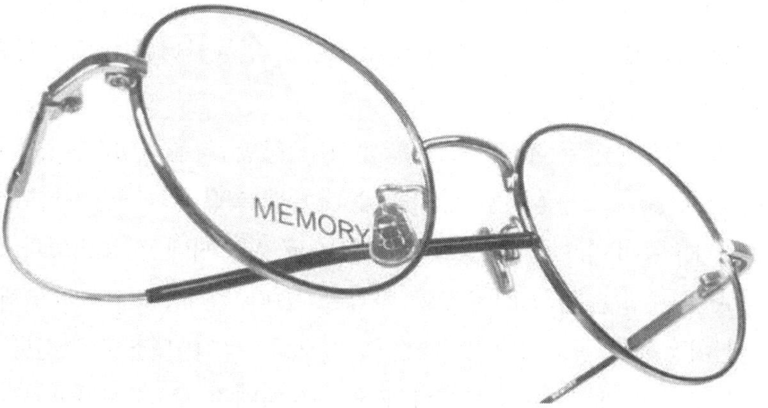


[그림 15-24] 형상기억합금

비율로 형상기억합금을 만들었고, 1986년 정밀금속재료 연구실팀이 치열교정용 와이어를 형상기억합금으로 개발하였다. 인장 변형된 후에 입 안에 체결하면 체온에 의해 줄어들면서 치아를 고정하게 되어 있다.

## 반도체 재료

전기전도도에 따른 물질의 분류 가운데 하나로 도체와 부도체의 중간영역에 속한다. 순수한 상태에서는 부도체와 비슷하지만 불순물의 첨가나 기타 조작에 의해 전기전도도가 늘어난다. 반도체는 고체 및 액체이며, 일반적으로 고체이다. 반도체의 특징은 전기저항의 대소보다는 온도의 상승과 더불어 저항률이 증가되는 금속과는 달리 일정 온도 범위 내에서 오히려 저항이 감소하는 것이다.

반도체의 저항은 빛의 조사, 전자의 주입, 전계의 인가, 재료의 순도, 제조 및 가공 방법 등에 따라서 도체나 부도체의 경우보다 심하게 변한다. 반도체는 유기물과 무기물로 분류되며 무기물이 실용화되고 있으며, 원소반도체와 화합물반도체로 구분된다. 원소반도체는 단체반도체라고도 하며 원소 주기율표의 제4족에 속하는 실리콘(Si)과 게르마늄(Ge)이 이용된다. 실리콘은 오늘날 반도체산업에서 매우 중요한 구실을 하며, 실리콘은 단결정의 박막의 형태로 반도체 전자소자에 사용되고, 다결정 및 비정질 형태의 것도 실용화되고 있다.

화합물반도체에는 금속산화물($Cu_2O$, ZnO 등), 황화물(CdS, ZnS 등), 셀렌화물(CdSe, PbSe 등), 텔루르화물(CdTe, $Bi_2Te$ 등), 페라이트($MnFe_2O_4$ 등), 금속간 화합물 등 종류가 다양하고, 주기율표상의 Ⅲ족과 Ⅴ족의 원소로 이루어진 금속간 화합물로 갈륨비소(GaAs), 인듐인(InP), 인듐비소(InAs), 인듐안티몬(InSb) 등은 그들의 중요한 특성 때문에 응용분야가 넓다.

반도체가 산업사회에서 본격적으로 각광받기 시작한 것은 1950년경 이후부터이며, 1839년 패러데이(Faraday, M.)는 황화물에 대한 실험을 통해 반도체의 존재를 밝혔고, 1873년에 납, 철의 황화물에 정류성이 있어서 반도체에 적용되었다. 1928년에는 셀렌정류기가 반도체정류 장치로 실용화 되었다. 1900년대 초에는 반도체의 정류작용을 통신기술에 이용하여 광석검파기가 제안되었으나, 동작이 소재의 순도에 크게 의존되어 재현성이 낮아서 개발이 되지 않다가 2차 세계대전 중 광석검파기, 실리콘과 게르마늄검파기가 중요시되어 개발되었는데, 원소반도체에 대한 불순물 첨가와 소재의 정제기법이 발전하게 되어 n형과 p형 반도체 및 이들의 접합형이 개발되었다.

1950년에 드디어 접합형 트랜지스터가 실현되어 반도체의 이용은 모든 산업분야에서의 전자회로소자가 크게 부상되어 산업사회의 정보화 사회로 변모하였다. 1960년대에 접어들면서 다수의 반도체소자 및 기타 부품의 집합화되어 집적회로가 실용화 되면서 개별적 반도체소자는 점차 집적회로소자로 대치되어 오늘날의 반도체는 반도체 집적회로이다. 광복을 전후하여 무선수신기의 일부에서 광석검파기가 사용되고, 셀렌정류기나 아산화동 정류기들이 국내에서 사용되기도 하였다. 국내에서 처음으로 반도체소자가 생산된 것은 1965년으로, 미국의 고미그룹이 국내에 합작투자회사를 설립하여 트랜지스터를 조립, 생산하였고, 뒤에 페어차일드(Fairchild), 모토롤라(Motorola), 시그네틱스(Signetics) 등 외국 업체가 국내의 저렴한 인건비와 유능한 인력을 이용한 단순조립을 목적으로 회사를 설립한 것이 국내의 반도체산업을 신장시키는 역할을 하였다. 1974년에 삼성반도체 통신주식회사의 전신인 한국반도체주식회사가 설립되어 국내기업에 의해 처음으로 손목시계용 IC칩과 트랜지스터칩 등을 개발 및 생산하게 되었고, 1970년 후반 한국의 전자손목시계가 세계시장에서 수위를 차지하는 등 국내 반도체산업의 주축을 이루는 실리콘 중심의 IC산업발전에 기틀을 마련되었다.

칩(Chip)은 펠릿(Pellet) 및 다이(Die)라고도 하는데, 반도체 박판에 전기저항, 전기용량(Capacity)과 같은 전자 수동소자, 트랜지스터, 다이오드와 같은 전자 능동소자 및 소자 간을 연결하는 배선 등에 불순물을 확산, 증착, 화학적 퇴적 등의 방법으로 붙인 것이다. 1974년 이전에는 이와 같은 칩을 수입한 후 리드(Lead)선을 부착 및 밀봉하여 수출하는 단순조립만 하였으나 1970년대 말 정부출연연구소를 중심으로 반도체 IC의 기술개발체제가 구축되고 1980년대 초 국내 민간기업의 대규모 투자가 시작되면서 반도체, IC에 대한 국내생산과 수출이 증가되었다. IC 중에서 기억소자의 경우, 1986년 1 M DRAM, 1988년 4 M DRAM, 1992년 64 M DRAM을 개발한 국내 반도체업계는 128 M DRAM을 시판하면서 세계시장에서 상위를 차지하였다. 반도체 기억소자기술은 계속 집적도를 높여가고 있으며, 1993년에는 256 M DRAM, 1995년에는 1 G(G=109)비드 DRAM의 시작품이 발표되고 있다. 1993년에는 4 G DRAM의 요소기술도 각 회사에서 개발되고 있고, 집적도의 상승은 미세가공기술의 발전을 가속화하였으며 가공 가능한 최소선폭은 1 M DRAM의 경우 1 $\mu$m, 4 M DRAM에서는 0.8 $\mu$m, 1 G DRAM에서는 0.1 $\mu$m에까지 이르게 되었다. I C는 LSI(대규모집적회로)에서 256 K DRAM, 4 M DRAM에 이르는 VLSI(초대규모집적회로), 16 M DRAM에서

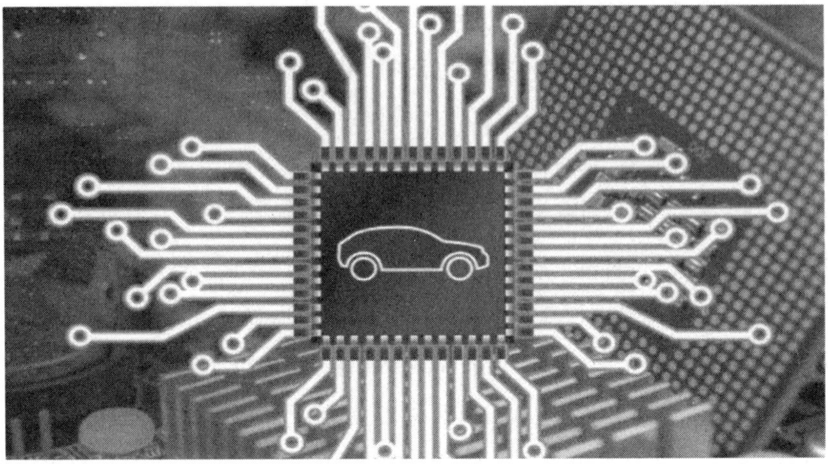

[그림 15-25] 차량용 반도체

256 M DRAM에 이르는 ULSI(초초대규모집적회로)의 구조의 것이 생산되고 있다.

컴퓨터 이용 설계기술(CAD)은 반도체 및 IC설계에서 필수적이어서 개발과 연구가 연구소, 대학을 중심으로 이루어졌고, 박판의 가공은 실리콘 반도체를 중심으로 하여 외국기업으로부터의 기술을 도입하여 2 $\mu$m~1.5 $\mu$m NMOS 및 CMOS IC의 제작기술이 확보되었다.

고집적도 IC의 출현으로 전자기기나 시스템의 전기능 및 대부분의 부분적인 기능을 하나의 IC칩으로 만든 SOC(System-on-Chip) 형태의 IC를 실현시켰다. 범용의 표준 IC와는 별도로 특정된 용도의 LSI가 개발되었다. 즉, ASIC(Application Specific IC)이다. ASIC의 설계와 제작은 제작자와 이용자 간의 긴밀한 기술적 협의 아래 이루어지며, 1980년대 후반 이래 이용자 중심의 경향으로 변하여 주문형 IC로 인하여 반도체소자 개발에 있어서도 1990년 이래 제품의 다품종 소량생산이 요구되고 있다.

반도체소자를 실리콘기판 위의 실리콘반도체 박판 층에 형성시키는 기법과는 다르게, 절연기판위에 반도체 층을 형성시켜 그곳에 반도체소자를 구성시키는 SOI(Silicon on Insulator) 형식의 것이 개발되고 있다. IC가공의 미세화가 진전됨에 따라 동배선이 연구되는 등 반도체소자 제작을 위한 소요 재료와 생산 장비 및 장치의 개발이 활발해지고 있다.

광전자공학의 주요 소자인 발광다이오드(LED)와 반도체 레이저(LD)는 주로 주기율표의 Ⅲ족과 Ⅴ족에 속하는 가륨, 비소, 인 등이 포함된 화합물 반도체소자이다. 이종 또는 동종 접합구조로 이루어지며 표시용 광원이나 광통신용 광원 등으로 사용된다.

전기전도도에 따라 분류하면 도체, 반도체, 부도체로 구분되며, 반도체는 순수한 상태에서 부도체와 비슷한 특성을 보이지만 불순물의 첨가에 의해 전기전도도가 늘어나기도 하고 빛이나 열에너지에 의해 전기전도성을 갖기도 하며 게르마늄(Ge), 실리콘(Si) 등이 대표적인 반도체이다. 초창기에는 게르마늄이 사용되었지만 현재는 실리콘에 붕소(B)나 인(P)등을 첨가하여 사용한다. 순수한 반도체는 전자가 공유결합을 이루며 15족 원소를 첨가하면 잉여전자가 발생하여 n형 반도체가 되며 13족 원소를 첨가하면 반대로 전자가 부족하게 되어 정공으로 이루어진 p형 반도체가 된다. n형 반도체와 p형 반도체를 붙여놓으면 p형 반도체에서 n형 반도체 방향으로는 전류가 잘 흐르며 반대방향으로는 거의 흐르지 않는 정류작용이 일어난다. 이러한 소자를 다이오드(Diode)라고 하며 이것이 반도체 소자의 기본이 된다.

반도체는 다이오드와 트랜지스터 등으로 이루어진 집적회로소자 이외에도 열전자방출소자, 전자식 카메라의 전하결합소자(CCD : Charge coupled device) 등 첨단 전자산업 부문에 응용되고 있으며 태양전지나 발광 소자에도 사용된다.

## 신금속

신금속을 공업적으로 대량생산하게 된 원인은 원자력공업, 전자공업, 항공우주공학 등의 발전 때문이다. 원자력용으로는 우라늄, 플라토륨, 지르코늄, 베릴륨, 나이오븀, 바나듐, 하프늄, 붕소 등이 있고, 전자공업용으로는 저마늄, 규소, 탄탈럼, 몰리브데넘, 텅스텐 및 이트륨 등이 있다. 항공우주공학용으로는 베릴륨, 티타늄 및 리튬 등이 있다. 이들 신금속은 그들이 지니고 있는 독특한 성질에 따라 공업적으로 이용되고 있으며 내식성을 이용하여 화학공업의 기계장치 및 합금용으로도 쓰이고 있다. 신소재의 종류는 네 가지로 분류할 수 있다.

### [1] 신금속재료

#### 1) 형상기억합금(Shape memory alloy)

대표적인 합금으로 티타늄과 니켈 합금이 있으며 인공위성부품, 인공심장밸브, 감응장치 등에 사용된다.

### 2) 비정질금속재료(Amorphous metal)

비결정형재료라고도 하며, 강도, 자기화 특성, 내마모성, 내부식성이 크다. 녹화헤드, 변압기 등에 사용된다.

### 3) 초전도재료(Superconducting meterial)

절대영도에 가까운 극저온이 되면 전기저항이 0이 되는 성질을 지닌 합금으로 입력된 에너지를 거의 완벽하게 전달할 수 있다. 통신케이블, 핵융합 등의 에너지개발, 자기부상열차, 고에너지 가속기 등에 사용된다.

[그림 15-26] 신금속

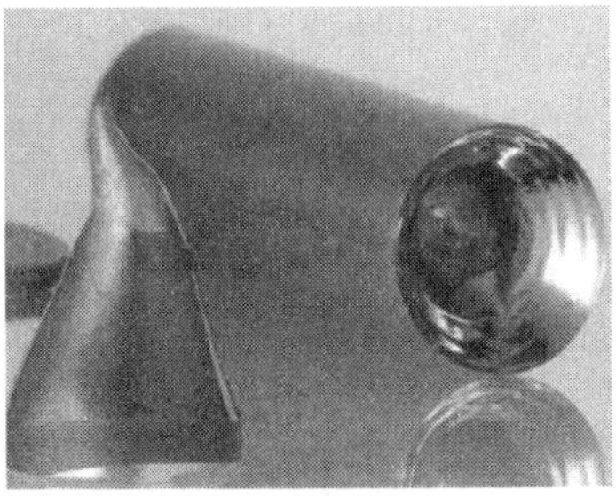

[그림 15-27] 비정질금속재료

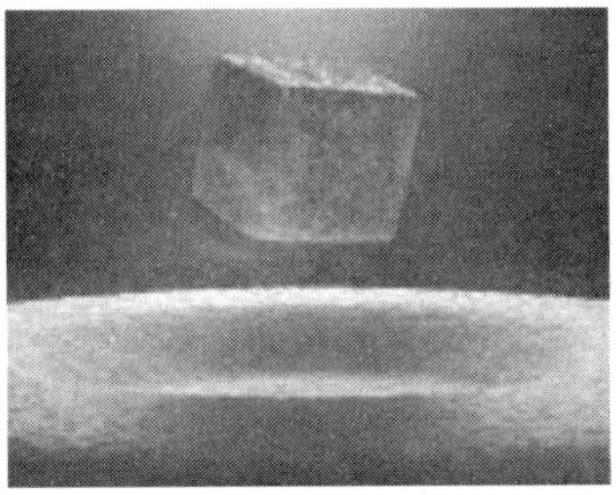

[그림 15-28] 초전도재료

## [2] 비금속무기재료

### 1) 파인세라믹스(Fine ceramies)

뉴세라믹스라고도 한다. 천연 또는 인공적으로 합성한 무기화합물인 질화물, 탄화물을 원료로 하여 소결한 자기재료이다. 내열성, 경도, 초정밀가공성, 절연성, 내식성이 철보다 높아서 절삭공구, 저항재료, 원자로부품, 인공관절 등에 쓰인다.

### 2) 광섬유(Optical fiber)

빛을 머리카락 굵기에 불과한 수십 $\mu$m 유리섬유 속에 가두어 보냄으로써 광섬유 한 가닥에 전화 1만 2000회선에 해당하는 정보를 전송할 수 있다.

### 3) 결정화유리(Crystallized glass)

유리세라믹스라고도 하며, 비결정구조로 된 유리를 기술적으로 결정화 한 유리이다.

[그림 15-29] 파인세라믹스

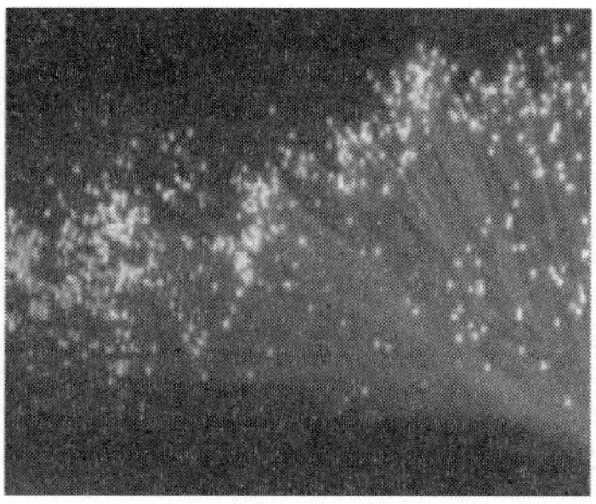

[그림 15-30] 광섬유

[그림 15-31] 결정화유리

## [3] 신고분자재료

### 1) 엔지니어링 플라스틱

금속보다 강한 플라스틱 제품으로서, 경량화가 필요한 자동차, 전자기기, 전기제품 등에 쓰인다.

### 2) 고효율성 분자막(High efficiency separator)

특정한 물질만을 통과시키는 기능을 지닌 고분자막과 같은 특수재료이다.

### 3) 태양광발전 플라스틱전지

p형과 n형 실리콘 단결정을 접합하여 만든 태양전지보다 발전변환효율이 높은 전지이다.

[그림 15-32] 엔지니어링 플라스틱

[그림 15-33] 분자막

[그림 15-34] 플라스틱전지

## [4] 복합재료

### 1) 바이오센서(Biosensor)

생체에 적합한 의료용 신소재로서 인간의 오감을 가지는 것으로, 산업용 로봇제어기술, 자동제어, 정밀계측기 분야에 쓰인다.

### 2) 복합재료

두 종류 이상 소재를 복합하여 고강도, 고인성, 경량성, 내열성 등을 부여한 재료이다. 유리섬유, 탄소섬유, 아라미드섬유 등이 있다.

### 3) 탄소섬유강화플라스틱(CFRP : carbon fiber reinforced plastic)

강도가 좋으면서 가벼운 재료를 만들기 위해서 플라스틱에 탄소섬유를 넣어 강화시킨 것이다. 자동차부품, 비행기 날개, 테니스 라켓, 안전 헬멧 등에 이용된다.

### 4) 섬유강화금속(FRM : fiber reinforced metal)

금속 안에 섬유를 넣은 것으로, 금속과 같은 기계적 강도를 가지면서도 가벼운 재료이다. 우주·항공 분야에 이용된다.

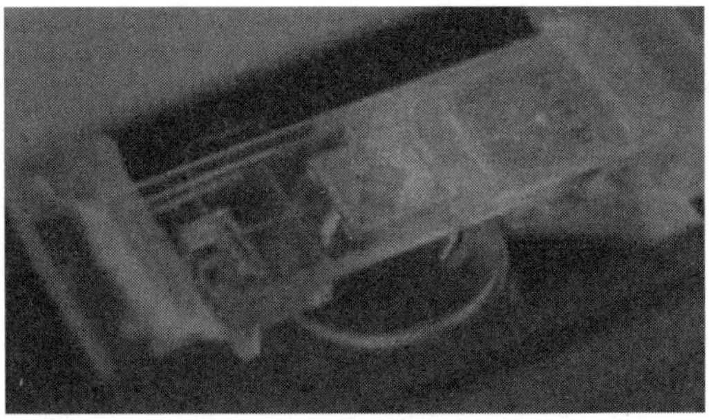

[그림 15-35] 바이오센서

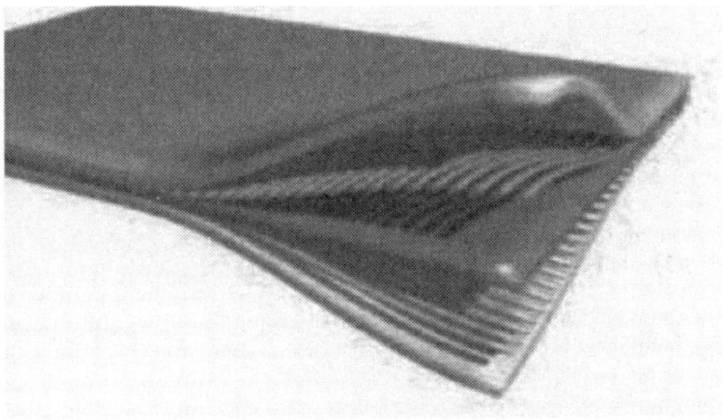

[그림 15-36] 복합재료

[그림 15-37] 탄소섬유강화플라스틱

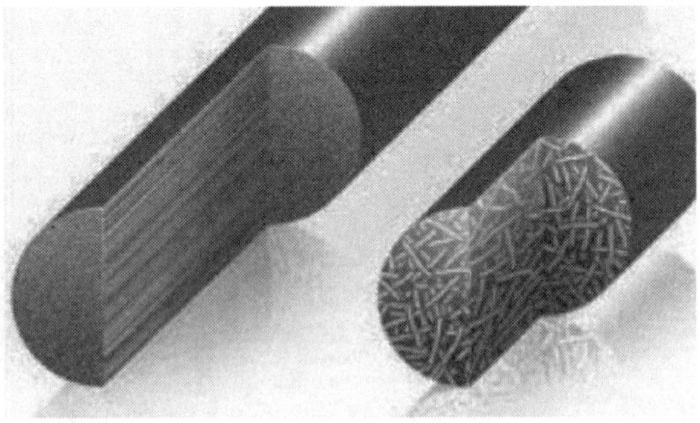

[그림 15-38] 섬유강화금속

# 비금속

## 15.7.1 비금속재료의 종류 및 역할

비금속재료는 천연재료(Natural material)와 합성재료(Synthetic material)로 분류되고 비금속재료는 반도체, 합성수지, 복합재료, 세리믹, 탄소재료, 기초용재료, 내화재료, 연삭재료, 패킹재료, 가죽재료, 윤활유, 절삭유, 페인트 등으로 분류된다.

기계를 구성하고 있는 재료는 대부분이 금속이며, 금속은 강도가 크고, 경도가 높고 가공성이 우수하여 많이 사용되고 있다. 순금속 및 합금은 종류가 많고, 종류에 따라서 기능이 다르게 나타나지만 금속재료만으로 필요한 모든 기능을 만족할 수는 없다. 금속재료는 비중이 높고 가공온도가 높지만 비금속재료는 비중이 및 가공온도가 낮다. 또한 금속재료는 자원면에서 편중되어 있고, 충분하지 못하여 가격이 높은 단점을 가지고 있다.

금속재료는 플라스틱(Plastics), 세라믹(Ceramics)을 중심으로 복합재료로 이용되고 있으며, 미래에는 비금속재료의 활용이 더 많아 질 것이다.

## 15.7.2 합성수지

합성수지는 석유, 천연가스 등으로부터 얻어진 저분자의 유기화학물질을 원료로 하여 가염, 가열 등에 의해 반응시킨 가소성(Plasticity)이 있는 고분자물질, 천연고분자

[그림 15-39] 합성수지

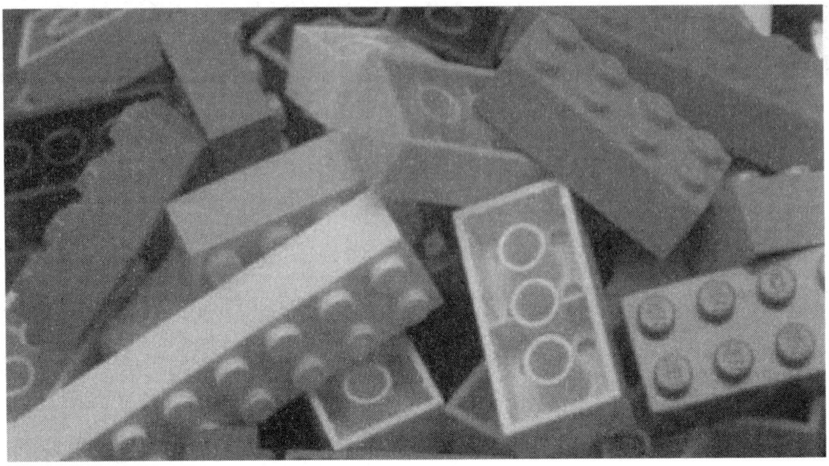

[그림 15-40] ABS수지

(Cellulose)를 화학반응 처리한 고분자물질도 포함된다. 플라스틱(Plastic)은 합성수지로부터 성형한 것을 말한다. 합성수지는 가열에 대한 성상의 차이에 따라 열가소성수지, 열경화성수지 등으로 나누어진다. 대표적인 합성수지는 폴리염화비닐, 폴리에틸렌, 폴리스틸렌, 폴리프로필렌, 폴리염화비닐리덴, 요소수지 등이 있다. 식품위생상으로는 첨가물이 많다는 것, 원료물질의 단량체(Monomer)가 잔존한다는 것으로부터, 재질시험, 용출시험, 강도시험 등의 규제가 있다.

합성고분자 물질 가운데 섬유나 고무로서 이용되는 이외의 것의 총칭. 천연수지와 물리적 성질이 유사하므로 이 같은 명칭이 붙게 되었다. 셀룰로이드, 아세틸셀룰로오스 등과 같이 천연고분자에 화학적 처리를 하여 얻게 되는 것은 반화합수지라고 한다. 합성수지는 조성이 있는 물질이고 가공적 관점에서 열가소성수지, 열경화성수지, 산소경화성수지로 대별된다. 원료에 따라서 비닐수지, 폴리에틸렌, 폴리프로필렌, 폴리스티렌, 페놀수지, 폴리에스테르, 폴리우레탄, 프루오르수지 등이 있다. 특징은 경량, 전기나 열의 절연성, 비약품성이 좋다는 점을 들 수 있으나 비열성이 나쁘고 열팽창이 크다는 단점을 가지고 있다.

합성수지 중 대표적인 ABS수지(Acrylonitrile butadiene styrene)의 특징은 다음과 같다.

① 불투명하고 비결정성이다.

② 강성이 있으며 기계적 성질은 균형 잡혀 있다.

③ 내열성은 높지 않지만 가공성은 양호하다.

④ 전기특성과 표면광택이 양호하다.
⑤ 성형수축률은 비교적 작으며 내크리프성(Creep)은 양호하다.
⑥ 장기간 일광에 노출되면 강도가 저하된다.
⑦ 용제에는 녹으나 산과 알칼리에는 견딘다.
⑧ 연소시 숯을 내며 타고 특이한 냄새가 난다.
⑨ 유리충전제와 발포재가 있다.
⑩ 착색성이 우수하다.

### 15.7.3 복합재료

두 가지 이상의 재료가 조합되어 물리적, 화학적으로 서로 다른 상(Phase)을 형성하여 전혀 다른 기능을 하게 하는 재료를 말한다.

복합재료는 1940년대 초에 사용되기 시작한 유리섬유강화플라스틱이 시작이다. 1960년대 이후 유리섬유보다 특성이 우수한 탄소섬유의 출현과 플라스틱뿐만 아니라 금속이나 세라믹으로 확대 발전되면서 복합재료라는 용어가 탄생하였다. 복합재료는 강화재의 구조에 따라 섬유강화 복합재료(Fibrous composite), 입자강화 복합재료(Particulate composite)로 구분되고 강화하는 재료(Matrix : 기지재료)에 따라 고분자복합재료(Polymer matrix composite), 금속복합재료(Metal matrix composite), 세라믹복합재료(Ceramic matrix composite)로 분류되며 섬유강화의 개념과 고분자재료를 조합한 섬유강화 고분자복합재료(Fiber reinforced plastics : FRP)가 현대 복합재료의 중추적인 역할을 하고 있다. FRP의 개념은 철근콘크리트에 비유되기도 한다.

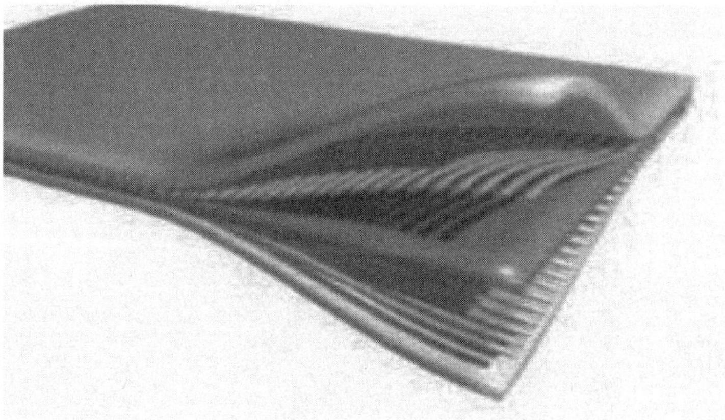

[그림 15-41] 복합재료

고분자기지재료의 강도를 1이라 하면 유리섬유와 탄소섬유는 각각 25~40이며, 강성(Stiffness)은 고분자재료에 비해 유리섬유가 20배 이상이고 탄소섬유는 70배가 넘는다. 따라서 물성은 강철보다 우수하고 무게가 금속에 비해 가벼워서 고분자재료와 조합되는 FRP는 철보다 강하고 알루미늄보다 가벼운 경량구조재가 된다. 유리섬유강화 고분자복합재료(GFRP)와 탄소섬유강화 고분자복합재료(CFRP)로 대표되는 재료들은 테니스 라켓, 골프채 등과 같은 스포츠용품과 선박, 고속전철, 항공기 등의 필수 구조재료로 이용되고 있다.

금속이나 세라믹을 재료로 하는 복합재료에서는 재료의 경량화와 고강도화를 목적으로 탄소섬유, 실리콘 카바이드섬유, 알루미나섬유 등이 강화섬유로 이용되고 있으며, 이들은 고분자복합재료가 적용될 수 없는 고온용 특수용도에 사용된다.

### 15.7.4 세라믹

세라믹(Ceramics)은 일반적인 의미로 비금속제품으로 제조 또는 사용할 때에 고온을 받는 것을 말하나, 성분적으로 금속산화물, 붕화물, 탄화물, 질화물 및 혼합물이나 화합물의 소결체도 포함된다.

세라믹은 질그릇을 만드는 흙이나 유사한 재료로 만들어진 물건 또는 그러한 물건을 만드는 조작법이다. 토기를 만드는 방법도 개선되어 가마에서 구웠는데, 이러한 점토 소성물을 요업제품에서 말하는 세라믹스의 어원이 되고 있다. 도자기, 시멘트, 석고 외에도 최근에는 의과용 재료, 유전재료, 자성재료, 압전재료, 광학재료 등 고도의 기능

[그림 15-42] 세라믹

을 갖는 파인세라믹스(Fine ceramics)도 상품화되고 있으며, IC기판, 패키지콘덴서, 인공뼈, 인공관절, 인공치아 등의 실용화 단계에 있다. 소재면에서는 알루미나와 지르코니아 같은 산화물과 질화규소, 탄화규소 등의 비산화물제로 분류할 수 있다. 현재 양적으로는 알루미나가 약 80%를 차지하고 있다. 한편 질화규소를 주체로 한 세라믹스는 고온에서 뛰어난 기계적 특성이 있어, 자동차엔진이나 가스터빈에 적용하고 있다. 탄화규소도 내열성이 높은 기계, 세라믹스로서 각광을 받고 있다. 또한 변성 세라믹스로서 흡수성이 높은 소프트 세라믹스도 개발되어 수질처리나 토양개량재로 사용하고 있다. 또한 지구온난화의 원인물질인 이산화탄소를 체적비로 약 400배나 흡수하는 세라믹스도 개발되었다.

### 15.7.5 탄소재료

탄소재료는 내열성, 내열 충격성, 내식성 등이 뛰어난 특성을 갖고 있지만 내산화성이 약하고 가열하면 공기 산화되며, 기계적 강도가 낮은 결점이 있다. 탄소재료의 특성을 살려 결점을 해소하고 고온의 공기 속에서 사용할 수 있도록 하면 공업재료로서의 용도가 크게 늘어난다. 열처리하여 만드는 생코크스에 탄화규소, 탄화붕소, 붕화물, 알루미나 등 5~30%를 가하여 작은 입도를 분쇄한 재료를 혼합하여 원료를 소결하는 방법 및 코크스에 탄화물, 붕화물을 가하여 프레스하는 방법으로 만든다. 특히 탄소 탄화붕소계, 탄소 탄화붕소 탄화규소계가 내산화성, 강도의 향상이 뚜렷하게 나타난다.

흑연이 800℃의 공기 중에서 2시간에 80% 이상 중량감이 있는데 탄화붕소와 탄화

[그림 15-43] 탄소재료

규소를 30% 가한 계의 중량 감소는 약 0.2%이고, 강도열화는 거의 인정되지 않는다. 탄소-탄화붕소-탄화규소계는 각종 기계부품, 도가니, 보호관 계통의 응용되며 로켓 노즐 등에 대하여 적용하고 있다. 내화물 분야에서의 알루미나-흑연재료는 연속 주조용 노즐에 널리 이용되고 있다.

## 연습문제

1. 경량소재를 개발하는 이유에 대하여 설명하시오.
2. 경량소재를 적용하고 있는 사례를 조사하시오.
3. 강의 표면경화를 하는 이유를 설명하시오.
4. 강의 표면경화 방법을 설명하시오.
5. 청동과 황동을 비교하시오.
6. 형상기억합금에 대하여 설명하시오.
7. 형상기억합금을 적용하는 사례를 조사하시오.

# 참고문헌


1. 강기호. 2011. 메카트로닉스 기초실습. 홍릉과학출판사
2. 김상배. 2007. 기초 전기전자 실험. 홍릉과학출판사
3. 김순경, 정시영. 2018. 기계공작법. 대영사
4. 민병로, 김선정, 정정윤. 2021. IIot 구축을 위한 전기전자기초. 문운당
5. 민병로, 이대원. 2013. 기계제작법. 문운당
6. 민병로, 이대원. 2012. 공학도를 위한 기계재료학. 학진북스
7. 민병로, 이대원. 2012. 최신 소성가공학. 학진북스
8. 민병로, 이대원. 2013. 기계제도 및 설계. 문운당
9. 박용균. 2004. 메카트로닉스의 기초. 두양사
10. 송윤섭, 강서익, 김지환, 신종렬, 정헌술. 2012. 메카트로닉스. 복두출판사
11. 양경모. 2021. 메카트로닉스 공학. 구민사
12. 이순걸, 조남규, 홍희기. 2014. 메카트로닉스 문운당
13. 이학재. 2018. 기계공작법 이해. 일진사
14. 장승호. 2012. 공학설계를 위한 센서의 이해와 메카트로닉스 시스템. 문운당
15. 정남용. 2016. 핵심 기계설계. 학진북스
16. 조한철, 이병호, 정주윤, 박영식. 2020. 전기 전자란 무엇인가. 골든벨
17. 진상호, 작정규. 2019. 메카트로닉스 개론, 복두출판사
18. 진철호, 박규성, 오현만, 권대규. 2014. 쉽게 따라 할 수 있는 기계제작법. 월송
19. 홍기환. 2012. 핵심 기계제작법. 세진북스
20. 황종대. 2021. 실무중심 기계설계 기술. 광문각

# 찾아보기

# 메카트로닉스 개론

초 판 인 쇄 | 2022년 3월 2일
초판3쇄발행 | 2026년 2월 5일

저　　자 | 민병로·정정윤·김선정
발 행 인 | 이성범
발 행 처 | 문운당
주　　소 | 서울시 종로구 혜화로5길 16 (명륜1가 45-3)
전　　화 | (02)762-6010
팩　　스 | 영업 (02)745-0265 / 편집 (02)762-8758
이 메 일 | 영업 munun2@daum.net
편집 munundang@naver.com
홈페이지 | http://munundang.co.kr

ISBN　979-11-5692-611-5　93550



정가 25,000원